AF501344

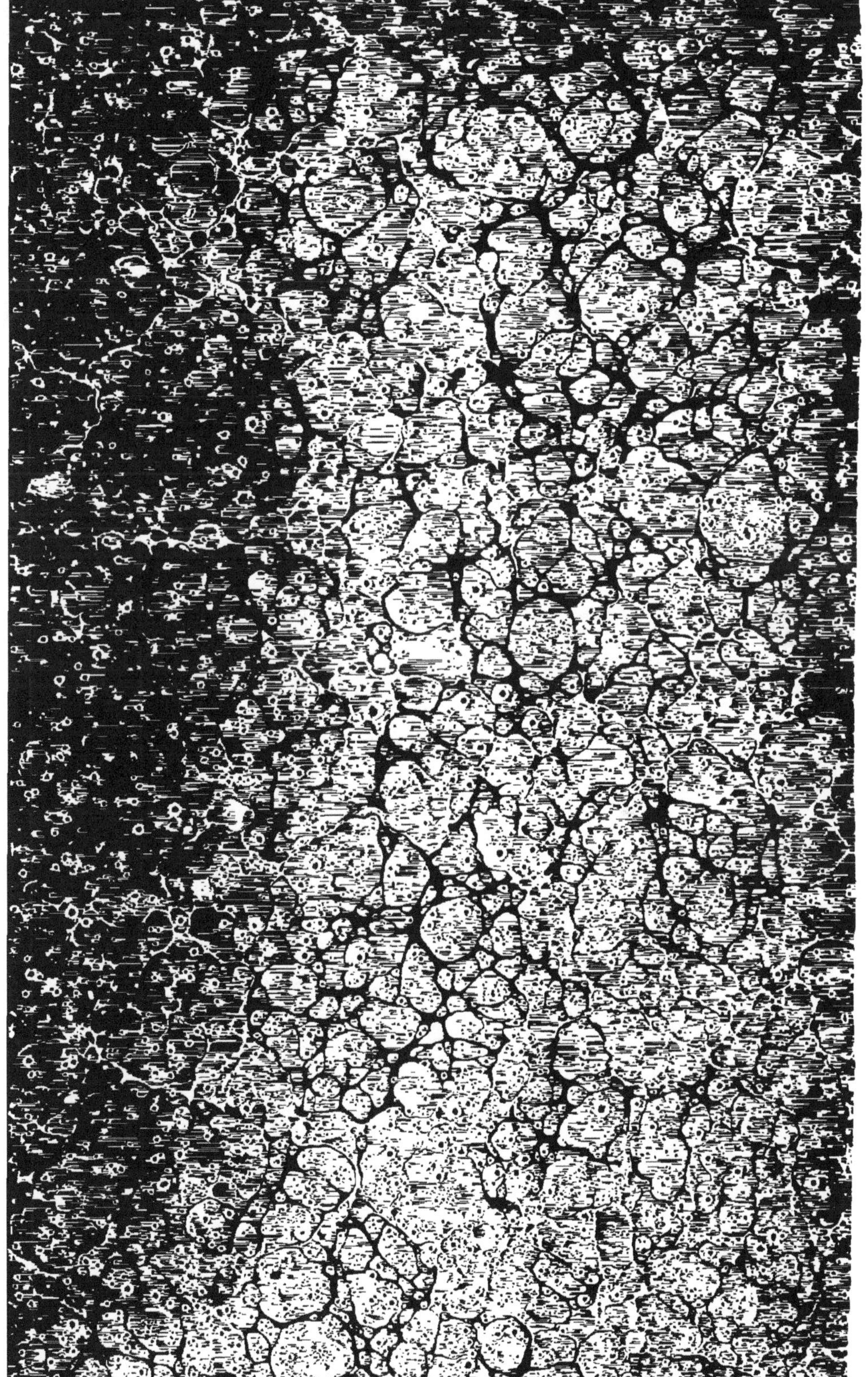

[illegible]MENTS

[illegible]IE COMPAR[illegible]

DES

[illegible]AUX INVERTÉBRÉS

PAR

[illegible]SSEUR TH. H. HUXLEY

[illegible]

[illegible]

[illegible] G. DARIN

[illegible] sur les principes généraux de la [illegible]

[illegible] le professeur A. GIARD

[illegible] DANS LE [illegible]

PARIS

[illegible] DELAHAYE ET Cie, [illegible]

[illegible] L'ÉCOLE-DE-MÉDECINE

1877

ÉLÉMENTS
D'ANATOMIE COMPARÉE
DES
ANIMAUX INVERTÉBRÉS

AUTRES OUVRAGES PUBLIÉS PAR LE Dr A. DARIN

Éducation correctionnelle. Système cellulaire appliqué aux enfants. Observations de jeunes détenus de la Roquette venus à Bicêtre en état de folie, d'idiotie ou d'épilepsie. In-4°, 1863.

Traité de chirurgie dentaire, par J. Tomes, membre de la société royale de Londres, et Ch. S. Tomes, professeur d'anatomie et de chirurgie dentaires, etc., traduit par le Dr G. Darin sur la 2e édition. 1 fort vol. petit in-8, avec 263 belles gravures. 1873.

Manuel de Prothèse dentaire, par O. Coles, chirurgien dentiste à l'hôpital spécial de Londres pour les maladies de la gorge, etc., traduit et annoté par le Dr G. Darin. 1 volume petit in-8, avec 150 figures. 1874.

Des vues longues, courtes et faibles, et de leur traitement par l'emploi scientifique des lunettes, par J. Soelberg Wells, F. R. C. S, professeur d'ophthalmologie à King's college Hospital, etc. 1 vol. in-8, traduit sur la 4e édition par le Dr G Darin, avec gravures. 1874.

Maladies de l'oreille, nature, diagnostic et traitement, par G. Toynbee, membre de la société royale de Londres et du collége royal des chirurgiens d'Angleterre, chirurgien auriste et professeur d'otologie à Saint Mary's Hospital, etc., *avec un supplément* par James Hinton, chirurgien auriste à Guy's Hospital. 1 fort vol. in-8, traduit et annoté par le Dr G. Darin avec 99 figures.

Des Anesthésiques, travail présenté par le Dr G. Darin à la Société de chirurgie de Paris et publié dans les archives générales de médecine. 1875.

Enseignement du laboratoire ou Exercices progressifs de chimie pratique, par Charles Loudon Bloxam, professeur de chimie à King's college de Londres, à l'école d'artillerie de Woolwich, et à l'académie royale militaire de Woolwich. 1 vol. in-12, traduit sur la 3e édition par le Dr Darin, avec 89 figures.

274-76. — Corbeil, typ. et stér. de Crété.

ÉLÉMENTS
D'ANATOMIE COMPARÉE
DES
ANIMAUX INVERTÉBRÉS

PAR

LE PROFESSEUR TH. H. HUXLEY
L. L. D.
MEMBRE DE LA SOCIÉTÉ ROYALE DE LONDRES

TRADUIT DE L'ANGLAIS

PAR LE Dr G. DARIN

Avec une Préface, des notes et un chapitre sur les principes généraux de la Biologie

Par le professeur A. GIARD

156 FIGURES INTERCALÉES DANS LE TEXTE

PARIS
V. ADRIEN DELAHAYE ET Cie, ÉDITEURS
PLACE DE L'ÉCOLE-DE-MÉDECINE

1877

PRÉFACE

Un livre du professeur Huxley peut se passer de toute recommandation.

Qui ne connaît le savoir immense et l'esprit philosophique de l'illustre maître de l'École royale des mines d'Angleterre?

Déjà nous possédions une traduction de l'*Anatomie comparée des animaux vertébrés*, et le succès obtenu en France par cette œuvre remarquable faisait désirer plus vivement la publication d'une seconde partie consacrée aux animaux sans vertèbres.

Tous nos traités élémentaires sont en effet pour cette partie de la zoologie d'une insuffisance regrettable, et l'on peut affirmer que le meilleur d'entre eux est en retard d'une vingtaine d'années sur l'état actuel de la science.

Un journal de médecine anglais (le *Medical Times and Gazette*) a publié en 1874 une série de leçons professées par Huxley et intitulées : *Notes on the Invertebrata for the use of students of zoology, being an outline of a course of lectures delivered from the chair of natural history in the University by Edinburgh.*

M. le Dr Darin (de Meudon) a eu l'excellente idée de traduire ces leçons. Il les a distribuées par chapitres, sections, etc. Jugeant avec raison qu'un livre destiné à des débutants serait doublement instructif s'il était accompagné de figures, il y a joint de nombreuses illustrations tirées du *Manuel de Zoologie* de Nicholson, professeur d'histoire naturelle à l'Université de Saint-André. Enfin, M. le Dr Darin a fait suivre sa traduction d'un chapitre intéressant sur la distribution géographique des animaux et d'un glossaire donnant l'explication des mots techniques employés dans le corps de l'ouvrage.

Un tel travail est plus qu'une œuvre de pure littérature. Le lecteur appréciera, j'en suis convaincu, la clarté et l'élégance de cette traduction, et sa reconnaissance pour le traducteur sera encore augmentée, si, par hasard, il jette les yeux sur quelques publications récentes du même genre qui semblent faites non pour répandre la science, mais pour inspirer le désir de connaître les langues étrangères ou pour discréditer les auteurs qui en sont les victimes.

Il me reste à m'excuser d'avoir, cédant aux vives sollicitations de M. Darin et entraîné par son zèle, ajouté à ces éléments quelques notes complémentaires et des notions de biologie générale. Nous avons pensé que de cette façon le livre deviendrait une sorte d'introduction aux traités plus importants, tels que l'*Anatomie comparée* de Gegenbaur, la *Morphologie générale* de Hæckel, les traités de zoologie de Carus, de Claus, de Schmarda, de Pagenstecker, d'O. Schmidt, etc. Je me suis efforcé dans ces compléments de me rapprocher autant que possible des idées exposées ailleurs par Huxley, et souvent je les ai reproduites textuellement. Le chapitre relatif à la classification n'est même qu'une traduction littérale d'un travail publié dans le journal de Ray-Lankester.

Il m'a semblé indispensable de donner aux jeunes étudiants français une connaissance sommaire des grands principes introduits par Lamarck et Darwin dans les sciences naturelles, principes qui ont provoqué un mouvement si considérable dans toutes les branches du savoir humain.

La chaire de zoologie de la Faculté de Lille est jusqu'aujourd'hui la seule en France où ces doctrines soient enseignées largement et complétement. Je souhaite pour l'honneur de notre pays que le présent volume en facilite la dissémination.

Je ne me dissimule pas l'insuffisance de cette introduction beaucoup trop condensée pour être facilement comprise à une première lecture. Le débutant fera bien de passer outre et d'y revenir seulement après avoir étudié tout l'ouvrage, et surtout après avoir, guidé par ces leçons, beaucoup observé la nature.

Peut-être me sera-t-il permis plus tard de faire mieux dans une nouvelle édition, si, comme je l'espère, ce petit livre est accueilli avec quelque faveur. Tel qu'il est, je crois qu'il pourra rendre de grands services aux étudiants en zoologie, à ceux qui aspirent au modeste diplôme de bachelier, aux élèves de nos Facultés de médecine et à ceux qui préparent l'examen difficile de la licence ès sciences naturelles.

ALFRED GIARD.

PRINCIPES GÉNÉRAUX DE LA BIOLOGIE.

CORPS ORGANISÉS ET CORPS INORGANIQUES.

Les corps que nous voyons autour de nous ont été divisés en organiques et inorganiques, division qui répond à des caractères bien distincts lorsqu'on envisage les choses d'une manière superficielle, mais qui perd beaucoup de sa valeur pour le naturaliste philosophe. Ce n'est pas toutefois dans les cristaux qu'il faut chercher, comme l'ont fait certains minéralogistes, les points de rapprochement entre les individus organiques et ce que l'on nomme des individus inorganiques. Le cristal ou plutôt la molécule intégrante est la plus haute expression du règne minéral, le sommet de la branche qui s'écarte des règnes organiques.

L'individu minéral peut en effet se caractériser par une forme de plus en plus géométrique, une composition chimique de plus en plus simple et de plus en plus stable, une indépendance très-grande par rapport au milieu dans lequel il prend naissance, tandis que l'individu organique présente au fur et à mesure qu'on s'élève dans la série une forme de plus en plus variable, une composition chimique complexe et instable, une dépendance très-grande par rapport aux milieux ambiants. Si nous cherchons le point de contact entre le monde organique et le monde inorganique, nous le trouvons dans les corps qui sous l'influence de conditions extérieures affectent des formes plus ou moins régulières, mais non absolument géométriques (Prismes de basalte, nodules pisolithiques, cellules artificielles de Traube, etc.); ou encore à un autre point de vue dans les composés si complexes et si peu stables de la chimie dite organique, laquelle ne peut plus être aujourd'hui séparée de la chimie minérale.

ORGANISATION ET VIE.

Il résulte de ce qui précède que l'on peut trouver l'organisation sans la vie, l'organisation n'étant qu'une certaine adaptation parfois transitoire, parfois durable des corps à un ensemble de conditions physico-chimiques définies (Fausses cellules, caillots organisés du sang, etc.). Inversement la vie peut se produire avec un degré d'organisation très-inférieur, mais en général elle est une cause de complication de cette organisation.

PROTOPLASME OU MATIÈRE VIVANTE.

Le protoplasme, appelé si justement par Huxley la *base physique de la vie*, n'est pas, comme on l'a souvent répété, une matière albuminoïde homogène. Une matière albuminoïde isolée n'est pas vivante, de même qu'un acide ou une base également isolés ne sont pas des corps chimiquement actifs. Mais le mélange de deux ou plusieurs substances albuminoïdes (le protoplasme en contient au moins deux) peut être vivant, de même que le mélange d'un acide et d'une base peut démontrer l'activité chimique de ces deux corps. Mais, tandis que dans la combinaison d'un acide et d'une base, la formation d'un corps nouveau met fin aux manifestations dynamiques du mélange, les matières albuminoïdes qui par leur réunion donnent naissance à un protoplasme, c'est-à-dire à une matière vivante, sont susceptibles de se régénérer aux dépens du milieu dans lequel elles sont placées au fur et à mesure que les manifestations dynamiques qu'elles produisent donnent naissance à des excréta rejetés dans ce milieu.

La matière vivante peut donc être comparée grossièrement à une pile électrique dont les éléments seraient capables de se régénérer indéfiniment. Cet échange continuel d'éléments entre le corps vivant et le milieu dans lequel il est placé est une des conditions de la vie. La vie est l'organisation se continuant pendant que les molécules constituant le corps organisé (organisme) sont dans un état d'équilibre mobile ou de rénovation continuelle. Les graines des végétaux, les animaux lentement desséchés (Rotifères), qui peuvent pendant longtemps ne manifester aucune propriété vitale, loin de constituer des exemples à opposer à notre définition, viennent au contraire la corroborer. Pour que les éléments chimiques qui les composent puissent agir les uns sur les autres, il faut qu'ils soient dissous : *Corpora non agunt nisi soluta.* On peut comparer ces organismes à une pile dans laquelle il ne manquerait que le liquide.

Les œufs de certains animaux (oiseaux, etc.), qui exigent une certaine chaleur pour se développer entièrement nous fournissent un cas analogue à ces réactions chimiques qui ne s'accomplissent d'une façon parfaite que si l'on élève la température d'une manière suffisante.

ORIGINE DE LA VIE : GÉNÉRATION SPONTANÉE OU HÉTÉROGÉNIE.

Les longues discussions auxquelles cette question a donné lieu jusque dans ces dernières années, les efforts tentés pour démontrer ou réfuter les doctrines hétérogéniques ont fort médiocrement servi aux progrès de la science. Elles nous ont du moins fait voir d'une manière très-nette l'impuissance de la chimie et de la physiologie à résoudre seules les problèmes biologiques. Les arguments les plus sérieux que l'on peut opposer aux travaux de Pouchet, Joly et autres hétérogénistes, sont tirés de considérations purement morphologiques. Il est impossible pour quiconque a étudié avec soin l'organisation des infusoires et même des Protistes d'admettre que des êtres aussi complexes se soient formés par génération spontanée. La taille d'un animal ou d'un végétal ne signifie rien dans cette question, et l'imperfection des recherches micrographiques a seule pu faire admettre la genèse d'êtres tels que les Paramécies, les Mucédinées, etc. Même pour les Protistes les plus inférieurs, les bactéries et autres schizomycètes, l'hypothèse de l'hétérogénie est renversée par cette simple observation que ces êtres présentent des métamorphoses très-compliquées. C'est ce qu'ont prouvé les recherches de Ray Lankester et les miennes propres sur les Vibrioniens chromogènes. Une évolution, c'est-à-dire une série de métamorphoses suppose forcément un état spécial du germe, résultat de l'hérédité, et prouve par conséquent une génération dépendante d'autres organismes antérieurs.

Cependant le raisonnement nous démontre d'une façon irrécusable que les premiers êtres vivants ont dû se former indépendamment de tout organisme préexistant et que ces êtres ont dû être aussi peu organisés que possible.

Les derniers progrès de la chimie et de la biologie nous permettent de lever une partie du voile qui recouvre ces origines obscures de la matière vivante.

THÉORIE DU CARBONE.

Lorsque le globe terrestre commença à se refroidir, les matières qui prédominaient dans l'atmosphère étaient l'eau ou ses éléments (hydrogène et oxygène), l'acide carbonique et l'azote ; sous l'influence de la haute température et des sources puissantes d'électricité, de nombreuses combinaisons ont dû se produire entre ces éléments : d'abord des carbures d'hydrogène, puis des combinaisons azotées plus ou moins analogues aux matières albuminoïdes que nous connaissons.

Les admirables recherches de Berthelot ont montré que le chimiste peut reproduire au moyen des corps de la chimie minérale les principaux composés de la chimie organique, et les dernières recherches de Schützenberger sur les matières albuminoïdes, en élucidant d'une manière remarquable la composition chimique de ces corps si complexes, font prévoir le moment où leur synthèse sera réalisée dans les laboratoires (1).

Parmi les innombrables combinaisons de cette sorte que la nature a produites pendant la série indéfinie des âges où la terre se refroidissait, plusieurs ont dû subsister durant la période où déjà, l'eau s'étant condensée, il existait des océans à la surface du globe. Le mélange de ces substances ou de celles d'entre elles qui pouvaient agir chimiquement les unes sur les autres, et se régénérer aux dépens de celles qui les entouraient, ou peut-être même aux dépens de composés plus simples (2),

(1) Schützenberger a montré que les diverses albumines sont constituées par un noyau amidé autour duquel viennent se grouper des principes divers : Urée, oxamide, acide acétique, etc.

Le mélange amidé est formé par divers corps appartenant à deux séries :

1° $C^nH^{2n+1}Azo^2$ (n = 7, 6, 5, 4, 3) leucine, butalanine, acide amidobutyrique.

2° $C^nH^{2n-1}Azo^2$ (n = 6, 5, 4).

Les corps des deux séries se trouvent en proportions moléculairement équivalentes dans le mélange amidé. Les différences observées dans les matières albuminoïdes dépendraient de la nature et des quantités des principes étrangers (urée, etc.) qui viennent se grouper autour de ce noyau commun.

(2) Les beaux travaux de Pasteur, J. Raulin, U. Gayon ont montré

a constitué les premiers êtres vivants, êtres d'une simplicité excessive et à peine comparables aux organismes que nous appelons les monères.

Peut-être aujourd'hui encore les conditions nécessaires à la production de tels êtres se trouvent-elles réunies quelquefois. Peut-être aussi, connaissant mieux la composition chimique des divers protoplasmes et de leurs éléments, arriverons-nous, comme l'a prédit notre illustre physiologiste Claude Bernard, à conquérir la nature et à créer des organismes vivants comme le chimiste crée à volonté les produits élaborés dans les animaux et les plantes.

ANIMAUX, VÉGÉTAUX, PROTISTES.

Si l'on ne considère que les animaux supérieurs et les plantes usuelles qui nous entourent, la distinction entre le règne animal et le règne végétal est en quelque sorte intuitive, et c'est perdre son temps et sa peine que d'indiquer les caractères qui séparent ces deux ensembles. Il n'en est plus de même lorsque, descendant l'échelle des organismes, nous arrivons dans les régions inférieures de l'un et l'autre règne. Les distinctions savamment établies disparaissent alors graduellement, et l'on conçoit bientôt l'existence d'une zone frontière entre les animaux et les végétaux, sorte de territoire neutre qu'on a désigné sous le nom de règne des *Protistes*.

On a reproché aux naturalistes qui admettent le règne des Protistes, de doubler les difficultés au lieu de les supprimer, puisqu'il faut établir la distinction des Protistes d'une part avec les animaux, d'autre part avec les végétaux. Cette objection pourrait être faite chaque fois que

que les organismes les plus simples peuvent vivre dans des milieux exclusivement composés de substances chimiques définies.

l'on établit une division nouvelle dans les règnes organiques. Elle ne signifie rien pour ceux qui savent que toute division tranchée en biologie est chose purement subjective et que la nature ne se plie pas à nos systèmes étroits de classification. *Natura non facit saltus.*

L'un des caractères sur lequel on a surtout insisté pour séparer les plantes des animaux, c'est que ces derniers sont obligés de prendre toutes formées les matières protéiques ou albuminoïdes dont ils se nourrissent, tandis que les végétaux peuvent former directement de semblables matières. Voici comment le professeur Huxley a montré récemment le peu de valeur de ce caractère:

« Certains organismes qui traversent une phase d'existence où ils sont monades, les Myxomycètes par exemple, semblent à un certain moment de leur vie avoir besoin de puiser leur matière protéique à des sources extérieures — autrement dit ils sont animaux ; et pendant l'autre ils fabriquent eux-mêmes cette matière, — autrement dit, ils sont plantes. Et puisque toute la marche de la science moderne vient à l'appui de la doctrine de la continuité, on est fondé à émettre une hypothèse aussi raisonnable et aussi probable que peut l'être une hypothèse : de même qu'il y a des plantes capables de fabriquer de la protéine avec des matières minérales aussi intraitables en apparence que l'acide carbonique, l'eau, l'azotate d'ammoniaque et les sels métalliques ; de même que d'autres ont besoin que leur carbone et leur azote leur soient fournis sous la forme un peu moins brute de tartrate d'ammoniaque et de composés analogues, de même il peut y en avoir, comme c'est peut-être le cas pour les plantes vraiment parasites, qui soient incapables de se passer de matériaux encore mieux préparés, encore plus près d'être transformés en protéine ; et nous arrivons ainsi à des organismes tels que les Psorospermies qui appartiennent autant aux plantes qu'aux animaux par leur structure, mais qui sont animaux en ce qu'ils dépendent d'autres organismes pour leur nourriture.

« La circonstance bizarre observée par Meyer que la *Torula* de la levûre, bien qu'incontestablement une plante, fructifie cependant mieux quand on lui fournit la substance azotée complexe appelée pepsine ; la probabilité que le *Peronospora* se nourrit directement du protoplasme de la pomme de terre, enfin les faits étonnants récemment découverts sur les plantes carnivores, tout vient confirmer cette idée ; tout tend à la conclusion que la différence existant entre la plante et l'animal est une différence de degré plutôt que de nature, et que le problème de décider si un organisme est une plante ou un animal peut dans un cas donné être absolument insoluble (1). »

Nous ne parlons pas du prétendu criterium qu'on a cru trouver dans la solubilité ou l'insolubilité des éléments animaux ou végétaux dans tel ou tel réactif. Il est démontré aujourd'hui que dans l'un et l'autre règne se rencontrent des éléments présentant les mêmes réactions chimiques (cellulose des Tuniciers presque identique à celle des plantes, glycogène ou amidon animal, etc.).

PLASTIDES, CELLULES.

Tout corps vivant peut se décomposer en éléments visibles seulement au microscope qu'on nomme *plastides* ou *cellules* en employant ce mot dans le sens le plus général. La plastide la plus simple est le *cytode* formé par un amas de protoplasme sans noyau ni membrane d'enveloppe. On l'appelle *gymnocytode*. Un cytode pourvu d'une membrane limitante est un *lépocytode*.

(1) On peut encore citer l'identité d'action des réactifs physiologiques et en particulier des anesthésiques sur les animaux et les végétaux.

On nomme *cellule* dans le sens restreint du mot un cytode présentant un noyau, c'est-à-dire un amas de protoplasme au sein duquel se trouve une partie différenciée distincte de la substance ambiante par son aspect et ses propriétés.

Une cellule nue est une *gymnocelle ;* une cellule pourvue d'enveloppe, une *lépocelle.*

La *plastide* peut quelquefois être très-hautement différenciée (infusoires, éléments musculaires, éléments nerveux); elle possède dans ce cas des propriétés spéciales en rapport avec son organisation plus élevée.

MULTIPLICATION DES PLASTIDES.

Un cytode se multiplie par division de sa substance en deux parties plus ou moins égales (scissiparité).

La multiplication des cellules est plus complexe. Elle peut se faire par bourgeonnement ou par rénovation nucléaire.

Il y a bourgeonnement quand une partie plus ou moins grande du noyau entourée d'un partie plus ou moins grande du protoplasme se sépare de la cellule mère pour former une nouvelle cellule (bourgeonnement des *Podophrya,* etc.).

La division par rénovation nucléaire peut se produire de deux façons :

1° La cellule mère n'emprunte aucun élément extérieur (division cellulaire simple) (1).

Le noyau de la cellule semble acquérir deux pôles : il

(1) Les phénomènes que nous allons décrire ont été vus en partie par Derbès en 1844 et depuis par Kowalevsky, Flemming, Fol et un grand nombre d'observateurs. Mais ce sont les recherches simultanées de Strasbürger sur les végétaux et de Bütschli sur l'œuf animal qui nous les ont fait connaître entièrement et nous ont démontré la généralité du processus.

devient ovoïde fusiforme et paraît strié dans le sens de son grand axe, le petit axe est marqué par une bande obscure (plaque nucléaire) qui ne tarde pas à se diviser en deux bandes parallèles entre lesquelles s'étendent des filaments (fils nucléaires) parallèles au grand axe. Les deux extrémités polaires de l'ancien noyau devenues punctiformes agissent comme centres d'attraction sur les granulations protoplasmiques. Autour de ces centres se produisent ainsi des étoiles à rayons très-nombreux. La cellule présente en ce moment un aspect identique à la figure connue en physique sous le nom de *spectre magnétique*. Dans la zone neutre ou de moindre attraction il se reforme une plaque (plaque cellulaire) qui acquiert bientôt la solidité d'une paroi et se relie d'une façon ou d'une autre à la paroi de la cellule mère. En même temps, de chaque côté de la cloison nouvellement formée, un nouveau noyau est constitué par suite de l'attraction des granulations protoplasmiques, attraction qui cesse après la formation de la cloison.

2° La cellule mère avant de se diviser mêle ses éléments à ceux d'une autre cellule (conjugaison, phénomène fondamental de la reproduction sexuée).

Dans ce cas chaque cellule peut, en apparence, perdre momentanément son noyau. Puis, deux noyaux de nouvelle formation vont à la rencontre l'un de l'autre sous forme d'étoiles rayonnantes. La fusion de ces deux étoiles constitue un noyau unique qui se comporte à son tour comme dans le cas de la division cellulaire simple.

La formation de cellules à l'intérieur d'une cellule (formation endogène) n'est qu'une abréviation et une condensation du processus de la division cellulaire. On dit qu'il y a *formation libre* quand tout le protoplasme de la cellule mère n'est pas employé à la formation des éléments nouveaux.

Le noyau semble, dans certains cas, jouer un rôle moins important dans les phénomènes de division cellulaire. Dans les *Spirogyra* et quelques autres algues, une partie du protoplasme reste adhérente à la paroi de la cellule sur le point de se diviser et semble échapper, partiellement du moins, à l'influence du noyau. Chez d'autres algues, le noyau occupe dans la cellule une position latérale, et son rôle est encore plus effacé. Enfin, chez les *Cladophora*, le noyau a complétement disparu, et le rôle le plus important appartient au protoplasme pariétal. Il faut encore citer les cas où le noyau persistant, les centres attractifs se forment à côté de lui et en dehors de son influence. C'est ce qui a lieu, par exemple, dans la formation des spores des *Anthoceros* et des macrospores de l'*Isoetes Durieui*. Le noyau inactif finit par être résorbé. Peut-être faut-il interpréter de la même façon les faits singuliers signalés par Balbiani dans les œufs de certaines araignées et de quelques autres animaux chez lesquels la vésicule germinative paraît déchue de son rang de directrice de l'embryogénie et remplacée par un noyau de nouvelle formation (vésicule embryogène), qui devient le point de départ des phénomènes évolutifs.

En résumé, ce processus de la division cellulaire présente une diversité si grande sous son apparente uniformité, qu'on doit y voir une évolution acquise par hérédité, plutôt qu'un phénomène immédiatement réductible à des causes physico-chimiques.

ORGANE, PERSONNE, CORMUS.

La réunion des *plastides* constitue les *organes* qui peuvent être formés par des plastides de même espèce ou d'espèces différentes.

Une *personne* ou un *individu* au sens restreint du mot est un assemblage d'organes disposés dans un certain ordre. La *personne* est réductible au type *Gastrula*.

Dans un sens plus général le mot *individu* désigne tout être ayant une existence morphologique et physiologique distincte, que cet être soit monocellulaire ou pluricellulaire.

La réunion de plusieurs individus gardant entre eux des relations morphologiques et souvent physiologiques porte le nom de *cormus*.

La sphère du *Magosphæra* est un cormus de Catallactes monocellulaires. Les colonies de coraux sont des cormus d'anthozoaires ; le ruban d'un ténia est un cormus de vers plats.

Plusieurs individus forment un *cœnobium* quand ils se fusionnent en partie et mettent en commun une portion de leur individualité (étoiles des Botrylles, etc.).

Il existe des passages par gradations insensibles entre les personnes et les organes. La première personne d'une colonie de *Pyrosoma* devient un organe, le cloaque commun du cormus. Les diverses personnes d'un cormus de siphonophores ont aussi le plus souvent la valeur de simples organes. Dans cette question de l'individualité comme partout ailleurs la nature procède par transitions infiniment petites et jamais par sauts.

DISPOSITIONS RELATIVES DES INDIVIDUS.

On appelle parties *centromériques* celles qui sont distribuées symétriquement par rapport à un point, par exemple, les différents individus d'un *Magosphæra* sont des plastides centromériques.

On nomme parties *antimériques* ou *antimères* celles qui sont disposées symétriquement par rapport à un axe. Exemple : les divers tentacules d'un polype, les individus formant les cœnobiums des botrylles, les bras d'une astérie.

Enfin on donne le nom de parties *métamériques* ou *métamères* à celles qui sont situées les unes à la suite des autres comme les anneaux d'une chaîne (les différentes cellules d'un filament de nostoch, les personnes formant la chaîne d'un ver rubané, les segments d'un arthropode, les vertèbres d'un vertébré, etc.). Les mots centromères, antimères, métamères désignent donc de simples rapports de position et nullement des ordres spéciaux d'individualité.

MORPHOLOGIE ET PHYSIOLOGIE.
HOMOLOGIE ET ANALOGIE.

La *morphologie* est l'étude des formes que présentent les êtres organisés.

La *physiologie* est l'étude des fonctions, c'est-à-dire des manifestations vitales que l'on observe chez les êtres vivants.

Deux organes sont *analogues* lorsqu'ils ont le même rôle physiologique, c'est-à-dire quand ils remplissent la même fonction. Exemple : l'aile de l'oiseau et celle de la chauve-souris, le poumon des mammifères et la branchie des poissons.

Deux organes sont *homologues* quand ils ont la même valeur morphologique, c'est-à-dire quand ils sont formés en des points correspondants de l'embryon et suivent un développement parallèle. Exemple : le poumon des mammifères et la vessie natatoire des poissons ; les plumes des oiseaux et les écailles des reptiles, etc.

Il faut distinguer deux sortes d'*homologies :*

1° Les homologies ataviques (*homophylies*) qui ont leur cause dans l'hérédité. Telles sont celles que nous avons citées ci-dessus.

2° Les homologies par adaptation (*homomorphies*). Par exemple : les palmures interdigitales des oiseaux, des batraciens et des mammifères aquatiques sont des parties homologues par adaptation.

Ces dernières homologies sont parfois très-difficiles à distinguer des premières, surtout quand elles se produisent sur des larves ou des êtres peu différenciés.

DIVISION DU TRAVAIL PHYSIOLOGIQUE ; DIFFÉRENCIATION ; PERFECTION ET ÉLÉVATION PLUS OU MOINS GRANDE DANS LA SÉRIE ANIMALE.

La différenciation consiste dans l'adaptation morphologique à une fonction spéciale d'une partie primitivement employée à des fonctions multiples. La différenciation des organes est donc une conséquence immédiate de la division du travail physiologique : *la fonction crée l'organe.* Un animal est d'autant plus parfait que ses divers organes sont mieux différenciés. Mais la perfection n'est pas nécessairement en rapport avec l'élévation dans la série animale. Une abeille est un animal plus parfait que l'amphioxus, quoique beaucoup moins élevé dans la série.

La perfection est une qualité objective; l'élévation dans la série dépend de considérations subjectives, l'homme regardant comme plus élevés les animaux qui s'écartent le moins du tronc de son arbre généalogique ou de son propre plan d'organisation.

Quand un organe a une fonction très-importante à remplir, il arrive souvent que cet organe se développe d'une façon excessive, les organes voisins sont dans ce cas fréquemment atrophiés; c'est ce que Et. Geoffroy Saint-Hilaire appelait *principe de balancement des organes.*

Le développement ou l'atrophie d'un organe, et en général toute modification de cet organe peut être accompagné de modifications corrélatives dans des organes qui n'ont avec les premiers aucuns rapports apparents (par exemple : larynx et organes génitaux). C'est ce que Darwin appelle le *principe de corrélation de croissance.*

PRINCIPE DE LA CORRÉLATION DES FORMES.

Ce principe a été énoncé par Cuvier de la façon suivante : « Tout être organisé forme un ensemble, un système unique et clos dont les parties se correspondent mutuellement et concourent à la même action définitive par une action réciproque. Aucune de ces parties ne peut changer sans que les autres changent aussi, et par conséquent chacune d'elles prise séparément indique et donne toutes les autres... tout comme l'équation d'une courbe entraîne toutes ses propriétés ; et de même qu'en prenant chaque propriété séparément pour base d'une équation particulière on retrouverait et l'équation ordinaire et toutes les autres propriétés quelconques, de même l'ongle, l'omoplate, le condyle, le fémur et tous les autres os pris chacun séparément donnent la dent ou se donnent réciproquement et en commençant par chacun d'eux celui qui posséderait rationnellement les lois de l'économie organique pourrait refaire tout l'animal. » (*Révolutions du globe.*)

Le principe de la corrélation des formes rend de très-grands services, il est indispensable pour saisir certaines dispositions complexes ; mais, comme le fait très-judicieusement remarquer Claus, on doit bien se garder d'y chercher, ainsi que l'entendait Cuvier, une fin placée en dehors de la nature. Il faut le considérer comme une expression *anthropomorphique* pour désigner les rapports nécessaires entre la forme et les fonctions des parties et du tout, à peu près comme en astronomie on explique les phénomènes au moyen du mouvement apparent, c'est-à-dire par des expressions *géocentriques* uniquement pour la facilité de certaines démonstrations.

EMBRYOGÉNIE : L'ŒUF ET LES DÉBUTS DE L'ÉVOLUTION.

L'ovule ou œuf ovarien, animal ou végétal, est une cellule simple. Le noyau de cette cellule porte le nom de vésicule de Purkinje, ou vésicule germinative; le nucléole est appelé tache germinative ou tache de Wagner. Le contenu protoplasmique de l'ovule constitue le jaune ou vitellus.

L'œuf pondu possède rarement cette simplicité primitive ; généralement un certain nombre de cellules de de la glande ovarienne ou d'organes glandulaires accessoires, ajoutent leur contenu au contenu de l'ovule, et produisent ainsi ce qu'on a nommé *deutoplasma*, *vitellus nutritif*, *lécithe*, etc.

Ce processus de nutrition de l'ovule, tout en modifiant son état physiologique actuel et son évolution ultérieure, n'altère en rien sa valeur morphologique : c'est toujours une cellule simple, comme le prouvent d'ailleurs, les phénomènes qui suivent la fécondation.

La façon dont l'ovule s'assimile les éléments cellulaires nécessaires à sa nutrition, le nombre des éléments ainsi surajoutés, leur situation relative, etc., sont choses excessivement variables. Nous citerons seulement, en passant, l'œuf des rhizocéphales, où une seule cellule (dite cellule polaire), est absorbée, celui des insectes ou des crustacés où plusieurs celulles (trois ou quatre en général) s'adjoignent à chaque ovule; les œufs des Tubellariés, des Trématodes et des Cestodes, auxquels une glande spéciale (vitellogène), fournit une abondante matière nutritive ; enfin les œufs des Tuniciers, des oiseaux et des mammifères qui sont entourés d'une couche cellulaire spéciale (*follicule*) à laquelle ils empruntent des matériaux nécessaires à leur évolution. Chez les oiseaux l'œuf reçoit même des éléments nutritifs empruntés à des organes extra-ovariens (*albumen* ou blanc de l'œuf).

Quand l'œuf ne s'assimile pas de bonne heure des matériaux nutritifs suffisants, l'embryon qui n'est que l'œuf à un état plus avancé, s'acquitte lui-même de cette fonction. Les coques renfermant la ponte de certains mollusques (Buccins, Murex Lamellaria) renferment un grand nombre d'œufs dont quelques-uns seulement arrivent à l'état d'embryon, les autres vaincus dans la concurrence vitale servent à la nourriture des jeunes larves. Les petits de la Salamandre noire formés à l'intérieur du corps maternel dévorent également un certain nombre d'œufs non développés. De là à la nutrition par endosmose des œufs du *Pipa* greffés sur le dos de la mère il n'y a qu'un pas, et ce pas franchi nous arrivons à la placentation des squales, à celle plus parfaite des mammifères, à la lactation mammaire ou à la régurgitation des liquides nutritifs de certains oiseaux (Pigeons, etc.).

Partout où l'embryon à l'état d'œuf non encore fécondé, ou à une phase ultérieure, se nourrit ainsi aux dépens de l'organisme parent, cette nutrition se fait toujours par absorption d'éléments entrés en dégénérescence graisseuse, et cette nécrobiose physiologique est le critérium le plus sûr d'une embryogénie condensée, d'une absence de métamorphoses libres chez la larve. Un vitellus nutritif abondant est donc en général une circonstance défavorable pour l'étude embryogénique d'un être, et sa présence fait présager de nombreuses hétérochronies dans son évolution (1).

(1) Il y a *hétérochronie* dans le développement d'un type déterminé quand la formation d'un organe se fait plus tôt ou plus tard que dans

Le phénomène de la fécondation est au fond une conjugaison entre l'amibe ou les amibes formés par les spermatozoïdes introduits dans l'ovule et nourris de la couche superficielle de cet ovule (noyaux spermatiques) et l'amibe ovulaire sorti à ce moment de son état d'enkystement (disparition apparente de la vésicule germinative).

La sortie des globules polaires (corpuscules de direction) s'effectue, d'après Bütschli, comme une simple division cellulaire dans laquelle l'une des cellules formées serait très-petite. Il ne faut sans doute voir dans ce phénomène qu'une répétition ontogénique de la phylogénie. Chez les protozoaires inférieurs quand il y a division cellulaire, les deux produits de la division s'écartent l'un de l'autre. C'est seulement chez les Catallactes (*Magosphæra*) que les cellules filles gardent une adhérence temporaire avec leurs parents. Dans la production des globules polaires l'élément qui se sépare est très-petit et en régression, parce que le processus n'a plus qu'une signification atavique; il est abrégé, parfois même supprimé. Le globule polaire est une cellule rudimentaire, résultant le plus souvent de la conjugaison sexuelle, mais pouvant aussi se former avant la fécondation.

La division cellulaire continue ensuite régulièrement. Nous avons fait connaître plus haut, d'après Strasbürger et Bütschli, les traits fondamentaux de ce phénomène im-

le développement normal des autres espèces du même groupe. Par exemple, dans l'embryogénie des Synascidies comparée à celle des Ascidies simples, si l'on prend pour échelle de comparaison les différents stades de l'évolution de la corde dorsale, il n'y a pas synchronisme dans les deux groupes pour les stades correspondants de l'évolution du tube digestif et des autres organes. Il y a retard de l'Ascidie simple sur l'Ascidie composée et au moment de l'éclosion du têtard chez cette dernière, la queue ne doit plus être considérée que comme le véhicule qui transporte l'animal adulte déjà tout formé au point où il doit passer son existence (Voy. A. Giard, *Embryogénie des Tuniciers. Archives de zoologie expérimentale*, t. I, 1872, p. 422).

portant, et cela dans le règne végétal aussi bien que dans le règne animal. L'amas de cellules formé par l'œuf en voie de segmentation s'appelle masse framboisée ou *morula*.

Au centre de la *morula* il existe une cavité qui porte le nom de cavité de segmentation ou cavité de Baer.

Quand les cellules de la *morula* sont distribuées autour de cette cavité sur un plan unique, elles forment une sphère creuse nommée *blastosphæra* ou *blastula*.

En un point de cette sphère il se produit bientôt un enfoncement, une invagination qui réduit peu à peu à une fente la cavité de segmentation et transforme la blastula en une sphère à double paroi nommée *gastrula*.

La paroi interne est l'endoderme, la paroi externe l'exoderme. La cavité endodermique est le tube digestif primitif. L'ouverture de la gastrula a été appelée bouche primitive, prostome, archæostome, blastopore, anus de Rusconi, etc.

Lorsque la *gastrula* se constitue, comme nous venons de le voir, par une invagination de la *Blastula* ou *Blastosphæra*, on dit qu'elle se forme par *embolie*.

Mais la *gastrula* peut aussi prendre naissance par d'autres procédés.

Souvent, après la formation des quatre premières sphères de la *morula* il se forme quatre blastomères beaucoup plus petites et constituées uniquement par du vitellus formateur. Dès le stade 8, il y a donc séparation entre l'exoderme et l'endoderme : le premier s'accroît beaucoup plus rapidement que le second, le recouvre peu à peu et l'on a alors une gastrula née par *épibolie*.

D'autres fois encore, les cellules de la *blastula* se divisent dans le sens radial, et il se produit ainsi deux sphères se recouvrant l'une l'autre. Une ouverture se forme en un point et l'on arrive encore à la forme *gastrula* par un procédé qui a reçu le nom de *délamination*.

Nous verrons plus loin que ces procédés et d'autres analogues dérivent tous de la formation typique par invagination.

L'exoderme et l'endoderme sont encore appelés feuillet blastodermique externe et feuillet blastodermique interne ou épiblaste et hypoblaste.

HOMOLOGIE DES FEUILLETS BLASTODERMIQUES. THÉORIE DE LA GASTRÆA.

En 1849, dans un remarquable Mémoire *sur l'anatomie et les affinités des Méduses*, Huxley tenta le premier d'établir une comparaison entre les feuillets primitifs de ces zoophytes et ceux des animaux supérieurs. « Une complète identité de structure rapproche les membranes fondamentales des médusaires des membranes correspondantes dans le reste de la série animale, et il est curieux de remarquer que partout les membranes externe et interne semblent avoir entre elles les mêmes rapports physiologiques que les feuillets séreux et muqueux (exoderme et endoderme) de l'embryon; la couche externe donne naissance au système musculaire et aux organes d'attaque et de défense; la couche interne paraît spécialement affectée aux appareils de la nutrition et de la génération. »

En 1870, après une série de mémoires embryogéniques des plus instructifs, Kowalevsky démontre de la façon la plus nette l'homologie des feuillets blastodermiques chez tous les *Metazoa* et déclare insoutenable l'opinion des zoologistes qui veulent n'établir de comparaison qu'entre des animaux appartenant à un même type.

En 1872, Hæckel a donné un exposé magistral de la théorie des feuillets (qu'il nomme théorie de la *Gastræa*).

Parmi les zoologistes qui, par leurs travaux d'embryogénie spéciale et générale, ont cherché à confirmer et à répandre cette vue si importante de l'homologie des feuillets blastodermiques, il convient de citer, en Allemagne, G. Jæger; en Angleterre, Ray-Lankester; en Belgique, Ed. Van Beneden; en France, A. Giard.

Un des arguments les plus probants qu'on puisse faire valoir en faveur de la théorie de la *Gastræa* est que partout dans le règne animal, depuis l'éponge jusqu'à l'homme, les deux premiers feuillets donnent naissance aux mêmes organes fondamentaux. Les cellules de l'exoderme forment d'abord l'enveloppe externe du corps, la peau avec ses dépendances (cheveux, ongles, etc.), puis le système nerveux et la portion la plus importante des organes des sens; enfin une grande partie du système musculaire (muscles du tronc et des membres) et le squelette : en un mot, les organes de la sensibilité et du mouvement, Aussi Baer appelait-il déjà l'exoderme le *feuillet animal*. Remak le nommait feuillet *sensoriel;* on l'a aussi quelquefois désigné sous le nom de feuillet *cutané* et de feuillet *nerveux*.

Les cellules de l'endoderme constituent : d'abord tout le revêtement épithélial du tube digestif et les glandes qui en dépendent (foie, poumon, glandes salivaires, etc.); en second lieu, les muscles qui forment la paroi du canal digestif, ensuite le cœur et les vaisseaux, enfin les rudiments des organes sexuels (peut-être de l'ovaire seulement). Le feuillet endodermique sert donc surtout aux fonctions végétatives, d'où le nom de *feuillet végétatif* qui lui a été donné par Baer. Remak le nommait *feuillet trophique*.

L'embryogénie vient donc confirmer, au point de vue morphologique, la grande distinction établie physiologiquement par Bichat entre la vie végétative et la vie animale.

PASSAGE DE LA GÉNÉRATION ASEXUELLE A LA GÉNÉRATION SEXUELLE.

Le bourgeon dans son évolution reproduit les différentes phases du développement de l'œuf, mais le plus souvent avec abréviation et condensation de ces différentes phases. Au moment où il devient visible, le bourgeon est en général une gastrula dont les deux feuillets sont en rapport plus ou moins évident avec les feuillets correspondants de l'organisme maternel (bourgeonsdes méduses, des stolons du *Perophora*, etc.). D'autres fois, le premier rudiment du bourgeon peut être envisagé comme une *Morula*, c'est-à-dire un simple amas de cellules détachées de l'organisme maternel (redies et sporocystes). D'autres fois encore le bourgeon n'est d'abord qu'une cellule unique qui se comporte absolument comme un œuf (ascidies du groupe des pseudodidemniens). Ce cas nous conduit à la parthénogénèse. La seule différence consiste en ce que dans la parthénogénèse proprement dite la cellule génératrice est produite dans un ovaire, c'est-à-dire, dans une partie spéciale du corps, au lieu de se détacher d'un point indifférent de l'organisme.

La parthénogénèse paraît en rapport avec certaines conditions d'existence et notamment avec l'abondance plus ou moins grande de la nourriture. Les pucerons présentent pendant tout l'été des générations parthénogénétiques, et les individus mâles n'apparaissent qu'en automne au moment où la nourriture devient moins abondante. On peut même prolonger la parthénogénèse en transportant dans une serre le végétal qui les nourrit.

Les chenilles de certains lépidoptères, nourries d'une façon surabondante, donnent parfois naissance à des femelles parthénogénétiques. Les larves mal nourries donnent le plus souvent des papillons mâles (expériences de Landois que je puis confirmer).

La parthénogénèse à l'état larvaire, telle qu'on l'observe chez les diptères (Chironomes, Cécidomyes), doit probablement être attribuée à une hétérochronie qui fait développer les organes génitaux femelles avant l'époque ordinaire, grâce à l'abondance des matières nutritives. Elle peut être à cet égard rapprochée du fait si curieux de la multiplication à l'état larvaire de l'axolotl et de certains tritons (*T. alpestris*, *T. tæniatus*).

PARTHÉNOGÉNÈSE DES ÉLÉMENTS CELLULAIRES. THÉORIE DE LA SEXUALITÉ DES FEUILLETS BLASTODERMIQUES.

Nous avons vu plus haut comment se multiplient les cellules.

On pourrait peut-être comparer la naissance des noyaux des cellules filles à celle des radiolaires, qui se reproduisent par bipartition. Les pseudopodes rayonnants servent aux jeunes noyaux à absorber leur nourriture, puis, quand celle-ci a été prise en quantité suffisante, les noyaux s'enkystent et se préparent à une nouvelle division. Dans l'œuf en général la première division seule est la suite d'une conjugaison (entre le noyau spermatique et le noyau ovulaire). Cependant, les recherches de Bobretzky sur le fractionnement des gastéropodes semblent indiquer chez ces animaux une série de conjugaisons entre les sphères de la *morula* avant la formation des premières sphères nouvelles.

Après une série de divisions parthénogénétiques (c'est-à-dire sans conjugaison) le pouvoir générateur des éléments cellulaires paraît épuisé, et il devient nécessaire pour l'activer que deux cellules à protoplasme aussi différent que possible entrent en conjugaison. Or, quelle est la première différentiation qui s'accomplit dans les cellules de l'embryon ? C'est, évidemment, celle qui transforme ces cellules les unes en cellules exodermiques, les autres en cellules endodermiques. Cette différenciation est même parfois sensible dès la formation des deux premières sphères de segmentation. Nous parlerons plus tard de ce phénomène que nous ne faisons qu'indiquer ici en passant ; ce que nous venons de dire suffit pour montrer que la conjugaison devra se faire entre une cellule endodermique et une cellule exodermique. La première prendra le nom d'élément femelle, la seconde sera l'élément mâle. Ainsi s'expliquerait la loi de la sexualité des feuillets démontrée par E. Van Beneden chez les Hydraires et confirmée par mes recherches sur les Rhizocéphales et celles de H. Fol sur les mollusques ptéropodes et gastéropodes.

Les cellules de l'exoderme les plus différentes des cellules de l'endoderme sont celles qui dérivent des premières cellules exodermiques, c'est-à-dire celles qui ont pris naissance dans le voisinage des globules polaires. De là le rôle important attribué par Balbiani aux corpuscules de direction dans leurs rapports de position avec les organes génitaux. On comprend aussi la mobilité des éléments reproducteurs si l'on songe que ces éléments dérivent de cellules dont les produits de division avaient une tendance héréditaire à se détacher de la cellule productrice. Les globules polaires nous ont déjà fourni un exemple de cette tendance.

DE L'ESPÈCE.

Les êtres vivants, animaux ou plantes, se divisent en une foule de groupes distinctement définissables que l'on appelle *espèces morphologiques*. Ils se divisent aussi en groupes d'individus qui s'accouplent facilement entre eux et reproduisent leurs semblables; ce sont les *espèces physiologiques.*

Le critérium de la diversité spécifique, c'est l'impossibilité de passer graduellement et par transition insensible d'un groupe d'individus à un autre, fût-il très-voisin; c'est en un mot la *discontinuité*, et toute collection ou suite d'individus nettement distincte est une espèce. Cette définition, que nous donnons d'après Huxley et Is. Geoffroy Saint-Hilaire, étant purement empirique, ne laisse prise à aucune récrimination.

Il y a une foule de raisons qui nous portent à admettre que les espèces ainsi entendues présentent, dans leur accouplement entre elles, tous les degrés de fécondité depuis la stérilité absolue jusqu'à la fécondité parfaite.

Les rejetons des membres d'une espèce ressemblent normalement à leurs parents; mais ils peuvent néanmoins varier, et les variations sont susceptibles de se perpétuer par hérédité, si l'on fait une sélection, c'est-à-dire si l'on prend soin d'accoupler entre eux les individus présentant une même variation : c'est ainsi que se constituent ce que l'on appelle les *variétés* et les *races*.

ORIGINE DES ESPÈCES.

THÉORIE DE LA FIXITÉ. THÉORIE DU TRANSFORMISME.

Les hypothèses relatives à l'origine des espèces, faisant profession de reposer sur une base scientifique et qui seules sont dignes de notre attention, sont de deux sortes :

La première que l'on appelle l'*hypothèse de la création spéciale* ou *de la fixité* suppose que chaque espèce provient d'un ou de plusieurs couples qui ne résulteraient de la modification d'aucune autre forme vivante, que n'auraient déterminés aucune action extérieure, aucune condition de milieu, mais qui, invariables et capables de reproduire des être semblables à eux, auraient été produits par un acte créateur surnaturel. Ils ne seraient même, d'après l'un des plus éminents champions de cette doctrine, L. Agassiz, que des incarnations de la pensée créatrice.

Cette hypothèse, après avoir eu longtemps la valeur d'un dogme, est en train de disparaître de la science. Elle sera dans quelques années matière à plaisanterie, comme nous rions aujourd'hui de l'*horreur du vide* des *forces catalytiques*, etc.

L'autre hypothèse, *l'hypothèse de la transmutation*, considère toutes les espèces existantes comme résultant des modifications d'espèces antérieures et de modifications qui se sont produites dans des êtres vivant avant celles-ci, sous l'influence de causes semblables à celles qui produisent aujourd'hui les variétés et les races, c'est-à-dire que ces espèces se sont produites tout à fait naturellement.

L'hypothèse de la variabilité a été émise par de nombreux naturalistes penseurs. Lamarck et surtout Darwin lui ont donné une base solide et en ont fait une théorie aussi suggestive que celle de l'attraction universelle ou qué la théorie des ondulations de l'éther.

PRINCIPES DE LA THÉORIE DE L'ÉVOLUTION OU DE LA DESCENDANCE MODIFIÉE.

Théorème de Malthus. — Tout individu qui, pendant le cours naturel de sa vie, produit plusieurs œufs ou plusieurs graines, doit être détruit à un certain moment de son existence, car, autrement, le principe de l'augmentation en progression géométrique étant donné, le nombre de ses descendants deviendrait si considérable qu'aucun pays ne pourrait les nourrir.

Corollaire I. — Comme il naît plus d'individus qu'il n'en peut vivre, il doit y avoir dans chaque cas lutte pour l'existence, soit avec un autre individu de la même espèce, soit avec des individus d'espèces différentes, soit avec les conditions physiques de la vie. C'est le principe de la *concurrence vitale.*

Corollaire II. — La concurrence vitale force les êtres vivants à employer plus spécialement certains organes. Or, dans tout animal qui n'a point dépassé le terme de ses développements, l'emploi plus fréquent et soutenu d'un organe quelconque fortifie peu à peu cet organe, le développe, l'agrandit et lui donne une puissance proportionnée à la durée de cet emploi ; tandis que le défaut constant d'usage de tel organe l'affaiblit insensiblement, le détériore, diminue progressivement ses facultés et finit par le faire disparaître. C'est la *loi d'adaptation* ou première loi de Lamarck.

Corollaire III. — Comme la lutte pour l'existence se renouvelle à chaque instant, il s'ensuit que tout être qui varie quelque peu que ce soit d'une façon qui lui est profitable, tout être mieux adapté que ses voisins aux conditions d'existence, dans lesquelles il se trouve placé, a une plus grande chance de survivre. Cette survivance du plus apte est ainsi le résultat d'une *sélection naturelle*, dont l'être mieux adapté est l'objet. C'est le *principe de Darwin* ou de la *sélection naturelle.*

Principe de l'hérédité ou deuxième loi de Lamarck. — Tout ce que la nature a fait acquérir ou perdre aux individus par l'influence des circonstances où leur race se trouve depuis longtemps exposée et par conséquent par l'influence de l'emploi prédominant de tel organe ou par celle d'un défaut constant d'usage de telle partie, elle le conserve par la génération aux nouveaux individus qui en proviennent, et qui par suite se trouvent immédiatement mieux adaptés que leurs ancêtres si les conditions d'existence n'ont pas changé.

Loi de Delbœuf. — Quand une modification se produit chez un très-petit nombre d'individus, cette modification fût-elle avantageuse, il semble que l'hérédité doit la faire disparaître, les individus avantagés devant s'unir forcément avec des individus non transformés. Il n'en est rien cependant. Quelque grand que soit le nombre d'êtres semblables à lui, et si petit que soit le nombre des êtres dissemblables que met au monde un individu isolé, on peut toujours, en admettant que les diverses générations se propagent suivant les mêmes rapports, assigner un nombre de générations au bout desquelles la totalité des individus variés dépassera celle des individus inaltérés.

Cette loi a été démontrée mathématiquement par M. Delbœuf (1).

PRINCIPE FONDAMENTAL DE L'EMBRYOGÉNIE.
RÉPÉTITION DE LA PHYLOGÉNIE PAR L'ONTOGÉNIE.

L'ontogénie (développement de l'individu) est une courte récapitulation de la phylogénie (développement de l'espèce).

Ce principe qui découle immédiatement des propositions exposées ci-dessus peut encore s'énoncer de la manière suivante :

(1) Voy. *Revue scientifique*, n° 29, 13 janvier, et n° 33, 10 février 1877.

La suite des formes que présente l'organisme individuel, pendant son évolution depuis l'état d'ovule jusqu'à l'animal parfait, est la répétition abrégée et condensée de la longue suite de formes qu'ont présentées ses ancêtres, depuis la formation des êtres organisés jusqu'à nos jours.

Ce principe complète et éclaire d'un jour nouveau une loi importante due à Baer et qui peut s'énoncer comme il suit :

Le développement d'un individu appartenant à une forme animale est déterminé par deux conditions : d'abord par une formation progressive du corps de l'animal, résultat d'une différenciation histologique et morphologique croissante; deuxièmement aussi par le passage d'une forme plus générale du type à une forme plus particulière.

Le *degré d'organisation* du corps d'un animal consiste dans la plus ou moins grande hétérogénéité des éléments et des parties qui composent les appareils, en un mot *dans la plus ou moins grande différenciation histologique et morphologique.*

Le *type*, au contraire, résulte des connexions, c'est-à-dire *des rapports de position des éléments organiques et des organes.* Le type est donc entièrement différent du degré d'organisation, tellement que le même type peut exister à des degrés très-divers d'organisation, et inversement le même degré d'organisation peut être atteint dans plusieurs types différents.

Les connexions sont fixes dans un même type (principe des connexions d'Ét. Geoffroy Saint-Hilaire). Mais les divers types de métazoaires se confondent à leur base dans la forme *Gastræa.*

La théorie des types a été établie simultanément par Cuvier et Baer. Le premier la fondait sur l'anatomie comparée ; le second sur l'embryogénie. L'hypothèse du transformisme a pu seule lui donner sa vraie signification.

La loi fondamentale de la biogénie a encore deux conséquences importantes :

1° L'embryon se formant peu à peu par différenciation progressive doit, à chaque stade de son évolution, correspondre à des animaux moins élevés dans la série zoologique. De là un parallélisme remarquable entre la série systématique et la série embryogénique.

2° Les espèces anciennes ou paléontologiques doivent également former une série parallèle à la série du développement embryogénique. De là les prétendus *types prophétiques* d'Agassiz. Les *types synthétiques* du même naturaliste sont simplement des formes souches communes à deux rameaux divergents de l'arbre zoologique.

PLINCIPE DE FRITZ MÜLLER.

Ce principe peut s'énoncer de la manière suivante :

La série des phases que présente le développement d'un embryon peut être peu à peu abrégée parce que l'évolution de l'être parfait tend à se faire le plus vite possible ; elle peut être faussée dans la lutte pour l'existence quand l'embryogénie se fait par larves menant une vie indépendante.

C'est là en quelque sorte la substance de l'admirable petit livre intitulé *Pour Darwin*, que tout zoologiste devrait connaître par cœur.

Dans la pratique, l'application du principe de Müller n'est pas sans difficultés, et l'on en a fait parfois d'étranges abus. Il ne suffit pas, en effet, d'affirmer que telle ou telle disposition est *primitive* et telle autre le résultat d'une *abréviation* ou d'une *falsification* de l'ontogénie :

il ne suffit pas de considérer selon notre bon plaisir une forme embryonnaire comme typique et les autres comme des *adaptations secondaires* à des conditions de milieux; nous devons chercher ailleurs que dans notre imagination un guide et des règles précises pour diriger notre raisonnement.

Or, jusqu'à présent, on s'est peu préoccupé de chercher un *criterium* qui réponde à ce besoin des études embryogéniques. Ce *criterium*, je crois qu'on pourrait le trouver surtout dans un processus que j'appellerai *dégénérescence graisseuse normale* ou *nécrobiose phylogénique*.

Quand, par suite d'une embolie ou de toute autre cause pathologique, un tissu normal ou un néoplasme n'est plus nourri que d'une façon insuffisante, ce tissu ou cette tumeur subissent dans leurs éléments une modification spéciale qui aboutit à la mort de ces éléments, à leur transformation en granulations graisseuses et à leur fonte ou leur résorption par les tissus voisins. C'est ce qui constitue la dégénérescence graisseuse ou nécrobiose pathologique. De même, quand un organe a joué un rôle important dans la phylogénie d'un groupe zoologique, il arrive souvent que cet organe réapparaît par hérédité dans l'ontogénie d'un animal de ce groupe, bien qu'il soit devenu complétement inutile à l'embryon, mais alors cet organe est toujours essentiellement transitoire : il présente une tendance marquée à la réduction, et les cellules qui le composent entrent rapidement en régression et dégénérescence granulo-graisseuse, parce que le développement des organes directement utiles à la nouvelle forme embryonnaire détourne les principes nutritifs de leur direction première : l'absence de fonction atrophie l'organe insuffisamment nourri, et souvent même cet organe n'est plus représenté dans l'évolution que par un amas graisseux, comme cela se voit pour l'embryon anoure de la molgule, où la chorde dorsale n'est plus indiquée que par l'amas appelé *sphères de réserve.*

L'étude de cette nécrobiose peut jeter une grande lumière sur une foule de phénomènes importants de l'embryogénie en rendant claire et légitime l'application du principe de Müller. C'est par ce phénomène qu'on peut expliquer par exemple la période de nymphe immobile chez les insectes à métamorphoses complètes. On peut comparer dans ce cas l'évolution de l'animal à la course d'un anneau auquel on imprime à la fois un mouvement de rotation d'avant en arrière et un mouvement de translation d'arrière en avant. Quand ce dernier cesse d'agir, l'anneau s'arrête un moment, puis se dirige en sens contraire de sa direction première : le mouvement de rotation correspond à l'hérédité; le mouvement de translation, c'est l'adaptation de la larve à un genre de vie spécial; souvent, comme chez les larves des papillons, à la vie de parasite.

Quand les globules graisseux apparaissent dans les premiers phénomènes embryogéniques, ils ont la même signification : simplification et condensation de l'embryogénie. Lorsque deux processus de formation aboutissent par des modes différents au même résultat morphologique, si l'un d'eux a présenté à un moment donné la nécrobiose phylogénique, on peut affirmer qu'il est secondaire et l'autre primitif. De là une application intéressante à la théorie de la *Gastræa* et à celle de la formation des divers systèmes d'organes (moelle épinière, tube digestif, etc.). On sait que, dans un même groupe et chez des espèces voisines, la Gastrula se forme tantôt par invagination d'une sphère blastodermique creuse (*Blastosphæra*), tantôt par l'intermédiaire d'une *Morula*, dont les cellules centrales entrent en dégénérescence graisseuse, ou par d'autres procédés analogues présentant plus ou moins la nécrobiose. On peut affirmer dans ce cas que la *Gastrula* par invagination est primitive. C'est, je crois également, la manière de voir du professeur Hæckel et de Ray Lankester; mais aucun de ces deux zoologistes ne me paraît avoir établi son opinion sur des bases bien solides. Ray Lankester invoque le principe d'économie qui est manifestement favorable à la thèse qu'il soutient. Mais je crois qu'il attache trop d'importance à la présence ou l'absence d'un deutoplasme abondant, phénomène secondaire et modifié lui-même par adaptation.

On peut d'ailleurs montrer facilement que le seul principe de la moindre action (*lex parcimoniæ*) dont l'application est si générale dans la nature peut faire prévoir *à priori* les solutions que nous avons indiquées. Aucune des cellules qui constituent un embryon ne lui est inutile, et si une portion de ces éléments se transforme en un simple amas nutritif, c'est que cette portion représente une partie naguère active de l'organisme embryonnaire, partie actuellement inutile dans l'ontogénie.

Enfin, il est digne de remarque que les animaux à embryogénie dilatée, c'est-à-dire régulière, sont ceux qui présentent le plus souvent une *Gastrula* par invagination; or, dans ce cas, on a tout lieu de supposer que la régularité des processus s'étend jusqu'aux premiers phénomènes du développement. C'est ce qu'on observe, par exemple, chez les Nemertes à Pilidium, chez les Échinodermes à larves pélagiques, chez les Batraciens, etc.

CONSÉQUENCES DU PRINCIPE DE F. MÜLLER.

Dans presque tous les groupes du règne animal, à côté d'espèces dont l'embryogénie suit un cours régulier et présente successivement la répétition explicite de toutes les formes ancestrales, on rencontre d'autres types parfois très-voisins et à peine distincts au point de vue anatomique, dont le développement est au contraire abrégé et condensé de façon à laisser peu de place à ce qu'on appelle de vraies métamorphoses. Tantôt c'est le premier cas qui représente la règle générale, comme cela a lieu chez les échinodermes, les insectes dits à métamorphoses complètes, etc. Tantôt, au contraire, le développement condensé devient la loi du plus grand nombre, comme cela a lieu chez les Némertiens, où la larve de Desor paraît plus répandue que l'embryon à forme pilidienne, ou comme chez les crustacés décapodes macroures du groupe des Carides, dont la plupart sortent de l'œuf sous la forme *Zoea* et où l'état de *Nauplius* ne se retrouve plus que chez certains *Peneus* de la côte du Brésil, ainsi que l'a signalé Fritz Müller.

Bien qu'il soit en général très-difficile de démêler les influences qui ont agi pour modifier ainsi l'embryogénie et la diriger dans l'un ou l'autre sens, il me paraît qu'on peut rapporter ces modifications à deux causes principales. La première est bien connue et a été souvent invoquée à juste titre : ce sont les conditions de milieu dans lesquelles doit vivre l'embryon ; la seconde, au moins aussi puissante, semble n'avoir pas attiré aussi vivement l'attention des zoologistes. Je veux parler du genre de vie de l'adulte lui-même, qui, dans un grand nombre de cas, peut avoir une influence énorme sur le développement des animaux inférieurs comme sur celui des vertébrés. D'ailleurs cette deuxième cause renferme en général la première, l'adulte pouvant fréquemment assurer à l'embryon un milieu déterminé.

C'est ainsi que, chez deux espèces d'astéries observées par Sars et qui présentent une embryogénie condensée, les œufs ne sont pas abandonnés au hasard dans les eaux; « ils sont reçus dans une cavité que la mère prépare en ployant la face ventrale de son disque et rapprochant ses bras. C'est en quelque sorte une espèce de matrice externe analogue jusqu'à un certain point à la poche des Marsupiaux. Cette cavité incubatrice demeure hermétiquement fermée pendant la ponte des œufs et jusqu'au moment où les organes d'attache sont tout à fait développés chez les petits. Il est probable que, pendant tout ce temps, la mère ne peut prendre aucune nourriture, car la cavité incubatrice, close inférieurement, interrompt toute communication avec l'extérieur. » Le développement de la jeune astérie est complet en six à sept semaines, et pendant tout ce temps chez l'*Asteracanthion Mulleri*, le jeune animal prolonge son séjour dans la poche incubatrice.

Chez les Molgules, dont certaines espèces n'ont pas de larves en têtard, nous pensons que les conditions d'existence de l'adulte ont également déterminé l'abréviation de l'embryogénie chez les espèces où il était inutile que le têtard choisît un lieu déterminé pour y subir sa métamorphose, l'adulte devant être soumis à des déplacements volontaires ou involontaires.

On a quelquefois invoqué, pour expliquer l'existence d'une embryogénie directe ou celle d'une embryogénie abrégée, l'absence ou la présence d'un vitellus nutritif volumineux. Cette explication n'est qu'une pure pétition de principe, car un vitellus nutritif est le plus souvent, sinon toujours, la marque d'une condensation, une sorte d'organe rudimentaire ovogénique.

Il existe donc dans les diverses branches de l'arbre zoologique : 1° des formes qui ne sont que la continuation ou l'exagération de l'état larvaire de la classe ; 2° des formes à embryogénie explicite et régulière ; 3° des formes à embryogénie abrégée et condensée. Le tableau suivant, où je compare ces diverses formes entre elles dans différentes classes du règne animal, fera mieux saisir ma pensée. Le lecteur pourra d'ailleurs aisément multiplier les exemples :

Appendicularia.	Ascidia.	Molgula.
Hydra.	Campanularia.	Pelagia.
Apus.	Penœus.	Astacus.
Campodea.	Sitaris.	Nycteribia.
Proteus.	Rana.	Pipa.

Ou d'une façon plus générale chez les vertébrés.

Téléostéens.	Batraciens.	Sauroïdes et Mammifères.

DISTRIBUTION DES ANIMAUX.

Sous ce titre se rangent tous les faits concernant les relations extérieures ou objectives des animaux, c'est-à-dire leurs rapports avec les conditions externes dans lesquelles ils sont placés.

La distribution *géographique* des animaux a trait à la détermination des surfaces où se confine actuellement chaque espèce animale. Certaines espèces se rencontrent presque partout et prennent, pour cette raison, l'épithète de « cosmopolites; » mais, en règle générale, chaque espèce se limite à une aire restreinte et définie. Non-seulement les espèces ont une répartition limitée, mais il est possible de diviser le globe en un certain nombre de régions géographiques ou « provinces zoologiques, » dont chacune est caractérisée par la présence de certaines formes associées de vie animale. Il faut se rappeler, toutefois, que les provinces zoologiques actuelles ne correspondent nullement à celles des périodes antérieures et que leur origine ne remonte qu'à des époques relativement récentes.

La distribution *verticale* ou *bathymétrique* des animaux se rapporte aux limites de profondeur dans lesquelles se confine chaque espèce d'animaux marins. On constate généralement que chaque espèce a sa zone bathymétrique propre et définie, et que son existence est difficile, sinon impossible, à des profondeurs supérieures ou inférieures à celles comprises par cette zone. Les naturalistes, opérant sur un nombre de faits considérable, sont parvenus à établir et à dénommer certaines zones définies, dont chacune possède sa faune propre et spéciale.

Les quatre zones suivantes sont celles que reconnaissent la majorité des auteurs :

1° La zone *littorale*, limitée par les lignes de marée;

2° La zone *laminarienne*, allant de la basse mer à 15 brasses ;

3° La zone *coralline*, de 15 à 50 brasses;

4° La zone des coraux profonds, de 50 à 100 brasses ou davantage.

A ces quatre zones, il faut certainement en ajouter aujourd'hui une cinquième s'étendant de 100 à 2,500 brasses ou plus.

Cependant, de récentes recherches ont démontré qu'après une certaine profondeur, 100 brasses, par exemple, la distribution bathymétrique des animaux ne dépend pas de la *profondeur*, mais de la *température* de l'eau au fond de la mer. Ainsi, l'on trouve toujours des formes semblables vivant dans des aires où la température du fond est la même, quelle que soit la profondeur de l'eau dans les régions en question.

Il est encore d'autres éléments importants, telles sont les ressources d'alimentation et la nature de l'habitat. Si donc l'on tient compte de ces faits récents, peut-être serait-il bon d'adopter les vues de M. G. Jeffreys, et de n'admettre avec lui que deux zones bathymétriques principales, à savoir : la zone *littorale* et la zone *sous-marine*.

Outre les deux variétés de distribution qui précèdent, le zoologiste a encore à rechercher la condition et la nature de la vie animale aux époques passées de l'histoire du monde.

Mais les lois de la *distribution dans le temps* sont, par la force des choses, moins parfaitement connues que ne le sont celles des distributions latérale et verticale, puisque ces dernières concernent des êtres que l'on peut examiner directement. Voici les faits principaux qu'il importe à l'élève de savoir :

1° Les roches qui composent l'écorce terrestre se sont formées par périodes successives et peuvent se diviser de prime abord en roches aqueuses ou sédimentaires, et en roches ignées;

2° Les roches ignées résultent de l'action de la chaleur, sont le plus souvent *non stratifiées* (c'est-à-dire qu'elles ne sont pas disposées en couches distinctes ou *strates*) et, à peu d'exceptions près, sont dépourvues de toute trace de vie passée ;

3° Les roches sédimentaires ou aqueuses doivent leur origine à l'action de l'eau, sont *stratifiées* (c'est-à-dire se composent de couches séparées ou *strates*), et présentent pour la plupart des « fossiles, » c'est-à-dire les restes ou traces d'animaux ou de plantes qui vivaient à l'époque où ces roches se déposaient;

4° La série des roches aqueuses peut se subdiviser en un certain nombre de groupes définis de strates, que l'on désigne techniquement sous le nom de « formations » ;

5° Chacun de ces groupes définis de roches ou de « formations » est caractérisé par la présence, dans son épaisseur, de débris fossiles plus ou moins particuliers et limités à ce groupe ;

6° La majorité de ces formes fossiles sont « éteintes, » ce qui signifie qu'on ne peut les rapporter à aucune des espèces vivant actuellement;

7° Cependant, l'on ne connaît aucun fossile qui ne puisse être rapporté à l'une ou l'autre des subdivisions primitives du règne animal qui sont représentées aujourd'hui;

8° Quand une espèce s'est une fois éteinte, elle ne réapparaît jamais;

9° Plus la formation est ancienne, plus grande est la divergence entre les fossiles et les animaux et plantes existant à présent sur le globe;

10° Toutes les formations connues se divisent en trois grands groupes, appelés respectivement *Paléozoïque* ou primaire, *Mésozoïque* ou secondaire, et *Kainozoïque* ou tertiaire.

La période Paléozoïque, ou de vie ancienne, est la plus vieille, et se caractérise par la divergence prononcée entre les êtres qui vivaient alors et toutes les formes existant actuellement.

Dans la période Mésozoïque, ou de vie moyenne, le *facies* général des fossiles se rapproche davantage de celui de la faune et de la flore de nos jours.

Dans la période Kainozoïque, ou de vie nouvelle, les restes fossiles ressemblent encore plus aux êtres actuellement existants, et quelques-unes des formes sont alors spécifiquement identiques à des espèces récentes, leur nombre augmentant rapidement à mesure que l'on s'élève du dépôt tertiaire le plus inférieur jusqu'à la période Récente.

Le tableau ci-joint indique les subdivisions les plus importantes des trois grandes périodes géologiques, à partir des roches les plus anciennes jusqu'à nos jours (fig. 1).

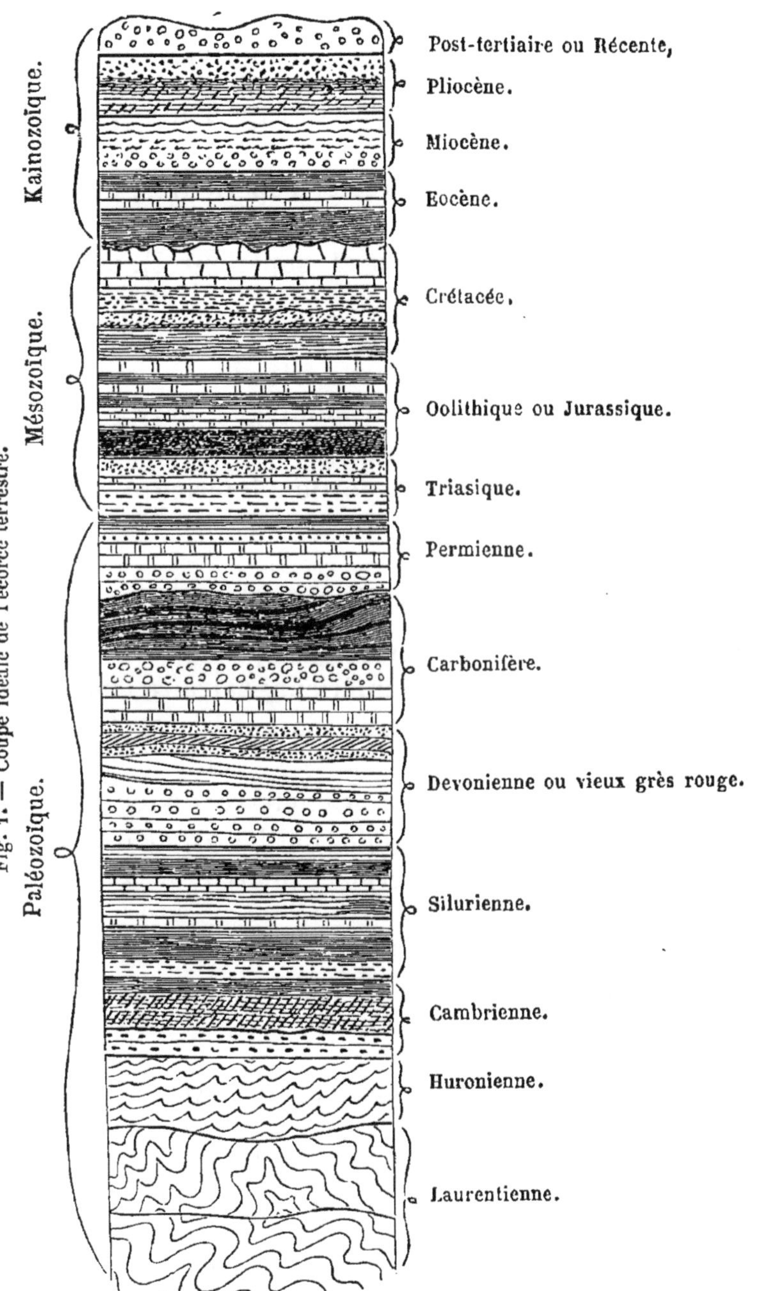

Fig. 1. — Coupe idéale de l'écorce terrestre.

I. ROCHES PALÉOZOÏQUES OU PRIMITIVES.

1. Laurentiennes (inférieures et supérieures), dans le Canada.

2. Cambriennes (inférieures et supérieures, avec des roches Huroniennes ?), dans le pays de Galles.

3. Siluriennes (inférieures et supérieures), en Amérique.

4. Devoniennes, ou vieux grès rouge (inférieures, moyennes et supérieures), en Amérique.

5. Carbonifères (calcaire de montagne, grès à meules et formations houillères), en Belgique.

6. Permiennes (égalent la portion inférieure du nouveau grès rouge), en Angleterre.

II. ROCHES MÉSOZOÏQUES OU SECONDAIRES.

7. Roches triasiques, en Allemagne (grès bigarré, Bunter Sandstein), ou trias inférieur; calcaire coquillier (Muschelkalk), ou trias moyen; marnes irisées (Keuper), ou trias inférieur.

8. Roches jurassiques, en Angleterre ou en France (Lias, Oolithe inférieure, grande Oolithe, argile d'Oxford, Coralrag, argile de Kimmeridge, pierre de Portland, couches de Purbeck).

9. Roches crétacées, en France (Wealden, grès vert inférieur, Gault, grès vert supérieur, craie blanche, couches de Maëstricht).

III. ROCHES KAINOZOÏQUES OU TERTIAIRES.

10. Eocène (inférieur, moyen et supérieur) 11. Miocène (inférieur et supérieur) 12. Pliocène (ancien et nouveau) 13. Post-tertiaire (Post-pliocène et récent)	en France.

Ces assises ne forment évidemment qu'une mince partie de l'écorce terrestre ; cependant les couches qui, en Europe, renferment des restes organiques, ont plus de 6 lieues d'épaisseur, comme le montrent les chiffres suivants empruntés à M. Gaudry :

Le tertiaire d'Europe a une épaisseur d'environ			3,000^{m}
Le secondaire —	—	—	4,000
Le permien (en Allemagne)	—	—	1,200
Le carbonifère (en Irlande)	—	—	3,000
Le devonien (en Angleterre)	—	—	3,000
Le silurien —	—	—	6,500
Le cambrien — peut avoir	—	—	4,000
			24,700^{m}

ÉLÉMENTS
D'ANATOMIE COMPARÉE
DES
ANIMAUX INVERTÉBRÉS

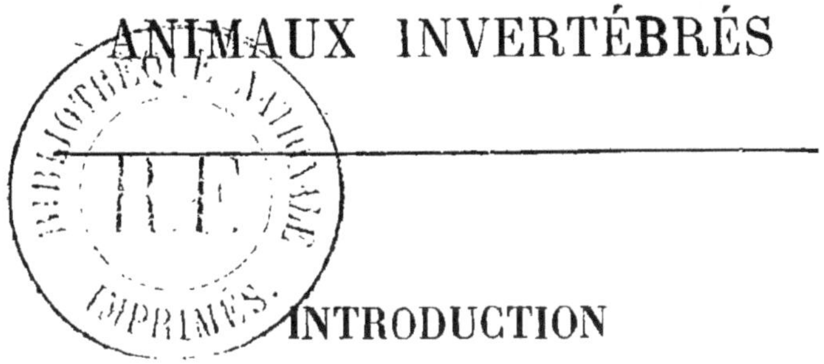

INTRODUCTION

Chez les animaux les plus inférieurs, la substance du corps ne se différencie pas en éléments histogénétiques, c'est-à-dire en « cellules » ou masses nucléées de protoplasme qui, en se métamorphosant, donnent naissance aux tissus. Mais, chez tous les autres membres du règne animal, le premier pas dans la marche du développement s'annonce par la conversion en cellules de ce genre d'une quantité plus ou moins grande du protoplasme de l'œuf. Les animaux qui présentent les premiers caractères constituent les PROTOZOAIRES ; l'ensemble des autres forme la grande division des MÉTAZOAIRES.

Parmi les Métazoaires, il en est quelques-uns qui possèdent une notocorde et ont, à l'état adulte, les muscles du tronc subdivisés en segments ou myotomes. Ils représentent le grand groupe ou sous-règne des VERTÉBRÉS ; nous ne nous en occuperons pas dans ce cours, qui aura pour objet l'étude du reste des Métazoaires et des Protozoaires. On comprend souvent ces animaux sous la dénomination d'INVERTÉBRÉS ; mais il faut se rappeler qu'ils forment plusieurs groupes, dont chacun doit morphologiquement être considéré comme l'équivalent de la totalité de la division des Vertébrés. Tels sont les groupes des Arthropodes, des Mollusques, des Échinodermes, des Cœlentérés, des Protozoaires dont chacun se caractérise aussi distinctement que les Vertébrés et présente individuellement une multitude de modifications d'un type fondamental, comparables à celles que l'on observe dans le sous-règne des Vertébrés. Mais, outre ces premières subdivisions, il existe encore un certain nombre de groupes plus petits et moins bien définis qui tendent à combler les intervalles qui séparent les précédents. La division des invertébrés en assemblages nettement caractérisés devient ainsi extrêmement difficile et la difficulté s'accroît à mesure que, par l'extension de nos connaissances en morphologie, les barrières fictives se rompent et que les groupes supposés distincts s'étendent en séries, montrant différents degrés de modification d'un seul et même plan fondamental.

Mais ce qui importe avant tout, c'est la connaissance des faits de zoologie ; quant à la systématisation et au mode d'exposition de cette connaissance, ce sont des questions secondaires ; aussi allons-nous commencer par l'exposé succinct de ces faits, en tant qu'ils concernent les animaux invertébrés, et dans l'ordre qui nous paraîtra le plus convenable, réservant pour la fin le problème de la classification.

PREMIÈRE PARTIE

PROTOZOAIRES

Caractères généraux. — La forme de vie animale la plus simple que l'on puisse imaginer, serait un corps protoplasmique, dépourvu de motilité, s'alimentant à l'aide des matières organiques qui pourraient venir en contact avec lui, et augmentant par simple accroissement ou extension de sa masse. Mais on ne connaît pas de forme semblable de vie animale; les animaux les plus simples, sur lesquels nous possédions quelques notions suffisantes, étant doués de contractilité et ne se contentant pas d'augmenter de volume, mais, à mesure qu'ils croissent, se divisant pour subir ainsi la multiplication.

Dans ses manifestations les plus faibles, la contractilité des animaux aboutit à de simples changements dans la forme du corps, comme chez les Grégarines adultes; mais, depuis les raccourcissements et allongements paresseux des différents diamètres de leurs corps, on peut suivre toutes les gradations en passant par ces animaux qui font sortir et rétractent de larges prolongements lobulaires, jusqu'à ceux chez lesquels les processus contractiles prennent la forme de filaments longs et déliés. Qu'ils soient épais ou filamenteux, ces prolongements contractiles prennent le nom de « pseudopodes », quand leurs mouvements sont lents, irréguliers et indéfinis; de « *cils* » ou de « *flagella* », quand ils exécutent des mouvements rapides et rhythmiques dans une direction déterminée ; mais ces deux expèces d'organes sont essentiellement de la même nature. Il sera convenable de distinguer les Protozoaires qui possèdent des pseudopodes, sous le nom de « myxopodes », et ceux qui sont pourvus de cils ou de flagella sous celui de « mastigopodes ».

Divisions des Protozoaires. — On peut diviser les Protozoaires en deux groupes distincts : les Monères et les Endoplastica. Dans le premier groupe, on ne distingue aucune structure définie dans le protoplasme du corps ; dans le second, une certaine portion de cette substance (ayant la nature de noyaux) peut se distinguer du reste ; et très-souvent, il existe une ou plusieurs « vésicules contractiles ». On donne le nom de vésicules contractiles à des espaces situés dans le protoplasme, qui se remplissent lentement d'un liquide clair et aqueux et qui, après avoir atteint une certaine dimension, s'oblitèrent tout à coup par la rétraction, de toutes parts, du protoplasme dans lequel elles se trouvent. Ce mouvement systolique et diastolique se présente ordinairement dans l'intérieur du protoplasme en un point fixe et à intervalles réguliers ou rhythmiques. Mais la vésicule n'a pas de paroi propre et le plus souvent on n'en distingue aucune trace à la fin de la systole. Parfois, la vésicule communique certainement avec l'extérieur, et il y a quelque raison de penser qu'une semblable modification doit toujours exister. La fonction de ces organes est complétement inconnue, bien que l'on soit en droit de supposer qu'elle est respiratoire ou excrétoire.

Le « noyau » est une formation qui souvent ressemble étonnamment au noyau d'une cellule histologique, mais comme l'on n'en a pas encore établi complétement l'identité, mieux vaut l'appeler « endoplaste ». C'est ordinairement un corps arrondi ou ovalaire enfoui dans le protoplasme, dont il ne diffère guère ni par les caractères optiques, ni par les caractères chimiques. Généralement, il se colore plus que le protoplasme environnant sous l'action de matières colorantes, telles que l'hématoxyline ou le carmin, et résiste mieux à l'acide acétique.

Dans un petit nombre de Protozoaires, l'on voit de nombreux endoplastes dans la substance du corps, et le protoplasme montre quelque tendance à se différencier partiellement en cellules. Mais chez ceux où, comme chez les Infusoires, le corps présente une organisation définie, avec des parties constituantes différenciées d'une manière permanente et pouvant se distinguer comme tissus, ces tissus ne résultent pas de la métamorphose de semblables cellules, mais proviennent de changements directs dans les caractères physiques et chimiques du protoplasme.

On a observé dans plusieurs groupes des Protozoaires une conjugaison ou copulation, suivie du développement de germes qui deviennent libres et prennent la forme des parents, mais on ne sait pas encore au juste jusqu'où s'étendent les distinctions sexuelles chez ces animaux.

CHAPITRE PREMIER

Subdivision des monères

1. **Monères proprement dites.** — Dans les formes les plus inférieures de la vie animale, la totalité du corps vivant consiste en une particule de protoplasme gélatineux, dans laquelle on ne voit ni noyau, ni vésicule contractile, ni aucune autre structure définie ; et qui présente, tout au plus, une séparation en deux parties : une couche externe

plus claire et plus dense, l'*ectosarque ;* et une matière interne, plus granuleuse et liquide, l'*endosarque*. La couche externe est le siége de changements de forme actifs, qui déterminent l'apparition de pseudopodes, lesquels, après avoir atteint une certaine longueur, se rétractent ou sont effacés par le développement en des points adjacents du corps, d'autres pseudopodes. Ces pseudopodes représentent tantôt des lobes courts et larges, tantôt des filaments allongés. Dans le premier cas, ils demeurent distincts les uns des autres, leurs contours sont clairs et transparents, et les granulations qu'ils peuvent contenir affluent nettement dans leur intérieur de la partie centrale plus fluide du corps. Mais quand ils sont filiformes, ils montrent une très-grande tendance à s'entrelacer pour donner naissance à des réseaux dont les filaments constituants se désunissent cependant volontiers, et reprennent leur forme primitive; quoi qu'il en soit, les surfaces de ces pseudopodes sont parsemées de petites granulations, qui présentent des mouvements incessants, comme celles que l'on observe sur les réticulations du protoplasme des cellules des poils de la *Tradescantia*.

Le Myxopode ainsi décrit se meut çà et là au moyen de ses pseudopodes contractiles et s'empare à leur aide des matières solides qui lui servent de nourriture, chaque point du protoplasme pouvant jouer le rôle d'une cavité digestive, en enveloppant et absorbant les matériaux nutritifs, tandis que les substances non digérées sont expulsées par tout point voisin de la surface d'une manière aussi indistincte. C'est un organisme dépourvu de tout organe visible, à l'exception des pseudopodes et qui, autant qu'on en peut juger pour le moment, se multiplie par simple division.

Le *Protamœbe* (pourvu de pseudopodes lobés) et le *Protogène* (pourvu de pseudopodes filamenteux) de Hæckel sont des Monères de ce caractère extrêmement simple. Dans le *Myxodictyum* (Hæckel) les pseudopodes de plusieurs Monères s'entrelacent ensemble, pour donner naissance à un réseau complexe ou plasmodium commun.

Toutefois, c'est encore un point douteux de savoir si le *Protamœbe*, le *Protogène* ou le *Myxodictyum* représente autre chose qu'une phase d'un cycle de formes qui se trouvent plus complétement, quoique peut-être non totalement encore, représentées par quelques autres Monères fort intéressantes, également découvertes par Hæckel.

Ainsi, le genre *Vampyrella* est un myxopode à pseudopodes filamenteux, dont l'une des espèces infeste une diatomée pédiculée (*Gomphonema*), puisant sa nourriture sur les parties molles des frustules de son hôte, en insérant quelques-uns de ses pseudopodes à travers le raphé de la frustule, qu'elle enveloppe pour en absorber le protoplasme intérieur. Après s'être ainsi pourvue d'une nourriture abondante, en rampant de frustule en frustule, elle repousse de son pédoncule la dernière évacuée et, prenant sa place, elle rétracte ses pseudopodes, devient sphérique et s'entoure d'un kyste anhyste dans lequel elle reste renfermée, perchée sur le pédoncule du *Gomphonema*. Bientôt son protoplasme se divise en quatre masses égales, dont chacune se convertit en un jeune Vampyrella, s'échappe du kyste et recommence la vie de rapine de son parent. Dans ce cas, le myxopode s'enkyste, puis se fissure en corps, dont chacun passe directement dans la forme du procréateur.

Dans un autre genre (*Myxastrum*) on observe une nouvelle complication; le myxopode, après s'être enkysté, se subdivise en plusieurs portions, dont chacune s'allonge et s'enferme dans un délicat étui siliceux et fusiforme. Les germes ainsi emprisonnés s'échappent par la rupture du kyste et, au bout d'un certain temps, le contenu des étuis siliceux émerge pour passer immédiatement à l'état de myxopode.

Dans d'autres genres, non-seulement le myxopode commence par s'enkyster avant de subir la fissiparité, mais les formes ainsi produites diffèrent du myxopode en ce qu'ils représentent des organismes nageant librement, poussés par l'action d'un long filament vibratile ou d'un flagellum, comme ces Infusoires flagellés que l'on désigne sous le nom de Monades. Après avoir nagé çà et là, pendant un certain temps, ces mastigopodes rétractent leurs flagella et deviennent des myxopodes rampants. Ce cycle de formes s'observe dans le genre *Protomonas* de Hæckel. Enfin, dans le *Protomyxa* (Hæckel) on voit une alternance de la forme mastigopode à la myxopode, comme chez le *Protomonas ;* mais chaque myxopode ne s'enkyste pas isolément. Au contraire, un certain nombre d'individus s'unissant ensemble, finissent par se fusionner en un plasmodium sphéroïdal, qui n'offre aucune trace de leur séparation primitive. Le plasmodium s'entoure lui-même d'un kyste anhyste, se divise en nombreuses portions qui, après s'être converties en mastigopodes flagellés, finissent par revenir à l'état myxopode. Le cycle vital ressemble singulièrement ici à celui que présentent les organismes végétaux appelés *Myxomycètes.*

J'ai montré (et cette observation a été confirmée par Hæckel et autres) que dans la vase calcaire qui occupe le fond des mers profondes, se trouve en grande abondance une substance réticulée, gélatineuse et granulaire (*Bathybius*). Il se pourrait que cette substance représente un plasmodium analogue au *Myxodictyum*, mais sa vraie nature réclame de nouvelles recherches.

Nous n'avons aucun moyen de savoir si le cycle de formes représenté par le *Protomonas* et le *Protomyxa* est complet, ou s'il manque encore quelque terme de la série; et, lorsqu'on considère jusqu'où descendent les phénomènes de la sexualité parmi les plantes, il paraît parfaitement possible que quelque procédé sexuel correspondant reste encore à découvrir parmi les Monères. Il se peut que la fusion de *Myxodictya* et de *Protomyxa* séparés en un plasmodium constitue un mode de conjugaison sexuelle. D'un autre côté, rien n'empêche que ces organismes, extrêmement simples, n'aient pas encore atteint la phase de différenciation sexuelle.

2. **Foraminifères.** — Il reste sans doute beaucoup de Monères à découvrir, mais ce seront probablement des organismes aussi petits et aussi imperceptibles que la majorité de ceux déjà décrits. Quant aux *Foraminifères*, ce sont des Monères du type *Protogène* qui, néanmoins, jouent et ont joué un rôle important dans l'histoire du globe, en raison de la propriété dont ils jouissent de fabriquer des squelettes ou coquilles, qui se composent soit de matière cornée (chitineuse?), soit de carbonate de chaux, emprunté à l'eau dans laquelle ils vivent, ou qui résultent de l'agglutination de matières étrangères, telles que des particules de sable.

Le premier degré du passage d'un organisme comme le *Protogène* aux Foraminifères, se voit dans le *Lieberkühnia* de Claparède, où les pseudopodes ne sont émis que sur une petite portion de la surface du corps, le reste demeurant nu et flexible.

Chez les *Gromies* (1), on remarque une semblable restriction de l'aire d'où procèdent les pseudopodes, mais le reste du corps est revêtu d'une enveloppe de substance membraneuse. Que cette enveloppe se durcisse par la fixation de corps étrangers comme des particules de sable

(1) Les *Gromies* pourraient cependant appartenir aux Endoplastica s'il est vrai, comme on le dit, que leur protoplasme contient des noyaux.

ou des fragments de matière calcaire, ainsi qu'on le voit dans les Foraminifères dits arénacés — ou qu'il se fasse en elle un dépôt de sels de chaux, et les *Gromies* se convertiraient en Foraminifères.

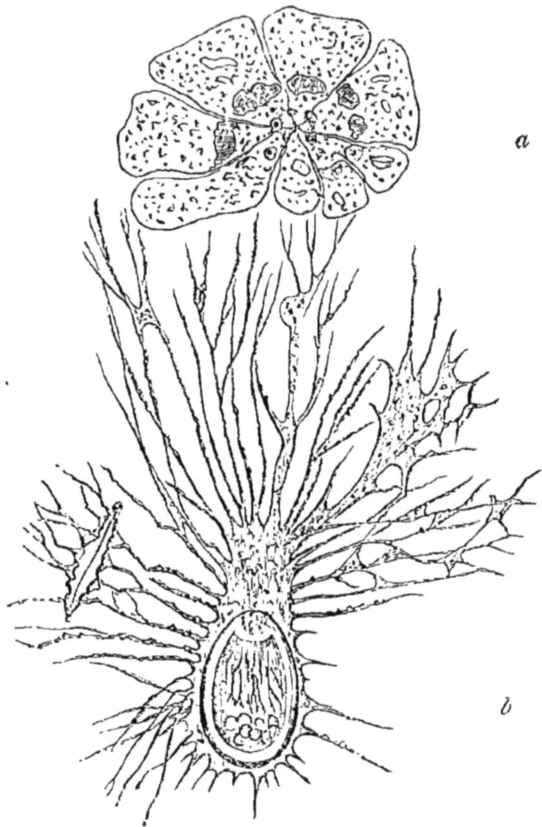

Fig. 2. — Foraminifères. — *a*, *Nonionina*, après la destruction de la coquille sous l'action d'un acide dilué ; *b*, *Gromia* (d'après Schultze), montrant la coquille environnée d'un réseau de filaments émanant de la surface du corps.

L'infinie diversité des caractères du squelette des Foraminifères dépend : 1° de la structure de la substance même de ce squelette et 2° de la forme du corps protoplasmique qui, à son tour, tient largement à la manière suivant laquelle les bourgeons successifs de protoplasme se développent de la masse procréatrice laquelle, au début, est toujours simple de forme et généralement globuleuse.

La substance du squelette calcaire, quelqu'en soit la forme, est ou perforée ou imperforée. Chez les Imperforés (*Gromidæ, Lituitidæ, Miliolidæ*) l'émission des pseudopodes se limite à une seule extrémité du corps, le squelette séparant le reste de celui-ci de l'extérieur.

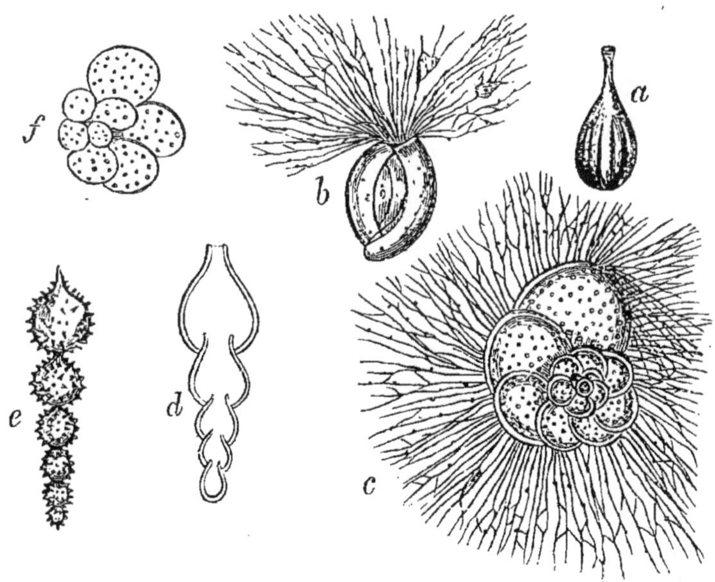

Fig. 3. — Morphologie des Foraminifères. — *a*, *Lagena vulgaris*, foraminifère monothalame ; *b*, *Miliola* (d'après Schultze) montrant l'émission des pseudopodes par l'ouverture ovale de la coquille ; *c*, *Discorbina* (d'après Schultze) montrant la coquille nautiloïde ; *d*, section de *Nodosaria* (d'après Carpenter) ; *e*, *Nodosaria hispida* ; *f*, *Globigerina bulloïdes*.

Chez les Perforés, la substance de la coquille est percée de canaux plus ou moins délicats, occupés par le protoplasme qui atteint ainsi la surface et émet des pseudopodes sur toute l'étendue du corps. Ainsi, tandis que les parties dures des Imperforés forment une sorte d'exosquelette, celles des Perforés ont plutôt la nature d'un endo-squelette.

Les squelettes les plus simples sont sphériques ou pyriformes et uniloculaires. Mais ils se compliquent par l'addition de nouveaux compartiments qui tantôt se disposent en série linéaire, tantôt forment des spires superposées de diverses manières, tantôt enfin se groupent irrégulièrement. Ce n'est pas tout, les nouvelles chambres

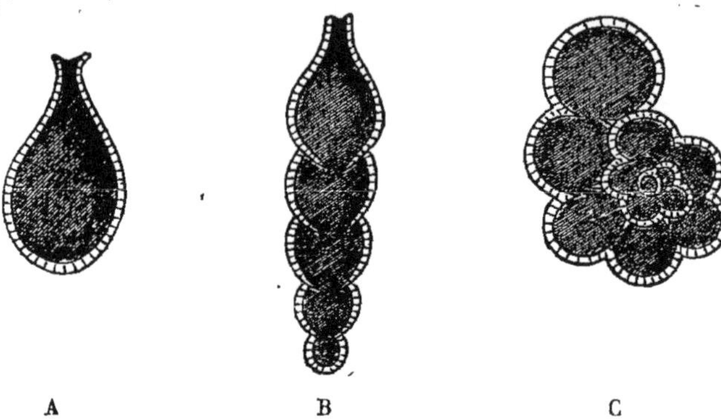

Fig. 4. — Diagramme indiquant la formation des *Foraminifères* composés. — A, forme simple (*Lagena*), consistant en un sphérule de Sarcode, enveloppé d'une coquille calcaire ; B, forme composée, produite par gemmation linéaire d'un segment primitif ressemblant à A (*Nodosaria*) ; C, forme composée (*Discorbina*), dans laquelle les bourgeons sont émis suivant une ligne spirale, dont les tours restent dans le même plan.

peuvent recouvrir plus ou moins celles déjà formées et les intervalles qui séparent les parois de ces loges peuvent se remplir à divers degrés de dépôts secondaires, jusqu'à ce qu'il en résulte des corps aussi volumineux et d'apparence aussi compliquée que le sont les Nummulites.

Les Foraminifères calcaires et arénacés sont des habitants de la mer, quelques-uns fréquentant la surface et les autres le fond, dans toutes les latitudes chaudes et tempérées. Dès le début de l'époque silurienne et probablement beaucoup plus tôt, ces animalcules ont joué un rôle fort important dans la formation des roches calcaires. La craie se compose principalement de leurs débris, ainsi que la pierre à chaux nummulitique du début de l'époque tertiaire et un dépôt crétacé, en majeure partie constitué par les squelettes de *Globigerina*, d'*Orbulina* et de *Pulvinulina*, occupe actuellement la plus grande

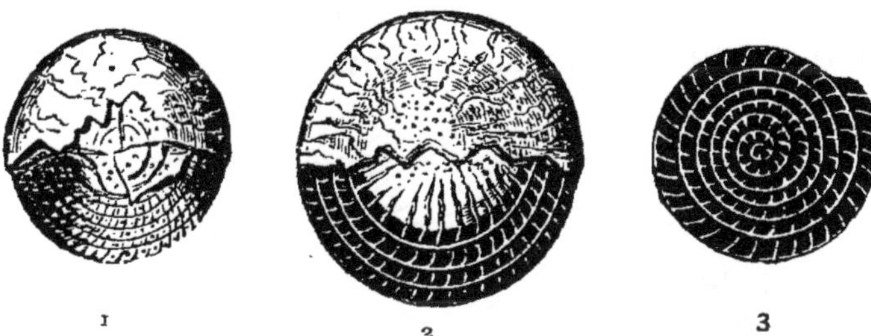

1 2 3

Fig. 5. — *Nummulites lævigatus*. Eocène.

portion de cette surface du globe que recouvre l'Océan. On n'observe aucune différence entre les *Globigerina* de l'époque crétacée et celles de nos jours, et l'on ne peut douter que l'espèce n'ait persisté sans changements à travers l'immense période de temps représentée par les époques crétacée, ternaire et quaternaire.

CHAPITRE II

Subdivision des endoplastica

PREMIÈRE SECTION

1. **Radiolaires.** — La plupart des espèces du genre *Actinophrys*, ou « sun-animalcule », qui abondent dans les mares, sont simplement des myxopodes nageant li-

brement pourvus de pseudopodes un peu raides, qui s'irradient de tous les points de la périphérie du corps globulaire et chez lesquels la substance de ce dernier présente un ou plusieurs « espaces contractiles » (ou « vacuoles ») qui se distendent rhythmiquement pour recevoir un liquide aqueux et s'oblitèrent ensuite par la contraction du protoplasme environnant. Mais dans

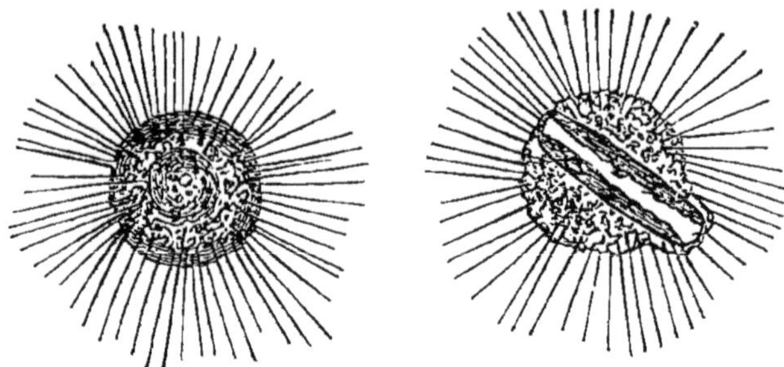

Fig. 6. — *Actinophrys sol*, montrant les pseudopodes rayonnants. L'un des deux individus représentés a avalé un Diatome.

l'*Actinophrys* (ou mieux l'*Actinosphærium*) *Eichornii*, la partie centrale du protoplasme se distingue du reste par

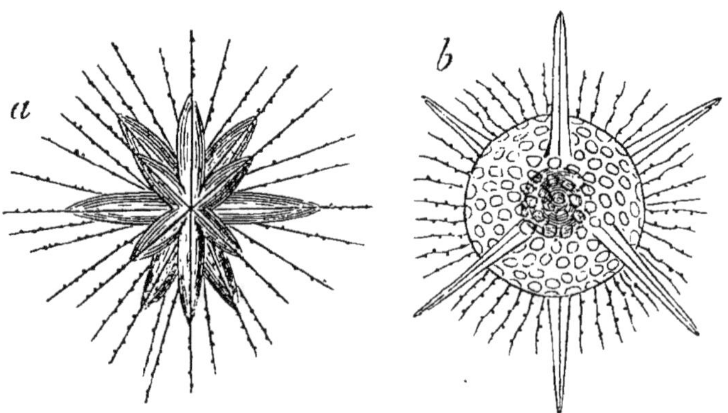

Fig. 7. — *a*, *Acanthometra lanceolata* ; *b*, *Haliomma hexacanthum*, de la famille des *Polycystina*, montrant les pseudopodes rayonnés (d'après Müller).

un certain nombre d'endoplastes qu'elle contient. Ces organismes nous conduisent ainsi aux Radiolaires (*Poly-*

cistina d'Ehrenberg), dont les formes les plus simples consistent essentiellement en un myxopode, pourvu de pseudopodes filamenteux, rayonnés et s'anastomosant souvent; au centre du corps se trouve une capsule remplie de protoplasme; celui-ci ne contient parfois qu'un globule huileux et d'autres fois des cellules ou noyaux et des corps cristallins. Dans la couche de protoplasme d'où partent les pseudopodes, se développent d'ordinaire des corps cellulaires d'une belle couleur jaune que l'on a trouvés contenir de l'amidon (1); et cette couche donne aussi naissance à un squelette de caractère corné ou plus ordinairement siliceux, qui a tantôt l'aspect de spicules détachés, tantôt de bâtonnets réunis entre eux, de réseaux ou de plaques de matière siliceuse, offrant souvent la délicatesse la plus exquise et la plus grande beauté. La plupart des radiolaires sont simples, solitaires et de dimensions microscopiques; cependant quelques-uns, comme le *Collosphœra* et le *Sphœrozoum*, sont composés d'agrégats de semblables formes simples et flottent comme des masses gélatineuses visibles, à la surface de la mer, où habitent la grande majorité des Radiolaires.

Le mode de multiplication et de développement des Radiolaires n'a pas encore été complétement établi. Cienkowsky a cependant observé, chez le *Collosphère*, que le protoplasme contenu dans la capsule centrale se divise en nombreuses masses arrondies. Les diverses capsules qui sont associées ensemble dans ce radiolaire composé s'isolent alors, par suite de la dissolution du protoplasme qui les revêt et les unit, et finissent par se rompre pour laisser ainsi échapper les corps arrondis que l'on voyait agités d'un mouvement actif, alors qu'ils étaient à

(1) Cienkowsky prétend que ces cellules jaunes croissent et se multiplient même après la mort des radiolaires; il faut songer à la possibilité de leur nature parasitaire.

l'intérieur des capsules. Les germes (car tels ils paraissent être) ainsi mis en liberté ont 0m,008 de longueur, sont ovalaires et portent deux cils flagelliformes à leur extrémité rétrécie, ce qui les fait ressembler à des monades.

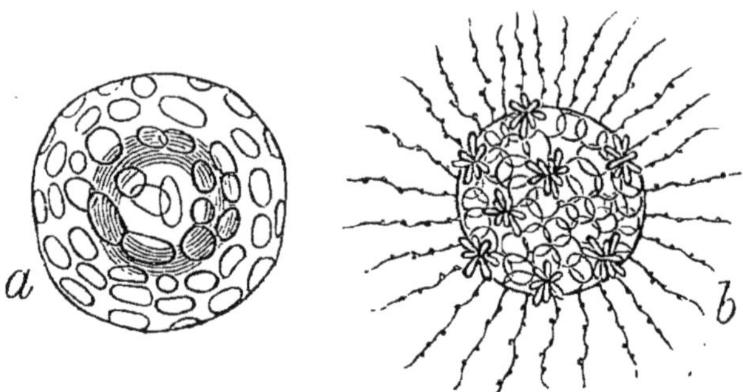

Fig. 8. — Morphologie des Radiolaires. — *a*, squelette siliceux fenêtré du *Collosphæra Huxleyi*; *b*, *Thalassicolla morum*, montrant des corps en forme de cellules, des groupes composés de spicules et des pseudopodes rayonnés.

Chacun d'eux contient dans son intérieur un bâtonnet cristallin et quelques petits globules huileux. Le développement ultérieur de ces mastigopodes n'a pas encore été suivi ; mais si, comme il est probable, ils se transforment en jeunes radiolaires (qui, selon Hæckel ne possèdent pas de capsule, mais ressemblent aux *Actinosphæria*), les Radiolaires offriraient le type *Protomonas* parmi les Monères. On n'a observé, parmi les Radiolaires ordinaires, ni la conjugaison sexuelle ni la fissiparité ; mais ces deux modes de reproduction ont lieu chez l'*Actinosphærium ;* et, lorsqu'on considère la ressemblance des jeunes Radiolaires avec l'*Actinosphærium*, il semble probable que l'on arrivera également à découvrir chez eux la multiplication par union sexuelle et par scission.

Les Radiolaires marins habitent tous les couches superficielles de l'Océan et ils doivent fabriquer leurs squelettes aux dépens de la proportion infinitésimale de silice qui se trouve en dissolution dans l'eau de mer; mais quand ils meurent, ces squelettes tombent au fond en même temps que les Foraminifères, dans les régions chaudes et tempérées du globe, et avec les enveloppes siliceuses des plantes diatomacées qui abondent à la surface, conjointement avec les Radiolaires dans toute l'étendue des mers, et, en l'absence des Foraminifères, prédominent sous les latitudes extrêmes du nord et du sud.

Des masses considérables de roche tertiaire, telle que celle que l'on trouve à Oran et celle qui se rencontre à *Bissex Hill*, dans les Barbades, se composent en très-grande partie de squelettes admirablement conservés de Radiolaires. Mais, bien que l'on ne puisse guère douter de l'abondance de ces organismes dans la mer crétacée, on n'en trouve point dans la craie, leurs squelettes siliceux s'étant probablement dissous, pour se déposer de nouveau à l'état de *flint*.

DEUXIÈME SECTION

2. **Protoplastes.** — Les *Amœbes* proprement dits ressemblent de fort près au *Protamœbe*, mais présentent une structure plus avancée, en ce sens qu'on y trouve un endoplaste distinct et un espace contractile; dans l'*Arcella*, on observe beaucoup de ces noyaux. Ils sont ainsi à peu près dans le même rapport avec le *Protamœbe* que l'*Actinophrys* l'est avec le *Protogène*.

En outre, l'on rencontre des *Amœbes* chez lesquels la faculté d'émettre des pseudopodes se limite à une région du corps; et d'autres, comme les *Arcelles*, dans lesquels il se forme une coquille sur le reste du corps. Mais les *Amœbes* ne présentent pas autant de diversité que les Foraminifères au point de vue du développement du squelette. Ils se multiplient par division et dans quelques cas, par ex : l'*A. sphærococcus* de Haeckel, s'enkystent avant de subir la scission.

Les *Amœbes* (animalcules protéiques des anciens auteurs) ne sont pas rares et parfois abondent dans l'eau douce et se rencontrent aussi dans la terre humide et

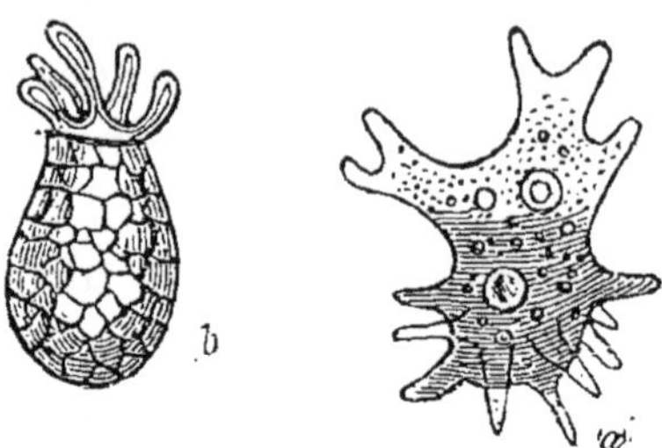

Fig. 9. — *a*, *Amœba radiosa*, montrant les pseudopodes, la vésicule contractile et le noyau ; *b*, *Difflugia*, avec les pseudopodes sortant de l'extrémité antérieure de la carapace.

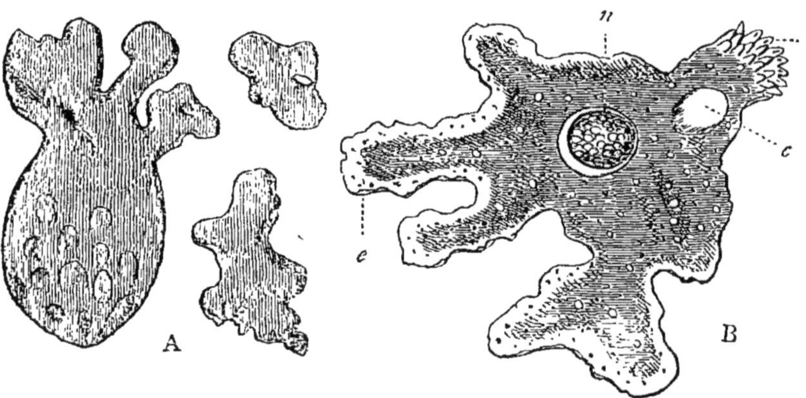

Fig. 10. — A. *Amœbes* développés dans des infusions organiques (d'après Beale), fortement grossis ; B, *Amœba princeps* (d'après Carter) ; *v*, région villeuse ; *c*, vésicule contractile ; *n*, noyau ; *e*, ectosarque.

dans la mer; mais il est fort douteux que l'on doive considérer bon nombre d'entre eux comme des organismes indépendants, plutôt que comme représentant des phases de développement d'autres animaux ou même de plantes, telles que les *Myxomicètes*. En laissant de côté la vésicule contractile, la ressemblance d'un *amœbe* aux points de vue de la structure, de la manière de se mouvoir et même de se nourrir, avec un corpuscule blanc du sang de l'un des animaux plus élevés est particulièrement digne de remarque.

TROISIÈME SECTION

3° **Grégarinides.** — Les *Grégarinides* se rapprochent beaucoup des *Amœbes*, mais, par le cycle de formes qu'elles traversent, elles ressemblent d'une manière curieuse au *Myxastrum*. Ce sont, sous le rapport de la forme, des corps sphéroïdaux ou ovoïdes allongés, quelquefois divisés en segments par des constrictions et offrant, dans certains cas, à l'une des extrémités du corps une sorte de bec ou rostrum, armé d'épines cornées recourbées en crochets.

Chez les *Grégarines* ordinaires, le corps présente une couche corticale plus dense (ectosarque) et une substance interne plus fluide (endosarque) dans laquelle l'endoplaste est enfoui. La propriété de contractilité se manifeste simplement par de lents changements de forme et la nutrition ne paraît s'effectuer que par l'imbibition de l'aliment liquide, préparé par les organes des animaux dans lesquels les *Grégarines* vivent en parasites. Elles ne possèdent pas de vésicule contractile.

Les *Grégarines* ont un mode particulier de multiplication, précédé parfois d'un phénomène qui ressemble à la conjugaison sexuelle. Une simple *Grégarine* (ou la réunion de deux individus) s'enveloppe d'un kyste anhyste. Le noyau disparaît, et le protoplasme se divise (d'une façon très-analogue à celle suivant laquelle le protoplasme d'un sporange de *Mucor* se divise en spores) en petits corps, dont chacun acquiert une enveloppe fusiforme et prend alors le nom de pseudo-navicelle ou de psorosperme. La rupture du kyste met ces corps en liberté et lorsqu'ils se trouvent dans des circonstances favorables, le protoplasme contenu s'échappe à l'état d'un petit corps actif comme un *Protamœbe*. M. E. Van Beneden a découvert récemment une très-grosse *Grégarine* (*G. gigantea*) qui habite l'intestin du homard et les recherches attentives qu'il a

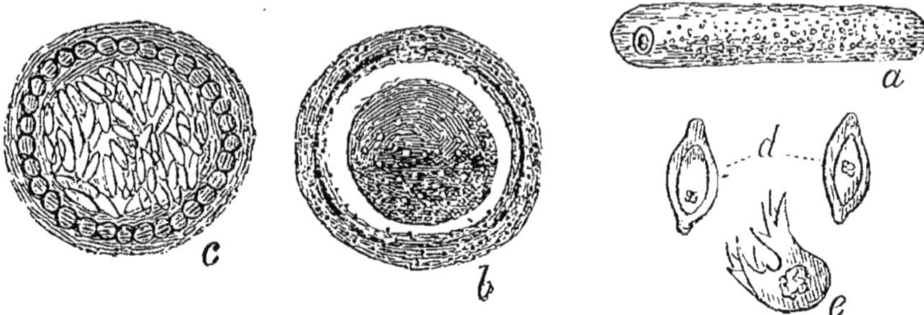

Fig. 11. — Grégarine du ver de terre. — *a*, *Grégarine* adulte ; *b*, la même enkystée ; *c*, avec le contenu divisé en pseudo-navicelles ; *d*, pseudo-navicelles libres ; *e*, contenu amœbiforme libre des pseudo-navicelles (d'après Lieberkühn).

faites sur sa structure et son développement ont donné des résultats fort intéressants (1).

(1) D'après M. A. *Schneider*, les *Gregarina* et *Stylorhyncus* font exception à la loi générale qui régit le mode de dissémination des Grégarinides. Chez les premiers de ces animaux, le kyste montre de bonne heure, dans la zone marginale éclaircie, l'apparition de tubes en nombre variable, dirigés chacun suivant le sens d'un rayon du kyste. D'abord sans connexion avec la paroi, ils s'y rattachent ensuite en vertu du développement centrifuge et s'y soudent enfin par leur extrémité périphérique, tandis que, par l'extrémité opposée, ils convergent vers le centre du kyste. Ces tubes ont reçu de l'auteur le nom de sporoductes. A la maturité, on voit les sporoductes se dégager avec une extrême rapidité et se dresser au dehors de toute leur longueur, en vertu d'une véritable évagination Les spores peuvent alors s'échapper à l'extérieur. Chez les *Stylorynchus*, le kyste présente un contenu d'abord entier, puis divisé en deux masses égales. Cette première division ne tarde pas à s'effacer, et le contenu granuleux présente bientôt un nombre égal de lobes et de lobules. C'est alors qu'à la surface de ces lobes et lobules, on voit perler les spores naissantes qui finissent

La *Grégarine géante* atteint la longueur de 17 millimètres. Elle est allongée, déliée et atténuée à une extrémité, tandis que l'autre est obtuse, arrondie et séparée par une légère constriction du reste du corps, qui est cylindroïde. Le revêtement extérieur du corps est constitué par une cuticule mince et anhyste ; au-dessous de celle-ci s'étend une épaisse couche corticale, que sa clarté et sa fermeté distinguent de la substance centrale semi-fluide, qui contient beaucoup de granulations fortement réfringentes. Au centre du corps, le noyau ellipsoïde, avec son nucléole, remplit toute la cavité de la couche corticale et divise ainsi la substance médullaire en deux portions. Le corps de cette *Grégarine* peut présenter des stries longitudinales provenant d'élévations de la surface interne de la couche corticale qui s'adaptent dans des dépressions correspondantes de la substance médullaire ; mais ce phénomène est inconstant. Par contre, on observe des striations transversales qui sont constantes et résultent d'une couche paraissant composée de fibrilles musculaires, développée dans la partie périphérique de la couche corticale, immédiatement au-dessous de la cuticule. Les fibrilles elles-mêmes sont formées de corpuscules allongés

vite par s'isoler. A ce moment elles se trouvent situées à la surface d'un volumineux amas central qui représente la portion non utilisée du contenu primitif. Puis chaque petite masse sporigène s'allonge sous forme d'un bâtonnet fusiforme, et toutes ensemble se meuvent rapidement pendant quinze ou dix-huit heures. Au bout de ce temps, le mouvement cesse. Chacune des masses sporigènes reprend sa forme sphéroïdale et se convertit en une spore définitive par la production d'une épaisse paroi à sa surface. De son côté, l'amas granuleux central, sur lequel reposent les spores, s'entoure aussi d'une paroi propre et se convertit en une vésicule libre au milieu du kyste. Par son accroissement ultérieur, ce pseudo-kyste, comme l'appelle l'auteur, presse sur les spores, comprimées entre la paroi intérieure du kyste et lui, et détermine la rupture du tégument extérieur, mettant ainsi en liberté ces corps reproducteurs (*Acad. des Sciences de Paris*, 15 février 1875).

unis bout à bout. Une cloison transversale sépare le renflement céphalique du reste du corps, et la couche de fibres musculaires ne s'étend que dans la partie postérieure du renflement.

Les embryons de la *Grégarine géante*, quand ils abandonnent leurs psorospermies (ou pseudo-navicelles) s'offrent sous l'aspect de petites masses de protoplasme semblables à des *Protamœbes* et sont comme eux dépourvus de noyau et de vésicule contractile. Ils cessent bientôt de présenter le moindre changement de forme et prennent un aspect globuleux, en même temps que la région périphérique du corps devient claire. Puis deux longs prolongements bourgeonnent de ce corps, l'un activement mobile, l'autre sans mouvement. Le premier, en se détachant, acquiert l'apparence et présente les mouvements d'un petit ver filiforme, ce qui lui a fait donner par M. Van Beneden le nom de pseudofilaire. Le renflement se dessine à l'une des extrémités du corps, la pseudofilaire entre dans un état de repos et le nucléole fait son apparition dans son intérieur; autour de celui-ci se différencie une couche claire, donnant naissance à l'endoplaste et la pseudofilaire arrive à l'état de la *Grégarine géante* adulte.

QUATRIÈME SECTION

4° **Catallacta.** — Les *Catallacta* de Hæckel, représentés par le genre *Magosphæra*, sont à une période des myxopodes à longs pseudopodes qui, larges et lobulaires à la base, se divisent en fins filaments à leurs extrémités et peuvent en conséquence être considérés comme des organes intermédiaires entre ceux du *Protogène* et ceux du *Protamœbe*. Ce myxopode est, en outre, pourvu d'un endoplaste distinct et d'un espace contractile bien marqué. Arrivé à l'état adulte, il sécrète un kyste et se divise en plusieurs masses dont chacune se convertit en un corps conique, ayant sa base tournée en dehors et son sommet en dedans. Ces corps coniques sont enfouis au sein d'une matière gélatineuse et forment par leur réunion une sphère, du centre de laquelle ils rayonnent. Chacun d'eux développe des cils autour de sa base et contient un endoplaste et une vésicule contractile. Quand le globe complexe ainsi formé a rompu son enveloppe, il nage çà et là, pendant quelque temps, à la manière d'un *Volvox*. Chaque animalcule cilié se nourrit en prenant à l'aide de son disque des particules solides. Puis les animalcules ciliés se séparent et finissent par rétracter leurs cils pour devenir des myxopodes semblables à ceux qui ont servi de point de départ à la série. Le *Magosphœra* offre ainsi, à peu près, une répétition endoplastique de la monère *Protomonas*, — le mastigopode étant pourvu de nombreux petits cils au lieu de deux fouets (flagella) de grande dimension. D'un autre côté, les Catallacta se rapprochent beaucoup du groupe suivant, dans lequel, à mon avis, il faut peut-être les comprendre.

CINQUIÈME SECTION

5° **Infusoires.** — Si l'on exclut, d'une part, l'ensemble varié de formes hétérogènes que l'on a compris sous cette dénomination : les Desmidiées, Diatomacées, Volvocinées et Vibrionidées qui sont de vraies plantes et les Rotifères d'une organisation comparativement élevée, d'autre part, il reste trois groupes de petits organismes que l'on peut convenablement embrasser sous le titre général d'*Infusoires*. Ce sont : (a). Les animalcules appelées Monades ou *Infusoires flagellés ;* (b). les *Acinètes* ou *Infusoires tentaculifères* et (c). les *Infusoires ciliés*.

(a). *I. flagellés.* — Ces Infusoires se caractérisent par la présence d'un seul ou de deux longs cils en forme de fouet, tantôt (quand il y en a plus d'un) situés à la même extrémité du corps, tantôt fort éloignés l'un de l'autre.

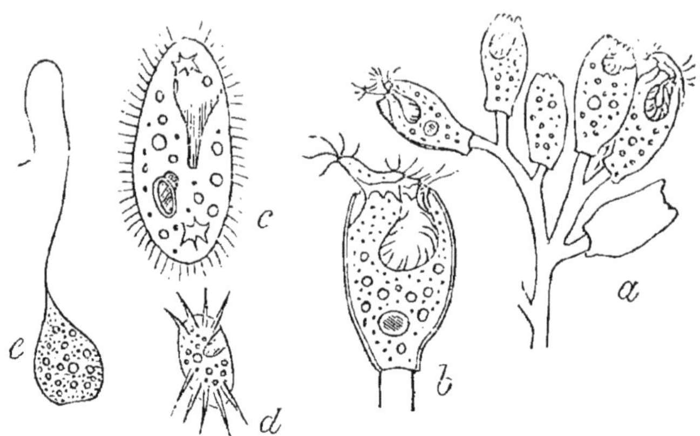

Fig. 12. — Morphologie des Infusoires. — *a*, *Epistylis*, infusoire pédonculé ; *b*, l'un des calices isolé du même, fortement grossi, montrant le disque cilié que l'animal fait saillir à volonté et la cavité interne ciliée dans laquelle pénètrent les particules alimentaires. Dans la substance du corps se trouvent la vésicule contractile et des vacuoles alimentaires plus petites ; *c*, diagramme du *Paramæcium*, montrant l'œsophage infundibuliforme, le noyau et le nucléole, des vacuoles alimentaires et deux vésicules contractiles ; *d*, *Aspidisca lynceus ;* *e*, *Peranema globulosa*, infusoire flagellé.

Le corps présente très-généralement un endoplaste et une vésicule contractile. On n'y distingue pas d'ouverture buccale constamment béante, mais on observe une région orale dans laquelle la substance alimentaire est poussée ; celle-ci, après avoir passé dans l'endosarque, reste pendant quelque temps environnée d'un globule d'eau ingéré en même temps qu'elle, « vacuole alimentaire ». Le professeur H. James Clark, qui a récemment étudié les Flagellata avec soin, a fait voir que dans les *Bicosœca* et *Codonœca* un corps monadiforme fixé est enfermé dans un calice anhyste et transparent. Dans les *Codosiga*, une substance transparente semblable s'élève jusque autour de la base du flagellum, à la manière d'un collier. Chez les *Salpingœca*, le collier qui entoure la base du fouet se fusionne avec un revêtement caliciforme qui enveloppe tout l'animal. Dans l'*Antophysa*, il y a deux organes moteurs, l'un constituant un flagellum volumineux et relativement rigide, qui se meut par secousses intermittentes, l'autre un cil très-délicat animé d'un perpétuel mouvement vibratoire.

La différence qui sépare les deux espèces d'organes locomoteurs atteint son maximum dans l'*Anisonema*, qui offre des points de ressemblance intéressants avec la *Noctiluque*.

La multiplication par scission longitudinale a été observée chez les *Codosiga* et *Anthophysa* et se présente probablement dans les autres genres. Dans les *Codosiga*, le flagellum se rétracte avant que la fissiparité ait lieu, mais le corps ne s'enkyste point ; dans les *Anthophysa*, le corps prend une forme sphéroïdale et s'entoure d'un kyste anhyste, avant la production de la division.

On n'a pas vu la conjugaison sexuelle se produire parmi la plupart des *Infusoires flagellés*, et aucun d'eux ne présente de structure analogue à l'endoplastule des *ciliés*. Dans l'*Euglena viridis* (qui pourrait toutefois être un végétal) Stein (1) a observé une division du « noyau » qui se convertit en masses distinctes, dont quelques-unes acquièrent une forme ovalaire ou fusiforme, en s'entourant d'une enveloppe dense, tandis que les autres se métamorphosent en sacs à paroi mince, remplis de petites granulations et dont chacun desquels est pourvu d'un cil unique. On n'a pas encore pu suivre la destinée ultime de ces corps.

Une étude attentive du genre singulier *Noctiluca* m'a

(1) Organismus der Infusionsthiere, II, p. 56.

conduit, en 1855, à lui assigner une place parmi les Infusoires, et de récentes recherches ont prouvé d'une manière concluante qu'il appartient aux *I. flagellés*.

Le corps sphéroïdal de la *Noctiluque miliaire* a environ 0^{mm},32 de diamètre et présente un sillon médian, rappelant celui de la pêche, et à l'extrémité duquel se trouve la cavité buccale. Un tentacule long et délié, strié transversalement, pend au-dessus de la bouche, sur un côté de laquelle se projette une crête dure garnie de dents. Près de l'une des extrémités de celle-ci se trouve un cil vibratile. Une dépression infundibuliforme aboutit à une masse centrale de protoplasme, unie par de fines bandes rayonnantes à une couche de la même substance qui tapisse l'enveloppe cuticulaire du corps. On n'observe pas de vésicule contractile, mais un endoplaste ovalaire existe dans le protoplasme central. Les corps ingérés se logent dans des vacuoles de ce dernier jusqu'à ce qu'ils soient digérés.

D'après les observations de Cienkowsky (1), lorsqu'on vient à léser le corps d'une *Noctiluque*, il se rompt et s'affaisse, mais le contenu protoplasmique et autre forme avec le tentacule une masse irrégulière, dont la périphérie finit par se convertir en vacuole qui s'agrandit et sécrète un revêtement nouveau. Mais une portion, même peu considérable, du protoplasme d'un individu mutilé est capable de se transformer en animal parfait. Dans de certaines conditions, on voit le tentacule d'une *Noctiluque* se rétracter à l'intérieur du corps et l'on peut rencontrer, à toutes les époques de l'année, des *Noctiluques* sphéroïdales, dépourvues de flagellum, de dent ou de sillon médian, mais normales sous les autres rapports. Il faut probablement regarder ces dernières comme des formes

(1) Ueber Noctilina Miliaris, — Schulze's *Archiv fur Mikroskop. Anatomie*, 1872.

enkystées. La multiplication peut se faire au moins selon deux procédés différents. La fissiparité s'observe dans les formes sphéroïdales aussi bien que chez les animalcules pourvus d'un tentacule ; elle se prépare par la dilatation, la constriction et la division de l'endoplaste. Ce mode de reproduction a lieu surtout à l'arrière-saison.

Un autre procédé de multiplication asexuelle, offrant une ressemblance singulière avec la segmentation partielle du jaune ne se rencontre que chez les *Noctiluques* sphéroïdales. L'endoplaste disparaît et le protoplasme, s'accumulant sur la face interne d'une région de la cuticule, se divise d'abord en deux masses, puis en quatre, puis en huit, en seize, trente-deux ou davantage ; cette subdivision du protoplasme s'accompagnant d'une élévation de la cuticule en protubérances qui, dans le principe, correspondent en nombre et en dimensions à ces masses subdivisées. Quand ces dernières sont devenues très-nombreuses, chacune fait saillie à la surface, et se convertit en un germe monadiforme libre, pourvu d'un noyau, d'un bec et d'un long tentacule qu'il est difficile de distinguer d'un cil flagelliforme.

On a observé directement la conjugaison sexuelle. Deux *Noctiluques*, se mettant en contact par leurs surfaces buccales, adhèrent intimement l'une à l'autre, et un pont de protoplasme unissant leurs deux endoplastes devient apparent. Les tentacules se détachent, puis les deux corps se confondant peu à peu, les endoplastes finissent par se fusionner en un seul. Cette opération, dans son ensemble, demande cinq ou six heures pour s'accomplir. Les *Noctiluques* sphéroïdales ou enkystées peuvent s'unir d'une manière semblable. Dans ce cas, ce sont les régions les plus rapprochées des endoplastes qui se mettent en contact. On ne sait pas encore d'une façon positive si ce mode de reproduction est ou non de nature sexuelle. Cienkowsky admet qu'il peut hâter le procédé de multiplication par les germes monadiformes décrits plus haut.

Les *Noctiluques* sont extrêmement abondantes dans les eaux superficielles de l'Océan, et elles constituent l'une des causes les plus ordinaires de la phosphorescence de la mer. La lumière provient de la couche périphérique de protoplasme qui tapisse la cuticule (1).

Les *Peridineæ* forment un autre groupe aberrant des *Flagellés*, conduisant aux *Ciliés*. Le corps est enfermé dans une enveloppe dure (se produisant parfois sous forme rayonnée) qui présente en un point une ouverture en forme de sillon, qui met à découvert le contenu protoplasmique, dans lequel se trouvent un endoplaste et, dans certains cas, une vésicule contractile. Un ou plusieurs cils flagelliformes sortent du protoplasme accompagnés ordinairement d'une couronne de cils courts, et servent d'organes locomoteurs.

La bouche est une dépression qui se continue, dans quelques cas, par un canal œsophagien, lequel se termine brusquement dans la substance centrale semi-fluide du corps; les particules alimentaires se logent dans des vacuoles formées à son extrémité, comme chez les *Ciliés*. On n'a pas encore observé chez les *Peridineæ* d'autre mode

(1) Rien n'est plus facile, pendant l'été, dit M. Giard, que d'observer à Boulogne la phosphorescence de la mer. Cette phosphorescence est due presque exclusivement à la *Noctiluca miliaris*, protozoaire qui est parfois tellement abondant qu'il constitue un véritable embarras pour le naturaliste en encombrant les vases où l'on conserve des embryons. Pendant quelques jours, du 20 au 25 juin 1874, l'eau de la mer, à la marée montante, présentait sur le bord la consistance du tapioca et une couleur d'un rouge tomate assez pâle. Cette couleur était due comme je m'en suis assuré, aux spores des Noctiluques qui paraissaient se reproduire avec une prodigieuse rapidité pendant les journées chaudes et orageuses. Ces spores sont vertes à la lumière transmise et rougeâtre par réflexion (*Le Laboratoire zoologique de Wimereux* Congrès de Lille, 1874).

de multiplication que la fissiparité ; mais la division est quelquefois précédée de l'emprisonnement de l'animal dans un kyste allongé en forme de croissant.

(b). *Infusoires tentaculifères.* — Les *Acinètes* n'ont pas d'ouverture buccale de l'espèce ordinaire, mais possèdent des prolongements filiformes ou tentacules, qui, d'ordinaire déliés, simples et plus ou moins rigides, s'irradient de tous les points de la surface du corps, ou d'une ou plusieurs régions de cette surface. A première vue, ces tentacules ressemblent aux pseudopodes rayonnés de l'*Actinophrys* : mais un examen plus attentif montre qu'ils ont un caractère différent. En réalité, chacun d'eux constitue un tube délicat, présentant une paroi extérieure anhyste et un axe granuleux semi-fluide et se termine ordinairement par un léger renflement ou bouton. Il peut sortir ou se rétracter avec lenteur, ou se recourber de diverses manières. Mais, au lieu de jouer le rôle de simples organes préhensiles, ces tentacules agissent en outre comme suçoirs ; pour cela, l'*Acinète* applique un ou plusieurs de ces organes sur le corps de sa proie (1) — c'est

(1) Stein (Der Organismus der Infusionsthiere, I, p. 76) décrit ainsi la façon dont l'*Acinète* saisit sa proie : « Lorsqu'un infusoire nage à la portée de l'*Acinète*, les tentacules les plus rapprochés s'élancent rapidement vers lui, tout en s'allongeant, se recourbant souvent d'une manière considérable ou se tordant irrégulièrement. Les extrémités renflées de ces tentacules, qui se mettent en contact immédiat avec la surface de la victime saisie, s'étalent en disques et adhèrent au corps avec fixité. Une fois qu'un certain nombre de tentacules se sont attachés de la sorte, l'animal emprisonné n'est plus capable de s'échapper, ses mouvements se ralentissent et finissent par cesser. Les tentacules qui se sont fixés le plus solidement, se raccourcissent et s'épaississent en rapprochant la proie du corps... Dès que le disque-suçoir a perforé la cuticule de la victime, on voit tout à coup un courant très-rapide, indiqué par les particules graisseuses qu'il emporte, s'établir le long de l'axe du tentacule et se déverser, à la base de ce dernier, dans la partie voisine du corps de l'*Acinète*... La cause du mouvement est inconnue. Il ne s'accompagne d'aucune contraction appréciable des parois du tentacule. »

ordinairement quelque autre espèce d'Infusoire — puis la substance du corps de la victime s'insinue dans l'intérieur du suçoir, pour pénétrer dans le corps de l'*Acinète*. Les aliments solides ne peuvent passer par ces tentacules, aussi ne parvient-on pas à nourrir les *Acinètes* avec l'indigo, ni avec le carmin. Dans l'intérieur du corps se trouve un endoplaste (1) avec une ou plusieurs vésicules contractiles et le corps est tantôt libre, tantôt fixé sur une tige.

Les *Acinètes* se multiplient selon plusieurs procédés. L'un d'eux consiste en une simple scission longitudinale, mais il s'observe rarement chez ces animaux. Un autre consiste dans le développement d'embryons ciliés à l'intérieur du corps. Ces embryons résultent de la séparation d'une portion de l'endoplaste et de sa métamorphose en un germe globuleux ou ovoïde qui, chez certaines espèces, est complétement recouvert de cils vibratiles, tandis que chez d'autres les cils se limitent à une zone entourant la partie médiane de l'embryon. Le germe s'échappe par la rupture de la paroi tégumentaire de la mère. Après une courte existence (se limitant parfois à quelques minutes) à l'état d'animalcule nageant librement, pourvu d'un endoplaste et d'une vésicule contractile, mais privé de bouche, les prolongements rayonnés et renflés caractéristiques font leur apparition, les cils s'évanouissent, et l'animal arrive à l'état d'*Acinète*.

On a vu souvent les *Acinètes* se conjuguer, les individus séparés se fusionnant complétement en un seul être et leurs endoplastes se transformant en l'endoplaste unique de l'*Acinète* résultant de la conjugaison ; mais on ne sait pas encore si ce mode de reproduction a ou n'a rien à voir avec le procédé de développement des embryons ciliés que nous venons de décrire.

(1) On n'a pas encore observé, chez les *Acinètes*, d'endoplastule semblable à celui qui existe chez les autres *Infusoires*.

Dans certaines circonstances, les *Acinètes* rétractent leurs prolongements radiés et s'entourent d'un kyste anhyste; mais ce phénomène ne paraît pas avoir le moindre rapport avec aucun de leurs modes de multiplication.

Dans l'*Acineta mystacina* et la *Podophrya fixa*, un mode particulier de fissiparité a lieu. A l'extrémité libre du corps, se fait un resserrement, comprenant une portion de l'endoplaste, et le corps se sépare en ce point de la partie pédiculée restante. Les tentacules se rétractent, et le segment, après s'être allongé, développe des cils sur toute sa surface, puis s'éloigne en nageant.

(c). *Infusoires ciliés.* — Le trait caractéristique des *Ciliés* est le grand nombre des cils vibratiles dont ils sont pourvus et qui leur servent d'organes de préhension et de locomotion. Se basant sur la distribution des cils, Stein a divisé ce groupe en *Holotricha*, dans lesquels les cils sont dispersés sur tout le corps et sont d'une seule espèce; en *Hétérotricha* dans lesquels les cils, largement distribués, sont d'espèces différentes, les uns plus grands, les autres plus petits; en *Hypotricha*, dans lesquels les cils se limitent à la face inférieure ou buccale du corps; et en *Péritricha*, dans lesquels ils forment une zone autour du corps.

Chez les *Ciliés* les plus simples et les plus petits, le corps ressemble à celui de l'un des *Flagellés*, en ce qu'il se différencie simplement en un ectosarque et un endosarque, avec un endoplaste et une vésicule contractile. Cependant, dans la plupart des cas, sinon dans tous, il n'existe pas simplement une région buccale par laquelle s'ingèrent les aliments, mais une dépression œsophagienne conduit de celle-ci dans l'endosarque; et, il n'est pas encore démontré que les *Ciliés* même les plus simples ne présentent pas une surface anale destinée à l'expulsion des parties non digérées des aliments.

Le genre *Kolpoda* qui est très-commun dans les infusions de foin, offre un bon exemple de cette forme inférieure d'Infusoire cilié. On a observé qu'après être devenu immobile, il s'entoure d'un kyste, puis se divise en deux, quatre portions ou davantage, qui prennent la forme adulte pour s'échapper ensuite du kyste.

L'enkystement, suivi ou non de la scission, est très-fréquent parmi tous les *Ciliés* et l'on a vu une espèce d'*Amphileptus* avaler, ou plutôt envelopper, un animalcule en forme de cloche pédiculé (*Vorticelle*), puis s'enkyster sur la tige de sa proie, de la même manière que la *Vampyrelle* se perche sur le pédicule du *Gomphonema* qu'elle a dévoré.

Chez les *Ciliés* plus élevés, le protoplasme du corps se différencie directement en diverses structures, comme nous avons déjà vu que c'était le cas dans la *Grégarine géante*, mais à un degré beaucoup plus considérable.

Ainsi, chez les *Péritricha* dont les animalcules en cloche, ou *Vorticelles*, sont les représentants les plus communs, la région buccale présente une dépression — le vestibule — de laquelle un canal permanent — l'œsophage — conduit dans l'endosarque mou et semi-fluide, où il se termine brusquement ; et, immédiatement au-dessous de la bouche, dans le vestibule, se voit une région anale destinée à l'expulsion du rebut de la digestion, mais qui n'offre d'ouverture qu'au moment où les matières fécales veulent sortir. Sauf le point où se trouve la couronne ou plutôt la spirale ciliée, la paroi externe du corps, relativement dense, forme une *cuticule* et sécrète assez souvent une cupule ou enveloppe, qui annonce déjà la thèque des polypes hydrozoaires. De plus, chez les *Vorticelles* fixées d'une manière permanente, la tige qui les attache peut présenter une fibre musculaire centrale, dont la contraction brusque fait rétracter le corps, tandis que le pédoncule se contourne en spirale. Chez les *Paramœcies*, au-dessous de la cuticule mince, superficielle et transparente d'où procèdent les cils, se voit une couche corticale très-distincte fibrillée dans une direction perpendiculaire à la surface et, dans quelques espèces,

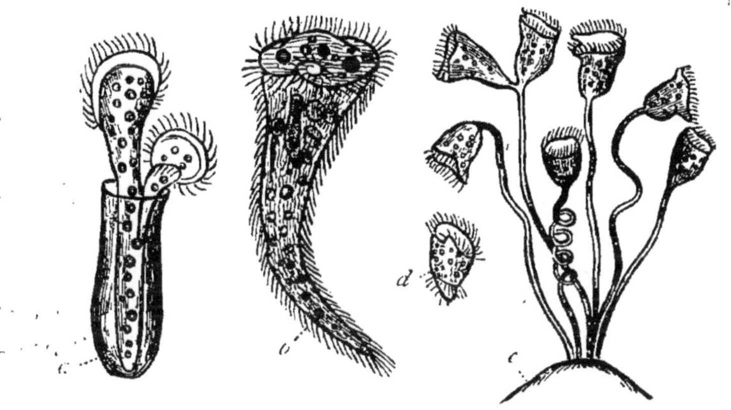

Fig. 13. — *a*, *Vaginicola crystallina* ; *b*, *Stentor Mülleri* ; *c*, groupe de Vorticelles ; *d*, bourgeon détaché de Vorticelle, montrant la couronne postérieure de cils.

parsemée de petits corps en forme de baguettes semblablement disposés, qui dans certaines circonstances se projettent en longs filaments et ont reçu le nom de *trichocystes*. Dans le *P. bursaria*, des granules de chlorophyle sont dispersés dans l'épaisseur de cette couche. Dans le *Balantidium*, le *Nyctotherus*, le *Spirostomum* et beaucoup d'autres, la couche corticale est divisée par des stries linéaires en bandes que l'on est en droit de considérer comme des fibres musculaires rudimentaires.

Chez beaucoup de *Ciliés*, l'endosarque paraît être presque fluide. La nourriture qui est attirée dans la bouche et poussée dans l'œsophage par l'action constante des cils, s'accumule au fond de l'œsophage puis pénètre, avec l'eau qui l'environne, par une sorte de saccade dans l'endosarque où elle reste, pendant quelques instants, près de l'extrémité du conduit œsophagien, sous forme de vacuole alimentaire ; mais elle ne tarde pas à se mouvoir et à circuler, en même temps que d'autres vacuoles semblables formées avant et après elle, dans un trajet défini, remontant d'un côté du corps pour redescendre de l'autre côté, entre la couche corticale et l'endoplaste. Ce mouvement est particulièrement libre et sans entrave chez le *Balantidium*, tandis que chez le *Paramœcium* le cours des vacuoles alimentaires se limite d'une manière plus définie, et paraît, chez le *Nyctotherus*, se confiner à une partie du corps comprise entre l'extrémité de l'œsophage et la région anale, qui, dans cet infusoire, se trouve à une extrémité du corps. En fait, l'endosarque finement granuleux du *Nyctotherus* limite le passage des vacuoles alimentaires de telle sorte que l'on pourrait convenablement décrire le trajet qu'elles suivent comme un canal intestinal rudimentaire.

Les vésicules contractiles atteignent leur plus grande complexité chez les *Paramécies* qui en ont deux, une vers chaque extrémité du corps. Elles sont logées dans la couche corticale et, lorsqu'elles sont à l'état de diastole, elles ne se trouvent limitées extérieurement que par la cuticule, à travers laquelle il est fort probable qu'elles communiquent avec le dehors. Quand la systole a lieu, on voit un certain nombre de fins canalicules, qui s'irradient de chaque vésicule, se distendre sous la poussée d'un liquide aqueux et clair que leur envoie la vésicule. Ces canaux ont une position constante et l'on peut en suivre quelques-uns jusqu'au voisinage de la bouche ; de sorte que les canaux et les vésicules constituent un système aquo-vasculaire permanent. L'endoplaste est finement granuleux comme la substance de l'endosarque. On dit souvent qu'il est enveloppé dans une membrane distincte, mais j'incline à penser que cette membrane est toujours le produit des réactifs. On observe très-généralement (mais non chez les *Vorticelles*) un petit corps arrondi ou ovalaire, désigné sous le nom de « nucléole » ou d'*endoplastule*. L'endoplaste est généralement décrit comme enfoui dans la couche corticale, mais ce n'est certainement pas le cas pour le *Paramæcium*, le *Balantidium* et le *Nyctotherus*.

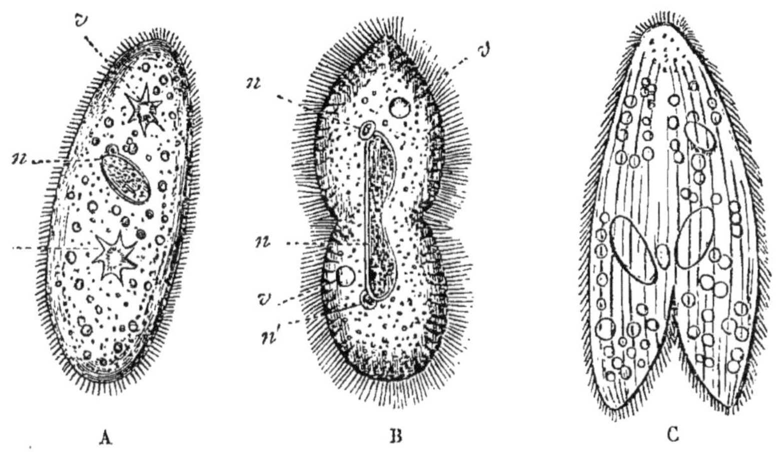

Fig. 14. — A, *Paramœcium*, montrant le noyau (*n*) et deux vésicules contractiles (*v*); B, *Paramœcium bursaria* (d'après Stein), se divisant transversalement; *n*, noyau ; *n'*, nucléole ; *v*, vésicules contractiles ; C, *Paramœcium aurelia* (d'après Ehrenberg) se divisant longitudinalement.

La plupart des *Ciliés*, sinon tous, se multiplient par division, et ce procédé s'effectue en général par la formation d'une constriction plus ou moins transversale, qui divise le corps en deux parties, lesquelles se séparent pour développer ensuite isolément les structures nécessaires à leur état définitif. Cependant, l'endoplaste s'allonge et se divise toujours en laissant une portion accompagner chaque produit de la fissiparité. On n'observe ni bourgeonnement ni division longitudinale (parmi les *Infusoires* libres), les apparences que l'on a considérées comme accusant ces modes de reproduction étant dues à l'opération opposée de conjugaison sexuelle. M. Balbiani (1), qui a découvert cette dernière variété de multiplication, la décrit ainsi chez le *Paramœcium bursaria.*

« On voit les Paramécies se rassembler sur certains points du vase, qui les contient, soit vers le fond, soit sur les parois... Bientôt on les trouve accouplées deux à deux, accolées latéralement et comme enlacées, les extrémités semblables dirigées dans le même sens et les deux bouches appliquées étroitement l'une sur l'autre... C'est pendant la copulation même, dont la durée se prolonge pendant cinq à six jours, que s'opère la transformation du noyau et du nucléole en appareils reproducteurs sexuels.

« Le nucléole s'est changé en une sorte de capsule de forme ovale, dont la surface présente des stries longitudinales et parallèles. Presque toujours, il ne tarde pas à se partager, suivant son grand axe, en deux ou plus souvent en quatre parties qui continuent à s'accroître indépendamment les unes des autres et constituent autant de poches ou capsules secondaires. A une époque encore voisine du partage, ces dernières se montrent composées d'une membrane extrêmement fine, enveloppant un faisceau de petites baguettes courbes, renflées vers le milieu, plus amincies aux extrémités.....

« Quant au noyau, il s'est arrondi, s'est élargi et a donné naissance — d'une manière qui n'est pas clairement expliquée — à de petits corps sphériques analogues à des ovules.....

« C'est ordinairement du cinquième au sixième jour qui suit l'accouplement, que l'on voit apparaître les premiers germes sous la forme de petits corps arrondis, formés d'une membrane que l'acide acétique met bien en

(1) Balbiani, (Note relative à l'existence d'une génération sexuelle chez les Infusoires. *Journal de la Physiologie*, tome I, 1858).

évidence, et d'un contenu grisâtre, pâle, homogène ou presque imperceptiblement granulé, où l'on ne distingue encore ni noyau, ni vésicule contractile. Ce n'est que plus tard qu'apparaissent ces organes. Les observations de Stein et de F. Cohn ont montré comment ces embryons quittaient le corps de la mère sous forme d'*Acinètes* garnis de tentacules boutonnés, véritables suçoirs au moyen desquels ils restent encore quelque temps adhérents à celle-ci en se nourrissant de sa substance; mais leurs recherches ne leur ont pas révélé le sort ultérieur de ces jeunes.

« J'ai pu les suivre assez longtemps après qu'ils s'étaient détachés du corps maternel, et j'ai pu me convaincre qu'après avoir perdu leurs suçoirs, s'être entourés de cils vibratiles et avoir obtenu une bouche qui commence à se montrer sous la forme d'un sillon longitudinal, ils revêtaient définitivement la forme de la mère, en se pénétrant des granulations vertes caractéristiques de cette *paramécie*, sans avoir subi de plus profondes métamorphoses. »

Dans la planche IV, qui accompagne son travail, fig. 19 à 22, Balbiani représente toutes les phases par lesquelles passe l'embryon à forme d'Acinète pour devenir un *Paramœcium*.

Ces faits, en tant qu'ils s'appliquent à l'union sexuelle, aux changements du « nucléole » et au développement de filaments dans son intérieur, ainsi qu'à la division ultérieure de masses qui se séparent du noyau, n'ont pas été modifiés par M. Balbiani, tandis qu'ils ont été pleinement confirmés par les observations de cet auteur, de Claparède et Lachman, de Stein, Kölliker et autres, chez le *Paramœcium bursaria*, le *P. aurelia* et autres infusoires ciliés.

Dans le *Paramœcium aurelia,* espèce très-voisine de la précédente, l'apparition des diverses périodes de la copulation, de la conversion du « nucléole » en faisceaux de spermatozoaires et de la division subséquente du « noyau, » est aussi établie par le témoignage concordant de Balbiani et de Stein. Balbiani affirme que les corps globuleux clairs qui résultent de la subdivision du noyau sortent du corps sans subir aucune autre modification et il les considère comme des ovules. Stein reconnaît également n'avoir jamais vu d'embryons acinétiformes dans cette espèce.

Mais, comme on pourrait déjà le conclure de ces observations négatives sur le *Paramæcium aurelia*, Balbiani prétend, dans ses publications ultérieures, que les « embryons acinétiformes » observés non-seulement chez le *Paramæcium*, mais encore chez le *Stylonychia*, le *Stentor* et maints autres *Infusoires* ciliés ne sont nullement des embryons, mais des *Acinètes* parasites ; et il avance cette assertion sans retirer explicitement l'exposé reproduit ci-dessus de l'observation faite par lui-même sur la transformation de l'embryon acinétiforme du *Paramæcium bursaria* en la forme maternelle. D'un autre côté, Engelmann et Stein partagent la première manière de voir de Balbiani et donnent à l'appui de fortes raisons. Parmi les arguments par analogie les plus puissants se rangent ceux que fournit le mode de reproduction sexuelle observé par Stein chez les *Infusoires peritriches*.

Chez les *Inf. peritriches* (*Vorticellidæ*, *Ophrydidæ*, *Trichodidæ*) l'accouplement a lieu par la fusion complète et permanente de deux individus, qui sont parfois d'égale taille, tandis que d'autres fois l'un est beaucoup plus petit que l'autre et prend dans le cours de son absorption, l'aspect d'un bourgeon, d'où l'on concluait naguère que la reproduction se faisait par gemmiparité. Les petits individus tirent ordinairement leur origine d'un groupe de petites *Vorticelles* pédonculées, provenant de la division longitudinale répétée d'une *Vorticelle* de la taille ordinaire. Le résultat de la conjugaison est la dissociation en plusieurs segments des « noyaux » des deux individus, soit avant, soit après leur coalescence. Les segments restent tantôt distincts, tantôt se fusionnent en une masse unique, appelée *placenta* par Stein. Dans le premier cas, quelques-uns des segments deviennent des masses germinatives, tandis que les autres se réunissent pour former un nouveau « noyau »; dans le dernier, le placenta, après avoir émis un certain nombre de masses germinatives, prend la forme d'un « noyau » ordinaire. Les masses germinatives émettent des portions de leur substance, comprenant une partie de leur « noyau », et celles-ci se convertissent en embryons ciliés, qui s'échappent par une ouverture spéciale.

On n'a pas observé de tentacules boutonnés, comme en offrent les *Acinètes*, chez les embryons des *Peritricha*, et l'on n'a pas suivi leur développement. Si les corps regardés comme des embryons acinétiformes des *Ciliés* sont réellement tels, on peut les considérer comme représentant la phase myxopode des *Catallacta* et les relations des *Acinètes* aux *Ciliés* sembleraient de nature à faire considérer ces groupes d'animalcules comme des modifications d'un type commun, différant des *Catallacta* par la possession de tentacules au lieu de pseudopodes ordinaires. Chez les *Acinètes*, la phase tentaculiforme est la plus permanente, la phase ciliée transitoire ; tandis que chez les *Ciliés*, cette dernière période est plus permanente et la première transitoire.

DEUXIÈME PARTIE

MÉTAZOAIRES

Caractères généraux. — Nous avons vu que, chez les *Protozoaires*, le germe ne subit pas de division analogue à la « segmentation du jaune » des animaux plus élevés et au phénomène correspondant par lequel la vésicule germinative de toutes les plantes, sauf les plus inférieures, se convertit en un embryon cellulaire. Ils ne possèdent donc pas de blastoderme. Le corps du *Protozoaire* adulte ne saurait se résoudre en unités morphologiques, ou cellules plus ou moins modifiées; et la cavité alimentaire, quand elle existe, n'a pas de paroi spéciale. En outre, l'apparition de la reproduction sexuelle est douteuse chez la plupart des *Protozoaires*, et l'on n'a jusqu'ici aucune preuve de l'existence d'éléments mâles, sous la forme de spermatozoaires filamenteux, dans aucun autre groupe que celui des *Infusoires*.

Chez tous les *Métazoaires*, le germe a la forme d'une cellule nucléée. Le premier pas dans le travail de développement est la production d'un blastoderme par le fractionnement de cette cellule, et ce sont les cellules du blastoderme qui donnent naissance aux éléments histologiques du corps adulte. A l'exception de certains parasites et des mâles extrêmement modifiés d'un petit nombre d'espèces, tous ces animaux possèdent une cavité alimentaire permanente, tapissée d'une couche spéciale de cellules. La reproduction sexuelle a toujours lieu et, très-généralement, l'élément mâle a la forme de spermatozoaires filiformes.

CHAPITRE PREMIER

Porifères ou spongiaires.

Le terme le plus bas de la série de ces *Métazoaires* est indubitablement représenté par les *Porifères* ou Éponges, qui, après avoir oscillé entre les règnes végétal et animal ont, dans ces derniers temps, été reconnus pour des animaux par tous ceux qui en ont soigneusement étudié la structure et la manière suivant laquelle s'exécutent leurs fonctions.

La place que l'on doit assigner aux éponges dans le règne animal a été et est encore un sujet de contestation. Un fait certain, c'est qu'une éponge ordinaire consiste en un agrégat de corpuscules, dont quelques-uns offrent tous les caractères des *Amœbes*, tandis que d'autres ne ressemblent pas moins aux *Monades;* si donc l'on tient compte seulement de la structure adulte, la comparaison d'une éponge à une sorte de *Protozoaire* composé, est parfaitement admissible et, en l'absence d'autre témoignage, justifierait le classement des éponges parmi les *Protozoaires.*

Mais l'on a fait récemment une étude attentive du développement des éponges, et, comme dans tant d'autres cas, la connaissance de cette évolution nécessite un nouvel examen des idées suggérées par la structure adulte.

L'œuf imprégné subit une division régulière; un blastoderme se forme, composé de deux couches de cellules — un épiblaste et un hypoblaste — et le jeune animal a la forme d'une coupe profonde, dont la paroi consiste en deux couches, l'*ectoderme* et l'*endoderme*, qui procèdent respectivement de l'épiblaste et de l'hypoblaste. L'éponge embryonnaire est, en fait, complétement semblable à la phase correspondante d'un hydrozoaire et n'a rien de commun avec aucun des états connus des Protozoaires.

Cependant, au delà de cette première période, l'embryon de l'éponge prend une direction particulière, et son état ultérieur diffère totalement de tout ce que l'on sait des *Cœlentérés*, dont tous les groupes, d'un autre côté, présentent des ressemblances intimes dans leur développement subséquent, comme dans leur structure adulte.

Tout en admettant donc que les éponges constituent le terme le plus bas dans la série des formes animales supérieures aux *Protozoaires* et qu'elles se rapprochent de très-près des *Cœlentérés* inférieurs, je ne vois aucun motif de les comprendre dans cette dernière division, comme Leuckart a proposé de le faire.

Sans aller aussi loin que cet auteur, Hæckel indiquerait les affinités des éponges avec les *Cœlentérés* en les réunissant dans une grande division, pour laquelle il propose de faire revivre l'ancien terme de *Zoophytes* dans un sens restreint.

Mais, en laissant de côté l'objection que l'on peut faire à la renaissance d'une ancienne dénomination offrant un sens nouveau, il faut se rappeler que les caractères embryonnaires qui unissent les *Porifères* avec les *Cœlentérés* les rapprochent de beaucoup d'autres groupes de *Métazoaires*, tandis qu'ils sont séparés des *Cœlentérés* aussi bien que des autres *Métazoaires*, par le fait qu'à l'état adulte ils possèdent de nombreuses ouvertures destinées à l'ingestion des aliments, formées par la perforation des deux couches du blastoderme.

Jusque dans ces dernières années, la seule éponge dont nous connaissions exactement la structure et le développement, était la *Spongilla fluviatilis* ou éponge d'eau douce, qui avait été l'objet des recherches approfondies de Lieberkühn et de Carter. Mais récemment un flot de lumière a été projeté sur la morphologie et la physiologie des éponges marines, et spécialement de ces éponges pourvues de squelettes calcaires, désignées sous le nom de *Calcispongiæ* par Lieberkühn, Oscar Schmidt et surtout Hæckel; leurs observations ont encore clairement prouvé que la *Spongille* représente une forme quelque peu irrégulière (*aberrante*) et que le type fondamental de l'organisation *porifère* doit être cherché parmi les *Calcisponges*. Dans la moins compliquée des éponges calcaires, le corps a la forme d'une coupe et se fixe par une extrémité close. L'extrémité ouverte est l'*osculum* et conduit directement dans l'estomac (*ventriculus*) spacieux ou cavité de la coupe. La paroi relativement mince de celle-ci se compose de deux couches, qui se distinguent facilement par leur structure : l'externe est l'*ectoderme*, l'interne l'*endoderme* L'ectoderme constitue une masse gélatineuse, transparente, légèrement granuleuse, dans laquelle sont parsemés des noyaux, mais qui, à l'état inaltéré, n'offre aucune trace de la distinction primitive des cellules qui contenaient ces noyaux, et est en conséquence appelée un *syncytium* par Hæckel. Elle est élastique et contractile et paraît quelquefois se rapprocher de l'état fibrillaire.

L'endoderme, au contraire, se compose d'une couche de cellules très-distinctes, dont chacune contient un noyau et une ou plusieurs vacuoles contractiles et se prolonge à son extrémité libre en un long cil ou flagellum solitaire. Autour de la base de ce dernier, la portion externe transparente du protoplasme de la cellule se soulève en une crête verticale, à la façon d'un collier, de sorte que chaque cellule ressemble étonnamment à certaines formes d'*Infusoires* flagellés. Des orifices ou pores microscopiques, disséminés sur la surface extérieure de la coupe, conduisent dans des canaux peu étendus qui traversent l'ectoderme et l'endoderme pour arriver à la cavité intestinale et la faire communiquer avec l'extérieur. L'action des flagella des cellules endodermiques amène l'eau contenue dans la cavité gastrique à s'écouler par l'osculum; pour assurer cet écoulement, de petits courants s'établissent par les pores, qui par suite ont reçu le nom d'ouvertures *inhalantes*, tandis que l'osculum a été appelé l'orifice *exhalant*. On dit cependant que la direction de ces courants n'est pas invariable; et il est certain que les pores ne sont pas constants, mais qu'ils peuvent se fermer d'une manière temporaire ou permanente et que de nouveaux peuvent se former en d'autres points.

Le squelette des éponges calcaires consiste toujours en une multitude de spicules distincts, composés d'une substance animale, plus ou moins fortement imprégnée de carbonate de chaux, qui se dépose en couches concentriques autour d'un axe central formé par la base animale. Ce squelette se développe exclusivement dans l'ectoderme et n'est supporté par aucune charpente de matière animale fibreuse.

Les éponges calcaires sont fréquemment, sinon toujours hermaphrodites. Les éléments reproducteurs sont des œufs et des spermatozoaires. Il paraît être assez certain que les derniers tirent leur origine de cellules métamorphosées de l'endoderme, car on les trouve disséminés au milieu de cellules ordinaires de cette couche. Les œufs se rencontrent, d'un autre côté, tantôt entre les cellules de l'endoderme, tantôt enfouis dans le syncytium lui-même, et leur origine est encore douteuse. Les spermatozoaires sont fort délicats et ont des têtes petites, en forme de bâtonnet, et munies de longs flagella. Les œufs présentent la vésicule et la tache germinatives normales, mais offrent des mouvements amœboïdes actifs.

L'imprégnation a lieu et les premières phases du développement se font, tandis que les œufs sont encore enfouis dans le corps de l'éponge. La masse protoplasmique qui représente le vitellus subit la segmentation complète et se convertit en un corps mûriforme, composé de masses divisées ou *blastomères*, qui ne tardent pas à se transformer en cellules (*Morula* de Hæckel). Les cellules superficielles de la *Morula* s'allongent ensuite perpendiculairement à la surface et donnent naissance à l'ectoderme, qui emprisonne le reste des cellules polygonales provenant du phénomène de fragmentation et qui représentent, bien qu'encore inaltérées, l'endoderme futur. Mais les cellules ectodermiques de l'embryon prennent rapidement la structure qui caractérise les cellules endodermiques de l'adulte, chacune émettant, à son extrémité libre, un flagellum entouré d'un collier à sa base. Dans cet état, l'embryon représente cette période de développement d'un Hydrozoaire appelé *Planula* par sir J.-G. Dalyell. Il contient une cavité centrale, qui s'ouvre à une extrémité, et la *Planula* se convertit de la sorte en une *Gastrula* (Hæckel), qui est un corps en forme de sac, ayant l'aspect général de l'adulte, mais qui en diffère en ce que ses parois ne sont pas perforées par des pores et que son ectoderme a encore la structure de l'endoderme de l'adulte, tandis que les cellules de l'endoderme, ou membrane revêtant la cavité gastrique, sont dépourvues de cils. L'embryon abandonne la mère à l'état de Planula, et est mû par les cils flagelliformes qui couvrent la surface externe de l'ectoderme. Au bout d'un certain temps, il se fixe par l'extrémité qui reste fermée; les flagella des cellules de l'ectoderme se rétractent, les cellules elles-mêmes s'aplatissent et se fusionnent au point qu'il n'est plus possible d'en distinguer les limites, et l'ectoderme passe à l'état de syncytium. En même temps, les cellules de l'endoderme se multiplient, s'allongent et revêtent la forme qui les caractérise chez l'adulte. On donne le nom d'*Ascula* à la jeune éponge arrivée à cette condition. La transition à la forme définitive s'effectue par le développement des spicules dans le syncytium ; et la formation des pores inhalants a lieu par la séparation de quelques-unes des cellules constituantes du syncytium.

D'après l'exposé de cette évolution, que nous empruntons à Hæckel, l'embryon, après avoir consisté en un agrégat solide de masses segmentées ou *blastomères* (*Morula*) se change en un sac clos à double paroi (*Planula*) et celui-ci, s'ouvrant à un bout, devient la *Gastrula* cupuliforme, dont l'ouverture constitue l'orifice exhalant terminal.

Un fait très-intéressant, cependant, c'est le mode différent de développement que Metschnikoff (1) a décrit récemment chez le *Sycon ciliatum*.

L'œuf, après l'imprégnation, se métamorphose en une *Morula* pourvue d'une cavité centrale, résultant de la division, ou *blastocœle*. Mais les blastomères des deux moitiés de la *Morula* prennent des caractères différents, ceux de l'une s'allongeant et acquérant des cils flagelliformes, tandis que ceux de la moitié opposée restent globuleux et ne développent pas de cils. Ces derniers se fusionnent alors en un syncytium et développent des spicules, tandis que la couche de cellules ciliées s'invagine dans le syncytium. Ainsi, bien qu'il se forme une *Gastrula* cupuliforme, pourvue d'un endoderme et d'un ectoderme, elle se développe d'une manière différente de la gastrula des autres *Calcispongiæ* actuellement connues. En outre, dans le *Sycon ciliatum*, l'ouverture primitive d'invagination se ferme et la jeune éponge demeure pendant un certain temps à l'état de sac clos à double paroi.

En supposant exactes ces observations de Hæckel et

(1) « Zur Entwickelungs geschichte der Kalkschwämme », — Zeit — schrift für Wissenschaftliche Zoologie, Bd. XXV.

de Metschnikoff, les *Calcispongiæ* présenteraient les deux procédés suivant lesquels se forme, chez les autres *Métazoaires*, la cavité digestive primitive (1).

Dans les *Calcispongiæ* les plus simples, constituant la famille à laquelle Hœckel applique le nom d'*Ascones*, la paroi de l'estomac est mince, et les pores s'ouvrent directement dans la cavité gastrique ; mais dans une autre famille, celle des *Leucones*, le syncytium s'épaissit considérablement et par suite les pores se prolongent en canaux (qui peuvent se ramifier et s'anastomoser), mettant l'estomac en communication avec l'extérieur. Les cellules endodermiques qui forment d'abord une couche continue, dans cette famille comme chez les *Ascones*, finissent par se limiter aux canaux, ou même à des dilatations locales de ces canaux, désignées sous le nom de « chambres ciliées (2). »

(1) Franz Eilhard Schulze, en étudiant le développement du *Sycandra raphanus* (Häck.), est arrivé à des résultats qui diffèrent de ceux obtenus par Hæckel et Metschnikoff. D'accord avec Metschnikoff, il a observé une *Blastula* et non une *Morula* pleine comme le figure Hæckel. Mais tandis que Metschnikoff fait dériver l'endoderme de la partie ciliée de la *Blastula* qui s'invaginerait dans la partie non ciliée, Schulze considère cette partie non ciliée comme endodermique. Toutefois, la *Gastrula* se produirait par invagination et non par éruption (Franz-Eilhard Schulze, *Zeitschrift für wis. Zoologie*, XXV *Band*, 1875, p. 278). Il faut ajouter que postérieurement aux observations de Schulze, O. Schmidt a encore mis en doute l'existence de la *Gastrula* chez les éponges ; pour lui, les larves seraient constituées par une couche externe ciliée, à l'intérieur de laquelle on trouverait de grosses cellules disposées irrégulièrement.

(2) M. Ch. Barrois s'est occupé en 1874 de l'embryogénie des calcispongiaires ; « les résultats auxquels est arrivé ce jeune naturaliste, dit M. Giard, me paraissent confirmer d'une manière remarquable l'opinion que j'avais émise en m'appuyant sur des considérations d'ordre morphologique, à savoir : que les oscules des éponges sont le plus souvent des ouvertures d'expulsion de l'eau, des cloaques et non des bouches, comme le prétend le professeur Hœckel. Les idées du savant professeur d'Iéna ne peuvent s'appliquer convenablement qu'au groupe des *Ascones*. Chaque tube radial des *Sycones* est homologue à la personne des Ascones, l'ouverture garnie de longs spicules est un cloaque commun. Chaque *Sycon* est un cormus et non une personne unique.

La même disproportion relative de l'ectoderme, avec le développement consécutif de conduits qui traversent la masse de l'éponge et sont pourvus par places de chambres ciliées, se trouve chez les éponges siliceuses, dans lesquelles les *spicules*, lorsqu'elles en possèdent, sont durcis par un dépôt de silice et où les corpuscules de l'éponge sont, en règle générale, supportés par un squelette plus ou moins complet d'une substance animale dure — « *kératose.* »

L'*Halisarca* est cependant dépourvue à la fois de squelette et de spicules; quant aux curieuses éponges perforantes — les *Clionæ* — leur structure délicate reste encore à élucider.

L'éponge d'eau douce (*Spongilla*) a été étudiée avec un soin extrême par Lieberkühn et c'est d'après les recherches de cet auteur que nous donnons l'exposé suivant, pour l'utilité de l'étudiant qui ne saurait se procurer aucune autre éponge aussi facilement que la *Spongilla fluviatilis.*

L'éponge d'eau douce croît sur les bords des bassins ou docks, des canaux et des rivières et sur les bois flottés, sous la forme d'épaisses masses d'incrustation, qui ont d'ordinaire une couleur verte et exigent pour se maintenir en santé une alimentation constante d'eau douce. La surface offre des éminences coniques irrégulières, perforées à leur sommet comme de petits cratères volcaniques, et de leurs orifices exhalants, qui répondent aux *oscula* des *Calcispongiæ*, s'écoulent continuellement des courants d'eau. L'examen attentif de la surface de la *Spon-*

Il en est de même pour les *Leucones,* où chaque personne est constituée parce qu'on a appelé les *chambres* ou *corbeilles vibratiles*.

Enfin il résulte des recherches de M. Ch. Barrois que les spicules simples apparaissent les premiers et ont par conséquent, contrairement à l'opinion de Hæckel, une importance très-grande pour la phylogénie, c'est-à-dire pour la classification généalogique des éponges. (Le Laboratoire de Wimereux, Congrès de Lille, 1874.)

gille comprise entre les cratères exhalants montre qu'elle est formée par une délicate expansion membraneuse, qu'un certain nombre de cavités irrégulières sépare de la substance plus profonde de la *Spongille*. Dans certains cas, ces cavités aboutissent à une grande chambre aquifère. Là

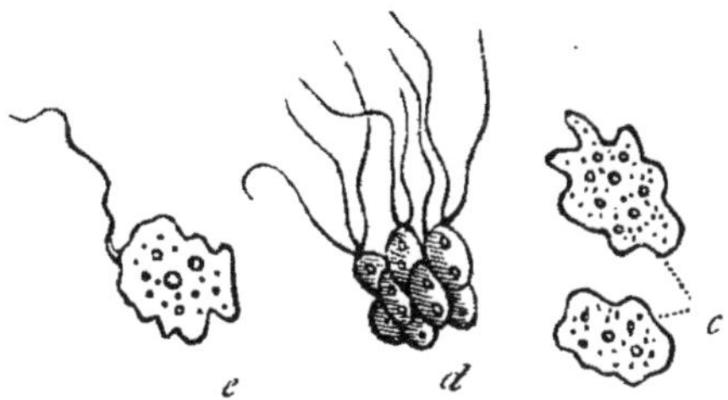

Fig. 15. — *c*, particules amœbiformes d'éponge, ou « sarcoïdes » ; *d*, particules ciliées d'éponge calcaire (*Grantia*), ressemblant à des infusoires flagellés; *e*, sarcoïde monocilié de *Spongille* (d'après Carter).

où les chambres superficielles communiquent avec l'extérieur par des pores, qui perforent l'expansion membraneuse, ces pores sont semblables à ceux de la surface externe de la paroi gastrique d'une simple éponge calcaire et remplissent la même fonction inhalante. A leur face interne, ou plancher, les chambres superficielles présentent les orifices de canaux innombrables qui traversent la substance profonde de la *Spongille* dans toutes les directions et, tôt ou tard, se réunissent en tubes qui aboutissent directement dans les cavités des cratères exhalants. Les canaux se dilatent en certains points, où ils sont tapissés de cellules endodermiques monadiformes caractéristiques, qui se limitent aux parois de ces dilatations ciliées. C'est par l'action des cils de ces cellules que des courants d'eau peuvent continuellement entrer par les pores inhalants et ressortir par les cratères exhalants. Tout l'ensemble de l'organisme est supporté et fortifié par un squelette qui consiste : 1° en bandes et filaments de *kératose* et 2° en spicules siliceux, dont la majorité ressemblent à des aiguilles pointues à chaque extrémité et contiennent un conduit central fin et rempli d'une substance dépourvue de silice. L'individualité de ces animaux est si peu prononcée que deux *Spongilles*, amenées au contact l'une de l'autre, ne tardent pas à se fusionner en une seule ; tandis qu'elles peuvent se diviser spontanément ou être séparées artificiellement en différentes portions, dont chacune conservera son existence indépendante.

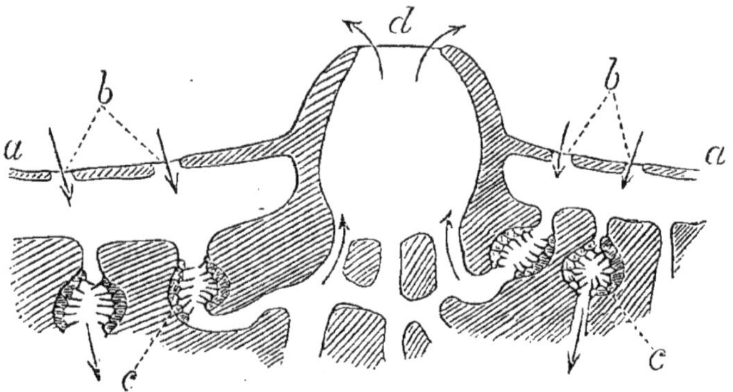

Fig. 16. — Coupe schématique de la *Spongille*. — *aa*, couche superficielle ou « membrane dermique » ; *bb*, ouvertures inhalantes ou « pores » ; *cc*, chambres ciliées ; *d*, ouverture exhalante ou « osculum ». Les flèches indiquent la direction des courants.

On observe chez les *Spongilles* plusieurs modes de reproduction. Un processus analogue à la formation de kystes, qui est si fréquente parmi les *Protozoaires*, se fait dans la substance profonde du corps, particulièrement à l'automne. Un certain nombre de corpuscules d'éponge adjacents, perdent leur aspect granuleux et se remplissent de granulations claires, fortement réfringentes, le noyau cessant d'être visible. Les corpuscules environnants s'appliquent intimement les uns contre les autres et chacun sécrète une enveloppe de kératose, qui se fusionne avec celle des corpuscules limitrophes. A l'intérieur de tous ces corpuscules se forme un singulier spicule siliceux, consistant en deux disques dentés, comme des roues d'engrenage, unis par un axe. A mesure que cet « *amphidisque* » grossit, le protoplasme du corpuscule disparaît et à la longue il ne reste plus rien que l'enveloppe de kératose, emprisonnant les amphidisques, disposés perpendiculairement à la surface. En un point de cette enveloppe sphéroïdale, persiste un orifice et ce qu'on a appelé la « graine » de la spongille est complète. Durant tout l'hiver elle reste sans se modifier, mais au

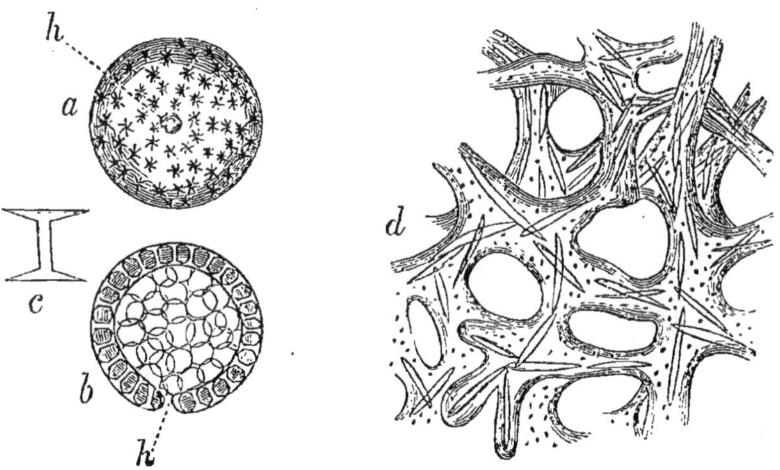

Fig. 17. — *a*, gemmule de *spongille* ; *h*, hile ; *b*, coupe schématique de la gemmule ; montrant la couche externe d'amphidisques et la masse interne de cellules ; *c*, un des amphidisques vu de profil ; *d*, fragment du squelette d'une éponge cornée (d'après Bowerbank), montrant les fibres cornées en réseau avec des spicules. Grossissement considérable.

retour de la chaleur, les corpuscules d'éponge enfermés dans l'enveloppe de la « graine » ou, pour mieux dire, de la *gemmule*, s'échappent lentement à travers le pore, se perforent d'ouvertures et de conduits inhalants et exhalants et développent les spicules caractéristiques d'une jeune *spongille*.

Cette propagation par gemmules, que l'on peut regarder comme une espèce de bourgeonnement, se rapprochant de la propagation au moyen de bulbilles parmi les plantes, n'a pas été observée chez les éponges marines.

La reproduction sexuelle a lieu de la même manière que chez les *Calcispongiæ*, et l'embryon passe par les phases *Morula* et *Planula*. Mais les cellules ciliées qui forment la paroi externe de l'embryon et constituent son appareil locomoteur, semblent s'évanouir quand l'embryon se fixe, et le corps de la jeune *Fibrosponge* paraît s'être développé aux dépens des cellules internes, qui, pendant ce temps, sont devenues spiculigères. Toutefois les détails du mode de développement des *Fibrosponges* exige de nouvelles recherches.

Chez les éponges marines, comme chez les éponges d'eau douce, l'ingestion de matières solides — telles que le carmin et l'indigo — par les cellules endodermiques monadiformes a été constatée par plusieurs observateurs. Selon Hæckel, les particules solides qui pénètrent d'ordinaire entre le flagellum et le collier, peuvent aussi s'ingérer en d'autres parties de la surface de la cellule endodermique. Lorsqu'on se livre à de semblables expériences, on peut encore trouver dans l'ectoderme des granulations pigmentaires, mais y pénètrent-elles directement ou en arrivant de l'endoderme, c'est ce que l'on ignore. Les éponges absorbent de l'oxygène et exhalent de l'acide carbonique avec une grande rapidité; et à voir comment elles rendent l'eau, dans laquelle elles vivent, impure et nuisible à d'autres organismes, on est en droit de soupçonner qu'elles éliminent un déchet considérable de matière azotée.

Le syncytium peut se contracter en totalité ou subir des contractions locales, comme il arrive lorsque les oscula ou les pores se ferment ou s'ouvrent. Les contours des cellules dont il se compose sont invisibles à l'état frais, aussi apparaît-il comme un simple « sarcode, » ou substance contractile gélatineuse et transparente. Mais Lieberkühn a montré que, quand on chauffe l'eau dans laquelle vit la *Spongille* au degré voulu pour déterminer la coagulation thermique du protoplasme des cellules, leurs contours se définissent immédiatement, et les cellules se séparent généralement les unes des autres. Le syncytium résulte donc de l'union intime, et non de la réelle fusion des cellules du corps, et chaque cellule a son noyau et sa vacuole ou ses vacuoles contractiles.

C'est un fait très-intéressant de rencontrer dans quelques éponges des nématocystes semblables à ceux qui sont si abondants chez les *Cœlentérés*. Eimer (1) a trouvé ces éléments dans certaines espèces de *Renierinæ*. Les nématocystes sont dispersés à la fois dans l'endoderme et l'ectoderme et abondent à la surface libre du premier, où elles limitent les canalicules de l'éponge, mais font défaut à la surface externe de l'ectoderme. Le même observateur dit avoir rencontré des débris partiellement digérés dans les cavités gastriques et les conduits des éponges siliceuses aussi bien que calcaires.

Classification des éponges. — Les *Porifères* peuvent se diviser en trois groupes principaux : — les *Myxosponges*, les *Calcisponges* et les *Fibrosponges*, — les *Myxosponges* étant complétement privées de squelette, les *Calcisponges* possédant des spicules calcaires, mais non de charpente *kératosique* fibreuse et les *Fibrosponges* ayant un squelette fibreux, et (ordinairement) des spicules de nature siliceuse. A ces groupes, il faut probablement ajouter les *Clionides*, comme représentant une quatrième division, dépourvue de squelette fibreux, mais possédant des spicules siliceux d'une espèce toute particulière, à

(1) « Nesselzellen und Saamen bei See-Schwämmen », Archiv für Mikr. Anatomie, VIII, 1872.

l'aide desquels elles ont la faculté de s'enfoncer en parasites dans les coquilles de mollusques.

La division des *Myxosponges* ne comprend que l'*Halisarca* gélatineuse. Les *Calcisponges*, outre les deux familles des *Ascones* et des *Leucones*, dont nous avons déjà parlé, en comprennent une troisième, celle des *Sycones*, qui sont essentiellement des *Ascones* composés. Les *Fibrosponges* présentent une grande variété de forme et de structure. Elles ont l'aspect tantôt de masses aplaties ou globuleuses, tantôt de productions arborescentes, d'expansions flagelliformes, tantôt enfin de coupes larges ou profondes. La valeur de l'éponge du commerce tient à ce que son squelette fibreux, richement développé, est dépourvu de spicules. D'autre part, dans les éponges telles que l'*Hyalonema* et l'*Euplectella*, les spicules siliceux atteignent un développement et une complexité d'arrangement vraiment merveilleux. Dans quelques genres, les spicules à six rayons comprennent des mailles polygonales régulières et paraissent être les représentants des *Ventriculites*, qui étaient si communs dans les mers de l'époque crétacée.

Les éponges abondent dans les eaux de toutes les mers, mais la *Spongille* est la seule forme qui habite l'eau douce. Les *Clionides* existaient à l'époque silurienne, mais c'est la craie qui a donné les restes d'éponges les plus abondants.

CHAPITRE II

Cœlentérés.

Classification. — Cette division des *Métazoaires* comprend la grande majorité des animaux désignés communément sous les noms de polypes, de méduses et d'anémones de mer; ils se subdivisent en deux groupes naturels, les *Hydrozoaires* et les *Actinozoaires*.

PREMIÈRE SECTION

Hydrozoaires.

L'élément fondamental de la structure de ce groupe est l'*Hydranthe* ou *Polypite*. Il consiste essentiellement en un sac offrant à une extrémité une ouverture orale ou d'*ingestion*, qui conduit dans une cavité digestive. La paroi du sac se compose de deux membranes celluleuses, dont l'externe se nomme l'*ectoderme* et l'interne l'*endoderme*, la première ayant la valeur morphologique de l'épiderme des animaux supérieurs et la dernière celle de l'épithélium du canal alimentaire. Entre ces deux couches, une troisième couche — le *mésoderme*, — représentant les tissus qui se trouvent compris entre l'épiderme et l'épithélium chez les animaux plus complexes, peut se développer et atteint parfois une grande épaisseur, mais c'est une production secondaire et inconstante.

Tous les *Hydrozoaires* sont pourvus de *tentacules*, organes de préhension allongés et quelquefois filiformes, qui sont généralement des diverticules à la fois de l'ectoderme et de l'endoderme, mais peuvent n'être que des prolongements de l'un d'eux.

Des cellules munies d'un filament, ou *nématocystes*, sont très-généralement distribuées à travers les tissus des *Cœlentérés*. Dans sa forme la plus parfaite, le nématocyste constitue un sac élastique, à paroi épaisse, dans l'intérieur duquel s'élève en spirale un long filament, souvent dentelé ou garni d'épines. Le filament est creux et se continue par sa base ou extrémité la plus épaisse avec la paroi du sac, tandis que l'autre bout, acuminé, est libre. Une très-légère pression amène la sortie rapide du fil, apparemment par un procédé d'évagination, et alors le nématocyste se présente sous l'aspect d'un sac vide, donnant attache à l'une de ses extrémités à un long filament, muni souvent de deux ou trois épines au voisinage de sa base. Beaucoup

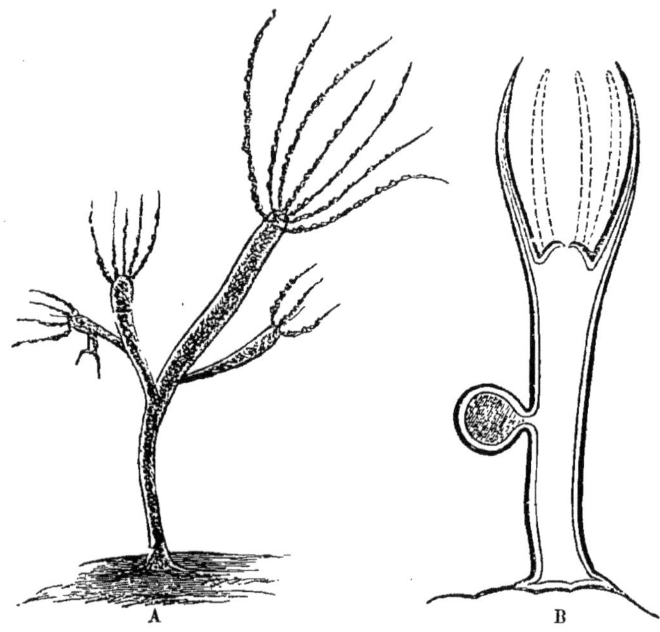

Fig. 18. — A, l'hydre commune (*Hydra vulgaris*) portant de jeunes hydres produites par gemmation, grossissement considérable (d'après Hincks) ; B, coupe schématique de l'*hydre* montrant la bouche environnée des tentacules et le disque d'attache; le gros trait indique l'ectoderme et la ligne fine l'endoderme, et sur l'un des côtés du corps se voit un gros œuf solitaire.

de *Cœlentérés* et notamment les *Physalia* produisent une violente urtication quand leurs tentacules viennent en contact avec la peau humaine, d'où l'on peut conclure qu'ils déterminent un effet nuisible semblable sur les corps des animaux que saisissent et avalent les polypes et les méduses. On n'est pas encore parvenu à s'assurer d'une manière certaine de l'existence d'un système nerveux chez les Hydrozoaires, mais on ne saurait guère douter que les *lithocystes*, ou sacs contenant des particules minérales, qui se rencontrent si fréquemment chez les Médusoïdes et les Méduses, ne soient de la nature d'organes auditifs ; tandis que les amas de pigment, renfermant des corps réfringents, que l'on trouve souvent associés avec les lithocystes représentent évidemment des yeux rudimentaires.

Les éléments reproducteurs sexuels sont des œufs et des spermatozoaires — les œufs étant ordinairement, sinon invariablement dépourvus de membrane vitelline. Les

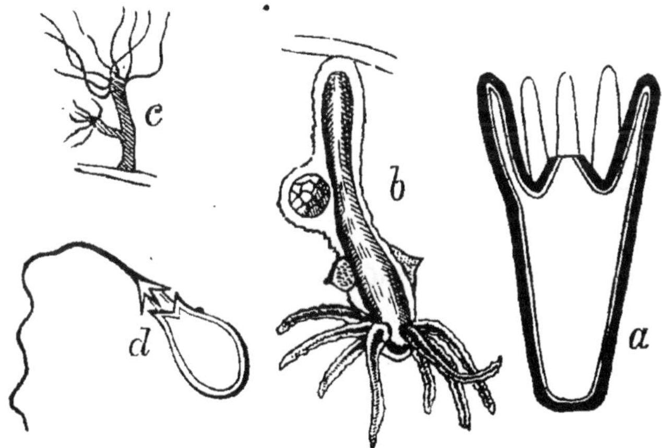

Fig. 19. — Morphologie des hydrozoaires. — *a*, coupe schématique de l'hydre. La ligne foncée est l'ectoderme, la ligne fine et l'espace clair adjacent sont l'endoderme ; *b*, *Hydra viridis*, montrant un œuf isolé contenu dans la paroi du corps près de l'extrémité fixe de l'hydrosome, et deux élévations contenant des spermatozoaires près de la base des tentacules ; *c*, *Hydra vulgaris*, avec un bourgeon non détaché ; *d*, cellule à filament de l'*Hydra*, fortement grossie.

éléments générateurs, arrivés à maturité, se trouvent entre l'ectoderme et l'endoderme de cette partie du tégument dans laquelle ils font leur apparition. M. E. Van Beneden a produit récemment de fortes preuves à l'appui de la croyance que, — chez les *Hydractinies* tout au moins, — les œufs sont des cellules modifiées de l'endoderme et les spermatozoaires des cellules modifiées de l'ectoderme;

mais il reste à voir jusqu'à quel point cette règle peut se généraliser.

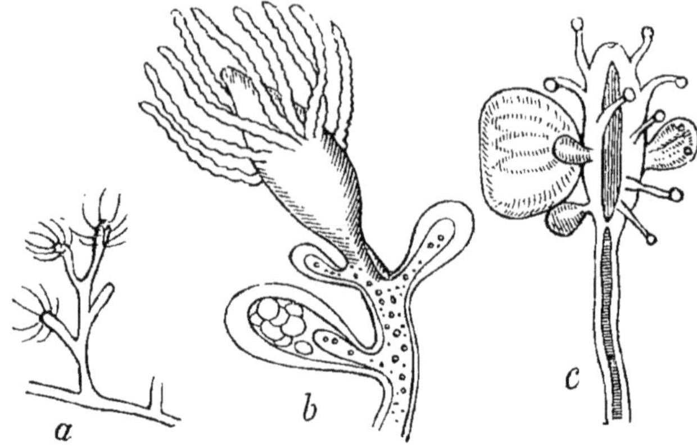

Fig. 20. — Autres hydrozoaires. — *a*, fragment de *Cordylophora lacustris*, légèrement grossi ; *b*, fragment du même plus amplifié, montrant un polypite et trois gonophores à différentes périodes de croissance, le plus gros contenant des œufs ; *c*, portion de *Syncoryne Sarsii* avec des zooïdes médusiformes bourgeonnant de parties comprises entre les tentacules.

Habituellement, la région du corps dans laquelle se

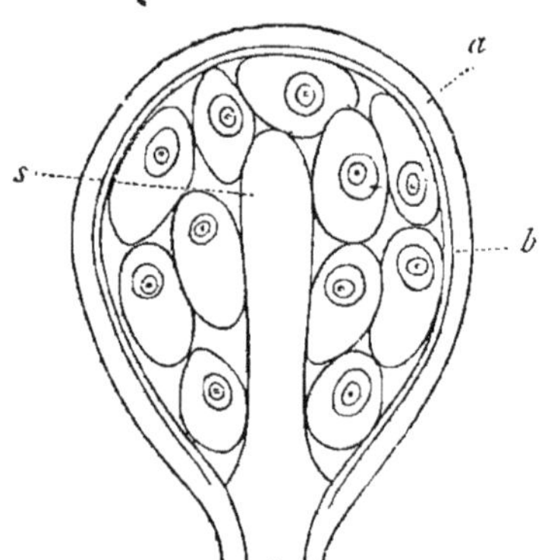

Fig. 21. — Sporosac d'*Hydractinia echinata* (d'après Allman). — *a*, paroi externe du sac ; *b*, paroi interne du sac ; *s*, colonne développée du plancher du sporosac et s'étendant dans sa cavité. On désigne cette colonne sous le nom de « spadix » ; elle contient un prolongement du canal du cœnosarque, et les œufs se développent autour d'elle.

produisent les organes générateurs subit une modification particulière avant que les éléments de reproduction y fassent leur apparition ; elle donne alors naissance à des organes spéciaux, les *gonophores*. Dans son état le plus simple, le gonophore est un simple diverticule sacciforme, ou prolongement en dehors de la surface tégumentaire. Mais, à partir de cet état de simplicité, le gonophore passe par tous les degrés de complication pour arriver enfin à constituer un corps en forme de cloche, dénommé (par suite de sa ressemblance avec une « Méduse ») *Médusoïde*.

Dans sa forme la plus complète, la Médusoïde consiste en un disque semblable à une coupe superficielle ou profonde (*nectocalyx*), du centre de la concavité de laquelle

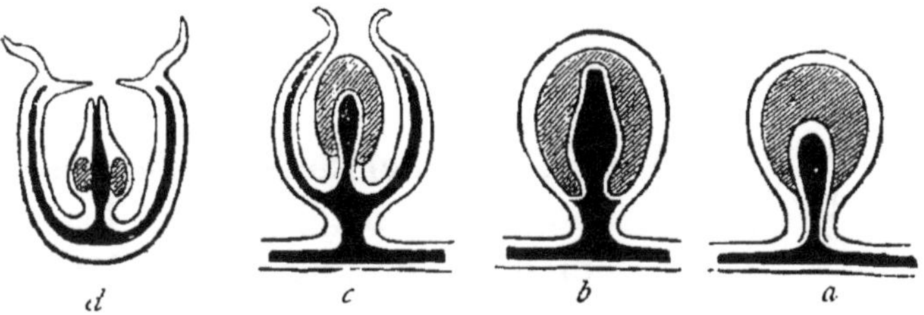

Fig. 22. — Phases de la reproduction des hydrozoaires. — *a*, sporosac ; *b*, médusoïde déguisée ; *c*, gonophore médusiforme attaché ; *d*, gonophore médusiforme libre. Les parties ombrées indiquent les organes reproducteurs, mâles ou femelles. La partie complétement noire représente la cavité du manubrium et les canaux du gonocalice ou nectocalice.

se projette un sac, appelé le *manubrium*. La cavité du sac se continue avec celle de divers canaux symétriquement disposés, qui rayonnent du centre du disque à sa circonférence, où ils débouchent dans un canal circulaire marginal. Un repli membraneux, le *velum*, qui contient des fibres musculaires, s'attache à la circonférence interne de l'orifice de la cloche et retombe comme une tablette dans son intérieur. De petits sacs, contenant des particules solides, ou lithocystes, qui se rapprochent beaucoup des organes auditifs dans leur forme la plus simple, peuvent se développer sur les bords de la cloche, d'où l'on voit aussi partir, dans certains cas, des tentacules (*Clytia*); et le manubrium, ouvert à son extrémité libre, peut devenir au double point de vue du fonctionnement et de la structure, un polypite, et peut servir à alimenter la médusoïde quand elle se détache de l'*hydrosoma* ou corps de l'Hydrozoaire. Quelque complexe que puisse être sa structure, la médusoïde commence à l'état de simple excroissance gemmiforme, qui s'épaissit à une extrémité ; et c'est la partie centrale de cet épaississement qui devient le manubrium, tandis que sa périphérie se convertit en disque.

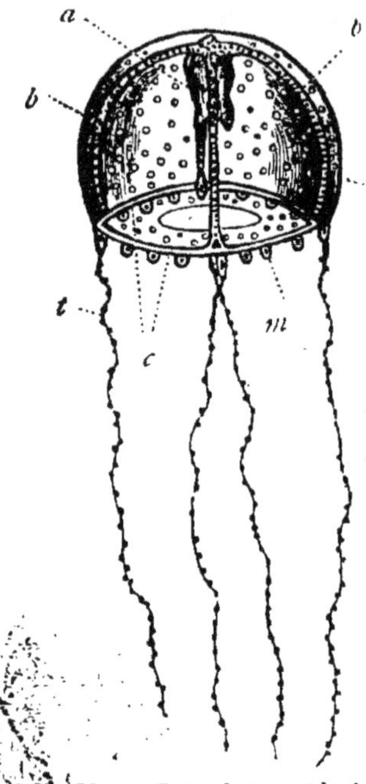

Fig. 23. — Gonophore médusiforme libre du *Clytia Johnstoni* (d'après Hincks). — *a*, polypite central ou manubrium; *bb*, canaux gastro-vasculaires rayonnants ; *c*, canal circulaire; *m*, corps marginaux; *t*, tentacules.

Dans quelques-uns de ces gonophores médusoïdes, les éléments reproducteurs se développent pendant que le gonophore est encore fixé à l'hydrosoma, puis ils font toujours leur apparition dans la paroi du manubrium. Mais, d'en d'autres cas, la médusoïde se détache avant le développement des éléments reproducteurs et s'alimentant elle-même, elle augmente considérablement de volume, avant que les œufs ou les spermatozoaires apparaissent. Tôt ou tard, cependant, les organes reproducteurs se développent, soit dans les parois de l'hydranthe *manubrial*, soit dans celles des canaux du nectocalice de la médusoïde.

A une période primitive de son existence, tout Hydrozoaire est représenté par un simple hydranthe, mais dans la grande majorité des *Hydrozoaires* de nouveaux hydranthes se développent du premier formé, par un procédé de gemmation ou de scission. Dans le premier cas, le bourgeon est presque toujours une excroissance ou un diverticule de l'ectoderme et de l'endoderme, dans lequel

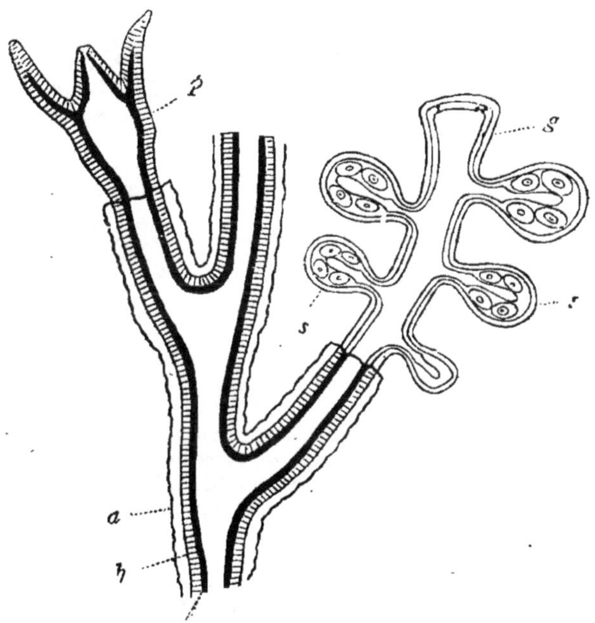

Fig. 24. — Diagramme de sporosacs supportés par un gonoblastidion (ou blastostyle) ; *a*, revêtement chitineux (périderme) de la colonie ; *b*, ectoderme ; *c*, endoderme ; *p*, polypite ; *g*, gonoblastidion ou zooïde en forme de colonne, portant des sporosacs (*s s*) avec des œufs dans leur intérieur.

s'étend un prolongement de la cavité du corps. Quelquefois, l'hydranthe formé par gemmation se détache du corps, mais, dans bien des cas, les bourgeons développés de l'hydranthe primitif restent unis ensemble par une tige commune ou *cœnosarque* pour donner ainsi naissance à un corps composé.

Souvent l'ectoderme donne naissance à une enveloppe

cuticulaire dure, qui, sur l'hydranthe, prend la forme d'un étui ou « cellule » — l'*hydrothèque* — dans laquelle l'hydranthe peut être plus ou moins complétement rétracté.

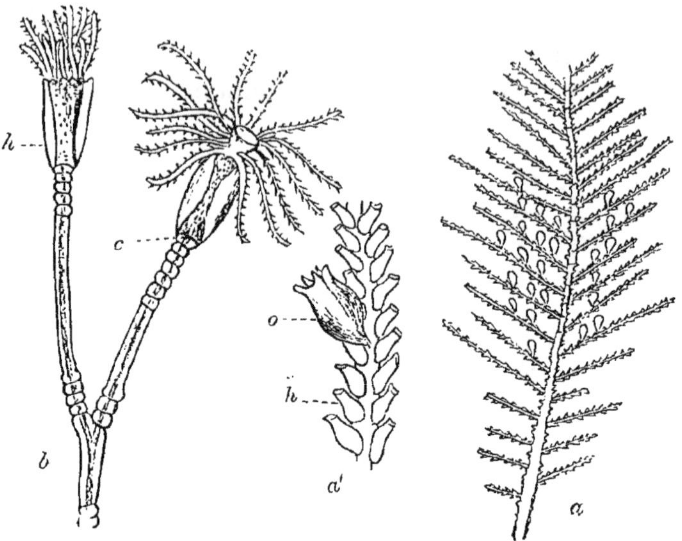

Fig. 25. — *a*, *Sertularia* (*Diphasia*) *pinnata*, grandeur naturelle ; *a'*, fragment grossi du même, portant une capsule mâle (*o*), et montrant les hydrothèques (*h*) ; *b*, fragment de *Campanularia neglecta* (d'après Hincks), montrant les polypites contenus dans leurs hydrothèques (*h*), ainsi que le point où le cœnosarque communique avec l'estomac du polypite (*c*).

Chez d'autres *Hydrozoaires*, une enveloppe protectrice est fournie à l'hydranthe par le développement de prolongements tégumentaires qui se transforment en lamelles vitreuses, épaisses et de formes variées. Ces appendices prennent le nom d'*hydrophillia*.

Enfin, certains groupes sont munis d'organes de propulsion en forme de cloches, résultant de la métamorphose de bourgeons latéraux de l'*hydrosoma*. Ces *nectocalices* ont la structure d'une Médusoïde, en supposant le manubrium absent. Chez d'autres, une extrémité de l'hydrosoma est dilatée, contient de l'air emprisonné dans un sac formé par une involution de l'ectoderme et constitue un flotteur ou *pneumatophore ;* tandis que chez d'autres encore l'extrémité opposée à la bouche (*aboral*) de l'hydranthe se dilate en disque ou *ombrelle*, qui est susceptible de mouvements contractiles rhythmiques et à l'aide de laquelle le corps s'avance à travers l'eau. Cet organisme offre ainsi une ressemblance frappante avec une médusoïde. Selon l'existence ou l'absence de ces divers appendices et la manière dont ils sont disposés, on subdivise les *Hydrozoaires* en trois groupes : 1° les *Hydrophores*; 2° les *Discophores*, et 3° les *Siphonophores.*

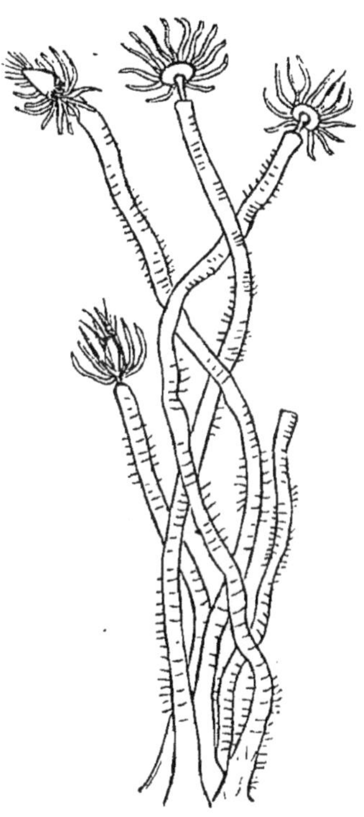

Fig. 26. — Fragment du *Tubularia indivisa*, grandeur naturelle.

1° *Hydrophores.* — Les Hydrophores sont dans tous les cas, sauf celui de l'*Hydre*, des hydrosomes ramifiés, sur lesquels se développent de nombreux hydranthes et gonophores. Les tentacules sont tantôt dispersés sur les hydranthes, tantôt groupés en un cercle unique autour de la bouche ou en deux cercles, l'un près de la bouche, l'autre près de l'extrémité opposée. Très-généralement — par exemple chez toutes les *Sertularides* et *Tubularides* — il existe un squelette cuticulaire, dur, chitineux qui donne ordinairement naissance à des hydrothèques, dans lesquelles les hydranthes peuvent se rétracter. Les gonophores présentent toutes les variétés possibles, depuis la forme de sacs jusqu'à celle de *médusoïdes* nageant librement. Le bord interne de la cloche se prolonge toujours en *voile* chez ces médusoïdes et des sacs otolithiques, ainsi que

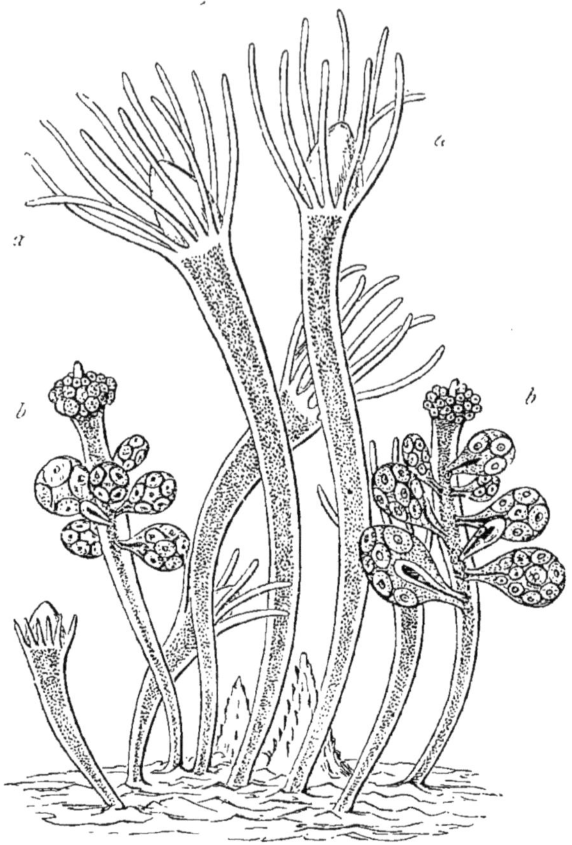

Fig. 27. — Groupe de zooïdes d'*Hydractinia echinata* amplifié (d'après Hincks). — *aa*, zooïdes nourriciers; *bb*, zooïdes reproducteurs, portant des sacs remplis d'œufs.

des taches oculaires se rencontrent, dans la grande majorité des cas, disposés à intervalles réguliers autour de la circonférence de la cloche. La plupart des organismes que l'on appelle quelquefois les méduses à yeux nus (*Gymnophthamata*) sont simplement les gonophores nageant en liberté d'Hydrophores.

2° *Discophores.* — Ces « méduses » ressemblent aux gono-

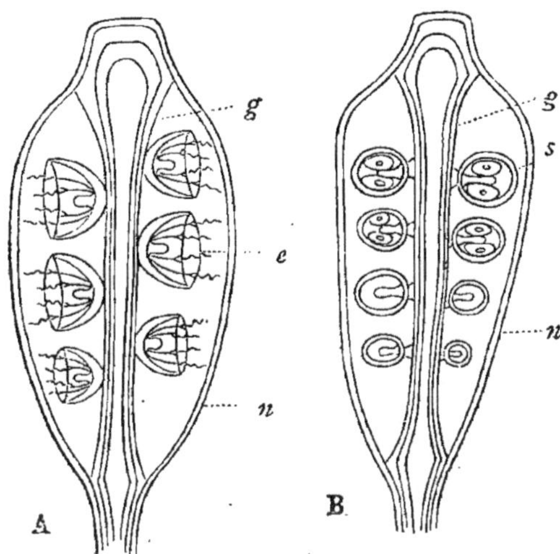

Fig. 28. — Diagrammes des gonothèques, avec leur contenu, des Sertulariens et Campanulariens. — *n*, enveloppe chitineuse ; *g*, gonoblastidion ou blastostyle central ; *e*, gonophores médusiformes portés sur le blastostyle, présentant chacun un manubrium central, dans les parois duquel se produisent les éléments générateurs ; *s*, sporosacs portés sur le blastostyle, offrant chacun une colonne centrale (spadix), autour de laquelle se développent les œufs (modifiés d'après Allman).

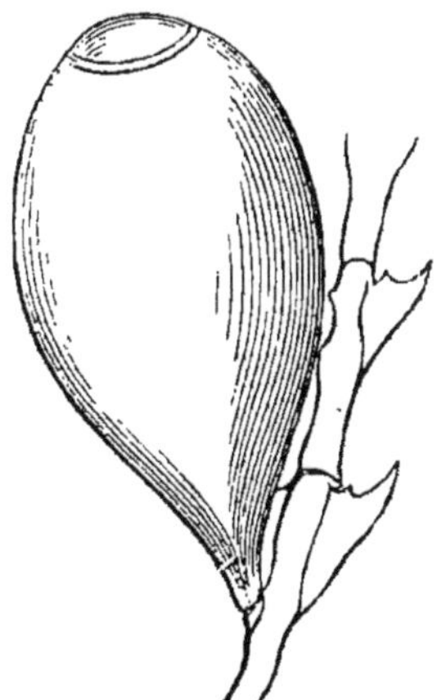

Fig. 29. — Capsule ovarienne de *Diphasia* (*Sertularia*) *operculata*, Linn. (d'après Hincks), fort grossissement.

phores médusoïdes libres les plus parfaits des Hydrophores, en ce sens qu'elles se composent d'un hydranthe ou polypite fixé au centre d'un disque natatoire contractile gélatineux. Mais elles diffèrent des médusoïdes des

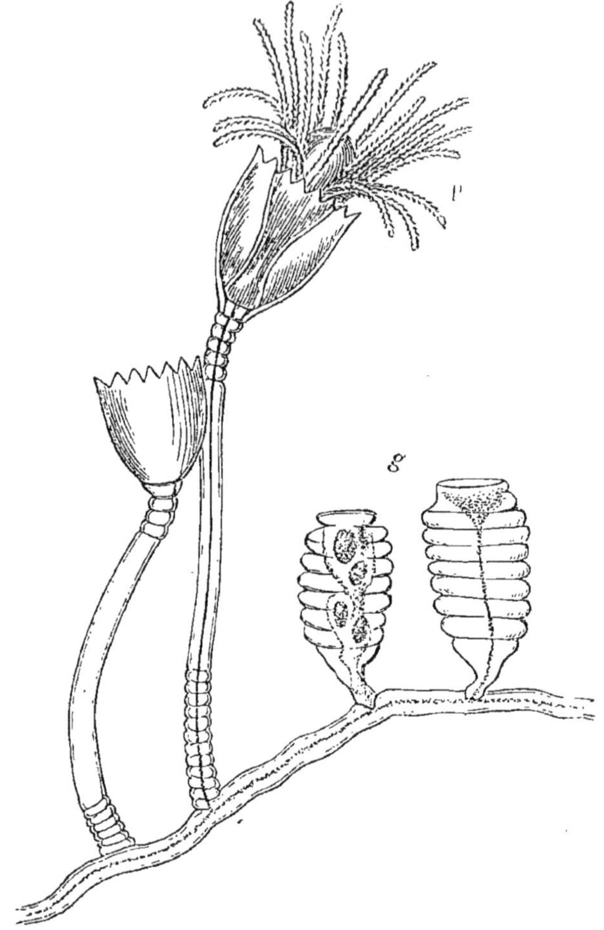

Fig. 30. — Portion de la colonie de *Clytia* (*Campanularia*) *Johnstoni*, amplifiée. — *p*, zooïde nourricier ; *g*, capsules dans lesquelles se développent les zooïdes reproducteurs.

Hydrophores par le fait de leur développement direct de l'œuf imprégné, ou par gemmation d'une méduse qui a pris naissance de cette manière, ou par la division trans-

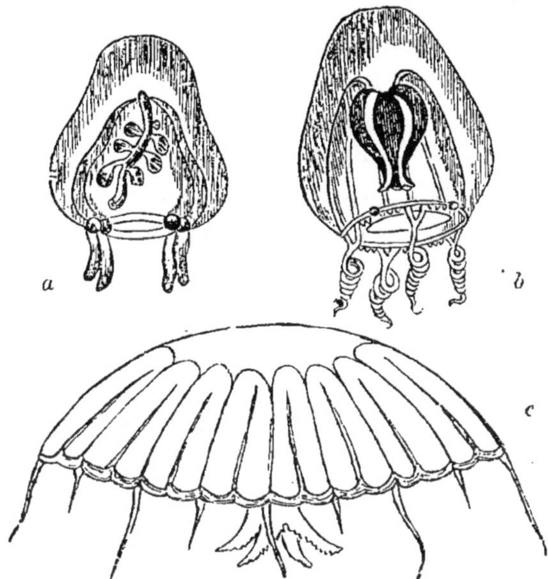

Fig. 31. — Groupe de *Méduses* à yeux nus. — *a*, *Sarsia gemmifera*, avec des médusoïdes naissant des côtés du polypite central (d'après Greene) ; *b*, *Modeeria formosa* (d'après Forbes); *c*, *Polyxenia Alderi* (d'après Gosse).

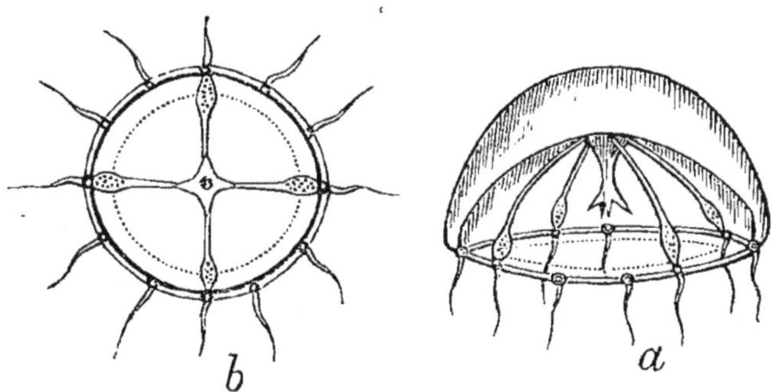

Fig. 32. — Morphologie des Discophores. — *a*, méduside (*Thaumantias*) vue de profil, montrant le polypite central, les canaux rayonnants et le canal circulaire du nectocalice, les vésicules et les tentacules marginaux, et les organes reproducteurs ; *b*, la même vue par la face inférieure. La ligne pointée indique le bord du voile.

versale du produit hydriforme du développement de l'œuf imprégné.

Dans quelques genres de ce groupe (comme les *Carmarina*, *Polyxenia*, *Œginopsis*) le disque est semblable au nectocalice de l'une des médusoïdes des Hydrophores et est, comme lui, muni d'un voile. Mais chez les autres (*Lucernaria* et *Steganophthalmata*) le disque est dépourvu de voile et porte le nom d'*ombrelle*.

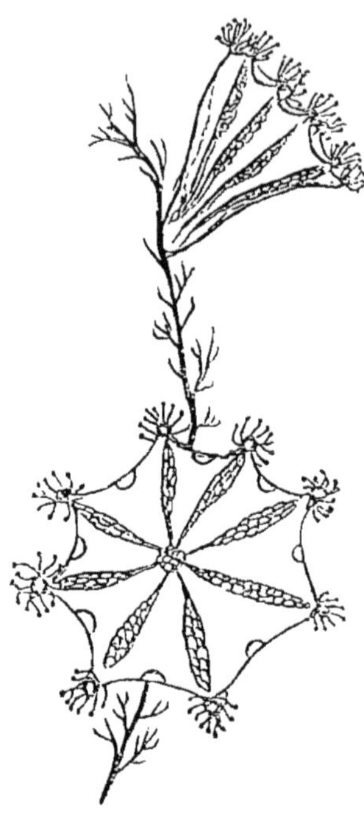

Fig. 33. — Lucernaires. *Lucernaria auricula* attachée à un fragment de plante marine (d'après Johnston).

Les *Lucernaires* sont fixés par la petite extrémité (*aborale*) de l'ombrelle ; mais tout le reste du groupe comprend des êtres nageant librement, dont quelques-uns atteignent de grandes dimensions, comme les méduses vulgaires. Chez ces dernières, les angles de l'hydranthe se prolongent ordinairement en des lèvres allongées, quelquefois foliacées ; et dans les *Rhizostomidæ* (ainsi que l'ont démontré L. Agassiz, Häckel et Brandt), les bords des lèvres de l'hydranthe se réunissent, en ne laissant qu'une multitude de petits pertuis pour l'ingestion des aliments sur les longs bras, qui représentent des prolongements des lèvres de l'hydranthe. L'état polystomateux ainsi produit par la subdivision d'une cavité buccale primitivement simple, est évidemment tout à fait différent dans son origine de celui décrit chez les Porifères.

3° *Siphonophores.* — Chez les Siphonophores, l'hydrosome est toujours libre et flexible, l'ectoderme ne développant pas d'exosquelette chitineux dur, sauf dans le cas du pneumatophore de quelques espèces. Dans les hydranthes ou polypites, on ne voit jamais le moindre cercle de tentacules autour de la bouche, mais de longs

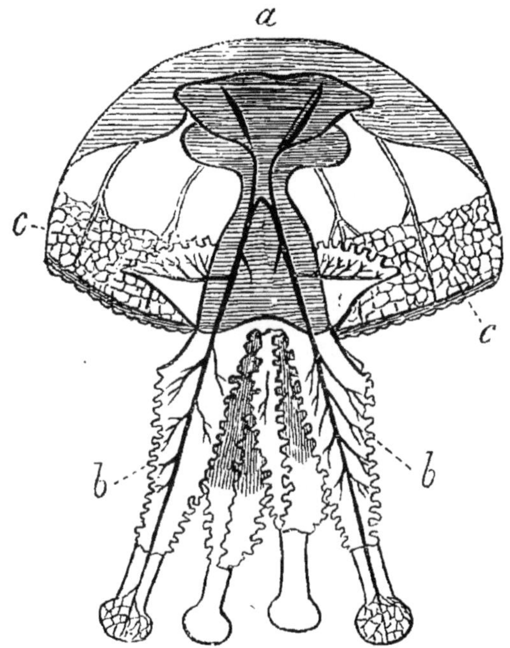

Fig. 34. — *Rhizostomidæ*. Zooïde générateur de *Rhizostoma* (d'après Owen). — *a*, ombrelle ; *bb*, « Stomatodendra », recouverts de tentacules boutonnés et de petits polypites ; *cc*, réseau de canaux anastomotiques.

tentacules, fréquemment munis de branches disposées en série unilatérale, se développent soit isolément de la base de chaque hydranthe, soit indépendamment des hydranthes, du cœnosarque.

On y rencontre généralement des hydrophyllia qui, comme les tentacules, partent soit du pédicule d'un hydranthe, et dans ce cas renferment l'hydranthe avec son tentacule et un groupe de gonophores (*Calycophoridæ*), soit, indépendamment des hydranthes, du cœnosarque (comme dans bon nombre de *Physophoridæ*). Les gonophores varient depuis les formes les plus simples jusqu'aux médusoïdes libres.

Dans les *Calycophorides* (*Diphyes*, *Abyla*, etc.), il n'existe

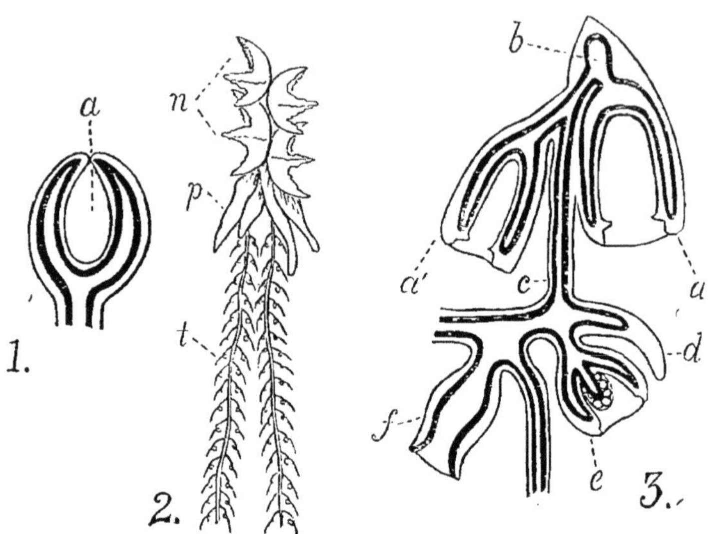

Fig. 35. — 1. Diagramme de l'extrémité fixe de *Physophoride ; a*, pneumatocyste ; 2, espèce de *Calycophoride* (*Vogtia pentacantha*) ; *n*, nectocalices ; *p*, polypites ; *t*, tentacules ; 3, Diagramme de *Calycophoride ; aa'*, nectocalices ; *b*, somatocyste ; *c*, cœnosarque ; *d*, hydrophyllium ; *e*, gonophore médusiforme ; *f*, polypite. Les lignes foncées, dans les figures 1 et 3 indiquent l'endoderme, le trait fin avec l'espace clair indique l'ectoderme.

pas de pneumatophore, et, à une extrémité de l'hydrosoma se développent deux nectocalices, qui constituent les organes de propulsion.

Chez les *Physophorides*, l'extrémité correspondante de l'hydrosoma possède un pneumatophore qui est tantôt relativement petit (*Agalma*, *Physophora*), tantôt très-grand (*Physalia*), et d'autres fois se convertit en une sorte de coquille interne dure, dont la cavité est subdivisée par des cloisons en chambres nombreuses (*Porpita*, *Velella*).

Dans la grande majorité des Hydrozoaires, l'œuf nu, après avoir subi la segmentation, se transforme en *Morule*, puis en *Planule* comparable à celle des éponges, et possédant une cavité centrale entourée d'une double paroi celluleuse, dont la couche interne constitue l'hypoblaste et l'externe l'épiblaste.

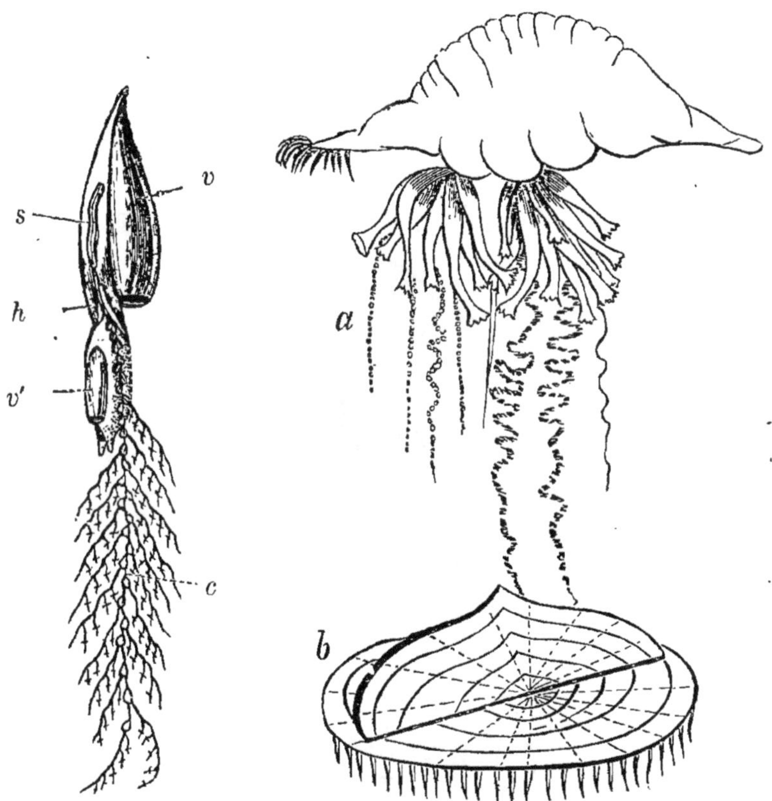

Fig. 36.— *Calycophoridæ. Diphyes appendiculata* (d'après Kölliker). — *v,v'*, nectocalices; *h*, hydrœcium; *c*, cœnosarque portant des polypites munis chacun de son hydrophyllium et de son tentacule.

Fig. 37. — *Physophoridæ*. — *a*, *Physalia utriculus*, montrant le flotteur fusiforme, ainsi que les polypites et les tentacules; *b*, *Velella vulgaris* (d'après Gosse).

Dans les Hydrophores, la planule locomotrice ciliée s'allonge et se fixe par son pôle *aboral*. A l'extrémité opposée apparaît la bouche, et l'embryon passe à la phase gastrula. Puis des tentacules naissent par bourgeonnement autour de la bouche ; c'est à cet état rudimentaire, commun à tous les Hydrophores, qu'Allman a donné le nom d'*Actinula*.

Chez certaines *Tubulariées*, tandis que l'embryon est encore libre, une couronne de tentacules se développe près de l'extrémité opposée à la bouche ; et cette forme de larve ne diffère que très-légèrement de celle qui s'observe chez les Discophores.

Dans le genre *Pelagia*, par exemple, les tentacules se

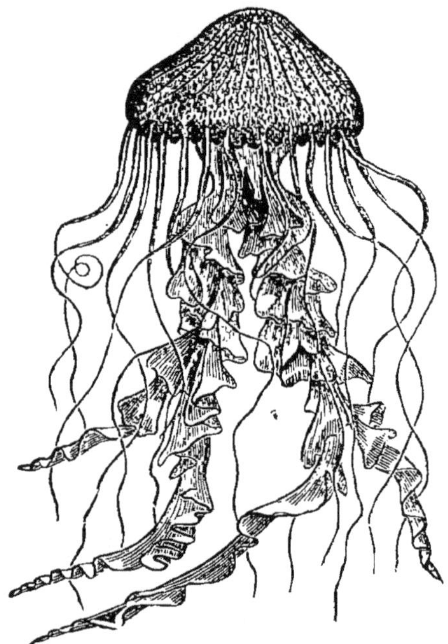

Fig. 38. — Zooïde générateur d'une espèce de *Pelagia* (*Chrysaora hyoscella*), d'après Gosse.

développent de la circonférence de l'embryon, à égale distance des deux pôles ; mais l'animal ne se fixe point, et ne s'allonge pas pour prendre la forme actinula ordinaire. Au contraire, il demeure à l'état d'organisme nageant en liberté et, peu à peu, la moitié du corps comprise entre la couronne tentaculaire et l'extrémité opposée à la bouche, s'élargit et devient l'ombrelle, l'autre moitié se transformant en l'hydranthe, appelé encore « estomac » de la Méduse.

Chez les *Lucernaires*, la larve se fixe soit avant, soit pendant le développement de l'ombrelle, et arrive directement à l'état adulte. Mais, dans la plupart des Discophores, l'actinule (ou « *Hydra-tuba* » d'autres auteurs) se divise transversalement en un certain nombre de Médu-

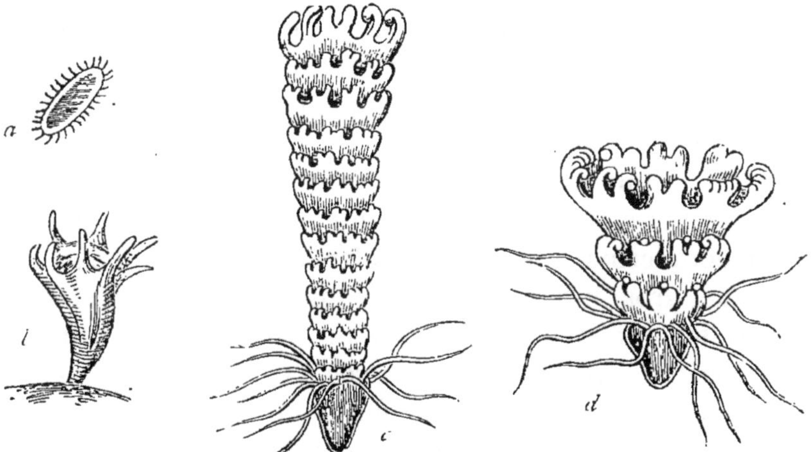

Fig. 39. — Développement des Lucernaires (*Aurelia*). — *a*, embryon cilié nageant librement ou « planule » ; *b*, *hydra-tuba* ; *c*, hydra-tuba dans laquelle la division est très-avancée et est parvenue à la phase « strobila » ; *d*, hydra-tuba dans laquelle un degré de division encore plus avancé a amené la séparation d'un grand nombre des segments qui ont acquis une existence indépendante.

soïdes discoïdes à huit lobes (« *Ephyræ* ou *Méduses bifides* ») qui, après être devenues libres, subissent une grande augmentation de volume, prennent la forme du Discophore adulte et développent des organes reproducteurs. Metschnikoff (1) a récemment suivi le développement du *Geryonia* (*Carmarina*), *Polyxenia*, *Æginopsis* et autres Dis-

(1) « Studien über die Entwickelung der Medusen und Siphonophoren. » — *Zeitschrift für Wiss. Zool.*, XXIV.

cophores qui diffèrent des précédents en ce qu'ils possèdent un velum; et dans ceux-ci, comme dans le *Trachynema ciliatum*, observé par Gegenbaur, l'évolution paraît être essentiellement de même nature que chez les *Pelagia*. L' « *Hydra-tuba*, » larve de *Cyanœa*, et ses alliés, doivent probablement être considérés non comme analogue à l'*Hydre*, mais, de même que la larve de *Pelagia*, comme un Discophore pourvu d'un disque rudimentaire. Dans ce cas, la production des formes « *Medusa bifida* » de jeunes Discophores, ne serait pas comparable au développement de gonophores médusoïdes parmi les Hydrophores, mais serait simplement un procédé de multiplication, par scission transversale, d'un vrai Discophore, bien qu'incomplétement développé.

Chez les Siphonophores (1), le résultat de la segmentation du jaune est la formation d'un corps cilié, consistant en un ectoderme à petites cellules revêtant une masse solide de gros blastomères qui finissent par devenir les cellules de l'endoderme. Ce corps ne prend pas la forme d'une actinule. Au contraire, la règle paraît être que les bourgeons qui donneront naissance à un hydrophyllium, à un nectocalice, un tentacule ou un pneumatophore, ou même à tous ces organes ensemble, prennent leur origine antérieurement à la formation du premier polypite et de la cavité gastrique.

Selon la juste remarque de Metschnikoff, le mode de développement des Siphonophores est tout à fait en contradiction avec la théorie d'après laquelle les divers appendices de l'hydrosoma, chez ces animaux, représenteraient des individus. Les Hydrozoaires ne sont pas, à proprement parler, des organismes composés, si l'on entend par là une union d'individualités distinctes, dont les organes

(1) Voir spécialement les dernières observations de Metschnikoff, *loc. cit.*

tendent plus ou moins complétement à devenir des existences indépendantes ou zooïdes. Une médusoïde, bien qu'elle se nourrisse et s'entretienne par elle-même, est, au sens morphologique, simplement l'organe générateur indépendant et détaché de l'hydrosoma sur lequel elle s'était développée, et ce qu'on entend par « l'alternance de générations » dans ces cas et autres semblables, est le résultat de la dissociation des parties génératrices du reste de l'organisme.

Chez certains Discophores appartenant au groupe des *Trachynemata*, l'on a observé un mode de multiplication par gemmation, qui est inconnu parmi les autres *Hydrozoaires*. On peut le désigner sous le nom de gemmation *entogastrique*, le bourgeon croissant en dehors aux dépens de la paroi de la cavité gastrique, dans laquelle il finit par pénétrer pour gagner l'extérieur; tandis que, dans tous les autres cas, la gemmation a lieu par la formation d'un diverticule de toute la paroi de la cavité gastro-vasculaire, qui se projette à la surface libre du corps pour s'en échapper immédiatement (lorsqu'il se détache) dans l'eau ambiante. Les détails de cette opération de gemmation entogastrique ont été suivis par Häckel sur la *Carmarina hastata*, de la famille des *Géryonides*. Comme chez d'autres membres de cette famille, on voit un prolongement conique du mésoderme, recouvert par l'endoderme, se projeter de la paroi supérieure de la cavité gastrique, pour retomber librement dans son intérieur. Sur la surface de ce prolongement apparaissent de petites élévations ayant $0^{mm},05$ de diamètre. Les cellules dont se composent ces excroissances se différencient ensuite en deux couches, l'une externe, claire et transparente, qui est en contact avec le cône et revêt les côtés de l'élévation ; et l'autre interne, formant une masse plus foncée. La couche externe est l'ectoderme de la jeune méduse, l'interne son endoderme

Une cavité, qui est le commencement de la cavité gastrique, apparaît dans la masse endodermique et s'ouvre à l'extérieur sur l'extrémité libre du bourgeon.

Ce dernier, ayant alors $0^{mm},10$ de diamètre, a pris la forme d'un disque plan-convexe, fixé au cône par son côté aplati et présentant l'ouverture buccale au centre de son côté libre convexe. Puis ce disque, augmentant de hauteur, le corps acquiert la forme d'une bouteille à large goulot. Le ventre de la bouteille est le commencement de l'ombrelle de la méduse bourgeonnante ; le goulot est sa division gastrique. Le « ventre » de la bouteille continue, en réalité, de se dilater jusqu'à ce qu'il ait pris la forme d'une coupe plate, du centre de laquelle se projette le « goulot » gastrique relativement petit, et le bourgeon est ainsi converti en une méduse parfaitement reconnaissable, attachée au cône par le centre de la face opposée à la bouche de son ombrelle. Cependant le mésoderme gélatineux transparent est apparu dans l'ombrelle et a acquis une grande épaisseur relative. On y trouve huit prolongements de la cavité gastrique, donnant naissance aux canaux rayonnants qui se réunissent à la circonférence du disque en un canal circulaire. Le voile, les tentacules et les lithocystes se développent, et le bourgeon se détache à l'état de *méduse* nageant en liberté. Mais cette méduse est fort différente de la *Carmarina*, de laquelle elle a bourgeonné. Ainsi, par exemple, elle a huit canaux rayonnés, tandis que la *Carmarina* n'en a que six ; ses tentacules sont pleins, tandis que ceux de la Carmarine adulte sont tubulaires ; elle n'a pas de cône gastrique et possède des lithocystes différemment disposés.

Enfin elle n'est autre, suivant Häckel, qu'une jeune méduse, la *Cunina rhododactyla*, que l'on considérait jadis non-seulement comme spécifiquement et génériquement différente de la *Carmarina*, mais comme appartenant à une famille distincte, celle des *Œginides*.

Ce qui rend ce mode de multiplication asexuelle encore plus remarquable, c'est qu'il a lieu chez des *Carmarines* ayant déjà atteint la maturité sexuelle, et chez des mâles aussi bien que chez des femelles (1).

On a lieu de croire qu'un semblable procédé de prolifé-

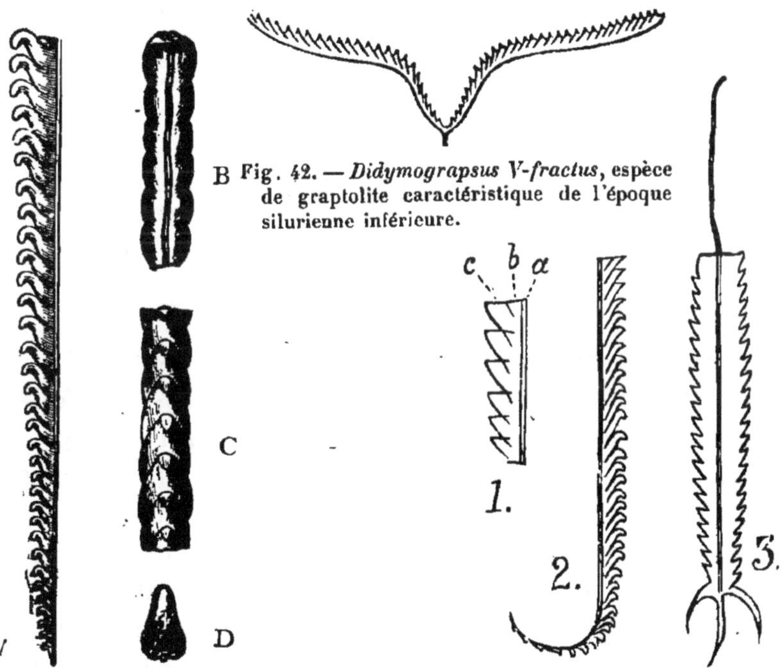

Fig. 42. — *Didymograpsus V-fractus*, espèce de graptolite caractéristique de l'époque silurienne inférieure.

Fig. 40. — *Graptolites priodon*, Bronn, conservé en relief (espèce d'un genre éteint voisin des *Sertularides*).— A, vue latérale légèrement grossie ; B, vue dorsale d'un fragment de la même espèce, considérablement amplifiée ; C, vue de face d'un fragment de la même espèce, montrant les orifices des cellules ; fort grossissement ; D, section transversale.

Fig. 41. — Morphologie des Graptolites. — 1, portion de *Graptolites sagittarius*, amplifiée ; *a*, axe plein; *b*, canal commun ; *c*, cellules; 2, *Graptolites argenteus*; 3, *Diplograpsus pristis*.

ration entogastrique se présente dans plusieurs espèces

(1) Les recherches récentes d'Uljanin ont démontré qu'il s'agit d'un simple fait de parasitisme des *Cunina* sur les *Carmarines*.

d'*Œginides* alliées aux *Cunina*, — *Æginata prolifera* (Ergenbam), *Eurystoma rubiginosum* (Kölliker), *Cunina Kölli-keri* (F. Müller); mais, dans tous ces cas, les méduses qui résultent de cette gemmiparité ressemblent intimement à la souche qui leur a donné naissance.

Les espèces ci-dessus (fig. 40, 41 et 42) font partie d'une grande et singulière famille, celle des *Graptolitides*, que l'on doit considérer comme des *Hydrozoaires* éteints, bien que des auteurs recommandables continuent de les ranger parmi les *Polyzoaires*.

DEUXIÈME SECTION.

Actinozoaires.

Caractères distinctifs. — Deux caractères essentiels distinguent les Actinozoaires des Hydrozoaires. 1° L'ouverture buccale aboutit à un sac gastrique, qui n'est pas, comme l'hydranthe des Hydrozoaires, libre et saillant, mais enfoncé dans l'intérieur du corps, des parois duquel il est séparé par une cavité divisée en compartiments par des cloisons qui rayonnent de la paroi du sac gastrique au tégument. Cependant, comme le sac gastrique s'ouvre à son extrémité interne, sa cavité communique librement avec celle de l'espace cloisonné environnant; et cet espace, souvent désigné sous le nom de « cavité somatique » ou « cavité périviscérale » ne fait, en réalité, qu'un avec la cavité digestive et peut s'appeler un « *entérocœle.* » L'on peut donc comparer l'Actinozoaire à une méduse, dans laquelle la face externe de l'hydranthe s'unit avec la face interne de l'ombrelle; et les canaux gastro-vasculaires répondent à l'entérocœle cloisonné.

2° Chez les Actinozoaires, les éléments reproducteurs se développent dans les parois des chambres ou canaux de l'entérocœle, précisément comme ils le font si souvent dans

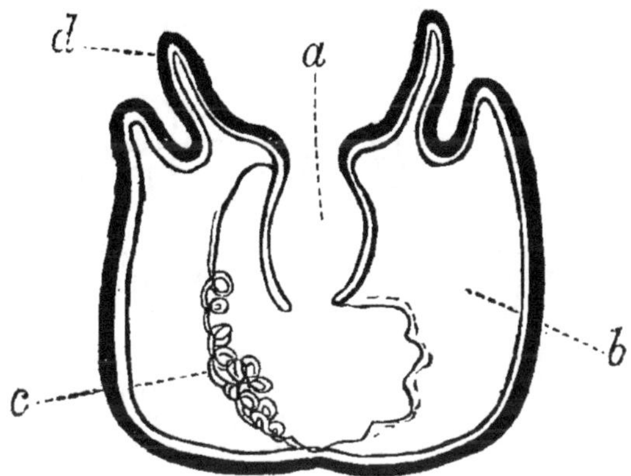

Fig. 43. — Coupe schématique verticale d'une Anémone de mer (*Actinia*). — *a*, estomac ; *b*, mésentère ; *c*, cordon en spirale ou « craspedum » ; *d*, tentacule. Le gros trait indique l'ectoderme, la ligne fine et l'espace clair adjacent marquent l'endoderme.

les parois des canaux gastro-vasculaires des Hydrozoaires, mais ils ne se projettent pas extérieurement et ne versent pas leur contenu directement au dehors. Au contraire, les œufs et les spermatozoaires se répandent dans l'entérocœle et finissent par sortir par la bouche.

Sous ce rapport, on peut donc encore comparer l'Actinozoaire à une méduse modifiée par l'union de l'hydranthe avec la face ventrale de l'ombrelle, circonstances dans lesquelles les éléments reproducteurs qui sont développés, soit dans les parois de l'hydranthe, soit dans celles de l'ombrelle, ne sauraient trouver leur voie au dehors par aucun autre chemin que celui des canaux gastro-vasculaires et de la bouche. Au point de vue de la composition fondamentale du corps en ectoderme et endoderme, avec un mésoderme plus ou moins développé, et à celui de l'abondance de cellules à filament, les Actinozoaires ressemblent aux Hydrozoaires.

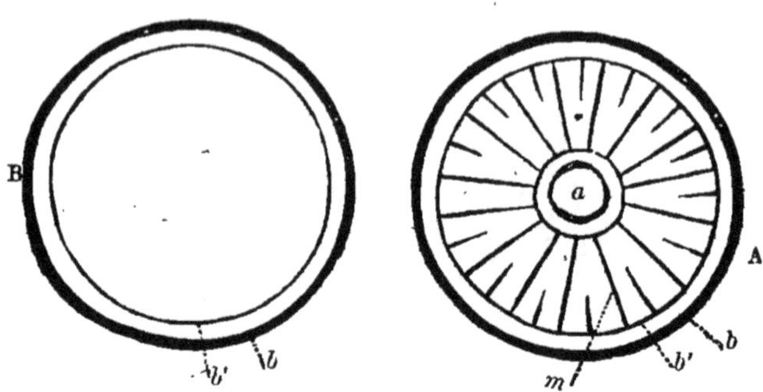

Fig. 44. — A, section transversale d'un *Actinozoaire* ; *a*, sac digestif ; *b*, paroi du corps ; *m*, mésentères unissant l'estomac aux téguments et divisant l'espace intermédiaire en un certain nombre de compartiments verticaux ; B, section transversale d'un *Hydrozoaire* montrant le tube simple formé par les parois du corps.

Divisions des Actinozoaires. — Les Actinozoaires comprennent deux groupes — les *Coralligènes* et les *Cténophores* — qui, bien que fort différents d'aspect, se ressemblent fondamentalement sous le rapport de la structure.

A. Coralligènes.

Chez les Coralligènes, la bouche est toujours environnée d'une ou de plusieurs couronnes de tentacules qui sont tantôt grêles et coniques, tantôt courts, larges et frangés. L'entérocœle se divise en six, huit grands compartiments ou davantage, communiquant avec les cavités des tentacules et quelquefois directement avec l'extérieur par des orifices que présentent les parois du corps. Les cloisons qui séparent ces grandes cavités sont minces et membraneuses et portent le nom de mésentères. Chacune d'elles se termine à l'extrémité opposée à la bouche en un bord libre, souvent pourvu d'une marge épaisse et repliée ; et ces bords libres regardent vers une cavité axiale, dans laquelle s'ouvrent le sac gastrique et toutes les chambres

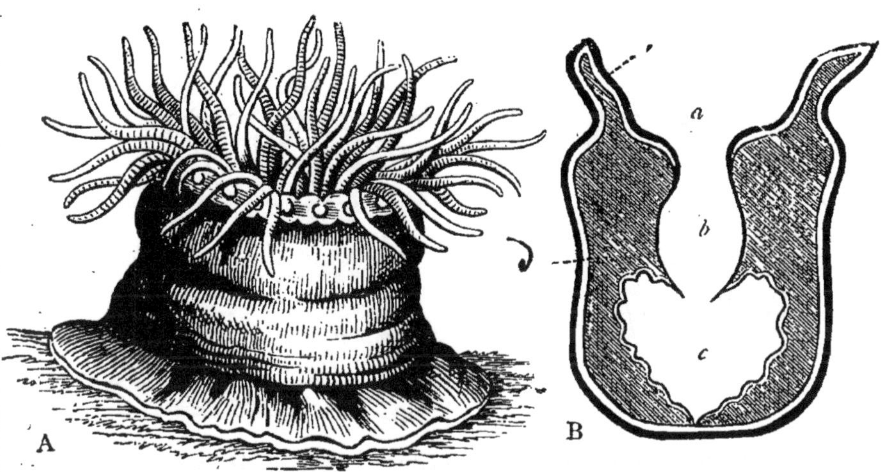

Fig. 45. — A, *Actinia mesembryanthemum*, Anémone de mer (d'après Johnston) ; B, section de la même espèce, montrant la bouche (*a*), l'estomac (*b*) et la cavité somatique (*c*).

intermésentériques. Dans quelques cas, comme chez le *Cerianthus*, on observe dans la paroi *aborale* de cette cavité un pore, par lequel elle se trouve en communication directe avec l'extérieur.

La paroi externe du corps chez les Coralligènes n'est pas munie de bandes de grands cils en palettes ou rames. La plupart des espèces sont fixées d'une manière temporaire ou permanente, et beaucoup donnent naissance par gemmation à des corps composés touffus ou arborescents. La grande majorité possèdent un squelette dur, composé de carbonate de chaux, qui peut se déposer dans des spicules restant toujours désunis dans les parois du corps, ou les spicules peuvent s'entrelacer en formant de solides réseaux ou des plaques denses de matière calcaire. Dans ce dernier cas, le dépôt calcaire peut envahir la base et les parois latérales du corps de l'Actinozoaire, en donnant ainsi naissance à une coupe simple ou *thèque*. Des prolon-

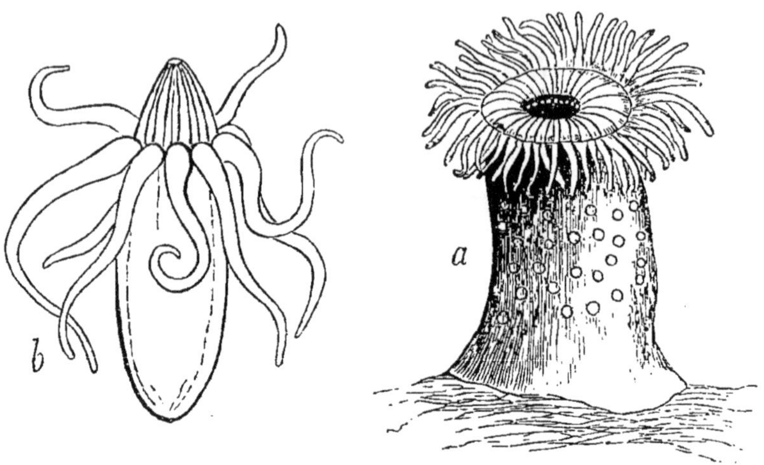

Fig. 46. — Morphologie des Actinides. — *a*, *Actinia rosea*; *b*, *Arachnactis albida* ou larve d'*Edwarsia* (d'après Gosse).

gements appelés *septa* (cloisons) peuvent s'étendre à l'intérieur dans les plans des mésentères, pour diviser ainsi la thèque en *loges* (*loculi*); et, soit par l'union de ces cloisons à la partie centrale, soit par un prolongement indépendant partant de la base, il peut se former une colonne centrale, la *columelle*. Le squelette produit de la sorte, dépouillé de ses parties molles, est un « corail en coupe » et reçoit le nom de *corallite*. Les loges peuvent être subdivisées par de minces baguettes calcaires appelées *synapticules*, ou par des prolongements en tablettes, qui, peu à peu, interceptent la partie orale de la partie opposée de chaque espace compris entre les cloisons principales; on appelle *dissepiments* ces cloisons secondaires.

Dans les formes composées, les divers polypes formés par gemmation peuvent être distincts ou communiquer par leurs entérocœles; dans ce dernier cas, la masse unissante commune du corps, ou *cœnosarque*, est quelquefois traversée par un système régulier de canaux. Et quand des Actinozoaires composés de ce genre développent des squelettes, les corallites sont tantôt distinctes et unies seulement par une souche ramifiée, produite par la calci-

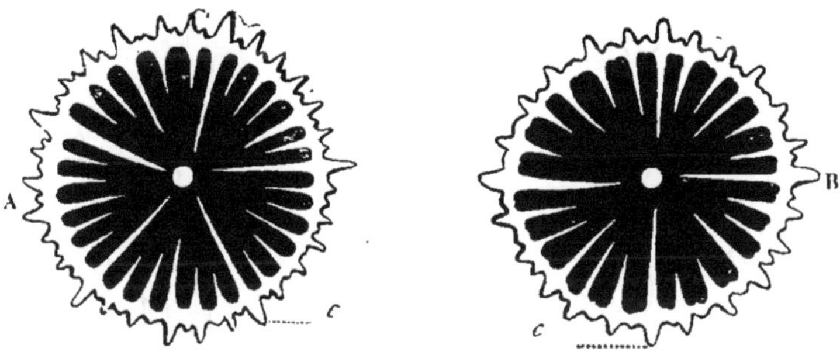

Fig. 47. — Coupes schématiques de coraux. — A, section de corail sclérodermique, montrant cinq cloisons primaires, la columelle et les côtes (c) ; B, section de corail rugueux, montrant quatre cloisons primaires. Entre les cloisons primaires se voient les cloisons secondaires et tertiaires.

fication du cœnosarque, qui prend le nom de *cœnenchyme*, tantôt les thèques étant imparfaitement développées, les cloisons des corallites adjacentes se fusionnent entre elles. Enfin l'on voit encore des cas où le dépôt calcaire dans les divers polypes d'un Actinozoaire composé et dans les parties superficielles du cœnenchyme, demeure détaché et spiculaire, tandis que la portion axiale du cœnosarque se convertit en une masse dense chitineuse ou calcifiée, appelée *sclérobase*.

Le mésoderme contient des fibres musculaires abondamment développées, et l'on est en droit de soupçonner l'existence d'éléments nerveux. Des corps en forme de perles, vivement colorés, attachés au disque oral de certaines Actinies, renferment des sphérules et des cônes fortement réfringents et sont probablement des yeux rudimentaires. Les sexes sont habituellement distincts et l'œuf est d'ordinaire, sinon toujours, pourvu d'une membrane vitelline. Les œufs imprégnés subissent la segmentation complète et la *Morule* ciliée peut être expulsée ou subir un nouveau développement dans l'entérocœle de la

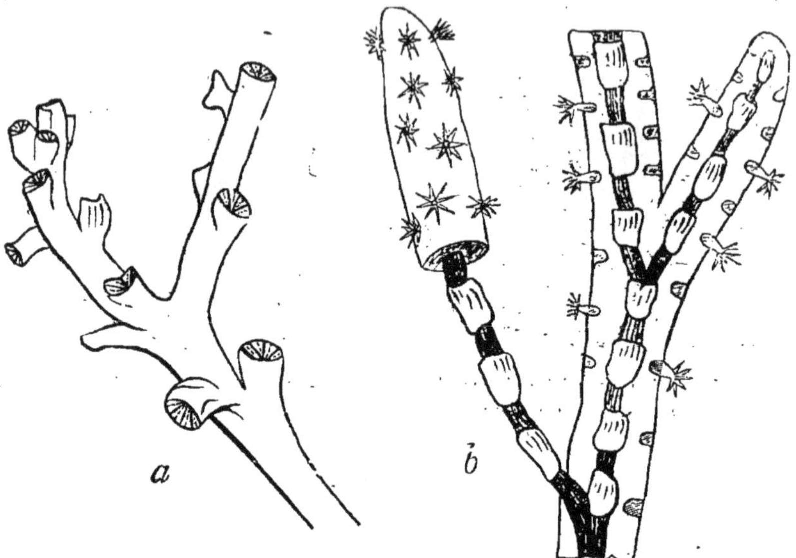

Fig. 48. — Coraux sclérodermique et sclérobasique. — *a*, portion d'une branche de *Dendrophyllia nigrescens*, corail sclérodermique composé (d'après Dana); *b*, section longitudinale d'*Isis hippuris*, corail sclérobasique, montrant l'écorce externe ou cœnosarque, avec les polypes qui y sont enfouis, supportée par l'axe interne ou squelette (d'après Jones).

mère. La Morule arrive à l'état de Gastrule, mais on ne sait pas encore positivement si ce passage a lieu par une véritable invagination ou par délamination, comme chez la plupart des Hydrozoaires; puis la Gastrule, se fixant généralement par son extrémité close, acquiert ses chambres entérocœles et commence à développer des tentacules de son extrémité buccale. Il est très-probable que ces chambres entérocœles sont des diverticules de la cavité digestive primitive, mais ce point réclame de nouvelles recherches.

Subdivisions des Coralligènes. — Dans une division des Coralligènes, celle des *Octocoralla*, il se développe huit chambres entérocœles et autant de tentacules; de plus, ces tentacules sont relativement larges, aplatis, et dentelés sur les bords ou même pinnatifides. L'Actinozoaire développé de l'œuf ne reste jamais simple, mais développe des bourgeons qui demeurent unis avec lui pour donner naissance à un organisme composé.

C'est dans ces *Octocoralla* que se présente la forme de squelette désignée sous le nom de sclérobase. Il constitue une tige simple, non fixée, dans la *Pennatula* et le *Veretillum*, mais

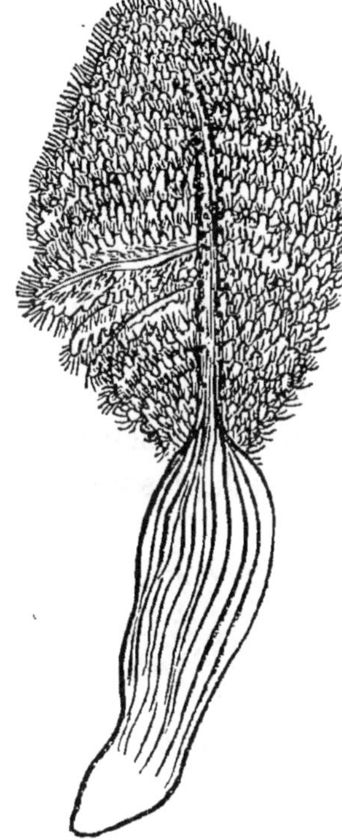

Fig. 49. — *Pennatula phosphorea* (d'après Johnston).

Fig. 50. — Pennatulides. *Virgularia mirabilis*. — *a*, portion de la tige à l'état vivant, grossie; *b*, portion de la tige à l'état mort.

fixée, arboriforme, ramifiée ou même réticulée, dans les *Gorgones* et le corail rouge du commerce (*Corallium*). Chez les *Alcyons*, ou vulgairement « doigts d'hommes morts, » des côtes d'Angleterre et de France, il n'y a pas de sclérobase; on n'en voit pas non plus chez les Tubipores ou coraux en tuyaux d'orgue. Mais, tandis que dans tous les autres *Octocoralla* les corps des polypes et le cœnosarque sont hérissés de spicules détachés de carbonate de chaux, les *Tubipores* sont pourvus de thèques tubiformes, qui pourtant ne présentent pas de cloisons.

Dans l'autre division principale des Coralligènes — les *Hexacoralla* — le nombre fondamental des chambres entérocœles et des tentacules est de six, et les tentacules sont, en règle générale, arrondis et coniques ou filiformes. L'Actinozoaire développé de l'œuf, dans quelques-uns de ceux-ci, reste simple et atteint des dimensions considérables; mais, dans d'autres grands groupes, il se produit par gemmation des organismes composés.

Quelques *Hexacoralla*, comme les *Actinides* ou anémones de mer, n'ont pas de squelette calcaire; chez d'autres, comme les *Zoantides*, il est simplement spiculaire ; chez d'autres, les *Antipathides*, on voit un squelette sclérobasique ; mais, dans la majorité des Hexacoralla, les polypes

Fig. 51. — Partie d'une souche vivante d'*Anthipathes anguina*, grandeur naturelle (d'après Dana).

donnent naissance à des thèques cloisonnées et, en raison de la densité de leur squelette, on les appelle souvent « coraux pierreux. » Quelques-uns d'entre eux possèdent un squelette composé d'un réseau calcaire spongieux, les thèques, tout au moins, restant poreuses, d'où le nom de *Perforés* qui leur a été donné. Cette division comprend les *Madrépores*. Dans le reste des coraux pierreux, le squelette est solide et les thèques sont imperforées, d'où leur nom *Aporosa*.

Les cloisons, dans les coraux en coupe, sont souvent très-nombreuses, mais chez les jeunes, le premier cycle de cloisons de formation simultanée en comprend toujours six. A mesure que le corail croît, un autre cycle de six cloisons se produit par le développement d'un nouveau septum entre chaque paire du premier cycle ; puis un troisième cycle de 12 cloisons divise les 12 chambres *interseptales* précédemment existantes en 24. Si nous indiquons par la lettre A les cloisons du premier cycle, par B celles du second et C celles du troisième, alors, une fois le troisième cycle formé, l'espace compris entre chaque deux cloisons (AA) du premier cycle sera ainsi représenté ACBCA.

Quand de nouvelles cloisons se développent, le quatrième cycle et les suivants ne comprennent pas chacun plus de 12 cloisons ; aussi les cloisons de chaque nouveau cycle apparaissent dans douze des espaces *interseptaux* préalablement existants, mais non dans la totalité de ces espaces, et ils suivent dans leur ordre d'apparition une loi définie, dont nous devons la connaissance à Milne Edwards et Haime. Ainsi les cloisons du quatrième cycle de 12 (*d*) bisectionnent l'espace interseptal AC et celles du cinquième cycle (*e*) l'espace interseptal BC ; les cloisons du sixième cycle (*f*), A*d* et *d*A ; celles du septième cycle (*g*), *e*B et B*e* ; celles du huitième cycle (*h*), *d*C et C*d* ; et celles du neuvième cycle (*i*), C*e* et *e*C.

De telle sorte, qu'après la formation de neuf cycles, les cloisons ajoutées entre chaque couple des cloisons primitives (AA) seront ainsi disposées : A*fdh*C*ieg*B*gei*C*hdf*A.

Il y a doute sur la question de savoir si l'on doit ranger parmi les Actinozoaires ou parmi les Hydrozoaires un groupe de coraux pierreux, les *Millepores*, que l'on rapporte d'ordinaire aux Coralligènes. Les cavités tubuleuses de leurs squelettes massifs, que l'on a considérés comme représentant les thèques d'autres Actinozoaires, sont dépourvues de cloisons et subdivisées par des *partitions* horizontales calcifiées, ou dissépiments *tabulaires*, comme on les appelle. Les polypes ressemblent, dans la forme extérieure, plus aux Actinozoaires qu'aux Hydrozoaires, mais nous ne connaissons pas suffisamment leur structure interne et surtout leurs organes reproducteurs.

Les *Rugosa*, groupe de coraux pierreux éteints et principalement palæozoïques, sont aussi pourvus de dissépiments tabulaires. Ils ressemblent aux Hexacoralla en ce qu'ils ont des cloisons bien développées, mais le nombre fondamental paraît en être de quatre et non de six.

Les Actinozoaires n'offrent rien d'analogue au développement de zooïdes sexuels libres par une souche asexuelle, tel qu'on le rencontre si fréquemment parmi les Hydrozoaires, à moins que quelque chose de ce genre n'existe chez les *Fungia*. Cette subdivision des Hexacoralla aporosa présente une coupe plate et étalée, non fixée à d'autres corps à l'état adulte. Dans quelques espèces de ce genre, Semper a observé que la *Fungia* bourgeonne d'une souche fixée, d'où elle finit par se détacher et se mettre en liberté. Kölliker a vu un exemple de dimorphisme chez les *Pennatulides* (Octocoralla). Chaque organisme composé, ou polypare, offre deux espèces différentes de polypes, dont l'un est tentaculifère et pourvu d'organes sexuels, tandis que l'autre n'a ni tentacules, ni aucun appareil sexuel.

Tous les Actinozoaires sont marins. Les *Actinies,* parmi les Hexacoralla, et diverses formes d'Octocoralla sont très-largement distribuées, les dernières se trouvant à de très-grandes profondeurs.

Les coraux pierreux, de leur côté, se rencontrent dans des limites fort étendues sous le double rapport de la profondeur et de la température, mais ils abondent surtout dans les mers chaudes et beaucoup se limitent à de semblables régions. Quelques-uns de ces coraux vivent solitaires et d'autres en société, croissant ensemble sur de vastes espaces pour former ce qu'on appelle les « récifs de corail. » Ces derniers se confinent dans cette zone comparativement étroite de la surface du globe qui est comprise entre les isothermes de 60° ou, en d'autres termes, ils ne dépassent guère le trentième degré de chaque côté de l'équateur. Ce ne sont pourtant pas les conditions de température seules qui limitent leur distribution ; car, dans cette zone, les constructeurs de récifs ne se rencontrent pas vivants à une plus grande profondeur que celle de 15 à 20 brasses, tandis que, sous l'équateur, la température moyenne de 20° cent. ne se trouve pas en deçà de 100 brasses de profondeur.

Ce n'est donc pas seulement la chaleur, mais la lumière et probablement une aération rapide et efficace qui constituent les conditions essentielles à l'activité des Actinozoaires constructeurs de récifs. Mais, dans les limites mêmes de la zone coralligène, la distribution de ces coraux paraît être singulièrement capricieuse. On n'en rencontre pas sur les côtes occidentales de l'Afrique ; il y en a fort peu sur la côte orientale de l'Amérique du Sud et point du tout sur la côte ouest de l'Amérique septentrionale ; tandis que dans l'océan Indien, le Pacifique et la mer des Antilles ils couvrent des milliers de kilomètres carrés. Il n'est nullement certain, cependant, qu'aucune des espèces de corail à récifs des Indes occidentales soit identique avec celles des Indes orientales, et les coraux du Pacifique central diffèrent considérablement de ceux de l'océan Indien.

Les différentes espèces de coraux offrent de grandes différences relativement à la rapidité de leur croissance et à la profondeur où elles prospèrent le mieux ; et il faut se garder de conclure de l'une à l'autre sous ce double rapport. Certaines espèces de *Perforés*, de *Madréporides* et de *Poritides* semblent être tout à la fois celles qui se développent le plus vite et qui se plaisent dans les eaux les moins profondes. Les *Astrœides* parmi les *Aporosa* et les *Seriatopores* parmi les *Tabulata* vivent à de plus grandes profondeurs et croissent probablement avec plus de lenteur.

Dans les conditions particulières d'existence que nous venons de décrire, il semblerait facile de comprendre, *à priori*, la disposition nécessaire des récifs de corail. Comme les *Actinozoaires* constructeurs de récifs ne peuvent vivre à des profondeurs dépassant 20 brasses ou environ, il est clair qu'aucun récif ne saurait se former originairement à une distance plus grande de la surface et une semblable profondeur n'implique pas d'ordinaire un très-grand éloignement de la terre. On pourrait s'attendre, en outre, à voir le développement de corail combler l'espace qui sépare le rivage et cette limite la plus éloignée de sa croissance ; de telle sorte que, dans les mers à coraux, toutes les côtes seraient bordées d'une espèce de terrasse plate de corail, recouverte au plus de quelques pieds d'eau ; que cette terrasse s'étendrait dans la mer jusqu'au point où le terrain incliné, sur lequel elle s'était développée, se trouvât recouvert de quelques 20 brasses d'eau, et qu'alors elle se terminerait brusquement par une paroi à pic, dont le sommet et les parties supérieures seraient couronnées par des couches en surplomb de corail vivant, tandis que la base en serait cachée sous un talus de fragments morts, brisés et accumulés par les flots. C'est, en réalité, un récif de ce genre, « récif en franges, » qui environne l'île Maurice. Ici, le rivage ne s'incline pas graduellement dans les profondeurs de la mer, mais se continue par une terrasse plate, irrégulière, recouverte seulement de quelques pieds d'eau et se terminant à une distance plus ou moins grande des côtes par une crête sur laquelle la mer vient constamment se briser et dont la face tournée du côté de la mer descend tout à coup par une pente brusque à une profondeur de 15 ou 20 brasses.

Si l'on examine la structure de ce récif, on verra qu'elle varie à différentes distances de la terre et à des profondeurs différentes sur la face qui regarde la mer. On trouvera le bord battu par le ressac composé de masses vivantes de *Porites* et d'une plante coralliforme, la *Nullipore;* plus profondément, existe une zone d'*Aporosa* (*Astrœides*) et de *Tabulata* (*Seriatopores*); tandis qu'au-dessous, tout corail vivant disparaît, la sonde ramenant des branches mortes, ou indiquant l'existence d'une surface plane, légèrement inclinée, qui est le véritable fond de la mer, recouvert de vase et d'une fine poussière de corail. En allant du bord du récif vers la terre, les *Poritides* cessent et sont remplacées par une crête de branches mortes et de sable agglomérés, et recouverts de *Nullipores;* le fond du bassin superficiel, ou lagune, est formé par un agglomérat composé de fragments de corail cimentés par de la vase, et sur lequel reposent et prospèrent des *Méandrines* et des *Fongies*, offrant la plus riche coloration et atteignant parfois de grandes dimensions. Durant les tempêtes, des masses de corail sont précipitées sur le plancher du récif, où elles s'accumulent pour augmenter peu à peu le conglomérat rocheux ; c'est le seul mode suivant lequel un récif en franges, qui a une fois atteint sa limite en profondeur, puisse accroître ses dimensions, à moins que le talus, en s'amoncelant au pied de sa paroi externe, ne finisse par atteindre une hauteur suffisante pour offrir un appui aux coraux dans les limites de profondeur qui leur sont prescrites.

Telle est la structure des récifs en franges; mais la grande majorité des récifs du Pacifique offrent un caractère bien différent. Le long des côtes nord-est de la Nouvelle-Hollande, par exemple, se trouve une vaste agrégation de récifs à une distance variant de 40 à 4 lieues du rivage et opposant aux flots du Pacifique une muraille ou barrière puissante. A quelques centaines de mètres au delà de ce « récif en barrière, » c'est en vain qu'on jette la sonde; le fond est introuvable à un millier de brasses. Entre le récif et la terre ferme, au contraire, c'est à peine si la mer dépasse jamais trente brasses de profondeur. Bon nombre des îles du Pacifique sont ainsi environnées de récifs dont le caractère correspond exactement à celui de la barrière en question; c'est-à-dire qu'ils sont séparés de la terre par un canal peu profond ou « lagune » du même genre, mais offrant à la mer une paroi presque perpendiculaire et s'enfonçant à une profondeur énorme.

Enfin dans bien des cas, spécialement parmi les récifs simples, qui constituent dans leur ensemble la grande barrière australienne, on ne trouve aucune trace d'île centrale; mais un récif circulaire, ordinairement ouvert du côté sous le vent, émerge du sein de la mer. Ces récifs, qui ne se relient en apparence avec aucune autre terre, sont ce qu'on nomme des atolls.

Comment se sont formés ces trois sortes de récifs : les récifs en barrière, les récifs en ceinture et les atolls? Il est certain que leurs constructeurs ne peuvent vivre à une plus grande profondeur que ceux des récifs en franges. Par quel procédé ont-ils donc pu s'élever d'un millier de brasses ou davantage? Pourquoi prennent-ils si généralement la forme circulaire? Quels sont enfin les rapports existant entre les récifs en franges et les atolls? C'est M. Darwin, à qui j'ai emprunté la plupart des détails qui précèdent, qui a donné à ces questions la seule réponse complétement satisfaisante (dans son beau travail sur les *Récifs de corail*). Considérons pour un moment quel serait l'effet d'une submersion lente et graduelle de l'île Maurice, submersion peut-être de quelques pieds en cent ans (ou tout au moins ne dépassant pas le degré de croissance du corail en hauteur), se poursuivant de siècle en siècle.

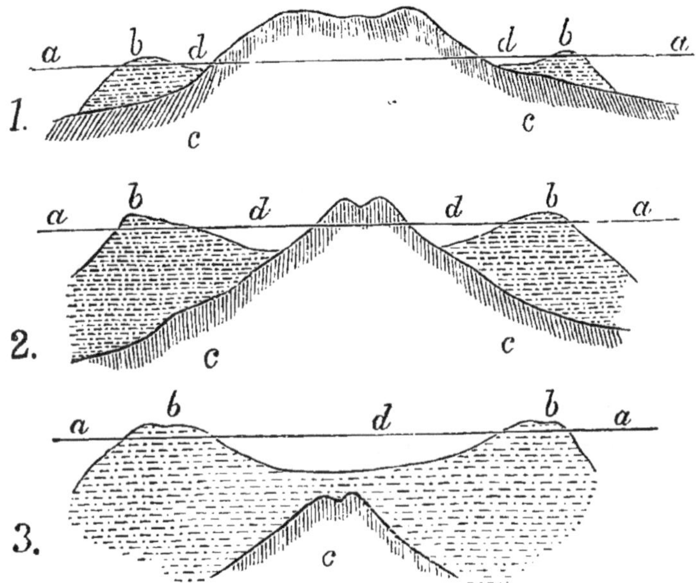

Fig. 52. — Structure des récifs de corail. — 1, récif en franges ; 2, récif en barrière ; 3, atoll ; *a*, niveau de la mer ; *b*, récif de corail ; *c*, terre primitive ; *d*, portion de mer à l'intérieur du récif, formant un canal ou une lagune.

A mesure que s'enfoncerait le bord du récif en frange, de nouveau corail né sur lui s'élèverait à la surface ; et, comme les plus actifs et les plus importants des constructeurs de corail se plaisent surtout dans le ressac des brisants, le bord du récif augmenterait ainsi plus rapidement que la partie interne et la différence s'accentuerait à mesure que la dernière, s'enfonçant de plus en plus, s'éloignerait davantage de la région de production active. Néanmoins, le fond de la mer à l'intérieur du récif tendrait constamment à s'exhausser par l'accumulation de fragments et par le dépôt de vase fine dans ses eaux abritées et relativement calmes. D'un autre côté, sur la face du récif tournée vers la mer, il ne saurait se faire la moindre extension par voie de production directe et celle par accumulation doit être excessivement lente, l'action des marées, des vagues et des courants tendant sans cesse à étaler tout talus qui pourrait se former sur une surface de plus en plus large.

Ainsi donc, le bord du récif compense continuellement l'affaissement qu'il subit, tandis que, dans son intérieur, il ne se produit qu'une compensation partielle, qui est à peu près nulle à l'extérieur. Imaginons que l'enfoncement de l'île se poursuive jusqu'à ce que son sommet le plus élevé ne dépasse plus que de quelques centaines de pieds la surface, alors tout ce qui resterait de Maurice serait une île environnée d'une ceinture de récifs ; la dépression progressant encore, on n'aurait plus qu'un récif circulaire ou un atoll. Mais la région des récifs de corail est, le plus souvent, celle des vents constants ; il en résulte que pendant toute la durée de croissance du récif, un de ses côtés, celui qui est au vent, a été exposé à plus de ressac que celui sous le vent. Aussi, non-seulement la plus grande partie des débris auront été accumulés par les tempêtes sur le côté au vent, mais les constructeurs de corail eux-mêmes auront été mieux nourris, mieux aérés et par conséquent plus actifs. Il s'ensuit que, les autres circonstances étant semblables, le côté sous le vent du récif grandira probablement plus lentement et réparera ses pertes moins facilement que le côté opposé ; il en résulte encore ce fait connu que les passages praticables aux navires dans les récifs encerclants ou les atolls se trouvent ordinairement du côté sous le vent.

Les vents et les flots sont singulièrement aidés dans l'action qu'ils exercent sur les coraux et qui les réduit en boue et en fragments, par les *Scares* et les *Holothuries* qui hantent les récifs; les premiers broyant les Actinozoaires vivants avec leurs mâchoires dures et analogues au bec du perroquet et rendant dans leurs excréments une boue fine et calcaire; les Holothuries plus probablement, se contentant d'avaler les fragments plus petits et la boue pour en extraire le genre d'aliments qu'ils peuvent contenir et rejeter un produit semblable. La similitude d'action de ces Holothuries vermiformes sur ces prairies marines de corail avec celle que les vers de terre exercent, comme l'a montré Darwin, sur nos prairies terrestres est un phénomène curieux et bien digne d'attirer la réflexion !

Dans la période palæozoïque, des récifs, comme ceux que nous venons de décrire, paraissent avoir abondé sous nos propres latitudes, et l'on remarque la ressemblance superficielle la plus frappante entre les masses de calcaire

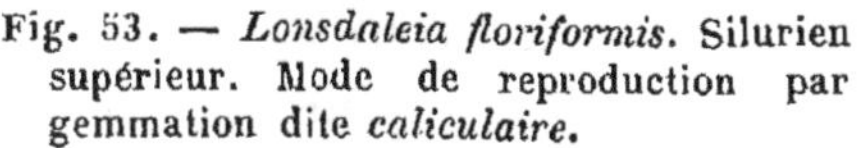

Fig. 53. — *Lonsdaleia floriformis.* Silurien supérieur. Mode de reproduction par gemmation dite *caliculaire.*

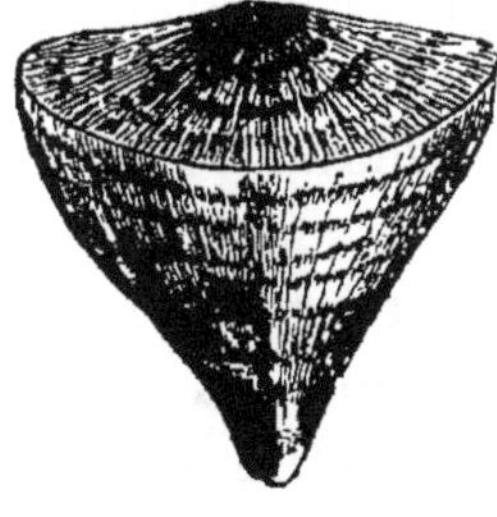

Fig. 53 *bis.* — *Calceola sandalina.* Corail rugueux operculé. Devonien.

à polypier, assez dures pour résonner sous le marteau, qui sont actuellement en voie de formation dans le Pacifique par l'accumulation de boue et de fragments de corail et leur consolidation sous l'influence de l'eau qui les infiltre, et ces anciens lits de pierre. Un examen plus attentif montre, cependant, une différence importante dans la nature des coraux qui composent les deux récifs. Les pierres à chaux modernes se composent de *Perforata*, de *Tabulata* et d'*Aporosa*. Les anciennes contiennent des *Tabulata*, mais on n'y trouve d'ordinaire ni *Perforata* ni *Aporosa*, ces deux groupes étant remplacés par les *Rugosa*, dont aucun membre (sauf une exception douteuse) n'a survécu à la période palæozoïque. D'un autre côté, le *Palæocyclus* et le *Pleurodictyon* sont les seuls genres, appartenant aux *Aporosa* ou aux *Perforata*, que l'on ait encore découverts dans les couches situées au-dessous des strates mésozoïques.

B. Cténophores.

Les *Cténophores* sont des animaux marins nageant librement, qui ne donnent jamais naissance par gemmation à des organismes composés et ont toujours une consistance molle et gélatineuse, la plus grande partie de leur masse provenant du mésoderme considérablement développé. Beaucoup sont ovoïdes ou arrondis, tandis que, chez d'autres, le corps se prolonge en lobes ou peut même présenter une forme rubanée ; mais, quelle que soit leur forme, ils offrent une symétrie bilatérale distincte, les parties similaires étant disposées de chaque côté d'un plan médian, qui est traversé par l'axe du corps. La bouche se trouve à l'une des extrémités de cet axe, que l'on peut appeler le pôle oral. Au pôle opposé, ou *aboral*, on n'observe pas d'ouverture médiane, mais ordinairement, sinon invariablement, il existe deux orifices séparés par un léger intervalle. Les faces de chaque moitié du corps présentent quatre bandes longitudinales de cils longs et forts, disposés en séries transversales, que l'on peut comparer à autant de rames et qui constituent les principaux organes de locomotion. Chaque moitié est encore souvent pourvue d'un long tentacule, et des pro-

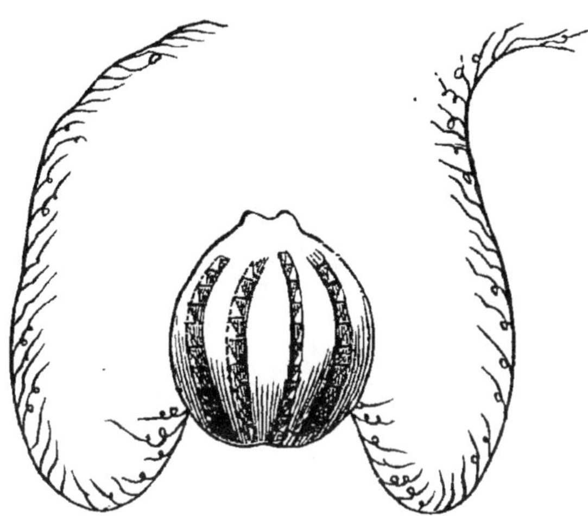

Fig. 54. — Cténophores. *Pleurobrachia pileus.*

longements lobés du corps ou des tentacules non rétractiles peuvent se développer sur sa face buccale. La bouche aboutit à un sac gastrique large, mais aplati, dont l'extrémité aborale est perforée et conduit dans une chambre appelée l'*Infundibulum*. De la face aborale de cette cavité, part un canal qui se bifurque ou un canal double qui se termine aux pores postérieurs. Sur les côtés opposés de l'infundibulum, on voit naître un canal qui se dirige vers le milieu de chaque moitié du corps et tôt ou tard se divise en deux autres, lesquels se subdivisent à leur tour pour former enfin quatre conduits qui divergent et s'irradient vers les faces internes des rangées de rames. Après avoir atteint la surface, chacun de ces canaux rayonnants pénètre dans un conduit longitudinal, qui se trouve au-dessous de la rangée de rames et peut émettre des branches ou se réunir avec les autres conduits longitudinaux dans un canal circulaire situé à l'extrémité postérieure du corps. On voit, en outre, deux autres canaux ayant une direction parallèle à chaque face aplatie du sac gastrique et allant déboucher dans l'infundibulum. Et quand il existe des tentacules, leurs cavités communiquent aussi avec la même chambre.

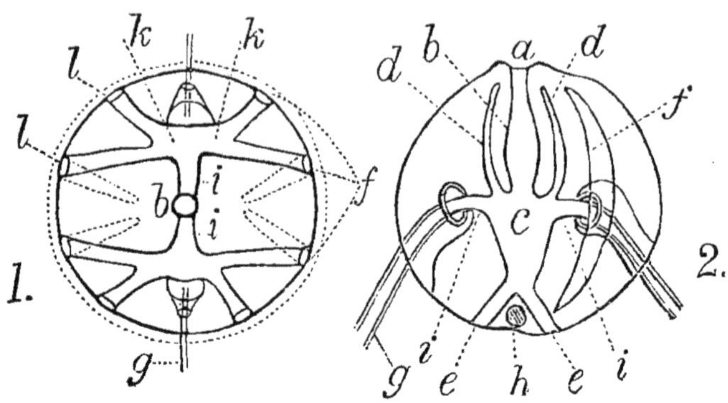

Fig. 55. — Morphologie des Cténophores. — 1. Coupe schématique transversale du *Pleurobrachia* ; *b*, cavité digestive ; *i,i*, canaux radiaires primaires ; *k,k*, secondaires ; *l,l*, tertiaires ; *g*, tentacule.
2, section longitudinale du *Pleurobrachia* ; *a*, bouche ; *b*, cavité digestive ; *c*, entonnoir ; *d,d*, canaux paragastriques ; *e,e*, canaux postérieurs ; *f*, canal longitudinal ou cténophorique ; *g*, tentacule ; *h*, cténocyste (d'après Greene).

Tout cet ensemble de canaux est en libre communication avec la cavité gastrique et correspond à l'entérocœle d'une *Actinie*. Et, à vrai dire, l'Actinie pourvue seulement de huit mésentères, d'une épaisseur assez grande pour réduire les chambres inter mésentériques à des canaux, et offrant deux ouvertures aborales au lieu du pore unique, qui existe chez le *Cerianthus*, avec huit bandes de cils répondant aux chambres, aurait toutes les particularités essentielles d'un Cténophore.

La question de savoir si les *Cténophores* possèdent ou non un système nerveux n'est pas encore résolue. Entre les ouvertures aborales on remarque un corps arrondi cellulaire, sur lequel est situé, dans bien des cas, un sac contenant des particules solides, qui rappelle le lithocyste des Hydrozoaires médusiformes. Je ne vois aucune raison de douter que le corps arrondi soit un ganglion et le sac un organe auditif rudimentaire. Quelques auteurs considèrent comme des nerfs des bandes qui s'irradient du ganglion aux rangées de rames; mais Eimer a récemment émis des doutes sur cette interprétation. Pour lui, le système nerveux serait représenté par de nombreux et fins filaments variqueux, qui traversent le mésoderme dans toutes les directions pour se relier çà et là avec ce qu'il regarde comme des corpuscules ganglionnaires, et qui se réunissent en faisceaux sur les faces internes des canaux longitudinaux.

Les œufs et les spermatozoaires se développent dans les parois latérales de ces canaux, qui répondent aux faces des mésentères chez les Coralligènes; et, d'ordinaire, les sexes se trouvent réunis chez le même individu.

L'œuf pondu est renfermé dans une capsule spacieuse et se compose d'une mince couche externe de protoplasme, qui, dans quelques cas, est contractile et revêt une substance vésiculaire interne. Le vitellus ainsi constitué se divise en deux, quatre et, finalement, en huit masses; sur l'une des faces de chacune de ces masses la couche protoplasmique s'accumule pour se séparer sous forme d'un blastomère de volume beaucoup plus petit que celui du blastomère dont il dérive. Par des divisions répétées, chacun d'eux donne naissance à des blastomères de moindre dimension qui deviennent nucléés quand ils ont atteint le nombre de trente-deux et forment une couche de cellules qui s'étend graduellement autour des gros blastomères et les enveloppe d'un sac blastodermique complet. Au pôle de ce sac, sur la face opposée à celle où ces cellules blastodermiques commencent à faire leur apparition, on observe un développement en dedans ou une involution du blastoderme qui, en s'étendant à travers le milieu des grosses masses du jaune vers le pôle opposé, donne naissance au canal alimentaire. Celui-ci se termine tout d'abord par une extrémité close arrondie; mais, plus tard, il en part des prolongements qui deviennent les canaux de l'entérocœle.

Au pôle opposé, dans le centre de la région correspondant à celle où les cellules blastodermiques ont commencé d'apparaître, se développe le ganglion nerveux par la métamorphose de quelques-unes de ces cellules.

Il est clair que la portion invaginée du blastoderme, qui donne naissance au canal alimentaire, répond à l'hypoblaste, tandis que le reste correspond à l'épiblaste. Les blastomères volumineux qui se trouvent renfermés entre l'épiblaste et l'hypoblaste, comme nous venons de décrire, paraissent remplir la fonction d'un jaune alimentaire, et l'espace qu'ils occupaient à l'origine finit par se remplir d'un tissu conjonctif gélatineux, qui dérive peut-être de cellules migratoires de l'épiblaste.

Comme le laissent soupçonner leur extrême mollesse et leur nature périssable, aucun Cténophore n'est connu à l'état fossile.

CHAPITRE III

Turbellariés.

Caractères généraux. — Les animaux qui constituent ce groupe habitent l'eau douce et salée ou se trouvent sur terre dans des endroits humides. Les plus petits ne dépassent pas les dimensions de quelques-uns des infusoires, tandis que les plus gros atteignent parfois la longueur de plusieurs pieds. Quelques-uns sont larges, aplatis et discoïdes, tandis que d'autres sont extrêmement allongés et relativement étroits. Aucun ne se divise en segments distincts (1), et l'ectoderme qui constitue la surface externe du corps est dans toute son étendue garni de cils vibratiles. Des corps en forme de bâtonnets, semblables à ceux que l'on rencontre chez certains Infusoires et chez bon nombre d'Annélides, se trouvent enfouis dans sa substance et dans quelques genres (*Microstomum*, *Thyzanozoon*, par ex.) : on y observe de véritables nématocystes. Des soies raides font saillie à la surface de l'ectoderme dans certaines espèces.

L'ouverture de la bouche est tantôt située à l'extrémité antérieure du corps, tantôt au milieu ou vers l'extrémité postérieure de sa face ventrale. Souvent, l'orifice buccal est environné d'une lèvre musculaire flexible, qui prend quelquefois la forme d'une trompe protractile.

La cavité digestive, simple ou ramifiée, pourvue ou non d'une ouverture anale, est tapissée par l'endoderme, entre lequel et l'ectoderme se trouve un espace occupé par les tissus conjonctif et musculaire du mésoderme, de telle sorte qu'il n'existe pas de cavité périviscérale proprement dite.

Les Turbellariés possèdent des vaisseaux de deux sortes : 1° des *vaisseaux aquifères*, qui s'ouvrent extérieurement par un ou plusieurs pores, et sont ciliés. Quand ces vaisseaux existent, ils forment ordinairement deux troncs latéraux principaux desquels partent de nombreuses branches. Il est probable que les extrémités terminales de ces branches s'ouvrent dans les lacunes du

(1) Cependant, d'après M. P. Hallez, certains Rhabdocœles présentent une tendance manifeste à la métamérisation ; une espèce de Wimereux encore inédite est particulièrement remarquable sous ce rapport.

mésoderme (1); 2° des *vaisseaux pseudo-sanguins*, qui forment un système clos, consistant d'ordinaire en deux troncs latéraux et un tronc dorsal médian, qui s'anastomosent antérieurement et postérieurement. Les parois de ces vaisseaux sont contractiles et non ciliées; leur contenu est clair et parfois coloré. Schulze a démontré que

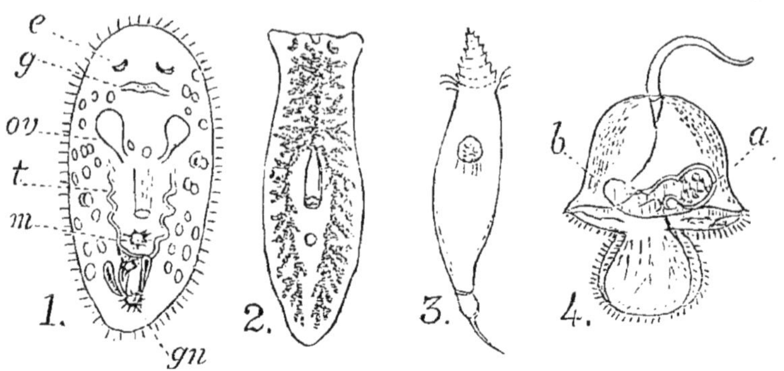

Fig. 56. — Morphologie des Turbellariés. — 1, *Planaria torva* (Müller); *m*, bouche ; *g*, ganglions nerveux ; *e*, yeux ; *ov*, ovaire ; *t*, testicule ; *gn*, ouverture génitale. — 2, *Planaria lactea*, montrant l'intestin ramifié (dendrocœle). — 3, larve microscopique de l'*Alaurina*, turbellarié marin. — 4, *Pilidium*, le « pseudo-embryon » d'un Némertien (2) : *a*, le canal alimentaire ; *b*, rudiment du Némertien.

ces deux systèmes de vaisseaux coexistent chez le *Tetrastemma* (3). Le système nerveux se compose de deux gan-

(1) Chez les Dendrocœles les vaisseaux aquifères, qui ne sont jamais ciliés, ont une tout autre signification morphologique que chez les Rhabdocœles, puisqu'ils représentent la cavité générale du corps incomplétement oblitérée par la prolifération des cellules du mésoderme. La cavité du corps des Microstomiens contient des éléments figurés. (P. Hallez.)

(2) D'après Ph. Van Beneden, les formes larvaires des Némertes (Pilidium et larve de Desor) constituent des pseudo-embryons ou *scolex*, donnant naissance par bourgeonnement interne à l'animal définitif; le développement direct n'est qu'une abréviation de ce premier mode. (Voir pour la connaissance du plan véritable de développement des Némertes, les nouvelles recherches de M. Barrois, ci-dessous, pages 110 et 111, notes 1.)

(3) Ce fait a été nié par tous les observateurs subséquents ; il n'y a jamais de système aquifère bien développé chez les Némertiens.

glions placés dans l'extrémité antérieure du corps, d'où, entre d'autres branches, part un cordon longitudinal qui s'étend en arrière de chaque côté du corps. La plupart possèdent des yeux et quelques-uns ont des sacs auditifs. Les Turbellariés sont à la fois monoïques et dioïques, et les organes reproducteurs varient de la plus grande simplicité de structure à une complexité considérable. Chez la plupart, l'embryon arrive par des gradations insensibles à la forme adulte, mais quelques-uns subissent une remarquable métamorphose.

Divisions des Turbellariés. Les Turbellariés sont divisibles en deux groupes. Dans l'un, *Aprocta*, la cavité digestive est en cœcum, n'ayant pas d'ouverture anale; dans l'autre, *Proctucha,* elle est pourvue d'un anus. Les deux groupes forment des séries parallèles, dans chacune desquelles l'organisation s'élève de formes qui ne sont guère que des gastrules munies d'appareils reproducteurs, à des animaux d'organisation relativement supérieure.

A. APROCTA.

Chez les plus simples des Aprocta, tels que le *Macrostomum* (1), l'ouverture buccale est dépourvue de toute trompe musculaire protractile et le canal alimentaire se réduit à un simple sac rectiligne. Les organes générateurs mâle et femelle sont réunis chez le même individu et chacun d'eux consiste en un simple agrégat de cellules qui, dans le premier cas, se développent graduellement, se remplissent de granulations vitellines et deviennent

(1) E. Van Beneden, « Recherches sur la composition et la signification de l'œuf, » 1870, p. 64.

des œufs; tandis que, dans le dernier, elles se convertissent en spermatozoaires. Chacun d'eux est contenu dans un sac, qui s'ouvre au dehors par un pore médian situé sur la face orale du corps, l'orifice mâle plus en arrière que l'ouverture femelle. Le pourtour de l'ouverture mâle se prolonge en une saillie recourbée, le pénis.

Les Turbellariés, qui ressemblent au *Macrostomum* en ce qu'ils ont une cavité digestive rectiligne, simple, se désignent sous le nom de *Rhabdocœles*. Ils possèdent pour la plupart une trompe buccale, qui jouit de la propriété de sortir d'une cavité formée par les parois de la région circum-orale du corps ou de s'y rétracter.

Chez quelques-uns (le *Prostomum*, par ex.), l'extrémité antérieure du corps est pourvue d'un second organe prosbosciforme musculaire creux, que l'on peut appeler la *trompe frontale*.

Dans tous les Turbellariés rhabdocœles plus élevés, l'appareil générateur femelle se complique par la différenciation d'une glande spéciale, le *vitellarium*, dans laquelle se forme une substance vitelline accessoire. On y trouve un *germarium* simple ou double, offrant à peu près la même structure que chez le *Macrostomum*, et dans lequel les œufs se forment de la même manière, sauf qu'une fois détachés, il ne contiennent pas de granulations vitellines; mais les deux *vitellaria*, qui constituent des tubes longs et simples ou ramifiés, s'ouvrent dans l'oviducte, et la substance vitelline qu'ils sécrètent enveloppe l'œuf proprement dit pour se fusionner plus ou moins avec lui, à mesure qu'il passe dans la continuation utérine de l'oviducte reliée à l'extrémité extérieure ou vaginale de l'utérus. Il existe d'ordinaire une spermathèque, ou réceptacle du fluide séminal et les œufs sont enfermés, après l'imprégnation, dans une coque dure. Les testicules et les conduits déférents ont ordinairement la forme de deux longs tubes. Le pénis est souvent protractile et couvert d'épines (1).

Le système vasculaire aquifère se compose de troncs latéraux, qui s'ouvrent par un pore terminal ou par plusieurs pores, après avoir émis de nombreuses ramifications. Ils ne sont pas contractiles, mais leur surface interne est ciliée.

Bon nombre de Rhabdocœles se multiplient par scission transversale, et, dans le genre *Catenula*, les animaux incomplétement séparés, produits de la sorte, nagent çà et là en longues chaînes.

Le vitellus de l'œuf imprégné subit la segmentation complète et les embryons passent directement à la forme du procréateur ; mais la nature précise du travail du développement dans ses diverses phases réclame de nouvelles recherches. Il paraît n'y avoir toutefois que peu de raison de douter que l'ectoderme et l'endoderme ne se forment par délamination.

Dans les autres Aprocta, appelés *Dendrocœles*, la cavité digestive envoie dans le mésoderme de nombreux prolongements en cœcums, fréquemment ramifiés, dont l'un est toujours médian et antérieur ; la bouche est toujours pourvue d'une trompe. Quelques-uns (*Procotyla*) possèdent une trompe frontale, et d'autres (*Bdellura*) un suçoir

(1) M. P. Hallez, préparateur à la Faculté des sciences de Lille, après des recherches entreprises sur les Turbellariés, a fait voir que le testicule des Rhabdocœles possède, comme l'ovaire, des follicules dont le produit n'est plus un élément direct de la génération, mais une sécrétion accessoire destinée à parachever le développement des spermatozoïdes, comme la production des cellules vitellines, dans le vitellogène, complète le développement de l'œuf. Parfois, cette glande accessoire, tout en gardant ses rapports morphologiques, joue un rôle physiologique tout différent et sécrète un liquide venimeux. C'est ce qui a lieu dans le beau genre *Prostomum*, dont M. Hallez a pu étudier, à Wimereux, plusieurs espèces marines, pour la plupart encore inédites. (*Le Laboratoire de Wimereux*, congrès de Lille, 1874.)

postérieur. Les animaux connus communément sous le nom de *Planaires* constituent cette division. Les uns habitent l'eau de mer, d'autres l'eau douce, d'autres enfin sont terrestres.

Chez ceux qui vivent dans l'eau douce, l'appareil reproducteur femelle a un vitellarium distinct, comme chez les Rhabdocœles les plus élevés et l'on n'observe qu'une ouverture génitale commune. Mais, chez les Planaires marines, il n'existe pas de vitellarium; les ovaires et les testicules sont nombreux, et dispersés à travers le mésoderme, communiquant avec l'extérieur par des ramifications des oviductes et des conduits déférents. Une glande ramifiée, qui secrète un albumen visqueux ou enveloppe pour les œufs, s'ouvre dans le vagin et l'ouverture femelle est distincte de l'orifice mâle.

Chez quelques Planaires, on observe des canaux aquovasculaires distincts, de l'espèce ordinaire ; mais chez les Planaires terrestres (1) deux conduits presques simples, remplis d'un tissu spongieux, et dont on n'a pas observé la communication avec l'extérieur, occupent la place des vaisseaux aquifères.

Les Planaires d'eau douce, comme les Rhabdocœles, ne subissent pas de métamorphose dans le cours de leur développement, fait qui a lieu également pour quelques-uns des Dendrocœles marins. Keferstein (2) a soigneusement étudié le développement du *Leptoplana tremellaris* (*Polycœlis lævigata*). Le vitellus se divise d'abord en deux, puis en quatre blastomères égaux ; de l'une des faces de ces quatre blastomères, il se détache ensuite quatre petits segments, qui se subdivisent rapidement pour former

(1) Moseley, « On the Anatomy and Histology of the Land Planarians of Ceylan », *Philos. Trans.*, 1873.

(2) « Beiträge zur Anatomie und Entwickelungsgeschichte einiger See-Planarien », 1868.

un blastoderme qui, en se développant sur les gros segments plus longs à se fragmenter, finit par les emprisonner. Jusque-là, le processus ressemble singulièrement à celui que nous avons décrit chez les Cténophores. Mais bien que Keferstein décrive et représente les diverses phases par lesquelles passe l'embryon globulaire cilié pour arriver à la forme adulte, ni sa description ni ses figures ne permettent de dire si la cavité alimentaire se produit par délamination ou par invagination, pas plus que de suivre le mode d'origine de la trompe buccale, quoique cet organe soit l'un des premiers à apparaître et que son ouverture devienne la bouche future.

Chez quelques-unes des Planaires marines, cependant, l'embryon, au sortir de l'œuf, diffère beaucoup de l'adulte. J. Müller a décrit une larve de ce genre, dans laquelle le corps est pourvu de huit lobes ou prolongements, un médio-ventral en avant de la bouche, trois latéraux et un médio-dorsal. Les bords de ces prolongements sont frangés d'une série continue de cils, qui passent d'un lobe à l'autre, de manière à former une couronne complète autour du corps. L'action successive des cils formant cette ceinture lobulée transversale du corps produit l'apparence d'une roue tournante, comme chez les *Rotifères*. Les yeux sont situés sur la face aborale de l'embryon en avant du cercle cilié, tandis que la bouche s'ouvre immédiatement derrière lui. A mesure que marche le développement, les lobes disparaissent et le corps prend le caractère planarien ordinaire.

Quelques Proctucha ont, comme nous le verrons, des larves pourvues également d'une zone ciliée præ-orale ; et des larves du même type fondamental abondent parmi les Annélides polychætes, les Annélides et les Mollusques.

B. PROCTUCHA.

Les *Proctucha* les plus inférieurs, tels que le *Microstome*, n'ont pas de trompe frontale (d'où le nom d'*Arhyncha* qui leur a été donné) et ils diffèrent très-peu des Rhabdocœles les plus bas placés, sauf qu'ils ont un anus et que les sexes sont distincts. Mais tous les autres Proctucha (*Rhynchocœles*) sont pourvus d'une trompe frontale, qui occupe parfois la majeure partie de la longueur du corps : cette trompe possède des muscles rétracteurs spéciaux et sa face interne est, ou simplement papillaire ou peut posséder une armature particulière. Il n'existe pas de trompe buccale, mais la bouche conduit dans un long intestin rectiligne offrant de courtes dilatations latérales en cœcums (1).

Les Proctucha ne présentent d'ordinaire que les vaisseaux pseudo-sanguins ; cependant, comme nous l'avons signalé plus haut, Schulze a vu coexister avec eux des vaisseaux aquifères chez le *Tetrastemma* (2).

Le système nerveux des Proctucha est semblable à celui des Aprocta ; mais, l'allongement souvent extrême du corps entraîne, comme conséquence, une grosseur considérable des cordons qui se prolongent en arrière. De plus, les ganglions sont unis par une commissure additionnelle qui passe au-dessus de la trompe et traverse ainsi un anneau nerveux. Chez quelques-uns, les cordons latéraux se rapprochent l'un de l'autre sur la face ventrale du corps et l'on observe des renflements ganglionnaires aux points d'émission des nerfs, présentant ainsi une

(1) Pour l'organisation des Turbellariés Rhynchocœles ou Némertiens, voir une monographie fort bien faite du docteur Mac Intosh, publiée récemment par *the Ray Society*.

(2) Voir ci-dessus, p. 102, note 3.

certaine analogie avec la double chaîne des formes supérieures.

Outre les yeux, presque tous les Proctucha possèdent deux fossettes ciliées — une de chaque côté de la tète — qui reçoivent des nerfs des ganglions.

Les organes reproducteurs sont logés dans les intervalles qui séparent les dilatations sacculaires de l'intestin, et les œufs ainsi que les spermatozoaires se frayent un passage au dehors, par la déhiscence du tégument. Chez la plupart des Proctucha, l'œuf, après avoir franchi la phase *morula*, acquiert une cavité alimentaire apparemment par délamination et arrive sans métamorphose à l'état adulte.

Le professeur A. Agassiz (1) a décrit une larve nageant en liberté, dont l'extrémité large antérieure du corps est environnée d'une zone de cils, immédiatement en arrière de laquelle s'ouvre la bouche, tandis qu'un second cercle entoure l'ouverture anale à l'extrémité postérieure rétrécie. Cette larve ressemble exactement aux formes de larves d'Annélides polychætes que l'on désigne sous le nom de Telotrocha. Comme chez ces annélides, la région du corps, comprise entre les deux anneaux ciliés, s'allonge et se segmente, tandis qu'une paire d'yeux et deux courts tentacules se développent sur la tête en avant de la bande ciliée præ-orale. Mais, à mesure que le développement avance, la segmentation s'oblitère, les bandes ciliées et les tentacules s'évanouissent, et le ver prend le caractère du genre de Némertiens *Nareda* (2).

Dans certaines espèces du genre *Lineus*, l'embryon au

(1) « On the young Stages of a few Annelids », *Annals of the Lyceum of New-York*, 1864.

(2) Il est très-probable cependant que cette larve, décrite par A. Agassiz, appartient au *Polygordius*. (Voir Schneider, « Ueber Bau und Entwickelung von *Polygordius* », *Archiv. für Anat. und Physiol.*)

sortir de l'œuf a la forme d'un casque dont le plumet est remplacé par une touffe de cils. Les parties qui, dans le casque, se rabattent sur les oreilles sont ici frangées de longs cils, et entre elles se trouve l'ouverture buccale, qui conduit dans une cavité alimentaire en cœcum, dilatée en forme de poche. Cette larve reçut de Müller, qui la découvrit, le nom de *Pilidium gyrans*. De chaque côté de la face ventrale du Pilidium apparaissent des amas de cellules, formant probablement partie du mésoblaste et qui finissent par entourer le canal alimentaire de la larve, pour donner naissance à un corps vermiforme allongé dans lequel on peut distinguer bientôt les traits caractéristiques d'une Némertide. Le ver ainsi développé se détache et tombe au fond, en emportant avec lui le canal alimentaire du Pilidium et laissant le tégument cilié se détruire (1).

Dans ce travail remarquable de développement, la formation du corps némertien peut se comparer, d'une part à celle du mésoblaste segmenté chez les Annélides et les

(1) En règle générale, le développement des Némertes est extrêmement simple; l'animal sort de l'œuf soit sous sa forme définitive (développement direct), soit sous la forme d'une larve très-simple (larve de Desor) qui se transforme ultérieurement en Némerte; dans aucun de ces deux cas, on n'a pu jusqu'ici rencontrer d'autres phénomènes embryonnaires que ceux d'une différenciation directe des tissus aux dépens de la morula (*développement simple*).

Le Pilidium, dont il est question dans ce qui précède, constitue un type spécial et forme, à lui seul, un second ordre de développement (*développement complexe*) qu'on n'avait jusqu'ici pu rattacher au premier; mais dans ces derniers temps, M. Jules Barrois a annoncé (Acad. des sc., 25 janv. 1875) que l'embryon du *Lineus communis* rangé par les auteurs au nombre des larves de Desor à exoderme caduc, suivait à l'intérieur de l'œuf la même marche de développement que le Pilidium (naissance du Némerte par la confluence de quatre épaississements discoïdes). En montrant que les phénomènes localisés jusqu'ici à cette forme larvaire existaient aussi chez des types plus simples, les recherches de M. Barrois font disparaître la limite qui séparait les deux modes de développement.

Arthropodes, et, de l'autre à l'Échinoderme à son état larvaire (1).

Les Turbellariés forment, en fait, une sorte d'assemblage, autour duquel viennent se grouper tous les Métazoaires inférieurs, excepté les Cœlentérés et les Éponges. Ainsi l'on peut considérer les Trématodes comme des Turbellariés Aprocta parasites, tandis que les Rotifères et les Nématoïdes sont des groupes fort rapprochés et ayant à peu près le même degré de parenté. Les Annélides (Hirudinées, Oligochætes, Polychætes) sont des Turbellariés rendus polymères par la segmentation du mésoblaste. Les Géphyrées ont des affinités intimes avec les

(1) Des recherches plus récentes et encore inédites de M. J. Barrois il résulte que tous les Némertes passent, à la suite des phénomènes de formation du blastoderme, par un stade commun à partir duquel on peut suivre les divergences qui produisent les différents groupes. — Les phénomènes de formation des feuillets qui, partout, aboutissent invariablement à la production de ce stade commun, ne présentent, chez différents types, aucune différence bien tranchée; mais, il y a, au contraire, entre ces différents modes de production, une continuité parfaite. — Enfin les formes larvaires (Pilidium et larve de Desor) résultent de l'existence, à l'état libre, de stades embryonnaires déterminés et que l'auteur indique d'une manière précise.

Le stade commun possède des relations très-intimes avec les épaississements que Müller a désignés, chez le Pilidium, sous le nom de ventouses; les deux antérieurs forment des masses musculaires céphaliques comprenant entre elles la portion de cavité du corps située devant la bouche (prostomium) ; les deux postérieurs forment les deux lames musculaires de la paroi du corps, et circonscrivent la portion de cavité du corps qui contient l'intestin (metastomium) ; le prostomium et le metastomium sont séparés l'un de l'autre par l'œsophage et les organes latéraux.

Cette division de la musculature constitue le phénomène essentiel de l'embryogénie des Némertiens, de la même manière que l'évolution du rudiment du système aquifère constitue le phénomène essentiel de l'embryogénie des Échinodermes.

On se trouve conduit par ces résultats à nier toute analogie entre l'évolution du mésoderme chez les Némertiens (masses céphaliques et lames cutanées) et les Annélides (ligne primitive), de même qu'entre le Pilidium et les larves d'Échinodermes.

Annélides, les Rotifères et les Turbellariés; et le développement des Enteropneustes, des Échinodernes, des Bryozoaires, des Brachiopodes et des Mollusques montre qu'ils sont tous dérivés du même type fondamental.

CHAPITRE IV

Trématodes.

Les Trématodes sont tous parasites, soit à l'extérieur (ectoparasites), soit dans les organes internes (entoparasites) d'autres animaux. Beaucoup sont microscopiques et aucun n'atteint une longueur de plus d'un pouce ou deux; la plupart ont une forme large et aplatie, offrant une face ventrale et l'autre dorsale, et le corps n'est jamais segmenté.

L'ectoderme n'est pas cilié, mais sa couche la plus extérieure constitue une cuticule chitineuse. Chez la plupart des Trématodes, il se développe un ou plusieurs suçoirs sur la face ventrale du corps, en arrière de la bouche, ceux-ci sont quelquefois armés d'épines ou de crochets chitineux ; et des soies du même caractère peuvent se développer en d'autres parties du corps, spécialement dans la région de la tête.

La bouche est ordinairement terminale; mais elle est quelquefois ventrale et sub-ventrale ; elle se trouve d'ordinaire au centre d'un suçoir musculaire, rarement prosbosciforme.

Le canal alimentaire ne s'ouvre jamais postérieurement par un anus. Parfois, à l'état de simple sac, il se bifurque souvent, et dans certains cas se ramifie comme celui des

Turbellariés dendrocœles. Quelquefois (*Amphilina*, *Amphiptyches*) le canal alimentaire fait défaut ; et il avorte chez le *Distome filicolle* adulte (Van Beneden). L'intervalle compris entre l'ectoderme et l'endoderme est occupé par un mésoderme cellulaire ou réticulé, dans lequel se développent d'abondantes fibres musculaires. Les fibres musculaires périphériques forment une couche externe circulaire et une interne longitudinale.

Le système aquo-vasculaire est bien développé et peut se composer de — (1) un sac contractile qui s'ouvre à l'extérieur et communique avec (2) des vaisseaux longitudinaux à parois contractiles non ciliées, d'où partent (3) des branches qui se ramifient à travers le corps et sont non contractiles et ciliées et dont les ramifications ultimes se terminent probablement par des pores ouverts.

Il n'y a pas de système pseudo-sanguin. Le système nerveux n'a pas été découvert chez tous ; mais, quand il existe, il offre la même disposition que dans le groupe Aprocta des Turbellariés. On a observé des taches oculaires, mais aucun autre organe sensoriel. A de rares exceptions près, les Trématodes sont hermaphrodites et les organes reproducteurs sont construits sur le même type que chez les Turbellariés Rhabdocœles, un gros vitellarium étant toujours présent. Le vitellus accessoire s'y trouve contenu, sous la forme de sphéroïdes nombreux, en même temps que l'œuf primitif, et il se résorbe *pari passu* avec le développement de l'embryon.

Chez les ectoparasites, dont la plupart possèdent plusieurs suçoirs et chez l'*Aspidogaster conchichola* qui habite le péricarde des moules d'eau douce et n'a qu'un gros suçoir cloisonné, l'embryon passe à la forme de la mère tandis qu'il est encore dans l'œuf. Mais, chez les entoparasites, il ne va pas au delà de l'état d'une morule, dont la couche externe de cellules peut ou sécréter une cuticule ou être ciliée.

Dans le premier cas (*Distoma variegatum*, *D. tereticolle*, *Monostomum flavum*, par ex.) le sommet de l'embryon est souvent pourvu d'élévations ou d'épines rayonnantes et peut exécuter des mouvements lents de reptation. Dans le dernier (*Distoma lanceolatum*, *D. hepaticum*, *Monostomum*

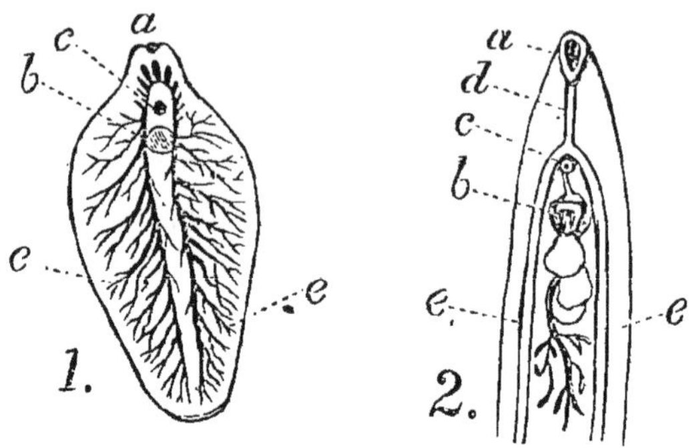

Fig. 57. — Trématodes. — 1, *Distoma hepaticum* ou « douve du foie », montrant le canal alimentaire ramifié. 2, extrémité antérieure du *Distoma lanceolatum* : *a*, suçoir antérieur; *b*, suçoir postérieur; *c*, pore génital; *d*, œsophage; *e*, canal alimentaire (d'après Owen).

mutabile, par ex.) le corps de l'embryon est en partie ou complétement recouvert de longs cils, qui lui permettent de s'avancer activement.

L'histoire de toutes ces différentes formes n'est pas connue d'une manière complète, mais il est probable que, dans tous les cas, elles vont habiter chez quelque animal d'un degré d'organisation inférieur à celui chez lequel le parent est parasite, pour s'y convertir alors, soit directement, soit indirectement, en *Sporocystes* ou en *Rédies*.

Un sporocyste est un corps sacciforme, dont les parois ont essentiellement la même structure que le tégument d'un Distome et contient des vaisseaux aquifères; mais il n'a ni bouche, ni canal alimentaire. Il peut se multiplier par division ou se ramifier. Dans son intérieur, il développe des corps cellulaires qui, dans quelques cas, donnent naissance à de nouveaux sporocystes, mais ordinairement se métamorphosent en petits Trématodes asexués, pourvus de longues queues à mouvement actif, et que l'on nomme *Cercaires*. Les Cercaires s'échappent de leur enveloppe et, s'attachant à l'animal dans lequel leurs sporocystes s'étaient développés, ou à quelque autre, et quelquefois à des plantes ou à des corps inorganiques, sécrètent un kyste sans structure, qui ne revêt que le corps, de sorte que la queue disparaît peu à peu. Ils restent en cet état jusqu'à ce qu'ils arrivent dans le canal alimentaire de l'animal où l'on trouve l'état sexuel du Trématode. Ils s'échappent alors de leurs kystes et acquièrent des organes sexuels pleinement développés.

La Rédie ressemble, dans les traits essentiels, à un sporocyste, mais possède une bouche et un sac gastrique simple, tandis que l'extrémité postérieure du corps est ordinairement pourvue d'un long prolongement médian et de deux courts prolongements latéraux. La Rédie peut se développer dans l'embryon cilié avant que ce dernier sorte de l'œuf, et elle se met en liberté par la rupture de la couche superficielle de cellules ciliées. Comme le sporocyste, la rédie donne naissance à des granulations internes cellulaires, qui tantôt deviennent des Rédies, tantôt se convertissent en Cercaires.

Les Sporocystes, les Rédies et les Cercaires, libres ou enkystées, se trouvent presque exclusivement chez des animaux invertébrés, tandis que les Trématodes correspondants se rencontrent chez les animaux vertébrés qui font leur proie de ces invertébrés.

Le Trématode singulier à double corps, *Diplozoon paradoxum*, résulte d'une sorte de conjugaison entre deux individus d'un Trématode, qui à l'état isolé a été désigné sous le nom de *Diporpa*. Les *Diporpes* n'acquièrent des organes sexuels pleinement développés qu'après cette union (1).

Le *Gyrodactyle* se multiplie asexuellement par le développement d'un jeune Trématode à l'intérieur du corps, comme une sorte de bourgeon interne.

CHAPITRE V

Cestoïdes.

Les vers rubanés sont tous entoparasites et, dans leur état adulte, infestent les intestins d'animaux vertébrés.

La plus simple forme connue est le *Caryophyllæus*, qui se trouve chez des poissons de la tribu des carpes. Le corps est légèrement allongé, dilaté et lobé à une extrémité de manière à ressembler à un clou de girofle, d'où le nom donné à ce genre. Par sa structure, il ressemble à un Trématode, dépourvu de toute trace de canal alimentaire, mais possédant le système caractéristique aquovasculaire et une simple série d'organes reproducteurs hermaphrodites.

Dans la *Ligule*, le corps est fort allongé et pourvu à l'une de ses extrémités (la tête) de deux dépressions latérales. Il ne se divise pas en segments, mais il présente de nombreuses séries d'organes sexuels disposées longitudi-

(1) M. Cobbold a consacré un travail à un Trématode très-curieux, le *Bilharzia hæmatobia* qui vit dans les veines des habitants de l'Égypte ; l'on ignore absolument comment il s'y introduit. Cet animal présente cette particularité d'être l'un des rares Trématodes à sexes séparés ; toutefois, le mâle et la femelle vivent constamment par couple, la femelle demeurant enfermée dans une sorte de fourreau que lui forme le corps du mâle. (Congrès de Liverpool, 1871.)

nalement. Les orifices des glandes génitales sont situées sur la ligne médiane du corps. Ces parasites habitent des poissons et des amphibies, aussi bien que des oiseaux aquatiques, mais ils n'atteignent leur état sexuel que chez ces derniers.

Chez les Cestoïdes plus typiques, le corps est allongé et offre à l'une des extrémités une tête pourvue de suçoirs et très-généralement de crochets chitineux, disposés circulairement autour du sommet céphalique, ou sur des tentacules probosciformes que l'animal peut faire saillir ou rétracter. Parfois la tête se prolonge en lobes ; et en général quand il existe des lobes ou des tentacules, ils sont au nombre de quatre et disposés symétriquement autour de la tête. A peu de distance de cette dernière, le corps effilé s'élargit et présente des sillons tranversaux qui le divisent en segments. La distance qui sépare ces sillons transversaux et leur profondeur augmentent vers l'extrémité postérieure du corps, et l'on observe que chaque segment contient une série d'organes mâle et femelle. A l'extrémité du corps, les segments ainsi formés se détachent et peuvent conserver pendant quelque temps une vitalité indépendante. Dans cet état chaque article se désigne sous le nom de *proglottis*, et son utérus est rempli d'œufs.

L'embryon se développe dans ces œufs de la même manière que chez les Trématodes ; et comme chez les Trématodes, il peut être soit cilié (comme dans le *Bothriocéphale*), soit non cilié ; ce dernier cas est le plus ordinaire. L'embryon constitue une morule solide, sur l'une des faces de laquelle se développent quatre ou six crochets chitineux, disposés symétriquement de chaque côté d'une ligne médiane.

Lorsque l'œuf est placé dans des conditions appropriées, l'embryon pourvu de crochets sort de la coquille et augmente rapidement de volume. Au bout d'un certain temps, une cavité apparaît au milieu des cellules dont se compose la morule et il se développe une couche chitineuse sur la surface externe de l'embryon. Des vaisseaux aquifères ramifiés font leur apparition dans la paroi du sac sphéroïdal ainsi formé et, dans certains cas, s'ouvrent par un pore extérieur. Il existe donc une ressemblance des plus intimes entre cet embryon cestoïde et le sporosac d'un Trématode.

Quand l'embryon sacculaire a atteint une certaine grosseur, il se fait un épaississement et une invagination, ordinairement en un point, quelquefois en plusieurs points de sa paroi. L'invagination tégumentaire s'allonge en dedans et devient un cœcum, dont la cavité s'ouvre au dehors. Au fond de l'intérieur de ce cœcum, et par conséquent sur ce qui représente morphologiquement sa surface externe, se développent les crochets des espèces qui en possèdent, tandis que sur les parois latérales apparaissent des élévations, qui se convertissent en suçoirs. Le cœcum s'évagine ensuite, c'est-à-dire se retourne en dehors, et l'embryon offre la forme d'une bouteille, dont le cœcum évaginé représente le goulot. Autour de son sommet, se trouvent les crochets et au-dessous d'eux les suçoirs formant une tête cestoïde complète ; tandis que le corps répond au corps de la bouteille. Les crochets primitifs de l'embryon tombent dans le cours de cette évolution.

Lorsque les œufs du ver rubané ont pénétré dans le canal alimentaire d'un animal chez lequel le ver est incapable d'atteindre son état sexuel, l'embryon muni de crochets, dès qu'il est éclos, se fraye son chemin à travers les parois du tube digestif et finit par se loger dans le tissu conjonctif entre les muscles, ou dans le foie, dans le cerveau ou l'œil. Là il traverse les phases que nous venons de décrire et, généralement, le sac se dilate considérablement. La région de la paroi du sac, sur laquelle la tête cestoïde est fixée, s'invagine, et l'animal se trouve ainsi emprisonné dans une cavité, dont les parois sont réellement constituées par l'extérieur de son propre corps. En

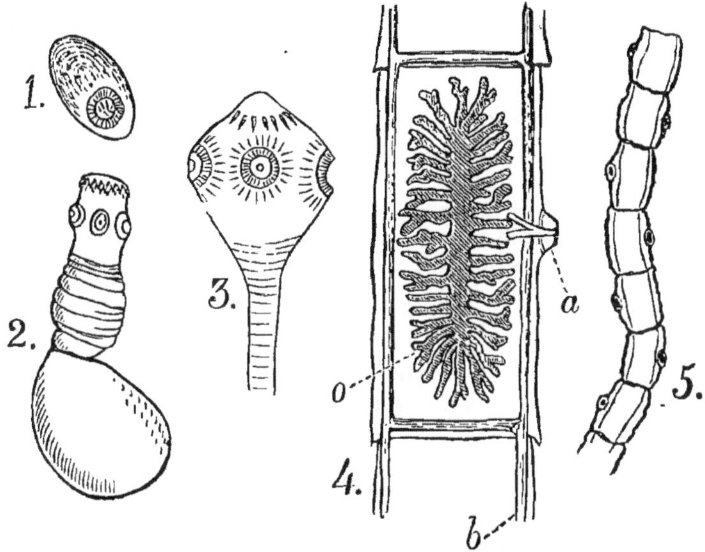

Fig. 58. — Morphologie des Téniadés. — 1, œuf contenant l'embryon dans son enveloppe résistante. 2, *Cysticercus longicollis*. 3, tête du *Tœnia sólium* adulte, grossie, montrant les crochets et les suçoirs céphaliques. 4, un article générateur isolé (ou proglottis) amplifié, montrant l'ovaire dendritique (*o*), le pore génital (*a*) et les canaux aquo-vasculaires (*b*). 5, portion de ver rubané (strobila), montrant la disposition alternante des pores génitaux.

cet état, il prend le nom de *ver cystique* ou ver vésiculaire; et quand il n'existe qu'une seule tête, c'est un *Cysticerque*. Dans les genres *Cœnurus* et *Echinococcus*, le ver cystique a plusieurs têtes ; chez l'*Echinocoque* la structure du ver cystique se complique encore par sa prolifération, dont le résultat est la formation de nombreux vers vésiculaires enfermés les uns dans les autres.

Dans l'état cystique, les vers rubanés n'acquièrent jamais d'organes sexuels, mais lorsqu'ils sont transportés dans le canal alimentaire des animaux appropriés, les têtes se détachent des kystes et, se développant rapidement, donnent naissance à des segments, qui deviennent des *proglottides* sexuelles. Les vers rubanés ne se trouvent pas à la fois à l'état cystique et à l'état cestoïde chez le même animal, mais la forme cystique se rencontre chez quelque animal qui sert de proie à l'animal chez lequel se présente la forme cestoïde. Ainsi :

Forme cystique.	**Forme cestoïde.**
Cysticerque du tissu conjonctif.... (Cochon.)	*Ténia solitaire.* (Homme.)
Cysticerque pisiforme........... (Lapin.)	*Ténia dentelé.* (Chien, Renard.)
Cysticerque fasciolaire.......... (Rats et Souris.)	*Ténia crassicolle.* (Chat.)
Cœnure cérébral................ (Cerveau de Mouton.)	*Ténia cœnure.* (Chien.)
Échinocoque des vétérinaires...... (Homme, ongulés domestiques.)	*Ténia échinocoque.* (Chien.)

Les embryons sacculaires des vers cestoïdes ont été comparés plus haut aux sporocystes des Trématodes, avec lesquels ils présentent incontestablement beaucoup de ressemblance. Mais une autre manière de voir relativement à leur nature mérite considération. La cavité centrale peut correspondre à celle de la planule d'un Hydrozoaire et l'embryon peut manquer seulement d'une ouverture buccale pour devenir une gastrule semblable au Trématode. En présence de la ressemblance extraordinairement intime qui existe entre les Cestoïdes et les Trématodes, cet aspect de la question est digne de considération. Car, si les Cestoïdes sont essentiellement des Trématodes modifiés par la perte de leurs organes digestifs, on doit pouvoir retrouver quelque trace de l'appareil digestif dans l'embryon du ver rubané. Cependant, rien de ce genre ne se laisse discerner, à moins que la cavité du sac ne soit un entérocœle. Et si la cavité centrale de l'embryon sacculaire est un blastocœle, et non une cavité entérique, on peut se demander si les vers rubanés ne représentent autre chose que des *morules* gigantesques, pour ainsi dire, qui n'ont jamais traversé la phase gastrule.

CHAPITRE VI.

Hirudinées.

Les sangsues sont des animaux aquatiques ou terrestres, plus ou moins distinctement segmentés, vermiformes, dont la plupart sucent le sang, bien que quelques-uns dévorent leur proie. L'ectoderme est une couche cellulaire, recouverte extérieurement d'une cuticule chitineuse et dépourvue de cils. Très-communément, il est marqué de constrictions transversales en anneaux qui sont plus nombreux que les véritables segments du corps et des glandes simples peuvent s'ouvrir à sa surface. Il s'y développe un ou plusieurs suçoirs ou ventouses, servant d'organes d'adhésion. Chez quelques-uns (*Acanthobdella*), on observe des faisceaux de soies; chez d'autres (*Branchellion*), les côtés du corps se prolongent en appendices lobulaires; mais aucun ne possède de vrais membres.

La bouche est généralement située à l'extrémité antérieure du corps; l'anus à l'extrémité opposée, sur le côté dorsal de la ventouse terminale. La bouche s'ouvre d'ordinaire dans un pharynx musculaire, quelquefois protractile, d'où un œsophage étroit conduit dans un estomac, qui souvent se prolonge en cœcums latéraux.

L'estomac se continue par un intestin étroit jusqu'à l'anus. Le pharynx musculaire peut être armé de dents chitineuses. Le canal alimentaire est tapissé par les cellules de l'endoderme et l'espace compris entre cette membrane et l'ectoderme est occupé par le mésoderme, qui contient d'abondants éléments conjonctifs et musculaires et est excavé par les canaux sanguins, qui ont tantôt la forme de larges sinus, tantôt représentent des vaisseaux comparativement étroits à parois définies.

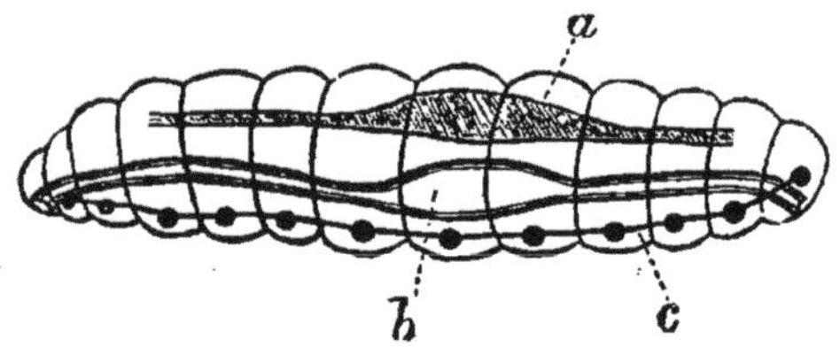

Fig. 59. — Diagramme d'un animal annelé. — *a*, système vasculaire sanguin ; *b*, système digestif ; *c*, système nerveux.

Dans la sangsue, ce système vasculaire atteint un degré considérable de détermination et de complexité; il

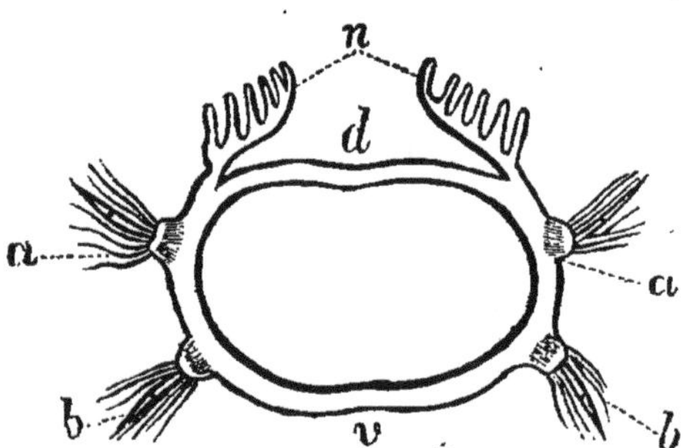

Fig. 60. — Coupe schématique transversale d'une annélide. — *d*, arc dorsal *v*, arc ventral ; *n*, branchies ; *a*, notopodium ou rame dorsale ; *b*, neuropodium ou rame ventrale, portant l'une et l'autre des soies et un cirrhus articulé.

se compose de : 1° un tronc dorsal médian; 2° un tronc ventral médian, dans lequel se trouve la chaîne nerveuse ganglionnaire; 3° et 4° de deux longs troncs latéraux longitudinaux. Ces troncs s'anastomosent entre eux et émettent de nombreuses branches, qui s'ouvrent dans un riche réseau capillaire, situé dans la couche dermique du mésoderme et sur les organes segmentaires et reproducteurs. Le fluide contenu dans ces vaisseaux a souvent une couleur rouge. S'il contient des corpuscules, ils sont incolores.

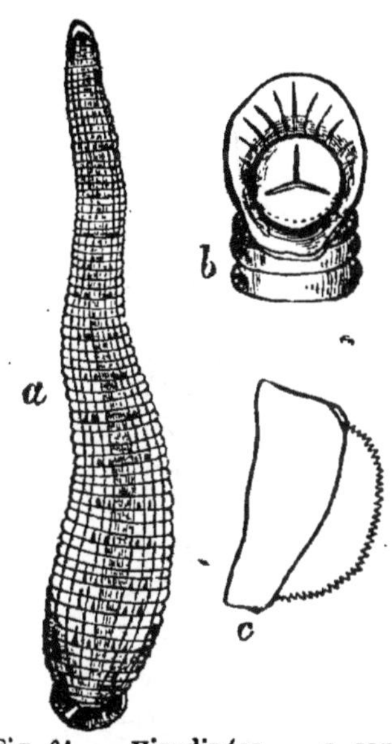

Fig. 61. — Hirudinées. — *a*, sangsue médicinale (*Sanguisuga officinalis*), grandeur naturelle ; *b*, extrémité antérieure amplifiée, montrant le suçoir et les trois mâchoires disposées en étoile; *c*, l'une des mâchoires détachée, présentant le bord demi-circulaire dentelé.

Un plus ou moins grand nombre des segments du corps sont pourvus de ce que l'on a désigné sous le nom d'*organes segmentaires*. Ce sont des tubes qui s'ouvrent extérieurement sur la paroi ventrale du corps, tandis qu'à leur autre extrémité ils communiquent avec les sinus sanguins par des orifices ciliés (*Clepsine*), ou forment un repli non cilié, fermé et plus ou moins réticulé (*Hirudo*). Ces organes répondent évidemment aux vaisseaux aquifères ciliés des Turbellariés et des Trématodes.

Le système nerveux se compose d'un ganglion central, en avant de la bouche, d'où part de chaque côté un cordon, sur lequel se développent des ganglions en nombre correspondant à celui des segments du corps. Chez les *Malacobdella*, ces cordons sont latéraux et fort éloignés l'un de l'autre, mais, chez les autres Hirudinées, ils sont très-rapprochés et occupent la ligne médiane de la face ventrale du corps. Dans la sangsue, il y a ordinairement trente paires de ganglions postbuccaux, mais les sept paires postérieures et les trois antérieures se fusionnent, si bien que l'on n'en peut plus distinguer que vingt-trois paires chez l'adulte. Des

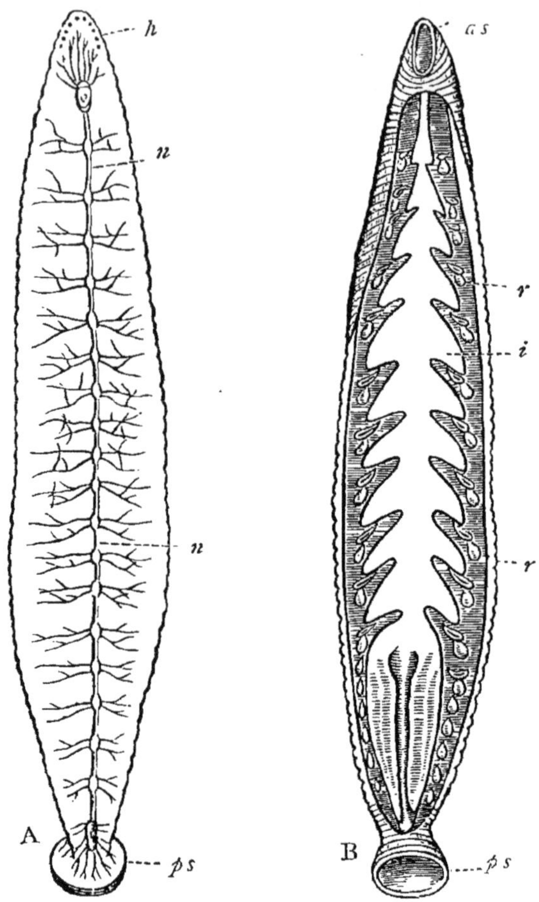

Fig. 62. — A, diagramme de la sangsue, montrant le système nerveux et les dix yeux placés au sommet de la tête ; B, sangsue disséquée pour montrer le canal alimentaire (*i*) et les *sacs* dits *respiratoires* (*rr*) ; *as*, ventouse antérieure ; *ps*, ventouse postérieure ; *nn*, système nerveux ; *h*, tête, portant les taches oculaires.

nerfs se rendent au pharynx et aux intestins, et les premiers développent des ganglions spéciaux.

Des yeux et des papilles existent ordinairement dans le voisinage de la bouche et reçoivent des nerfs des ganglions sus-œsophagiens.

Les cellules musculaires allongées, fusiformes du corps sont abondantes et disposées en une couche superficielle circulaire et une p fonde longitudinale, tandis que des bandes dorso-vent les s'étendent du tégument dorsal à la paroi opposée.

Les *Malacobdella* et les *Histriobdella* sont dioïques, mais les autres Hirudinées sont hermaphrodites.

Les organes mâles consistent en nombreux sacs testiculaires, situés de chaque côté du corps, et unis par un conduit déférent, qui s'ouvre ordinairement dans un sac se terminant en un pénis protractile. Les organes femelles, beaucoup plus petits que les mâles, se composent d'ovaires et d'oviductes se terminant dans un vagin. L'orifice vaginal est derrière celui du pénis. Les œufs sont enfermés dans une sorte de cocon, formé par une sécrétion visqueuse du tégument.

Les observations de Rathke et de Leuckart sur le développement de la *Nephelis*, de la *Clepsine* et de l'*Hirudo* montrent que, après la division du vitellus en un petit nombre de gros blastomères d'égal volume, il se sépare de ceux-ci de petits blastomères (comme chez les Cténophores et le *Polycœlis*) et que la rapide multiplication des petits blastomères forme un revêtement pour les gros qui se divisent lentement. Ce revêtement est l'épiblaste et devient l'ectoderme, tandis que les blastomères volumineux qu'il enveloppe finissent par se convertir en les cellules de l'endoderme. A l'une des extrémités du corps, l'ouverture buccale apparaît, dans quelques cas, chez la *Nephelis* par exemple, entourée d'une lèvre élevée, comme chez l'embryon planarien, et l'embryon arrive à la phase gastrule.

Le corps alors s'allonge, et, sur la face ventrale, le mésoblaste fait son apparition sous la forme d'une couche de cellules, quelquefois divisée en deux bandes longitudinales, séparées par un intervalle médian. Le mésoblaste se divise ensuite transversalement en segments dont le nombre répond à celui dont le corps finit par être composé, et une paire de ganglions, dérivés probablement de l'épiblaste, apparaît dans chaque segment.

Ainsi, chez les sangsues, la segmentation du corps est le résultat de la segmentation du mésoblaste (le mésoderme de l'adulte), qui peut dans le principe consister en deux bandes longitudinales séparées et dans lequel la division en segments se montre d'abord sur la face ventrale du corps. Et c'est cette segmentation du mésoderme qui constitue la différence la plus importante entre la Sangsue et le Turbellarié.

D'un autre côté, le développement d'un mésoblaste, qui subit la division en segments, fait que les sangsues présentent le caractère fondamental de tous les Invertébrés segmentés tels que les Annélides chætopodes et les Arthropodes.

CHAPITRE VII.

Oligochætes.

Le ver de terre et les vers d'eau douce, que l'on comprend sous ce nom, se rapprochent beaucoup des Sangsues dans les points essentiels de leur structure et de leur développement, autant qu'ils en diffèrent par les caractères et l'aspect extérieurs.

Ils ont un corps allongé, cylindrique, segmenté, souvent divisé par des constrictions transversales superficielles en anneaux qui sont plus nombreux que les segments propres. Il n'y a pas de membres, mais chaque segment est ordinairement pourvu de quatre séries de soies chitineuses plus ou moins longues, qui se développent et sont logées dans des sacs tégumentaires. La couche la plus externe de l'ectoderme constitue une couche chitineuse non ciliée.

La bouche est située près de l'extrémité antérieure du corps, mais il n'est pas rare de voir un « lobe céphalique » se projeter au delà de la bouche sur le côté dorsal. L'anus se trouve à l'extrémité opposée du corps et le canal alimentaire droit, qui s'étend de l'une à l'autre ouverture, et est tapissé par l'endoderme, se divise généralement en portions pharyngienne, œsophagienne et gastro-intestinale, la dernière se prolongeant souvent en courts cœcums latéraux. Le mésoderme présente des fibres musculaires transversales, longitudinales et dorso-ventrales bien développées, comme chez les Sangsues, et il est excavé par une cavité périviscérale spacieuse, contenant un liquide incolore, chargé de corpuscules et divisée par des mésentères musculo-membraneux qui, s'étendant de l'intestin aux parois, coupent ainsi la cavité périviscérale en compartiments partiellement séparés. On observe en outre un système de vaisseaux pseudo-sanguins, comme celui des Sangsues, ayant des parois contractiles et contenant un liquide rouge sans corpuscules. On n'a pu s'assurer de l'existence d'aucune communication entre ces vaisseaux et la cavité périviscérale; maie on ne saurait guère douter que, de même que dans le cas des Sangsues, les vaisseaux ne doivent être considérés comme une partie spécialement différenciée du système général de la cavité périviscérale (1).

(1) M. Perrier a étudié avec beaucoup de soin l'anatomie de certains Lombriciens, et il a constaté plusieurs faits nouveaux qui touchent à leur histoire physiologique. Ainsi, il a trouvé que, dans les genres

Dans la majorité des segments, il existe, comme chez les Hirudinées, des organes paires segmentaires qui sont ciliés et s'ouvrent dans la chambre périviscérale.

Le système nerveux se compose de ganglions « cérébraux » præ-oraux, qui se continuent en arrière, sur la face ventrale du corps, en une double chaîne de ganglions intimement unis.

Ces animaux sont hermaphrodites. Les organes générateurs sont situés dans la partie antérieure du corps, les organes femelles en arrière des mâles. Chez les *Oligochætes* aquatiques (*Naïs, Tubifex*) les glandes génitales n'ont pas de conduits propres, mais les organes segmentaires des segments dans lesquels elles sont contenues conduisent au dehors les produits générateurs. Dans les formes terricoles (*Lombric*), les canaux déférents se continuent avec les testicules, qui sont très-gros. Les ovaires, au contraire, sont de petits corps pleins attachés à un mésentère, et les oviductes consistent en tubes distincts à orifice infundibuliforme s'ouvrant dans la cavité du segment.

Le développement des Oligochætes a récemment fait l'objet de recherches attentives de la part de Kowalesky. Les œufs des vers de terre sont disposés dans des cocons chitineux, sécrétés par une partie spécialement modifiée du tégument. Outre les œufs, ces cocons contiennent encore un fluide albumineux et des paquets de sper-

Urocheta et *Pericheta*, l'appareil circulatoire est plus compliqué qu'on ne le supposait, et que les divers bulbes contractiles, faisant fonction de cœurs, ne peuvent pas avoir tous les mêmes usages; car, tandis que les uns débouchent dans le vaisseau dorsal, les autres s'ouvrent dans une portion du système vasculaire de l'intestin. On doit aussi à M. Perrier des observations intéressantes sur la disposition du système nerveux stomato-gastrique et sur l'anatomie des organes de la génération chez les Lombriciens. (*Nouvelles Archives du muséum*, 8e vol.)

matozoaires. Le vitellus est enveloppé d'une membrane et renferme une vésicule et une tache germinatives. La segmentation du jaune se fait d'une manière complète, et le blastocœle finit par se réduire à une simple fente. Les blastomères sont disposés en deux couches, l'une consistant en petits, l'autre en gros blastomères. L'embryon ainsi formé devient concave du côté constitué par les gros blastomères jusqu'à ce qu'il prenne la forme d'un sac, cilié extérieurement et présentant à l'une de ses extrémités une ouverture qui sera la bouche future; la cavité du sac est le canal alimentaire primitif et la couche de blastomères volumineux, l'hypoblaste. Entre les deux apparaît une couche mésoblastique, mais on n'en connaît pas exactement le mode de formation. Sur une face de l'embryon sacculaire, le mésoblaste se divise en une série de masses quadrangulaires, semblables aux protovertèbres d'un embryon vertébré, disposées symétriquement de chaque côté d'une ligne médiane, qui correspond à la future ligne médio-ventrale du corps. Le long de cette ligne, l'épiblaste s'épaissit en dedans et l'épaississement se convertit en la chaîne ganglionnaire. En même temps, chaque masse carrée du mésoblaste est excavée par le développement, dans son intérieur, d'une cavité qui la transforme en une sorte de sac. Les parois antérieure et postérieure adjacentes de sacs successifs s'unissent pour donner naissance aux cloisons mésentériques et leurs cavités aux compartiments de la cavité périviscérale. Les organes segmentaires prennent origine sous forme d'excroissances cellulaires à la face postérieure de chaque cloison ainsi produite et ne s'excavent que plus tard pour communiquer avec l'extérieur.

Le développement du Ver de terre ressemble donc intimement à celui des *Hirudinées* et plus spécialement à celui de la Sangsue médicinale, dans laquelle la cavité digestive de l'embryon se forme, comme chez le Ver de terre, par un procédé qui, en un certain sens, est l'invagination. L'ouverture qui se forme là première est la bouche; l'anus est une perforation secondaire; et la segmentation du corps commence dans le mésoblaste.

Chez les Oligochætes d'eau douce, *Euaxes* et *Tubifex*, le vitellus se divise aussi en gros et petits blastomères. Les derniers s'étendent sur les blastomères plus volumineux et forment l'épiblaste (= ectoderme.) Un mésoblaste (= mésoderme), divisé en deux larges bandes longitudinales, se développe et la cavité buccale résulterait, dit-on, de l'invagination de l'épiblaste entre les extrémités antérieures des deux bandes du mésoblaste. La couche la plus interne des gros blastomères devient l'hypoblaste (= l'endoderme).

CHAPITRE VIII.

Polychætes.

Les *Polychætes* sont presque invariablement dioïques et marines, tandis que les *Oligochætes* sont monoïques et habitent soit la terre soit l'eau douce, mais en dehors de cela il est difficile de trouver entre eux des caractères absolument distincts. Les formes les plus inférieures des *Polychætes*, telles que la *Capitella* et le *Polyophthalmus*, pourraient être considérées comme des *Naïdes* dioïques marines. Mais chez les Polychætes plus élevées, chaque segment du corps développe des prolongements latéraux, les *parapodes*, ou membres rudimentaires, ordinairement pourvus de soies fortes et abondantes; un segment céphalique distinct, le *præstomium*, apparaît en avant et au-dessus de la bouche, et porte des yeux et des tentacules, tandis que les parapodes qui se trouvent au voisinage de la bouche peuvent se modifier spécialement sous le rapport de la forme et de la direction, figurant à l'avance les mâchoires des Arthropodes. Des prolongements ciliés, parfois plumeux, des parois dorsales d'un plus ou moins grand nombre des segments peuvent remplir la fonction de branchies, et quelquefois la surface dorsale donne naissance à des prolongements plats, en forme de bouclier, appelés *élytres*.

Dans bon nombre de cas, la bouche conduit dans un pharynx musculaire protractile, armé de fortes dents chitineuses. La division gastro-intestinale du canal alimentaire est presque toujours droite, mais peut se dilater en petites poches latérales. Elle se rattache aux parois du corps par des mésentères, comme chez les Oligochætes. Un système de vaisseaux pseudo-sanguins existe très-généralement et peut contenir un liquide de coloration verte ou rouge, rarement chargé de corpuscules. Lorsqu'il y a des branchies, elles sont alimentées par des vaisseaux pseudo-sanguins; très-communément, on observe des organes segmentaires.

Le système nerveux consiste en ganglions præ-oraux et en une double chaîne ganglionnaire, les deux séries de ganglions étant quelquefois fort éloignées l'une de l'autre — comme dans les *Sabella* — mais plus généralement très-rapprochées. Des yeux existent d'ordinaire, tantôt limités à la face dorsale du præstomium, tantôt situés aux extrémités des plumes branchiales (*Branchiomma*), tantôt se présentant par paires dans chaque segment du corps (*Polyophthalmus*.) On trouve aussi parfois des sacs auditifs.

Les organes reproducteurs ne constituent pas des glandes distinctes, pourvues de conduits, mais des excroissances cellulaires des parois de la cavité périviscérale, qui se convertissent en œufs ou en spermatozoaires, et s'échappent au dehors d'une manière qu'on n'est pas encore parvenu à élucider. L'œuf subit la segmentation et se transforme, comme dans le cas des Oligochætes et des Hirudinées, en blastomères de deux espèces. Ce contraste entre les deux composants de l'embryon commence avec la division du vitellus en deux, en ce sens que la première fissure se dirige ordinairement de façon à partager le jaune en deux portions inégales. Ces deux parties se subdivisent, mais la plus petite beaucoup plus vite que l'autre, de sorte que la première se convertit en très-petits blastomères, qui enveloppent graduellement les blastomères plus gros, résultant de la subdivision de la dernière. Les blastomères volumineux ainsi inclus sont destinés à former le canal alimentaire; les périphériques plus petits, d'un autre côté, donnent naissance aux parois du corps, aux muscles et au système nerveux (1). Comme dans les Oligochætes et les Hiru-

(1) Claparède et Metschnikoff, «Beiträge zur Kenntniss der Entwickelungs geschichte der Chætopoden », 1868. M. Giard s'est occupé récemment de l'embryogénie d'une annélide polychæte (*Salmacina Dysteri*, Huxley), très-intéressante en ce qu'elle présente simultanément la reproduction par gemmiscissiparité et la reproduction ovipare. Voici les principaux résultats de ce travail assez étendu :

« L'œuf ovarien de la *Salmacina Dysteri* présente une vésicule transparente renfermant, outre le nucléole, un fin réseau de protoplasma analogue à celui qui a été décrit par O. Herwig, chez le *Toxopneustes lividus ;* j'ai observé le même réticulum dans le noyau ovulaire de la *Lamellaria perspicua.* L'œuf pondu demeure en incubation sous le manteau de l'adulte et y subit les premières phases de son évolution. Cet œuf possède un vitellus d'un beau rouge-groseille et une membrane vitelline bien nette. Après la fécondation, la vésicule germinative cesse d'être visible, et l'on voit apparaître, en un point de la surface de l'œuf, une tache circulaire finement granuleuse, en face de laquelle on observe deux globules polaires. Ces derniers indiquent

dinées, encore, le mésoblaste forme une bande épaisse de chaque côté de la ligne médiane ventrale et sa divi-

le pôle de l'œuf où se produiront plus tard les éléments exodermiques. La tache disparaît à son tour, et l'œuf subit un pincement moins accentué du côté où se trouvait la tache que de l'autre côté. Vers le sommet de chacune des deux moitiés de l'œuf, du côté où la séparation est le mieux marquée, on voit des étoiles semblables à celles qui ont été décrites par Flemming dans la segmentation de l'œuf de l'Anodonte, et par d'autres auteurs chez un grand nombre d'animaux. Bientôt il se forme, à la place des étoiles, des noyaux situés dans la partie supérieure des globes devenus parfaitement sphériques. Chaque noyau est entouré d'une zone assez étendue de vitellus formateur finement granuleux. L'œuf se divise ensuite en quatre sphères égales, dont deux se touchent, séparant les deux autres et formant ainsi une croix. Au stade 8, les éléments plastiques se disjoignent d'avec les éléments nutritifs et donnent naissance à quatre petites sphères, situées dans un plan supérieur aux quatre sphères mixtes et alternant avec ces dernières. Les quatre petites sphères sont les premiers rudiments de l'exoderme ; le pôle où elles sont situées correspond au côté ventral du futur embryon. Les différentes phases de la *morula* de notre Annélide ressemblent étonnamment aux stades correspondants observés par H. Fol chez les Ptéropodes.

« Entre le fractionnement de l'œuf de la *Salmacina* et celui qui a été décrit chez d'autres Annélides par Claparède, Metschnikoff et Haeckel, la différence est la même qu'entre la segmentation de l'œuf de nombreux Éolidiens (*Eolis aurantiaca*, A. et H. par exemple) et celle de *Purpura lapillus* (Selenka), ou celle de *Brachionus* (Salensky). La multiplication des éléments exodermiques est beaucoup plus rapide que celle des sphères nutritives ; ces dernières augmentent cependant en nombre, et la partie plastique que renferme chacune d'elles devient de moins en moins considérable. Bientôt une invagination se produit du côté nutritif, en même temps que l'épibolie des éléments exodermiques achève de constituer la *gastrula ;* le *prostoma* (*blastopore*, Ray-Lankester) est d'abord largement ouvert, mais il ne tarde pas à se rétrécir. Son contour n'est pas parfaitement circulaire ; il existe, en un point, une échancrure qui se continue par un sillon de l'exoderme. A ce moment, l'embryon de *Salmacina* ressemble tout à fait à celui de *Lymnœus* au même stade figuré par Lereboulet. Le sillon s'étend à peu près sur le tiers de la surface de l'œuf ; il se ferme rapidement, englobant ainsi des éléments exodermiques dans la partie ventrale de l'embryon. Le *prostoma* se voit encore, après la disparition du sillon, à l'extrémité inférieure de l'embryon, dans le voisinage du point où se formera plus tard l'anus définitif. A partir de ce moment, l'œuf s'allonge suivant un axe passant par le centre, et le

sion transversale donne lieu à la segmentation du corps. Mais le développement des *protosomites*, ainsi que pour-

prostoma. La cavité de segmentation est de plus en plus visible entre l'exoderme transparent et l'endoderme rouge foncé.

« L'embryon prend ensuite la forme *trochosphæra :* de chaque côté de la partie antérieure, deux cellules de l'exoderme donnent naissance à des cristallins, bientôt entourés à leur base d'un pigment rouge. Vers le tiers antérieur, il se fait autour des corps une invagination des cellules cylindriques de l'exoderme. Les cellules invaginées deviennent plus réfringentes, contractiles ; puis, l'invagination se retournant, elles réapparaissent munies de longs flagellums. C'est alors que l'embryon sort de l'œuf ; mais, tandis que, chez certains Annélides (*Phyllodoce*, par exemple), la *trochosphère* nage librement dans l'eau, chez la *Salmacina* l'embryon à ce stade reste encore sous le repli maternel, et ce n'est qu'en brisant les *cormus* qu'on peut suivre ces premières phases du développement ; l'embryon est légèrement courbé sur lui-même, la partie convexe (dorsale) renferme les éléments nutritifs ; la bouche se forme du côté ventral, un peu au-dessous de la ceinture vibratile. La partie embryonnaire, supérieure à la ceinture, se différencie en une tête arrondie ne renfermant plus d'éléments endodermiques.

« La larve, au moment où elle quitte le tube maternel pour nager librement, possède les parties suivantes : 1° une tête arrondie, renfermant les quatre yeux, et munie à la partie antérieure de trois cils roides ; 2° une partie cervicale plus étroite que la tête, portant à la ceinture de longs flagellums, au-dessous desquels se trouvent d'autres cils plus petits et plus nombreux, et du côté ventral la bouche, dont l'ouverture circulaire est aussi bordée de cils vibratiles ; 3° le manteau, formé par un repli de l'exoderme, qui descend comme un tablier sur la partie ventrale et se relève du côté du dos en deux sortes d'épaulettes : la tête et le cou peuvent se cacher en partie sous ce repli exodermique ; 4° sous le manteau, et en partie cachée par lui, du moins du côté ventral, se trouve une portion du corps aussi large que la tête, et que j'appellerai la *portion thoracique*, parce qu'elle représente le thorax de l'animal adulte ou plutôt les trois premiers anneaux de ce thorax. Cette partie porte trois paires de faisceaux de soies. Chaque faisceau renferme deux soies ; les soies des premiers faisceaux sont dissemblables. A la base de la seconde et de la troisième paire de faisceaux, on aperçoit des glandes (deux pour chaque faisceau) à contenu granuleux, dérivant de l'exoderme ; au-dessous de la deuxième paire, se trouvent quatre crochets (plaques unciales) ; au-dessous de la troisième paire, trois crochets. A l'extrémité du corps de la larve, on trouve encore, de chaque côté, un fort crochet, et dans le voisinage de l'anus deux longs cils rigides. Toute la portion ventrale an-

raient s'appeler ces segments, ne s'effectue généralement que quelque temps après l'éclosion de l'embryon.

térieure du corps de l'embryon renferme de grosses cellules à noyau bien net et réfringent, à contenu finement granuleux. Ces cellules me paraissent comparables à celles qui ont été décrites dans la même situation chez l'*Hydatina senta*, et, par Ray-Lankester, chez l'embryon du *Pisidium pusillum*.

« La tête de la larve fixée se divise en trois lobes à peu près égaux. Les deux lobes latéraux présentant une étroite cavité centrale ; leurs parois sont formées par de grandes cellules cylindriques transparentes, qui se couvriront de cils vibratiles. Le lobe médian renferme les yeux, qui bientôt entrent en régression et se réduisent à deux taches pigmentaires de contour irrégulier. Le lendemain, les lobes latéraux se divisent en deux ; le troisième jour, chaque lobe latéral vu du côté ventral paraît trifolié ; le quatrième jour, les folioles se sont allongées et transformées en tentacules présentant un canal central et des parois vibratiles. De chaque côté, on compte deux tentacules dorsaux et un tentacule ventral ; le cinquième jour, ce dernier se divise à son tour et la larve possède enfin les huit troncs tentaculaires qui, observés chez l'adulte, sembleraient de même âge. La première pinnule apparaît le huitième jour, vers le tiers supérieur du tentacule dorsal externe. Le lobe médian a constamment diminué pendant tout ce processus, et il est réduit finalement à une sorte de rostre rétréci à la base et renflé à la partie ventrale. Les deux groupes latéraux de quatre tentacules sont les homologues des *vela* des embryons de Mollusques ; ils paraissent jouer le rôle d'organes respiratoires : aucun élément figuré n'existe encore dans leur cavité centrale, où plus tard circulera un liquide sanguin d'un beau vert.

« Les deux ganglions sus-œsophagiens, que l'on voit déjà chez la larve mobile, figurent une masse cordiforme comme chez beaucoup d'embryons de Mollusques. Ils dérivent des cellules de l'exoderme, invaginées à l'extrémité du sillon primitif la plus éloignée du *prostoma*. L'invagination buccale définitive partage le système nerveux en une partie supérieure sus-œsophagienne et une partie ventrale, qui, chez les *Salmacina*, se développe faiblement. Je n'ai pas observé de vésicules auditives comparables à celles qui ont été indiquées par Claparède chez plusieurs larves d'Annélides ; toutefois, chez certains embryons, on voit, à la place où devraient exister ces vésicules, deux corps arrondis, sans otolithes, qui disparaissent rapidement.

« L'étude du mésoderme et de ses rapports avec l'intestin présente de grandes difficultés. Les grosses sphères endodermiques de la *Gastrula* se fondent en une masse homogène, composée de granules graisseux d'un beau rouge, au milieu desquels se trouvent disséminés quelques éléments plastiques. Ces derniers forment bientôt autour des granules une membrane mésodermique enveloppante, dont les

Cependant les embryons des Polychætes diffèrent de ceux des Oligochætes et des Hirudinées en ce qu'ils sont ciliés. Dans certains cas, les cils forment une large zone qui entoure le corps, laissant à chaque extrémité une aire qui est, soit dépourvue de cils, soit, comme on le voit souvent, garnie d'une touffe de cils longs à l'extrémité céphalique. On donne à ces larves le nom d'*Atrocha*.

Chez d'autres embryons, les cils sont disposés en une ou plusieurs bandes étroites qui font le tour du corps.

Très-souvent, on observe la disposition suivante : une bande de cils entoure le corps immédiatement en avant de la bouche, la région située antérieurement à la bande portant les yeux et devenant le præstomium de

éléments sont des cellules étoilées, mêlées de quelques grosses cellules arrondies à contenu granuleux. Un semblable aspect du mésoderme a été figuré chez le *Limnæus* et autres Mollusques, par Ray-Lankester. Plus tard, les granules graisseux sont résorbés progressivement, à partir de la partie postérieure, et il reste sous la membrane un espace libre, la cavité sanguine primitive, laquelle se prolonge à l'intérieur des tentacules céphaliques. Ce processus me paraît être une abréviation de ce qui se passe chez la *Sagitta*, où la cavité secondaire prend naissance également aux dépens de l'endoderme, mais par un reploiement de ce feuillet.

« Pendant cette période du développement, l'intestin postérieur, prolongement de l'invagination anale, s'accroît très-rapidement, et la portion antérieure du tube digestif se couvre de glandules hépatiques.

« Peu à peu, les crochets postérieurs de la larve semblent remonter, par suite de l'élongation de l'extrémité terminale ; de nouveaux crochets se forment au voisinage de l'anus. De l'exoderme partent des traînées transversales de cellules qui vont rejoindre la membrane mésodermique ; les nouveaux crochets sont remplacés à leur tour, et, les mêmes faits se reproduisant, il se produit ainsi successivement à l'extrémité postérieure un grand nombre d'anneaux abdominaux.

« La multiplication des anneaux thoraciques ne commence que beaucoup plus tard. La *Salmacina* adulte compte huit à dix de ces derniers. Chez une *Spirorbis* très-commune à Wimereux, dont j'ai également étudié l'embryogénie, le nombre des anneaux thoraciques reste constamment trois, comme chez l'embryon.

l'adulte. Les embryons de ce genre présentent très-communément une seconde bande de cils autour de l'extrémité anale et une longue touffe de cils est fixée au centre du præstomium. Ces larves se désignent sous le nom de *Telotrocha*.

Dans d'autres cas, une ou plusieurs bandes de cils environnent le milieu du corps, entre la bouche et l'extrémité postérieure. Ce sont les larves dites *Mesotrocha*.

Dans la larve telotroque de *Phyllodoce* une élévation (ou manteau), en forme de bouclier, du tégument recouvre la région dorsale du corps en arrière de l'anneau cilié præ-oral. Chez les larves des *Serpulides* un manteau de ce genre, dépendance du tégument, se développe en arrière de la bouche et environne la partie

« La *Salmacina Dysteri* est hermaphrodite ; les deux premiers segments abdominaux sont mâles, les autres sont femelles. Les œufs paraissent se développer sur des anses vasculaires dérivant de la membrane mésodermique, et par conséquent de l'endoderme. Les cellules mères des spermatozoïdes se détachent des cloisons transverses des deux premiers anneaux de l'abdomen. Leur origine est donc exodermique.

« *Résultats généraux.* — La formation des organes, des sens, indépendamment du système nerveux et avant l'achèvement de ce système, la présence d'organes respiratoires exodermiques, la naissance tardive de l'appareil circulatoire, sont autant de caractères rapprochant l'embryon de la *Salmacina* de celui des Mollusques. La divergence entre les Mollusques et les Annélides commence seulement après le stade *Trochosphæra*, et, même après ce stade, les concordances morphologiques et les ressemblances histologiques entre les deux types sont encore très-nombreuses. La parenté des Mollusques et des Annélides est certainement plus prochaine que celle de ces dernières avec les Arthropodes ; l'existence de métamères chez les Arthropodes et les Annélides a masqué aux yeux des naturalistes les véritables affinités. C'est parmi les Rotifères qu'il faut chercher les origines des trois groupes : les Gastérotriches conduisent aux Annélides par le genre *Hemidasys;* le *Pedalion*, les *Hexarthra* sont les ancêtres probables, mais très-éloignés, du *Nauplius* et des Arthropodes. Les affinités des embryons des Gastéropodes avec ceux des Rotifères (*Brachionus*) ont déjà été mises en lumière par les belles recherches de Salensky. »

(*Comptes rendus*, 17 et 24 janvier 1876).

8.

antérieure du corps de la larve comme un collier ouvert postérieurement. Il persiste chez l'adulte sous forme d'une sorte de capuchon.

La série de formes, représentée par les Turbellariés, les Hirudinées, les Oligochætes et les Polychætes, indique la manière suivant laquelle un type d'organisation, ne dépassant guère celui d'une simple gastrule, se transforme en un autre type dans lequel le corps se divise en nombreux segments, dont chacun est pourvu d'une paire d'appendices ou membres rudimentaires.

La segmentation, ou répétition sériaire de parties homologues, s'étend au système nerveux, et plus ou moins, aux organes vasculaires et reproducteurs dans les formes plus élevées de ces animaux « annelés » ; de là, une nouvelle extension du même procédé de segmentation nous conduit aux *Arthropodes*.

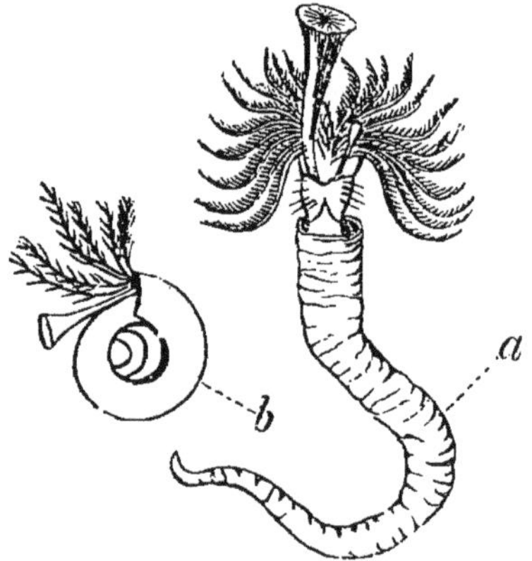

Fig. 63. — Tubicoles. — *a*, *Serpula contortuplicata*, montrant les branchies et l'opercule ; *b*, *Spirorbis communis*.

Mais avant de passer aux Arthropodes, il sera convenable de considérer un certain nombre de groupes, dont quelques-uns sont très-voisins des Turbellariés et des Annélides, tandis que d'autres, leur ressemblant à l'état embryonnaire, s'en écartent plus ou moins largement dans le cours de leur développement.

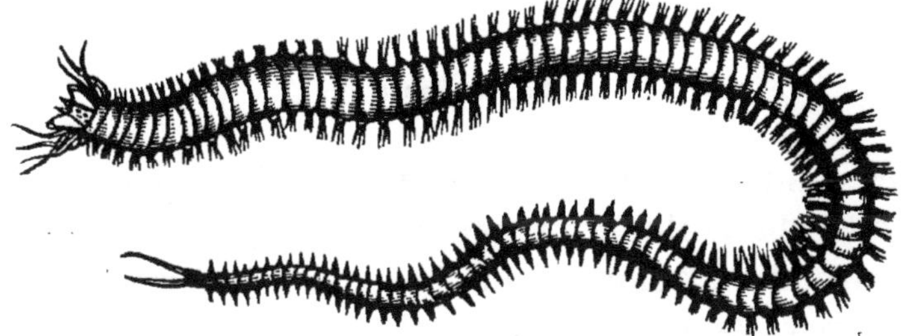

Fig. 64. — Annélide errante. *Nereis*, montrant la tête avec ses appendices et les parapodes sétigères.

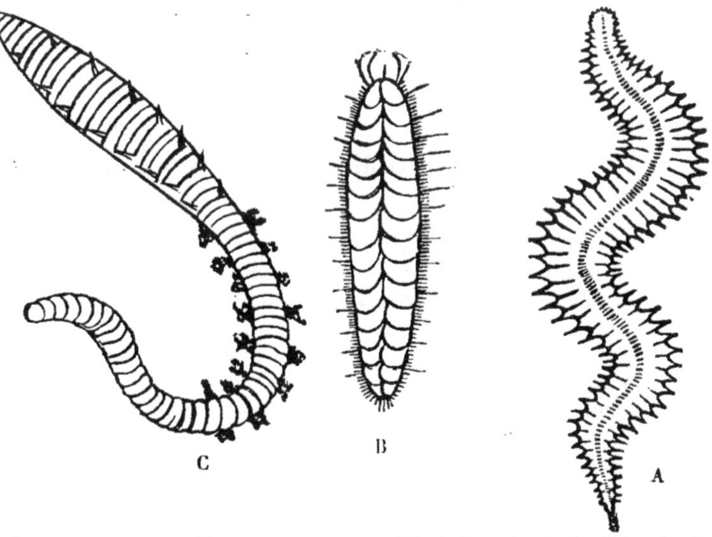

Fig. 65. — Autres annélides errantes. — A, *Nephthys* ; B, *Aphrodite* ; C, *Arénicole* (d'après Gosse).

CHAPITRE IX.

Rotifères.

Les « animalcules à roue », comme les appelaient les anciens observateurs, à cause de l'apparence de rotation produite, comme dans beaucoup de larves d'Annélides, par l'action des cils vibratiles, dont est pourvue l'extrémité buccale du corps, étaient jadis compris parmi les Infusoires. Ce sont, cependant, de vrais Métazoaires, puisque leur vitellus subit la division en blastomères et que les tissus du corps sont produits par la métamorphose des cellules dérivées de ces blastomères. Ce sont des animaux libres ou adhérents, mais jamais absolument fixes, qui ne se multiplient ni par gemmation (1), ni

(1) Un Rotifère parasite des *Asellus* et des *Gammarus*, la *Callidina parasitica*, se comporte comme les vers chez lesquels les œufs se développent aux dépens des cellules de la peau ; mais de même que chez ces derniers, il existe des organes qui produisent de véritables œufs à une autre époque de l'année, de même la Callidina doit posséder un appareil reproducteur plus compliqué. La séparation d'une cellule de la couche dermique et son partage par une segmentation semblable à celle de l'œuf s'observent aussi d'après Leuckart (*Menschlichen Parasiten*) chez les Redies et les Sporocystes ; les éléments reproducteurs de *Callidina* se distinguent toutefois de ceux des Trématodes en ce qu'ils sont pourvus d'une membrane propre, analogue à la membrane vitelline des véritables œufs. Les processus du développement embryonnaire s'accomplissent dans le bourgeon interne de *Callidina* comme dans les œufs d'été du *Brachionus urceolarius*. Salensky pense que la formation de la queue et de l'appareil rotateur chez le *Brachionus*-commence exactement comme la formation du pied et du voile chez les mollusques Céphalophores qui se développent suivant le type de *Calyptræa*. D'où cette conséquence que le pied et le voile des mollusques sont des organes homologues de la queue et des organes rotateurs. Je me permets de mettre en doute l'exactitude de cette déduction pour le prolongement caudal. Il me semble que la queue des Rotifères dans les premières phases de son développement se rapproche

par fissiparité. L'extrémité orale du corps est ordinairement plus large que l'extrémité opposée et présente la forme d'un disque, qui se prolonge quelquefois en longs cils analogues à des tentacules. Les bords de ce disque « *trochoïde* » (en forme de roue) sont frangés de longs cils, mais la surface générale du corps, au lieu d'être ciliée, comme chez les Turbellariés, est formée par une couche cuticulaire dense, généralement chitineuse, qui se convertit parfois en une sorte de coquille ou carapace diversement sculptée. Des constrictions transversales, qui sont peu marquées à la partie antérieure du corps, mais peuvent se prononcer davantage vers son extrémité postérieure, donnent lieu à une apparence de segmentation qui ne dépasse cependant pas le tégument. La bouche constitue une cavité infundibuliforme, située au milieu ou sur l'un des côtés du disque trochoïde. Les parois de cette cavité sont abondamment ciliées et au fond existe un pharynx musculaire, ou *mastax*, pourvu d'une armature particulière. Celle-ci se compose généralement de quatre pièces, deux latérales, les *marteaux* (*mallei*) et deux centrales, constituant l'*enclume* (*incus*). La contraction des masses musculaires, auxquelles s'attachent les marteaux, fait agir les extrémités libres de ces derniers en arrière et en avant sur l'enclume, pour broyer la proie introduite dans la bouche.

Un court œsophage, pourvu de cils ou de membranes

avant tout de la queue des Amphipodes ou de celle de certaines larves d'hyménoptères (*Platygaster*) chez lesquelles cet organe dans le début de sa formation pousse également à la face ventrale. La comparaison de l'appareil rotateur avec les *vela* des Mollusques ou les roues ciliées de beaucoup d'autres larves d'Annélides et de Vers est possible (Voir Ganin, *Razmnogenie bnytrennimi potchkami y Kolovratoke*, traduit du russe par A. Giard). Un pareil mode de reproduction établit évidemment un passage entre la monosporogonie et la génération parthénogénétique par œufs d'hiver dont il est question ci-dessous.

vibratiles, conduit dans une cavité digestive tapissée par l'endoderme. La partie antérieure ou gastrique de cette cavité est ordinairement dilatée et se prolonge de

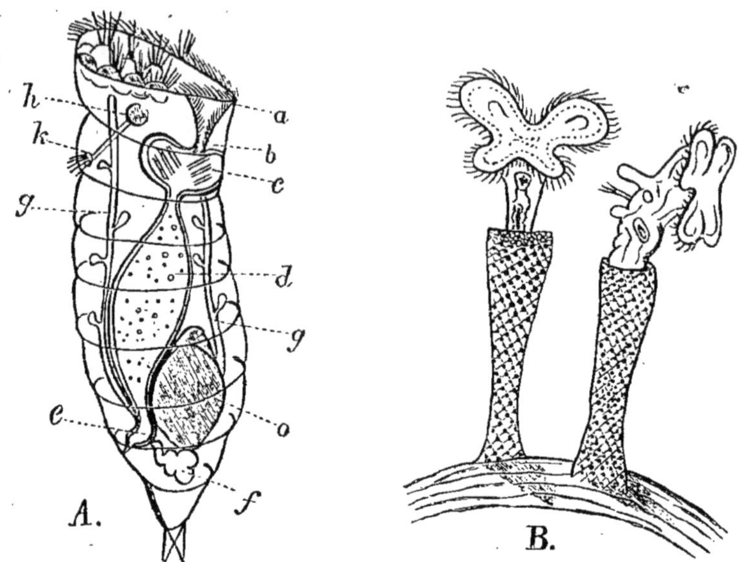

Fig. 66. — Rotifères. — A, Schéma de l'*Hydatina senta* (d'après Pritchard) : *a*, dépression du disque cilié conduisant au canal digestif ; *b*, bouche ; *c*, bulbe pharyngien ou mastax avec l'appareil masticatoire ; *d*, estomac ; *e*, cloaque ; *f*, vessie contractile ; *gg*, tubes respiratoires ou aquo-vasculaires ; *h*, ganglion nerveux envoyant un filament à la dépression ciliée (*k*) ; *o*, ovaire. B, *Melicerta ringens* (d'après Gosse).

chaque côté en un cœcum considérable. La partie postérieure, plus étroite, de l'intestin s'ouvre d'ordinaire au dehors dans un cloaque ; mais chez quelques Rotifères, la cavité alimentaire est un sac fermé ; et chez les mâles, autant qu'il est permis d'en juger d'après ceux que l'on connaît, la totalité du canal alimentaire est avortée et représentée par un cordon plein.

Une cavité périviscérale spacieuse occupe l'intervalle compris entre les parois du canal alimentaire et le tégument. Le corps contient des fibres musculaires longitudinales, tantôt lisses, tantôt striées.

Ordinairement, il existe une grande vésicule qui s'ouvre dans le cloaque et est pourvue de parois rhythmiquement contractiles. De cette vésicule partent deux délicats vaisseaux aquifères qui se dirigent en avant, et, souvent après avoir émis de courtes branches latérales, finissent par se séparer en ramifications nombreuses dans le disque trochoïde. Les branches sont ouvertes aux extrémités, de sorte que les cavités des vaisseaux aquifères communiquent d'un côté avec l'espace périviscéral et de l'autre avec l'eau ambiante. Çà et là, se trouvent, sur le trajet des troncs principaux et aux extrémités des branches, de longs cils qui, par leur constante ondulation, donnent naissance à un mouvement de va-et-vient.

Le système nerveux est représenté par un ganglion unique relativement gros, placé sur un côté du corps près du disque en roue. Une ou plusieurs taches oculaires sont parfois situées sur le ganglion et l'on observe d'autres organes qui paraissent être sensoriels. Tels sont, la dépression ciliée et le prolongement en forme d'éperon (*calcar*), pourvu à l'extrémité d'une touffe de soies, qui se remarquent chez beaucoup de rotifères et sont en rapport plus au moins intime avec le ganglion, chez quelques-uns, on voit un sac rempli de matière calcaire (otocyste?) attaché au ganglion.

L'ovaire et le testicule sont de simples glandes qui s'ouvrent dans le cloaque et sont toujours placées chez des individus distincts. Tous les mâles actuellement connus diffèrent des femelles en ce qu'ils sont plus petits et n'ont pas d'appareil alimentaire, le canal digestif s'étant arrêté dans son développement. Les mâles s'accouplent avec les femelles, et les œufs sont quelquefois attachés à ces dernières qui les transportent avec elles (ex. : le *Brachionus*).

Chez quelques rotifères, s'effectue une multiplication asexuelle par la formation de ce qu'on a appelé les « œufs d'hiver » qui sont enfermés dans une coque particulière et se développent sans imprégnation.

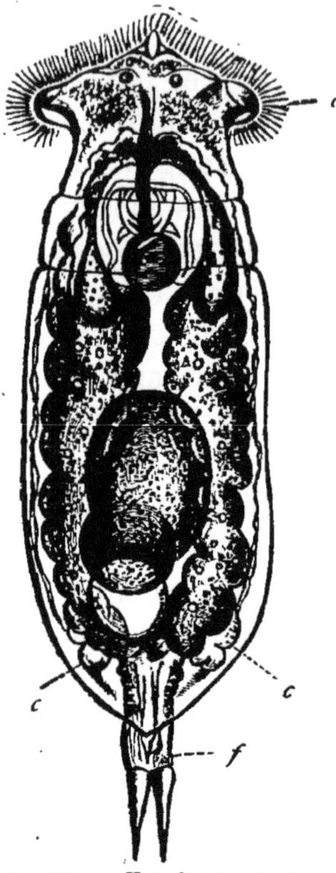

Fig. 67. — *Eosphora aurita*, espèce de rotifère. Grossissement d'environ 250 diamètres (d'après Gosse).

L'œuf subit la complète segmentation du jaune et l'embryon arrive graduellement à la forme adulte. On ne sait pas encore d'une manière positive si la cavité alimentaire se produit dans la morule par délamination ou invagination, mais c'est probablement le premier procédé qui a lieu.

On observe dans les différents groupes des Rotifères certaines modifications de la structure générale, que nous venons de décrire, qui ont un intérêt considérable. Ainsi, chez les Rotifères tubicoles, le corps est allongé et terminé postérieurement par une surface d'adhésion discoïdale, et les animaux (dont un certain nombre s'associent souvent ensemble) fixés par ce disque, s'enferment dans des étuis dont une sécrétion gélatineuse forme la base. L'intestin est recourbé sur lui-même (ex. : le *Mélicerte*) et s'ouvre sur la face du corps opposée à celle sur laquelle est située le ganglion. Le pédicule d'attache constitue donc un prolongement de la face neurale du corps. Chez ces rotifères, le disque trochoïde se prolonge quelquefois en longs tentacules ciliés qui environnent la bouche symétriquement (*Stephanoceros*) ou ses bords peuvent être pourvus de deux couronnes de cils, l'une en avant, l'autre en arrière de l'ouverture buccale ; et il est tantôt bilobé, tantôt en forme de fer à cheval, comme chez les *Mélicertes* et les *Lacinulaires*.

Chez les Rotifères libres, le corps peut être arrondi, sacciforme et dépourvu d'appendices, comme dans le genre *Asplanchna*, qui n'a ni anus, ni intestin. Chez les *Albertia* et *Lindia*, d'un autre côté, le corps est allongé et vermiforme. La plupart des rotifères libres sont pourvus d'un « pied » segmenté et quelquefois long-jointé, ordinairement terminé par deux styles susceptibles de se rapprocher ou de s'écarter à la manière de pinces et qui servent à fixer le corps. Ce pied est un prolongement médian de la face du corps opposée à celle sur laquelle se trouve le ganglion, de sorte qu'il n'est pas l'homologue du pédoncule des formes tubicoles.

Les *Polyarthra* et les *Triarthra* possèdent des soies longues, symétriquement disposées et à articulations mobiles, et le *Pedalion* a des appendices médians procédant à la fois de la face neurale et de la face opposée du corps, aussi bien que des appendices latéraux.

Chez la plupart des Rotifères libres, le disque trochoïde est grand; il est tantôt bilobé ou replié sur lui-même, tantôt sa surface donne naissance à des prolongements ciliés. Chez les *Albertia* et le *Notommata tardigrada*, cependant, le disque se réduit à une petite lèvre ciliée autour de l'orifice buccal, et il n'existe pas dans les genres *Lindia*, *Taphrocampa* et *Balatro*. Un petit nombre de Rotifères sont parasites. Ainsi l'*Albertia* est un entoparasite et le *Balatro* un ectoparasite sur des Annélides oligochætes.

Sous le nom de *Gasterotricha*, Metschnikoff et Claparède comprennent les curieux genres aquatiques *Chœtonotus*, *Ichthydium*, *Chætura*, *Cephalidium*, *Dasydites*, *Turbanella* et *Hemidasys*, dont le dernier seul est marin. Ces animaux ont été réunis aux Rotifères, mais ils en diffèrent par l'absence d'un mastax et par la disposition des cils, qui se restreignent à la surface ventrale du corps. Il me semble qu'ils représentent un groupe intermédiaire entre les Rotifères et les Turbellariés, ces derniers se rapprochant des Rotifères par des formes telles que le *Dinophilus*.

Les Rotifères libres offrent des ressemblances marquées avec les larves télotroques d'Annélides. Les appendices des *Triarthra* et des *Polyarthra* peuvent se comparer aux faisceaux latéraux de longues soies des larves des *Spio* et *Nerine*, et l'armature pharyngienne est essentiellement annélidienne. D'un autre côté, chez les Annélides tubicoles, le disque trochoïde prend les caractères du lophophore des Polyzoaires et de la couronne tentaculaire du *Phoronis* (Géphyrien). Quant aux affinités des Rotifères avec les crustacés, je ne saurais en voir la moindre évidence.

CHAPITRE X

Nématoïdes.

Les « vers filiformes » ont des corps allongés, arrondis, s'effilant d'ordinaire vers l'une ou les deux extrémités; non divisés en segments et dépourvus de membres, bien qu'ils puissent présenter parfois des soies ou des épines. La couche la plus externe du corps est une cuticule chitineuse, ordinairement divisible en plusieurs couches.

Ces couches peuvent être fibrillées, la direction de la fibrillation différant dans les couches successives. On ne trouve de cils ni à la surface, ni en aucune autre partie du corps. La bouche est située à l'une des extrémités du corps, et l'anus à l'autre ou dans son voisinage. La première portion du canal alimentaire est un pharynx à paroi épaisse, tapissé par un prolongement de la couche chitineuse du tégument qui peut s'élever en crêtes ou en proéminences dentiformes. Des fibres transversales, de nature en apparence musculaire, s'irradient de cette couche du pharynx à travers l'épaisseur de sa paroi et servent probablement à le dilater. Un canal alimentaire droit et tubulaire simple, sans aucune distinction en estomac et intestin, s'étend à travers l'axe du corps et se relie d'ordinaire au pharynx par une portion œsophagienne rétrécie.

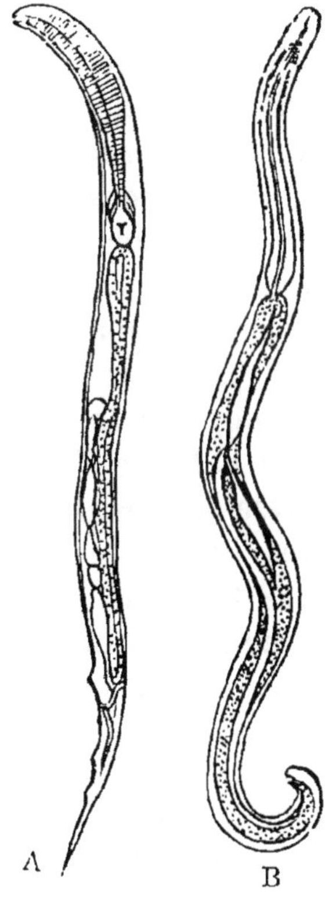

Fig. 68. — *Nématodes*. — A, *Anguillula aceti* ; B, *Dorylaimus staganlis*. Grossis.

L'endoderme, ou paroi du canal alimentaire, consiste en une seule couche de cellules disposées en une ou plusieurs séries longitudinales, et tapissées, aussi bien en dedans qu'en dehors, par une couche cuticulaire. De chaque côté, l'intestin est fixé dans toute sa longueur à « l'aire latérale » que nous allons décrire tout à l'heure. La cuticule, qui tapisse les faces internes de ces cellules et circonscrit la cavité digestive, paraît sur une section verticale se diviser en baguettes, qui pourraient n'être que les simples intervalles de petits pores verticaux. On ne voit que dans quelques cas des fibres musculaires entourer la portion postérieure de l'intestin.

Au-dessous des couches de la cuticule chitineuse se trouve le tégument propre ou ectoderme, en dedans duquel s'observe encore une couche de muscles disposés longitudinalement, qui peuvent ou non se diviser en séries distinctes de « cellules musculaires ». Entre celles-ci et la face externe de l'intestin existe une substance spongieuse ou fibreuse, qui doit probablement être regardée comme une sorte de tissu conjonctif. Les muscles et ce dernier tissu pris ensemble constituent le mésoderme.

Chez les Nématoïdes types, la couche musculaire ne forme pas au corps un revêtement complet, mais est interrompue le long de quatre lignes longitudinales équidistantes. L'une d'elles s'appelle dorsale, la ligne opposée ventrale et elles sont toutes deux très-étroites. Les deux autres, beaucoup plus larges, se désignent sous le nom d'aires latérales. Elles présentent deux séries ou davantage de noyaux fort visibles, et chacune est traversée par un canal à parois contractiles bien définies, renfermant un contenu clair. En face du point de jonction des portions œsophagienne et gastrique du canal alimentaire, chacun de ces conduits latéraux s'infléchit en dedans du côté de la ligne médio-ventrale et, se réunissant à son congénère, s'ouvre par un pore à l'extérieur. Dans certains cas, des prolongements des canaux latéraux s'étendent antérieurement dans la tête.

Un anneau de fibres et de cellules nerveuses entoure l'œsophage, près de l'ouverture du système aquo-vasculaire et envoie des filaments en avant à la tête, et en arrière aux muscles et à l'aire latérale.

Chez les mâles de certaines espèces, on a observé des

ganglions nerveux dans le voisinage du sac des spicules. On ne sait pas avec certitude s'il existe des organes sensoriels, à moins que les taches pigmentaires qui se trouvent sur l'anneau nerveux de quelques Nématoïdes libres n'aient ce caractère.

Les Nématoïdes sont pour la plupart dioïques. Chez les femelles, l'ouverture génitale est ordinairement placée vers le centre du corps ; chez les mâles, elle se trouve toujours à l'extrémité postérieure ou près d'elle.

L'appareil femelle se compose d'un vagin, auquel se relie un organe tubulaire allongé, simple ou double, qui s'effile en pointe à son extrémité close et représente tout à la fois l'ovaire, l'oviducte et l'utérus. L'extrémité fermée est en réalité occupée par une masse protoplasmique nucléée. Au delà, cette masse se différencie en une corde axile de substance protoplasmique — le *rachis* — et en masses périphériques, dont chacune contient un noyau et se rattache par un pédoncule au *rachis* et représente les œufs en voie de développement. Plus loin encore, dans la portion du tube qui répond à l'oviducte, les œufs deviennent libres, tandis qu'ils subissent l'imprégnation dans la portion utérine, et acquièrent une coque dure, souvent ornementée.

Le testicule est, comme l'ovaire, un tube en cœcum, dans l'extrémité close duquel se développent des cellules, à peu près de la même manière que dans l'ovaire et qui se mettent en liberté dans cette partie du tube qui joue le rôle d'un conduit déférent. Contrairement à ce qui arrive dans la plupart des animaux, ces spermatozoaires conservent le caractère de cellules et présentent même des mouvements amœboïdes. Le bout ouvert du tube testiculaire débouche dans un sac près de l'anus, de la paroi dorsale duquel se développent un ou deux spicules chitineux recourbés. Ces spicules pénètrent dans la vulve de la femelle au moment de la copulation et paraissent la distendre, afin de permettre le passage libre du liquide séminal dans le vagin, et de là dans l'utérus. Arrivées dans les organes femelles, les cellules séminales subissent de nouveaux changements et finissent par entrer et se perdre dans la substance des œufs.

La segmentation du jaune suit l'imprégnation. La morule ovalaire s'échancre d'un côté, et l'embryon, à mesure qu'il croît, se replie dans le sens de cette échancrure. Les cellules centrales de la morule pleine se différencient du reste du corps pour former l'endoderme, qui naît ainsi par un procédé de délamination (1).

L'appareil reproducteur femelle est d'abord représenté par un corps cellulaire plein, qui occupe le mésoderme, — bien que l'on ne sache pas positivement s'il appartient originairement à celui-ci, ou s'il dérive de l'ectoderme ou de l'endoderme. Le corps cellulaire acquiert une forme tubuleuse et finit par s'ouvrir à l'extérieur, en s'unissant avec un prolongement interne de l'ectoderme, qui donne naissance au vagin.

Les jeunes dépouillent leur cuticule deux fois — la première, au moment où ils sortent de l'œuf; la seconde quand ils acquièrent leurs organes sexuels.

(1) L'étude du développement du *Cucullanus elegans* a conduit récemment Bütschli à des résultats fort importants. Chez ce nématoïde, la *blastula* se compose de deux lames irrégulièrement ovalaires, intimement appliquées l'une sur l'autre et ne laissant entre elles qu'une mince fente qui représente le blastocœle. Ces deux lames sont déjà différenciées et représentent l'une l'endoderme, l'autre l'ectoderme. Bientôt les deux bords parallèles au grand axe se replient du côté de l'endoderme et finissent par se rejoindre sur la ligne médiane dans toute la partie moyenne et postérieure. A l'extrémité antérieure, une ouverture persiste et devient la bouche définitive. Le mésoblaste se forme par un bourgeonnement des cellules de l'endoderme les plus voisines de l'ouverture buccale. Comparer avec le développement du *lumbricus*, d'après Kowalevsky (*Bütschli Zeitschrift*, XXVI, Bd).

Subdivisions des Nématoïdes. — Les Nématoïdes ont été divisés en trois groupes principaux (1): les *Polymyaires*, les *Méromyaires* et les *Holomyaires,* — caractérisés par la nature de leur système musculaire.

Chez les Polymyaires, les muscles des parois du corps se divisent en nombreuses séries, constituées chacune par de nombreuses « cellules musculaires ». Chez les Méromyaires, il n'existe que huit séries longitudinales de semblables cellules musculaires, deux entre chaque aire latérale et les lignes dorsale et ventrale. Chez les Holomyaires, les muscles ne se divisent pas en séries de cellules musculaires.

Les deux premières divisions comprennent seulement des genres constitués de manière à répondre à la description générale que nous venons d'indiquer, mais chez les Holomyaires se trouvent englobées plusieurs formes aberrantes. Ainsi, le *Trichocéphale* n'a pas d'aires latérales; l'*Ichthyonème* n'a pas d'anus; le *Mermis* n'a pas d'anus et offre un rudiment de canal alimentaire, bien qu'il possède les aires latérales, et les mâles ont des spicules. Le *Gordius* n'a pas d'aires latérales et présente seulement la ligne ventrale; son canal alimentaire se réduit à un rudiment, dépourvu d'ouvertures anale et buccale et le mâle n'a pas de spicules. Dans ces deux genres, l'extrémité antérieure de l'embryon est pourvue d'épines qui aident les animaux à se frayer leur voie dans les corps des insectes où ils vivent en parasites. Chez le *Sphærularia* le canal alimentaire est également rudimentaire et sir John Lubbock a découvert que le petit mâle se fixe et adhère à la femelle d'une manière permanente.

Quelques Nématoïdes (par exemple le *Leptodère*, le

(1) Schneider, « Monographie der Nematoden », 1866.

Pélodère) vivent dans l'eau ou dans la terre humide, et ne sont jamais réellement parasites, mais ils exigent une abondante alimentation azotée pour développer leurs organes sexuels, ce qui explique comment on ne les trouve à l'état sexuel qu'au milieu de matières végétales ou animales en putréfaction. Les vers asexués, qui vivent dans la terre humide, sont immédiatement attirés par la présence de substances nutritives, telles que quelques gouttes de lait (1). Ici, ils se multiplient avec une grande rapidité, tant que dure la provision alimentaire, mais quand elle est épuisée, les derniers jeunes éclos s'éloignent. Dans le cours de leurs pérégrinations, les embryons entrent dans leur état larvaire ; mais, auparavant, ils deviennent deux fois aussi gros que ceux qui atteignent la forme de larves dans des substances en putréfaction. La cuticule embryonnaire s'épaissit et ses orifices anal et buccal se ferment, de manière à former un kyste pour la larve. Ce kyste n'empêche cependant pas la larve de se mouvoir çà et là et de poursuivre ses pérégrinations, mais elle finit par arriver à un état de repos. En même temps, sa substance interne devien obscure à la lumière transmise, par suite de l'accumulation de petites granulations graisseuses; et si cet état de choses persiste longtemps, la larve meurt. Les larves s'étaient-elles desséchées, ce fait tend à leur conservation. La cuticule embryonnaire se sépare et forme un kyste protecteur, et il suffit d'humecter les larves pour les voir reprendre leur activité vitale.

Des Vers nématoïdes appartenant à des genres naturellement libres peuvent pénétrer dans d'autres vers et des limaces et s'y enkyster; mais ils n'atteignent leur état sexuel qu'après la mort du ver ou de la limace,

(1) Schneider, *loc. cit.*, p. 362-3.

et ils s'alimentent des produits de leur putréfaction.

L'*Anguillula scandens*, le nématoïde qui infeste les épis de blé et y provoque un état morbide, est un véritable parasite. Les jeunes éclosent des œufs déposés par la mère dans l'épi envahi et s'y enkystent. Quand le blé meurt, les larves se mettent en liberté et errent sur la terre humide jusqu'à ce qu'elles rencontrent de jeunes plants de blé, sur lesquels elles rampent et vont se loger dans les épis en voie de développement. Ici, elles acquièrent l'état sexuel, se nourrissant aux dépens de l'inflorescence, qui se modifie alors en une espèce de galle.

La plupart des Nématoïdes, qui se trouvent dans le canal alimentaire d'animaux, sont parasites à l'état sexuel, mais ont une période de liberté plus ou moins longue, comme larves ou œufs. Cependant, quelques-uns, comme le *Cucullanus elegans*, sont parasites aussi bien dans la condition asexuelle que dans la condition sexuelle ; il habite le *Cyclops*, pendant qu'il est dans le premier état, et divers poissons d'eau douce, en particulier la perche, dans le dernier état.

La *Trichine spirale* acquiert son état sexuel dans le tube digestif de l'homme, du porc et d'autres mammifères ; mais les jeunes, mis en liberté dans le canal alimentaire, se frayent leur voie à travers les parois intestinales, et s'insinuent dans les fibres des muscles volontaires, dans lesquels ils s'enkystent à l'état asexuel. Si l'on mange de la viande ainsi trichinisée, les *Trichines* se mettent en liberté, acquièrent leur état sexuel dans le canal alimentaire et les milliers d'embryons développés immédiatement perforent les parois du tube digestif pour se loger dans les tissus extra-alimentaires de leur hôte.

Le *Gordius* et le *Mermis* qui vivent en parasites chez

des insectes, sont asexués tant qu'ils sont parasites, mais une fois qu'ils ont atteint leur pleine croissance, ils quittent le corps de leur hôte, acquièrent les organes sexuels, s'accouplent et déposent des œufs, d'où naissent des embryons qui se frayent leur voie dans les corps d'insectes.

Nous avons dit que la plupart des Nématoïdes sont dioïques. Cependant, Schneider a découvert certaines espèces des genres non parasites, *Leptodère* et *Pélodère*, qui ont toujours l'apparence extérieure de femelles, mais dans les tubes ovariens desquelles se développent des spermatozoaires et où l'imprégnation a lieu. Ce fait a été mis hors de doute en isolant des embryons de ces Nématoïdes et suivant le développement des spermatozoaires, qui résultent de la subdivision des premières cellules dérivées du rachis. Au bout d'un certain temps, cesse le développement de spermatozoaires, et les cellules séparées du rachis deviennent des œufs, qui sont imprégnés par les spermatozoaires déjà formés. Ces Nématoïdes constituent probablement les hermaphrodites les plus complets et les plus nécessaires que l'on connaisse dans le règne animal.

L'*Ascaris nigrovenosa* habite en parasite dans les poumons de grenouilles et de crapauds. Elle a les caractères d'une femelle, et l'on n'a jamais rencontré de mâles, mais des spermatozoaires se développent dans les ovaires de la même manière que dans les formes précédentes.

Les œufs de cette Ascaride, une fois pondus, les embryons pénètrent dans l'intestin des animaux amphibies, où ils sont parasites et deviennent mâles et femelles, plus petits que la forme hermaphrodite et, d'ailleurs, différents d'elle. Les embryons de ceux-ci se développent des œufs dans le corps de la mère, dont ils détruisent les organes jusqu'au point que sa cuticule ne constitue plus pour eux qu'un simple étui. Ces embryons, introduits dans le poumon de la grenouille, prennent les caractères des formes hermaphrodites volumineuses. Il n'est pas improbable que le ver de Guinée, qui infeste le tégument de l'homme dans les pays chauds, puisse répondre à la période hermaphrodite d'un Nématoïde semblablement dimorphe, bien qu'on ait supposé jusqu'ici qu'il se multipliait par voie asexuelle.

Les nombreux points de ressemblance entre les Nématoïdes, les Oligochætes, les Polychætes ont été indiqués par Schneider. Les deux derniers groupes diffèrent cependant du premier, non moins que des Turbellariés et des Rotifères en ce qu'ils possèdent seulement des muscles pariétaux longitudinaux. Sous ce rapport, ils ressemblent au *Rhamphogordius* et au *Polygordius* (réunis par Schneider en un groupe des *Gymnostomes*) qui sont des vers segmentés, dépourvus de soies, mais possédant des mésentères, des organes segmentaires et des vaisseaux pseudo-sanguins. Le *Polygordius* a une larve télotroque et, dans son développement, comme à d'autres égards, il ressemble extraordinairement à une Annélide polychæte.

CHAPITRE XI

Géphyrées.

Ce sont des animaux vermiformes marins sans segmentation externe distincte et dépourvus d'appendices parapodiques. L'ectoderme présente une cuticule chitineuse et est souvent pourvu de tubercules, de crochets ou de soies de chitine. Dans un genre (*Sternaspis*), deux plaques en forme de bouclier, frangées de soies, se développent sur la partie postérieure de la face ventrale du corps. Au-dessous de l'ectoderme, on observe des fibres musculaires externes circulaires et des internes longitudinales. L'extrémité buccale du corps tantôt a la forme d'une trompe rétractile (*Priapulus*), tantôt est munie d'appendices tentaculaires. Ceux-ci peuvent être disposés en cercle autour de la bouche, et courts (*Sipunculus*), ou longs (*Phoronis*), ou il peut exister un seul appendice tentaculaire long, quelquefois bifurqué et cilié (*Bonellia*). Des appendices filamenteux, qui sont probablement des branchies, partent de l'extrémité postérieure du corps chez le *Sternaspis* et le *Priapulus*. L'intestin est droit dans la plupart des genres, mais il forme des circonvolutions et se replie sur lui-même, de manière à se terminer au milieu du corps, chez le *Sipunculus*. Chez le *Phoronis*, l'anus est situé près de la bouche. L'ouverture anale se trouve toujours sur la face dorsale du corps. Il existe une cavité périviscérale spacieuse, non divisée par des mésentères, et qui, dans certains cas (*Priapulus*), s'ouvre au dehors par un pore terminal. Dans quelques-uns des genres (*Echiurus*, *Bonellia*, *Thalassema*), une paire d'organes tubulaires, qui sont ciliés à l'intérieur et paraissent représenter les vaisseaux aquifères des *Rotifères*, débouchent dans le rectum.

Un système pseudo-sanguin existe dans plusieurs genres (*Sternaspis*, *Bonellia*, *Echiurus* et *Phoronis*), et consiste en deux troncs longitudinaux, l'un dorsal et supra-intestinal, l'autre ventral, dont les communications sont terminales et latérales. Chez le *Sipunculus*, les cavités des tentacules communiquent avec un vaisseau circulaire, pourvu d'appendices en cœcums; et ce vaisseau circulaire s'ouvre, d'après les observateurs, dans les vaisseaux pseudo-sanguins.

Le système nerveux consiste en un collier de ganglions, qui entoure l'œsophage et duquel part un cordon simple ou ganglionnaire pour se diriger en arrière en suivant la ligne médio-ventrale.

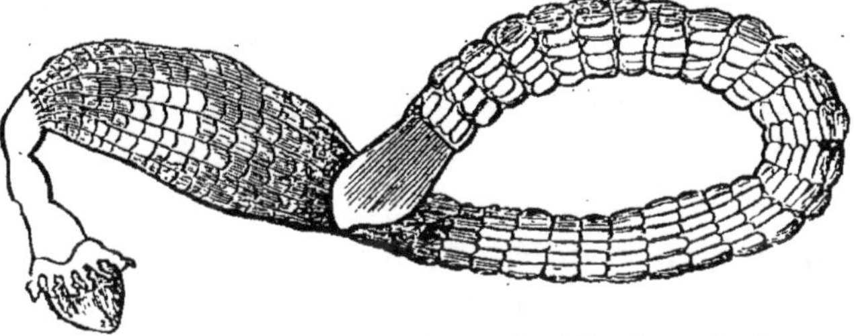

Fig. 69. — Géphyrées, *Syrinx nudus* (d'après Forbes).

Les sexes sont distincts et les éléments reproducteurs se développent soit des parois de la cavité périviscérale, soit dans des glandes cœcales simples (1).

(1) Longtemps on n'a connu de la Bonellie que des individus femelles. En 1868, Kowalevski se trouvant à Cherso, où il voulait s'occuper de l'embryogénie de ce géphyrien, examinait avec soin la matrice et l'oviducte vers la fin du mois de septembre. Entre l'entonnoir et ouverture génitale externe se trouvaient des Planaires parasites d'une organisation bizarre et toutes du sexe mâle. Le nombre de ces parasites dans le corps de chaque Bonellie varie selon la taille de cette dernière entre deux et sept. Ayant disséqué jusqu'à trente Bonellies, qui lui fournirent plus de cent de ces planaires dont le sac spermatique était toujours dans un état de développement en rapport avec celui des œufs dans la matrice de leurs hôtes, Kowalevski a émis la supposition très-vraisemblable que la Bonellie présenterait un dimorphisme sexuel des plus prononcés.

L'organisation du mâle planariforme est fort simple. Sa longueur est de 1^{mm} 1/2 à 2^{mm}. Tout son corps est d'une couleur vert clair et uniformément recouvert de cils vibratiles. Dans l'axe du corps s'étend le tube digestif. Il commence à l'ouverture bucale, du côté ventral et non loin de l'extrémité antérieure. Il se continue dans la cavité générale qui est clairement délimitée jusqu'à l'extrémité postérieure, qu'il n'atteint pas cependant. Dans la partie antérieure du corps, à côté du tube digestif, se montre un autre organe tubulaire dont l'ouverture externe se trouve aussi à l'extrémité antérieure, dont l'intérieur est rempli de spermatozoïdes et dont l'extrémité postérieure communique directement avec la cavité générale par le moyen d'un entonnoir vibratile particulier. Nulle trace de système nerveux. L'animal avance en décrivant dans l'eau des mouvements circulaires. Le corps est résistant, très-dur, et il ne peut changer que très-peu ses contours. Avec son extrémité antérieure il accomplit un continuel mouvement de

L'embryon activement locomoteur du *Sipunculus* est environné d'une bande circulaire de cils placée immédiatement derrière la bouche et ressemble à un Rotifère ou à une larve d'Annélide mésotroque. Il perd cet organe en roue et arrive graduellement à la forme adulte. Chez le *Phoronis*, l'embryon est aussi mésotroque, mais il possède deux bandes ciliées : l'une circulaire, autour de l'anus, et l'autre immédiatement derrière la bouche. Cette bande de cils post-orale se développe en nombreux lobes tentaculiformes et frange le bord libre d'un large lobe concave du côté dorsal du corps, qui se recourbe en arc au-dessus de la bouche. En cet état, l'embryon constitue ce qu'on appelle l'*Actinotrocha*. Une invagination du tégument ventral de la larve s'unit avec le milieu de l'intestin, puis, cette portion en ressortant attire l'intestin dans le prolongement ventral ainsi formé sous la forme d'une anse, qui donne naissance au corps du *Phoronis*, tandis que les tentacules de la larve se développent en ceux de l'adulte. Schneider a émis l'opinion que la larve en forme de cloche, pourvue de longues soies, appelée *Mitraria* par Müller, représente l'embryon du *Sternaspis*.

Les affinités des Géphyrées avec les Turbellariés, les Annélides et surtout les Rotifères (la *Bonellia* est, sous beaucoup de rapports, comparable à un Rotifère colossal) sont incontestables. Leur connexion généralement admise avec les Échinodermes est plus douteuse.

Le canal circulaire qui communique avec les cavités des tentacules chez le *Sipunculus* a été comparé au système ambulacraire des Échinodermes, mais son mode de développement n'est pas encore suffisamment compris

vrille; il cherche à se cacher sous les objets qu'il rencontre en rampant. (Voir A. Kowalevski, *le Mâle planariforme de la Bonellie*, traduit du russe par J. D. Catta, *Revue de Dubrueil*, t. IV, n. 3.)

pour justifier l'expression d'une opinion sur ce point. Krohn a décrit sur la face ventrale de l'œsophage de la larve du *Sipunculus* un organe bilobé, qui s'ouvre extérieurement en avant de la bande ciliée par un étroit conduit cilié (1). Il offre une similitude frappante avec le « vaisseau aquifère » de la larve du *Balanoglossus* qui, cependant, se trouve sur le côté opposé du corps.

CHAPITRE XII

Chætognathes.

Le genre *Sagitta*, qui est le seul membre de ce groupe, comprend plusieurs espèces de petits animaux que l'on trouve nageant à la surface de l'Océan dans toutes les parties du monde. Bien que l'ensemble de la structure et la marche du développement du genre *Sagitta* soient aujourd'hui parfaitement connus, ses vraies affinités ne sont pas établies d'une manière définitive. Anatomiquement, il se rapproche plus des vers Nématoïdes et des Annélides oligochætes que d'aucun autre groupe; mais son évolution présente des particularités dont on n'a encore découvert aucune trace parmi les formes précédentes, bien qu'elles se rencontrent parmi les Brachiopodes et les Échinodermes

Le corps de *Sagitta*, rarement long de plus de $0^{m},025$, est allongé, subcylindrique et non segmenté ; il se dilate à une extrémité en une tête arrondie, tandis qu'à l'autre

(1) « Ueber die Larve des Sipunculus nudus, » *Muller's Archiv.*, 1851.

il s'atténue en pointe. Il n'offre pas d'appendices parapodiaux, mais sa cuticule chitineuse se développe en une nageoire latérale finement striée, de chaque côté du corps et en une queue, ainsi qu'en soies délicates. De chaque côté de la tête, s'observent un certain nombre de soies longues, recourbées, en forme de griffes, qui peuvent s'écarter et se rapprocher latéralement et servir comme mâchoires. Entre elles se trouve la bouche et aux côtés de celles-ci existent quatre séries de soies plus courtes. La bouche conduit dans un intestin droit qui s'ouvre par un anus, situé sur la face ventrale du corps, au point où commence la région caudale effilée. Une bande mésentérique dorsale et une ventrale unissent l'intestin à la paroi du corps et divisent la cavité périviscérale en deux compartiments. Au-dessous de l'ectoderme se trouve une couche de fibres musculaires, longitudinales, striées. Le système nerveux consiste en un seul ganglion ovalaire qui est situé au milieu de la paroi ventrale du corps et émet en avant deux cordes commissurales, qui s'unissent avec un ganglion supra-œsophagien. Entre autres branches émises par celui-ci, il en est deux qui se rendent au côté dorsal de la tête et qui se dilatent à leurs extrémités en ganglions sphéroïdaux sur lesquels reposent les yeux. Les ovaires sont des organes tubulaires allongés qui règnent de chaque côté du corps et dont les conduits ciliés s'ouvrent près de l'anus (*vent*). Il existe des réceptacles pour le fluide séminal. Derrière l'anus, les lames mésentériques s'unissent pour former une cloison verticale, qui divise la cavité de la partie caudale du corps en deux compartiments; sur les parois latérales de ces compartiments se développent des masses cellulaires qui, après s'être détachées, flottent librement dans le liquide périviscéral et se transforment en spermatozoaires. Ceux-ci s'échappent par des conduits latéraux en forme de gouttières, dont les bases dilatées peuvent être regardées comme des vésicules séminales.

Jusqu'ici, l'organisation de *Sagitta*, bien que très-particulière, peut se réduire sans grande difficulté au type des Nématoïdes et des Annélides (1). Mais son développement, tel que l'a décrit Kowalevsky (2), diffère de tout ce que l'on connaît actuellement sur l'un ou l'autre de ces groupes. La segmentation du vitellus a lieu, comme d'ordinaire, et convertit l'œuf en une morule vésiculaire, présentant une grande cavité fissurale ou blastocœle. Une face de la vésicule ainsi constituée s'invagine alors, et aboutit à l'oblitération graduelle du blastocœle et à la conversion du sac sphérique à paroi unique en une gastrule hémisphérique, à double paroi, cupuliforme. La cavité de la coupe est la future cavité digestive; la couche de cellules blastodermiques invaginées qui tapisse cette cavité, est l'hypoblaste, qui deviendra l'endoderme; et la couche externe des cellules est l'épiblaste, qui deviendra l'ectoderme.

En cet état, l'embryon ressemble à celui de la Sangsue dans sa condition primitive. L'embryon s'allonge et l'ouverture d'invagination finit par cesser d'être perceptible.

(1) La sagitta est bien plus voisine des annélides que des nématoïdes (système nerveux, glandes génitales). Les recherches de Metschnikoff et Kowalewsky ont montré que les premiers rudiments des segments se constituent dans le feuillet moyen par une série de sacs situés les uns à la suite des autres, et dont les parois en contact constituent les dissépiments qui séparent les métamères. Or Bütschli a fait voir que chez la sagitta le feuillet moyen forme deux de ces sacs dont les parois unies donnent naissance au dissépiment cervical. Un second dissépiment, séparant les organes mâles des organes femelles, a sans doute la même origine. On peut donc considérer les Chœtognathes comme des animaux métamérisés qui, au point de vue de la formation de l'enterocœle, se comportent comme les échinodermes et les tuniciers. (*Bütschli Zeitschrift*, XXVI, Bd.)

(2) « Mémoires de l'Acad. des sciences de Saint-Pétersbourg », 1871.

On ne sait pas encore si elle devient l'anus ou si l'orifice anal se forme à nouveau. Les ganglions nerveux résultent de la modification des cellules de l'ectoderme. L'extrémité antérieure de la cavité alimentaire est d'abord fermée. Bientôt elle envoie en avant et de chaque côté un prolongement cœcal, de telle sorte que la cavité se trouve divisée en une portion centrale et deux latérales. La division centrale s'ouvre extérieurement et antérieurement par le développement de l'ouverture buccale, et, à mesure que le corps s'allonge, elle devient l'intestin tubulaire. Les diverticules latéraux communiquent dans le principe avec elle, mais ils finissent par se clore et constituent les cavités périviscérales droite et gauche, leurs parois se convertissant en l'enveloppe cellulaire et musculaire de ces cavités. Il résulte du mode de développement de la cavité périviscérale du Sagitta, que cette cavité est un enterocœle, comparable à celui des Hydrozoaires et des Actinozoaires; mais qui, au lieu de rester en communication avec le canal alimentaire, s'en trouve intercepté, sa paroi devenant le mésoderme et sa cavité la cavité périviscérale.

Rien de ce genre n'a lieu, d'après ce que nous savons, chez les Turbellariés, les Annélides, les Nématoïdes et les Rotifères; mais, quand une cavité périviscérale existe chez ces animaux, on la voit toujours résulter de l'excavation du mésoderme primitivement plein. A la cavité périviscérale ainsi développée, j'ai donné le nom de *schizocœle.*

Il reste à déterminer s'il existe quelque différence fondamentale entre un *entérocœle* et un *schizocœle.* Il ne semble pas douteux que chez les Oligochætes et les Hirudinées le mésoblaste ne soit un produit de l'hypoblaste qui, cependant, ne contient pas de prolongement de la cavité alimentaire, mais finit par se diviser en une couche viscérale et une pariétale, dont l'espace intermédiaire constitue la cavité périviscérale; et il y a beaucoup de probabilité en faveur de l'opinion de Kowalewsky qui considère les bandes longitudinales (*Keimstreifen*), dans lesquelles le mésoblaste fait son apparition, comme pouvant être homologues avec les diverticules de la cavité alimentaire de la Sagitta.

Dans ce cas, le schizocœle serait un progrès sur l'entérocœle, et le développement de la cavité périviscérale chez la Sagitta pourrait représenter le mode primitif de développement des cavités périviscérales chez tous les invertébrés. D'un autre côté, il faut se rappeler qu'entre l'endoderme et l'ectoderme dans le disque d'une Méduse, ou dans le corps d'un Cténophore ou d'un Turbellarié, il existe un mésoderme gélatineux qui occupe la position du blastocœle primitif. Or, ce mésoderme peut être et est probablement un produit de l'endoderme; mais toutes les cavités qui apparaissent dans ce mésoderme, telles par exemple que les canaux aquo-vasculaires des Turbellariés, peuvent n'avoir rien à faire avec l'entérocœle.

D'autre part, chez les Ascidiens il y a, comme nous le verrons, une sorte de « cavité périviscérale », qui est formée par une invagination de l'ectoderme. De telle sorte que ce que l'on désigne sous le nom de « cavité périviscérale » peut être l'une des quatre choses suivantes :

1. Une cavité du mésoblaste, représentant plus ou moins le blastocœle primitif.

2. Un diverticule de la cavité digestive, qui s'est trouvé intercepté de cette dernière.

3. Une excroissance pleine, représentant un semblable diverticule, dans laquelle la cavité n'apparaît que tardivement (entérocœle modifié).

4. Une cavité formée par une invagination de l'ectoderme (épicœle).

Et l'on ne parvient à déterminer si une cavité périviscérale donnée appartient à l'un ou à l'autre de ces types que par l'observation de son développement.

CHAPITRE XIII

Acanthocéphales.

S'il est difficile de déterminer d'une manière satisfaisante les affinités du genre *Sagitta*, il l'est encore bien davantage d'arriver à une conclusion rigoureuse en ce qui concerne les affinités des parasites singuliers qui constituent le genre *Echinorhynque*. Dans leur état sexuel, ils habitent les diverses classes des Vertébrés et on ne les trouve chez les invertébrés qu'à l'état asexuel.

L'*Echinorhynque* du Carrelet (*Plie franche*) dont la structure peut servir à caractériser celle de ce groupe, habite le rectum de ce poisson, qu'il perfore de telle sorte que l'extrémité antérieure de la tête fait saillie, enfermée dans un kyste, sur la suface péritonéale, tandis que le corps pend librement dans la cavité de l'intestin. La partie du ver qui traverse la paroi du rectum présente un collet très-resserré. Il paraîtrait que les *Echinorhynques* finissent par sortir complétement de l'intestin, car on les trouve emprisonnés dans des kystes détachés à l'intérieur de la cavité péritonéale. L'extrémité antérieure de l'*Echinorhynque* se développe en une courte trompe cylindrique, couverte de nombreuses rangées de crochets recourbés, et, derrière cette trompe, elle forme une dilatation, dans laquelle le tégument et la couche musculaire sont séparés par un intervalle considérable. Le corps, en arrière de la constriction du cou, qui le sépare de cette dilatation antérieure, a une paroi externe, épaisse, jaunâtre, entre laquelle et la tunique interne musculaire se trouve un système de vaisseaux consistant en deux troncs longitudinaux, unis par un réseau de canaux anastomotiques (fig. 70).

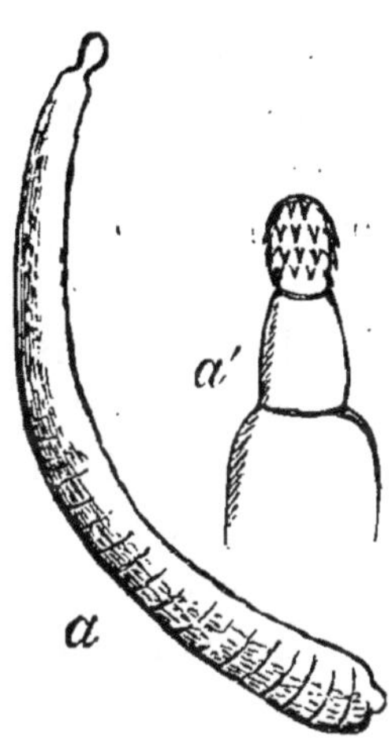

Fig. 70. — Acanthocéphales. — *a*, *Echinorhynchus gigas*, grandeur naturelle ; *a'*, sa tête grossie.

Ces canaux ne paraissent pas posséder de parois distinctes, et l'on n'y découvre aucun cil ; mais les fines molécules, qui flottent dans le liquide clair qu'ils contiennent, sont animées d'un mouvement de va-et-vient, résultat apparent de la contraction du corps. Inférieurement, les vaisseaux se terminent tous dans des canaux fermés, disposés autour du bord de l'extrémité postérieure infundibuliforme. En dedans des vaisseaux se trouve une double couche de fibrilles musculaires anastomotiques, dont les externes sont circulaires, tandis que les internes sont longitudinales (1). La cavité du corps est remplie d'un fluide, dans lequel flottent les œufs ou les spermatozoaires, et, à son extrémité postérieure, deux corps ovalaires allongés partent des parois et pendent librement dans la cavité. Ce sont les *lemnisci* des auteurs ; ils sont traversés par des vaisseaux continus avec ceux des parois. L'axe de la trompe

(1) Voir, pour l'exposé de la structure remarquable de ces muscles, Schneider, « Ueber den Bau der Acanthocephalen », *Archiv. für Anatomie*, 1868.

se continue en bas en une tige allongée subcylindrique, arrondie en dessous, qui pend comme un manche dans la cavité du corps. L'extrémité de la tige se relie avec les parois par de larges muscles rétracteurs et donne attache au ligament suspenseur de l'appareil génital. Deux autres bandes s'insèrent un peu au-dessus de ces muscles et se dirigent obliquement en avant pour atteindre les parois ; ces bandes ne sont pas de simples muscles comme on les décrit d'ordinaire, mais elles contiennent un large vaisseau, continu avec un grand sinus, séparant la portion axile de la tige de la trompe de sa membrane d'enveloppe. Dans l'axe de la tige de la trompe se trouve le ganglion ovale, qui émet quelques petites branches, en haut, et deux troncs latéraux plus volumineux que l'on peut suivre dans les vaisseaux des bandes obliques et qui animent probablement les parois du corps.

On ne voit chez l'*Echinorhynque* ni bouche, ni canal alimentaire, de sorte que l'animal se nourrit probablement par imbibition à travers les parois du corps. Les organes reproducteurs sont, aussi bien chez le mâle que chez la femelle, attachés par un ligament suspenseur à l'extrémité de la trompe, d'où ils s'étendent en suivant l'axe du corps jusqu'à l'extrémité postérieure. Ici ils s'ouvrent dans une papille au fond d'une dilatation infundibuliforme qui termine le corps et qui existe sur les deux sexes, mais est beaucoup plus marquée chez le mâle où elle est séparée du corps par un collet étroit. De chaque côté de la papille s'observe un organe qui a beaucoup l'apparence d'un suçoir, mais qui ne semble pas être contractile, tandis que l'entonnoir lui-même subit des contractions constantes et rhythmiques.

Chez le mâle, les testicules constituent deux sacs ovales, situés l'un derrière l'autre, et réunis par des conduits déférents doubles (souvent munis de glandes accessoires particulières) avec le canal génital qui est pourvu d'un long pénis. Chez la femelle, l'ovaire est un tube cylindrique simple, long, à paroi mince, dont l'extrémité antérieure est ordinairement vide pendant une courte distance. Plus en arrière, apparaissent des masses claires, pâles, arrondies, contenant des cavités dans lesquelles se trouvent des corpuscules, semblables aux taches germinatives d'œufs. Plus postérieurement encore, ces corpuscules deviennent elliptiques et sont entourés d'une enveloppe membraneuse, qui s'épaissit graduellement et donne intérieurement naissance, à chaque extrémité, à un filament spiral qui environne l'œuf inclus. Sous cette forme, les œufs passent alors dans la cavité du corps, où ils s'accumulent en grand nombre ; mais je n'ai pas trouvé dans cette espèce les masses ovariennes flottant en liberté que Von Siebold a décrites chez d'autres *Echinorhynques*. De l'extrémité inférieure de l'ovaire partent deux courts oviductes ou mieux deux spermiductes, qui se réunissent presque immédiatement dans une sorte d'utérus, lequel débouche dans le vagin. L'utérus se continue au-dessous par un canal court, ouvert, infundibuliforme, qui est situé entre les deux oviductes et, selon Von Siebold, attire les œufs de la cavité périviscérale par un acte particulier rappelant le mécanisme de la déglutition.

Les embryons des différentes espèces d'*Echinorhynques* varient quelque peu sous le rapport de la structure. Von Siebold a décrit ceux de l'*E. gigas*, qui sont pourvus de crochets disposés comme ceux des *Cestoïdes*, mais seulement au nombre de quatre. On a rencontré des *Echinorhynques* asexués dans le *Cyclops* et dans les muscles de poissons. Leuckart dit qu'ils acquièrent leurs organes sexuels dans le canal alimentaire de la *Lotte* (*Gadus lota*).

Cet observateur distingué a réussi à suivre le développement de l'*Echinorhynque proteus*, parasite commun de beaucoup de poissons de rivière, spécialement de la perche. Leuckart avait précédemment rencontré dans une espèce de *Crevette* (*Gammarus pulex*) ce qui paraissait être l'état asexuel du même *Echinorhynque*. Il mit des œufs d'*E. proteus* dans de l'eau contenant des crevettes de cette espèce; quelques jours après, il put aisément découvrir ces œufs dans le tube digestif du *Gammarus*, en même temps qu'il trouva de nombreux embryons, échappés des œufs, dans les appendices du corps.

Chaque œuf possède deux enveloppes; une externe, albumineuse et une interne chitineuse. La première est digérée dans sa marche à travers le canal alimentaire; la seconde est rompue ensuite par l'embryon, qui perfore la paroi intestinale pour pénétrer dans la cavité du corps et gagner de là l'endroit favorable à son développement.

Le corps de l'embryon, d'aspect quelque peu fusiforme, consiste en un parenchyme incolore, transparent, protégé par une cuticule. Le parenchyme peut se résoudre en une couche externe, homogène, contractile et une substance semi-fluide médullaire. Dans celle-ci est logée une masse centrale, ovoïde, composée de gros granules fortement réfringérants. Des granulations isolées de la même espèce se rencontrent encore parfois dispersées dans toute l'étendue de la substance molle médullaire. A son extrémité postérieure, l'embryon s'atténue en pointe, tandis que son extrémité opposée est tronquée obliquement vers la face ventrale. Sur cette surface oblique, peuvent s'observer deux séries d'épines droites, dont chacune en contient cinq (rarement six). Les deux séries se rencontrent près de la ligne médiane pour former un arc, dont l'épine centrale et la plus grande constitue le sommet. Deux courtes élévations, en forme de crêtes, de la cuticule, situées près de ligne médiane, séparent l'une de l'autre les deux séries d'épines. En arrière de cette extrémité, la couche périphérique donne naissance à une saillie en forme de bouton, dont la nature est inconnue.

Au bout de quatorze jours, on constate que l'embryon a beaucoup augmenté de volume, mais ne présente que peu de modifications de forme. L'extrémité antérieure montre deux élévations arrondies, les épines conservant leur position originelle. La couche périphérique s'est épaissie et est devenue plus distincte ; son prolongement en forme de bouton a cependant disparu. La masse centrale, maintenant beaucoup plus grosse, a pris une forme sphérique. Elle n'est plus granuleuse, mais se montre composée de nombreuses cellules pâles, qui continuent d'augmenter rapidement.

Durant la troisième semaine, un grand nombre de granulations jaunes et volumineuses commencent à apparaître dans la couche externe de l'embryon. Aucun autre chargement, sauf ceux de croissance, n'a lieu dans ses parois ; mais, la masse centrale continuant encore de s'agrandir, prend peu à peu l'aspect d'un jeune *Echinorhynque*. Ce mode de développement a été justement comparé par Leuckart à celui de certains Échinodermes, ou à la production de la larve Némertide dans son « *Pilidium* ».

La partie qui commence la première à se différencier est la cavité de la future trompe, qui apparaît comme une vésicule lenticulaire transparente à l'extrémité antérieure de la masse sphérique. En arrière de celle-ci se voient bientôt des rudiments de l'axe central et du ganglion qu'il contient. La position du « ligament » avec ses organes reproducteurs appendus se dessine en même temps. Les muscles de la paroi externe ont aussi commencé leur développement.

Puis, la région centrale du jeune *Echinorhynque* s'allonge rapidement ; ses parois s'amincissent et, se séparant des organes intérieurs, montrent la première trace de la cavité viscérale. La cavité de l'axe central s'allonge aussi, s'étendant graduellement en arrière. C'est vers cette époque que se manifestent les premières distinctions sexuelles.

L'extrémité postérieure du corps subit alors une augmentation de volume disproportionnée, les muscles sont plus distincts et les organes reproducteurs rudimentaires apparaissent manifestement. Bientôt le jeune *Echinorhynque* finit par occuper presque tout l'intérieur de l'embryon, dont les parois n'ont, cependant, subi que de légères modifications histologiques. Pourtant les épines ont disparu en même temps, ce semble, que la cuticule à laquelle elles s'attachaient. Tous les autres éléments embryonnaires restent intacts. Graduellement ceux-ci se fixent au corps de l'*Echinorhynque* contenu, à la surface duquel ils s'adaptent d'une manière intime, pour persister apparemment durant la vie entière.

Le développement de l'*Echinorhynque* tire maintenant à sa fin. Les lemnisci apparaissent. Des crochets naissent sur la surface de la trompe, non comme on pourrait le supposer, de sa cuticule externe, mais de cellules spécialement modifiées d'une membrane interne. Les organes intérieurs commencent à prendre leur forme définitive. L'aspect extérieur de l'organisme adulte s'atteint un peu plus lentement et il reste encore à observer un petit nombre de changements qui surviennent après le transport de l'*Echinorhynque* chez son hôte final.

Dans la structure et le développement des Acanthocéphales, on distingue des analogies d'une part avec les vers Nématoïdes anentériques, tels que le *Gordius* et le *Mermis*, et de l'autre avec les Trématodes ; mais il n'en faut pas moins reconnaître que ces animaux constituent l'un des groupes les plus isolés et les plus anormaux de tout le règne animal.

CHAPITRE XIV

Polyzoaires ou Bryozoaires.

Caractères généraux. — Ces animaux offrent une ressemblance générale avec les Hydrozoaires Sertulariens, avec lesquels on les confondait naguère sous le nom de « Corallines ». Comme les Sertulariens, ils forment presque toujours des agrégations composées, produites par des actes répétés de gemmation de l'embryon primitivement simple, et ils possèdent un exosquelette dur cuticulaire qui persiste après la destruction des parties molles. L'organisme complexe ainsi formé s'appelle un Polyzoarium, et chaque zooïde qui bourgeonne du tronc commun prend le nom de Polypide. La couche externe chitineuse ou cuticulaire calcifiée du corps d'un Polypide se désigne sous le nom d'*ectocyste* et, comme le reste du corps est contenu ou peut se rétracter dans la carapace dure alors formée, cette dernière s'appelle communément une « cellule ».

L'ectoderme propre qui tapisse et sécrète cette cellule s'appelle l'*endocyste*. La bouche est située sur un disque, appelé le *lophophore*, à l'extrémité libre du polypide ; et les bords du *lophophore* se prolongent en un certain nombre de tentacules richement ciliés ; à l'orifice buccal l'ectoderme se continue avec la membrane endodermique qui tapisse le canal alimentaire, lequel se divise presque toujours en trois portions : un pharynx long et large, un estomac spacieux et un intestin étroit. Ce dernier se recourbe toujours de manière à devenir presque parallèle au pharynx et se termine par un anus situé à côté de la bouche.

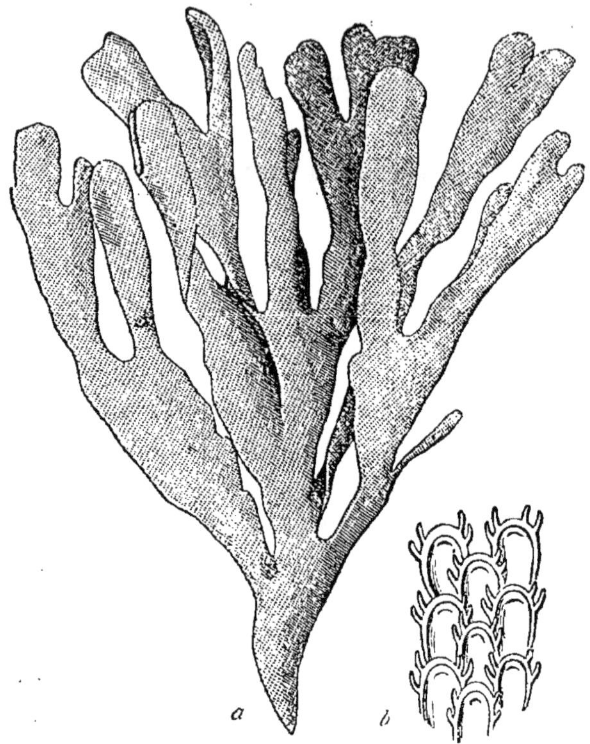

Fig. 71. — Polyzoaires. *Flustra foliacea.* — *a*, Portion de la colonie, grandeur naturelle ; *b*, un fragment grossi pour montrer les cellules dans lesquelles sont contenus les polypides distincts.

Comme le ganglion nerveux est placé entre la bouche et l'anus, la portion réfléchie de l'intestin est neurale. Une large cavité périviscérale occupe l'intervalle compris entre le canal alimentaire et les parois du corps, et quelquefois les parois de cette cavité sont ciliées. Très-généralement la division gastrique du canal alimentaire se relie avec les parois du corps par une sorte de ligament, le *funiculus* ou *bande gastro-pariétale*. Des fibres musculaires circulaires et longitudinales peuvent se développer dans l'épaisseur du tégument; et l'on observe d'ordinaire des muscles spéciaux pour la rétraction du lophophore à l'intérieur de la cellule et d'autres destinés à fermer et ouvrir l'appareil operculaire, dont sont pourvues bon nombre d'espèces.

L'unique ganglion nerveux est situé, comme nous venons de le dire, entre les ouvertures orale et anale; mais il est douteux qu'il existe quelque organe de sens spécial, à moins qu'il ne faille considérer comme tel un prolongement lobé, l'*épistoma*, qui pend au-dessus de la bouche dans plusieurs Polyzoaires d'eau douce. L'ectoderme de la région du corps, qui se trouve immédiatement au-dessous des tentacules, est toujours mou et flexible; et quand le lophophore est rétracté, cet ectoderme s'invagine de manière à former une gaîne dans laquelle les tentacules sont protégés. Quelquefois, comme chez les *Ctenostomata*, cette gaîne est environnée d'un cercle de filaments chitineux qui, quand les tentacules se rétractent, fournissent à ces derniers une enveloppe protectrice extérieure. D'autres fois, comme dans les *Cheilostomata*, une partie de la paroi chitineuse de la cellule est disposée de façon à constituer un couvercle mobile qui se ferme sur le polypide rétracté. Cet *opercule* se trouve sur le côté du polypide opposé à celui sur lequel est situé le ganglion nerveux.

Dans bon nombre de genres, des appendices flagelliformes — les *vibracula* — s'articulent sur le polyzoarium et exécutent de constants mouvements de fouet. Dans d'autres, des corps en forme de têtes d'oiseaux, avec une mandibule mobile, sont situés sur des pédoncules effilés et flexibles et *happent* incessamment. Quelquefois ces derniers organes, que l'on nomme *avicularia*, coexistent avec des vibracules (fig. 72).

Les organes reproducteurs mâle et femelle se trouvent ordinairement réunis sur le même polypide. Ce sont des

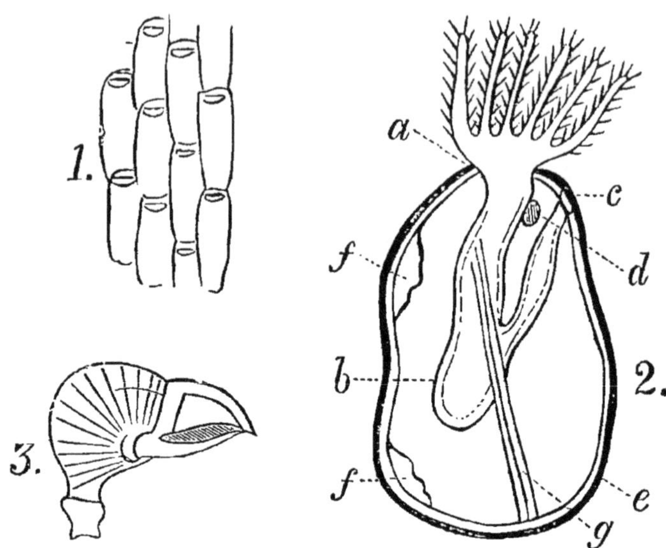

Fig. 72. — Morphologie des Polyzoaires. — 1, portion du cœnœcium du *Flustra truncata* ; amplifiée. 2, diagramme d'un polyzoaire (d'après Allman) ; *a*, région de la bouche environnée de tentacules ; *b*, canal alimentaire ; *c*, anus ; *d*, ganglion nerveux ; *e*, sac d'enveloppe (ectocyste) ; *f*, testicule ; *f'*, ovaire ; *g*, muscle rétracteur ; 3, prolongement en tête d'oiseau, ou « avicularium », d'un polyzoaire.

masses cellulaires, développées dans le funicule ou dans les parois du corps, d'où se détachent les œufs ou les spermatozoaires pour tomber dans la cavité périviscérale. Ils en sortent quelquefois pour subir les premières phases de leur développemant dans des dilatations de la paroi du corps, appelées *ovicelles*.

La multiplication par gemmation a lieu dans tout le groupe, mais les bourgeons restent ordinairement adhérents à la souche. Chez le *Loxosoma* et le *Pédicellina*, cependant, les bourgeons se détachent.

Quelques-uns se multiplient asexuellement par une

sorte de gemmule développée dans le *funicule*, pourvue d'une coquille particulière et appelée *statoblaste*.

Division des Polyzoaires. — Avec ces caractères généraux, les Polyzoaires présentent une série intéressante de modifications. Ils ont été divisés par Nitsche en deux groupes — celui des *Entoprocta*, dans lesquels l'anus se trouve à l'intérieur du cercle des tentacules, et celui des *Ectoprocta*, où il est situé en dehors de ce cercle. Dans la première division, le genre *Loxosoma*, qui se fixe à des Sertulariens et à d'autres Polyzoaires, est particulièrement digne d'attention. C'est un petit animal pédiculé ; l'extrémité supérieure élargie de son corps est un disque obliquement tronqué, dont les bords se prolongent en dix expansions ciliées. Du milieu du disque part une saillie conique, dont le sommet porte l'ouverture buccale. L'œsophage long relie celle-ci avec un sac gastrique globuleux en cœcum. Les sexes sont distincts, et les ovaires ou les testicules constituent deux organes arrondis, situés à droite et à gauche de l'estomac. On n'a pas encore découvert de système nerveux chez le *Loxosoma*. L'animal se fixe par la partie tronquée de son extrémité étroite pédiculiforme ; et ce pédicule contient une glande, dont le conduit s'ouvre au centre de la surface d'implantation.

Le *Loxosoma* se multiplie par bourgeonnement, mais les bourgeons ne tardent pas à se détacher. L'embryon développé de l'œuf imprégné devient une gastrule (1), pourvue d'un grand disque cilié post-oral, semblable à une larve d'Annélide mésotroque (2).

(1) D'après les recherches de M. J. Barrois, tous les embryons de Bryozoaires passent par le stade *gastrula*.

(2) On a beaucoup exagéré dans ces derniers temps la distance qui sépare les Entoproctes du reste des Bryozoaires ; leurs formes larvaires sont bâties sur le même plan fondamental que celles des Ectoproctes et le développement suit dans son ensemble la même marche que dans

Les Ectoprocta se subdivisent en *Gymnolæmata*, qui ont un lophophore circulaire et point d'épistoma ou prolongement au-dessus de la bouche ; et en *Phylactolæmata*, qui

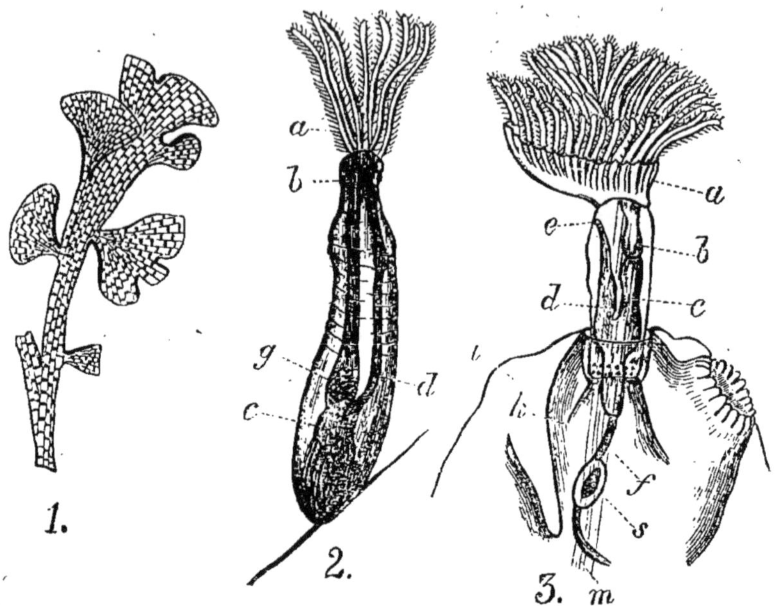

Fig. 73. — Fragment de *Flustra truncata*, grandeur naturelle. 2, polypide isolé de *Valkeria*, grossi, montrant la couronne orbiculaire de tentacules. 3, un polypide du *Lophopus crystallinus*, polyzoaire d'eau douce, fortement grossi montrant les tentacules disposés en fer à cheval : *a*, couronne tentaculaire ; *b*, œsophage ; *c*, estomac ; *d*, intestin ; *e*, anus ; *g*, gésier ; *k*, endocyste ; *l*, ectocyste ; *f*, funiculus.

possèdent un épistoma et dont le lophophore se prolonge d'ordinaire en deux lobes, de manière à figurer un fer à cheval (fig. 73).

Tous les Phylactolæmata habitent l'eau douce ; tandis que les Gymnolæmata, à l'exception du *Paludicella*, sont marins.

le reste du groupe : comme partout ailleurs, la larve fixée donne naissance à un cystide dans lequel se développe un polypide. Voir ci-dessous les résultats des recherches de M. J. Barrois.)

Chez les Polyzoaires d'eau douce, l'œuf imprégné donne naissance à un embryon planuliforme, sacculaire, libre qui est recouvert de cils extérieurement. De l'une des extrémités de ce « cystide » se développent un ou plusieurs polypides résultant d'épaississements de la paroi du sac.

Dans les genres *Bugula*, *Scrupocellaria* et *Bicellaria* (de la subdivision des Gymnolæmata) l'embryon est cilié et pourvu d'une bouche et de taches oculaires. Après avoir nagé çà et là pendant quelque temps, il perd ses cils et se fixe, en même temps qu'il acquiert une enveloppe externe chitineuse et devient un simple sac, ou cystide, dans lequel se développe par gemmation un polypide et qui donne naissance à la première cellule du polyzoaire.

Schneider a démontré que la larve extraordinaire *Cyphonautes*, qui, selon lui, ressemble à l'*Actinotrocha* et qui est pourvue d'une coquille bivalve, est la larve du *Membranipora pilosa*. Elle possède un intestin, et une sorte de coquille, ainsi que des bandes motrices ciliées considérablement développées. Mais quand elle se fixe, tous ces organes disparaissent, et la larve passe à l'état d'une cystide, de laquelle se développe un polypide, comme dans les cas précédents.

De là, on a conclu que le polypide caractéristique des Polyzoaires ectoproctes est un organisme développé du cystide à peu près comme la tête du Tœnia se développe de son embryon sacculaire, ou comme le Cercaire se développe du sporocyste ou Rédie ; le cystide des Phylactolœmata étant comparable à un sporocyste et celle du *Membranipora* à une *Rédie*. Mais, sans nier absolument la justesse de cette comparaison, on peut admettre que le cystide peut se comparer à une morule vésiculaire et que le mode de développement du canal alimentaire du polypide est comparable à la formation d'un sac alimentaire par invagination (1). Si cette manière de voir est exacte, la cavité périviscérale des Polyzoaires est un blastocœle.

(1) La comparaison des Cystides et Polypides, avec les Sporocystes et leurs bourgeons, est un rapprochement dont la valeur (malgré l'autorité des savants qui l'ont soutenue) est au moins douteuse.

L'hypothèse d'Huxley est beaucoup plus naturelle, mais elle n'est pas justifiée par les faits : l'étude directe du développement (voir Embryogénie de l'*Alcyonidium gelatinosum* : comptes rendus de l'Académie des Sciences de Paris, 9 août 1875) nous montre en effet que le cycle général du développement des Bryozoaires est dans ses grands traits le même que celui que nous trouvons, par exemple, chez les Brachiopodes ; il consiste, comme chez ces derniers, en deux points principaux : 1° formation d'une *larve complexe* caractérisée par la présence de *trois feuillets* embryonnaires, et éminemment propre à nous dévoiler par sa structure les affinités naturelles du groupe ; 2° fixation de cette larve et transformation plus ou moins graduelle de ses divers organes en parties correspondantes de l'adulte.

Chez les Bryozoaires, la seconde période du développement se fait plus brusquement que partout ailleurs; le processus de simple métamorphose y est remplacé par des phénomènes de dégénérescence et de néoformation, c'est ce qui donne lieu à la production du Cystide et du Polypide ; mais malgré tout, l'essence des phénomènes reste inaltérée ; le cycle du développement n'en consiste pas moins toujours en deux points principaux : 1° formation d'une larve très-caractéristique ; 2° transformation de cette larve en Bryozoaire.

L'étude des formes larvaires de ces animaux m'a longtemps occupé ; mes recherches, dont les résultats principaux sont publiés ailleurs (voyez comptes rendus de l'Académie des Sciences de Paris ; séances des 9 août, 6 septembre, 15 novembre et 6 décembre 1875), établissent parmi elles trois types fondamentaux : le premier comprenant les larves de *Loxosoma*, *Pedicellina*, et probablement des Lophopodes ; le second, les larves des Tubulipores ; le troisième celle des Chilostomes.

Ces trois types passent dans le cours du développement, par un stade commun d'une grande importance : autour de la bouche de la Gastrula, se forme une couronne ciliaire qui divise le corps de l'embryon en deux parties inégales, l'antérieure légèrement convexe, qui porte la bouche, et la postérieure fortement bombée, qui constitue la majeure partie du corps de l'embryon. Je considère ce stade comme une forme spéciale de *Trochosphère*, *restreinte aux deux groupes des Bryozoaires et Brachiopodes, et qui tire son origine du groupe des Rotifères ;* à partir de sa formation, on peut suivre les divergences qui donnent naissance aux différents types.

Le premier (Entoproctes, Phylactolæmates) dérive directement du stade commun par la simple adjonction d'organes accessoires ; ceux-ci,

CHAPITRE XV

Brachiopodes.

Caractères généraux. — Les *Brachiopodes* sont tous des animaux marins, pourvus d'une coquille bivalve et

au nombre de trois, rappellent de très-près les organes accessoires des Rotifères ; le premier, en forme de saillie conique, est placé sur le bord de la bouche, les deux autres sur la moitié postérieure du corps : dans ce type, la couronne ciliaire acquiert la propriété de se refermer en sphincter au-dessus de la face antérieure.

Dans le second type (Tubulipores), la zone qui porte la couronne ciliaire s'incurve vers le bas en entourant la partie postérieure qu'elle vient recouvrir comme d'un manteau. C'est un processus identique à celui qui a été décrit par Kowalevsky pour le segment moyen des Brachiopodes.

Dans le troisième type (Chilostomes, Alcyonidiens), l'extrémité postérieure se divise par un étranglement médian, en une portion terminale (ventouse des auteurs) reliée à la couronne par une portion intermédiaire.

Cette dernière forme larvaire est extrêmement répandue ; elle peut à son tour, par de nouvelles modifications, donner naissance à des types plus complexes encore, tels que les *Cyphonautes* et les larves de Vésiculaires.

Pour produire le *Cyphonautes*, l'embryon du troisièmeo type se reploie littéralement en deux au-dessus de sa face antérieure, et en même temps, la ventouse subit une dégénérescence considérable. Par suite de ces changements la structure de la larve devient bilatérale, la face antérieure est transformée en une espèce de vestibule bordé par la couronne ciliaire, la ventouse n'apparaît plus que comme un point ; la portion qui unissait cette dernière à la couronne a pris par contre un développement considérable, et constitue la totalité du tégument externe de la larve : bientôt, chacune des deux moitiés de ce tégument se chitinise, et c'est ainsi que se forme la coquille du Cyphonautes ; si l'on voulait trouver dans le règne animal un analogue à cette formation, il faudrait la comparer aux coquilles de certains Rotifères (Colurella uncinata) et non à celles des Lamellibranches, avec lesquelles elle n'a aucune espèce de rapport.

Chez les larves de Vésiculaires, la couronne ciliaire s'allonge démesurément dans chacun des deux sens (antérieur et postérieur), elle

ordinairement fixés par un pédoncule ou autrement; mais ils ne se multiplient jamais par gemmation et ne donnent pas naissance à des organismes composés. La coquille est toujours inéquivalve et équilatérale, c'est-à-dire que chaque valve est symétrique en elle-même et différente de l'autre valve. La coquille consiste en une base membraneuse, durcie par le dépôt de carbonate de chaux, auquel s'ajoute parfois une forte proportion de phosphate de chaux (*Lingule*), c'est un tissu cuticulaire sécrété par l'ectoderme.

Le corps, ou plutôt cette partie du corps qui renferme les principaux viscères, est petit relativement aux valves de la coquille et se prolonge en deux larges lobes qui tapissent toute la partie de l'intérieur des valves qui n'est pas occupée par la masse viscérale. Les bords libres de ces lobes sont épais et garnis de nombreuses et fines soies chitineuses, logées dans des sacs comme celles des Annélides. Entre les deux lobes du manteau, ou *pallium*, se trouve la chambre palléale, limitée en arrière par la paroi antérieure de la masse viscérale. Sur la ligne médiane cette paroi présente l'ouverture buccale, qui est située au milieu d'un disque, dont le pourtour est pourvu de nom-

finit par constituer une espèce d'étui qui loge les deux portions de l'embryon avec leurs organes internes.

En résumé, les formes larvaires des Bryozoaires se répartissent comme il suit :

Type commun (trochosphère spéciale).	5e	forme :	Cyphonautes.
	4e	—	Vésiculaires.
	3e	—	Chilostomes, Alcyonidiens.
	2e	—	Tubulipores.
	1re	—	Entoproctes, Lophopodes.

La connaissance de ce type commun et de ses différentes modifications nous dévoile d'une manière très-nette les véritables affinités du groupe des Bryozoaires. Je les considère, pour employer une expression qui puisse aisément faire saisir ma pensée par tous, comme fils des Rotifères, et frères des Brachiopodes.

(*Note inédite de M. Jules Barrois.*)

breux tentacules. Le disque se prolonge généralement de chaque côté en un long bras replié en spirale, et frangé de tentacules, d'où le nom de « Brachiopodes » appliqué au groupe. Et, dans bon nombre de genres, ces bras se fixent à des expansions de l'une des deux valves de la coquille.

Le canal alimentaire se compose d'un œsophage, d'un estomac, avec des follicules hépatiques, et d'un intestin. Dans quelques genres, ce dernier est court, et se termine en un cœcum sur la ligne médiane du corps ; dans d'autres, il est long et s'ouvre dans la chambre palléale au côté droit de la bouche.

Le canal alimentaire est revêtu d'une enveloppe externe — qu'on appelle le péritoine — par laquelle il est suspendu, comme par un mésentère, dans une cavité « périviscérale » spacieuse. Des expansions latérales de cette enveloppe — les bandes *gastro-pariétale* et *ilio-pariétale* — unissent les divisions gastrique et intestinale du canal alimentaire respectivement avec les parois.

De la cavité périviscérale, des prolongements ramifiés en forme de sinus s'étendent dans chaque lobe du manteau et se terminent à son pourtour par une extrémité close ; et la cavité périviscérale communique avec la chambre palléale par au moins deux, et quelquefois quatre organes tubulaires, que l'on a décrits comme des « cœurs », mais que l'on sait aujourd'hui n'avoir pas ce caractère. Chacun de ces organes a la forme d'un entonnoir, dont la partie évasée (qui s'ouvre dans la cavité périviscérale) est fortement plissée et repliée, et se trouve séparée par une constriction de la partie plus étroite (qui répond au tuyau de l'entonnoir) et traverse obliquement la paroi antérieure de la chambre viscérale, pour se terminer par un petit orifice. Il est probable que ces pseudo-cœurs remplissent la fonction à la fois de reins et des conduits génitaux ; et qu'ils répondent aux organes de Bojanus chez les Mollusques, et aux organes segmentaires des vers.

Entre l'ectoderme et la membrane qui tapisse les prolongements de la cavité périviscérale, dans le manteau et dans les parois externes de la cavité périviscérale ; et, entre l'endoderme, l'ectoderme et la membrane qui tapisse la cavité périviscérale dans la paroi antérieure de cette chambre, il existe un intervalle parcouru par de nombreux canaux anastomotiques, qui représentent une grande partie du système sanguin propre. Des dilatations vésiculaires, qu'offrent les parois de ces canaux en arrière de l'estomac et en quelques autres endroits, ont été considérées comme des cœurs, mais il n'est pas parfaitement démontré qu'elles aient cette nature. Et, bien que l'on ait prouvé l'existence d'une communication directe entre la chambre périviscérale et ces sinus, il est très-probable que la cavité périviscérale forme réellement partie du système vasculaire sanguin.

Des muscles pour l'adduction et l'écartement des valves de la coquille et d'autres destinés à la production des autres mouvements des animaux, sont bien développés chez les Brachiopodes. Ils sont striés à un haut degré.

Le système nerveux, chez ceux de ces êtres où il a été le mieux étudié, consiste en une bande ganglionnaire relativement épaisse et située derrière la bouche ; les extrémités de cette chaîne s'unissent par un cordon commissural, qui environne l'œsophage, et porte deux petits renflements ganglionnaires. Ces derniers répondent probablement aux ganglions cérébraux, les premiers aux ganglions pédieux des Lamellibranches. Immédiatement en arrière de la masse pédieuse s'observent deux petits ganglions, unis par une commissure spéciale, qui répondent peut-être aux ganglions pariéto-splanchniques des Mollusques plus élevés.

Les organes reproducteurs sont logés dans la cavité périviscérale ou ses prolongements et paraissent toujours contenus dans des expansions de la membrane qui tapisse cette cavité. On ne sait pas positivement si l'hermaphrodisme est la règle ou l'exception. Cependant Lacaze-Duthiers a montré que le *Thecidium* est dioïque.

Les investigations de Kowalewsky récemment publiées sur le développement de l'*Argiope*, de la *Thécidie*, de la *Térébratule* et de la *Térébratuline* prouvent que l'œuf se convertit en une morule sacculaire, dans laquelle se développe par invagination un sac alimentaire, et que le sac émet, comme chez le Sagitta, deux diverticules qui se transforment en la cavité périviscérale. Cette cavité est donc un entérocœle. L'embryon s'allonge, puis est divisé par des constrictions en trois segments, dont l'antérieur se frange de longs cils et développe des taches oculaires, de sorte que le jeune Brachiopode acquiert une grande ressemblance avec une larve annélide ordinaire. La ressemblance s'accroît par l'apparition de quatre faisceaux de soies sur le segment moyen, qui s'étend sur une sorte de manteau, dont les bords libres sont d'abord tournés en arrière. A mesure que la larve croît, le troisième segment se tronque à son extrémité et présente une surface, pourvue d'une glande, par laquelle l'animal se fixe. En même temps, le premier segment, ou segment præstomial, s'atrophie et le capuchon sétigère développé du segment moyen se renverse, croît rapidement et se transforme en les lobes du manteau sur lequel se développent les valves de la coquille.

La ressemblance du Brachiopode larvaire avec un Polyzoaire, et spécialement avec le *Loxosoma*, est très-frappante et justifie pleinement la conclusion relative à l'affinité des Polyzoaires et des Brachiopodes qui résulte de l'étude de leurs structures adultes. D'un autre côté, le développement des Brachiopodes proclame avec non moins de force leurs affinités avec les Annélides.

Divisions des Brachiopodes. — Les Brachiopodes peuvent se distinguer en deux groupes, celui des *Articulés* et celui des *Inarticulés*. Chez les *Articulés* les deux valves de la coquille s'unissent par une charnière et la valve ventrale est ordinairement pourvue de dents, qui sont reçues dans des alvéoles de la valve dorsale. L'œsophage monte sur la ligne médiane vers une valve, que l'on appelle dorsale, et l'intestin descend vers la valve oppo-

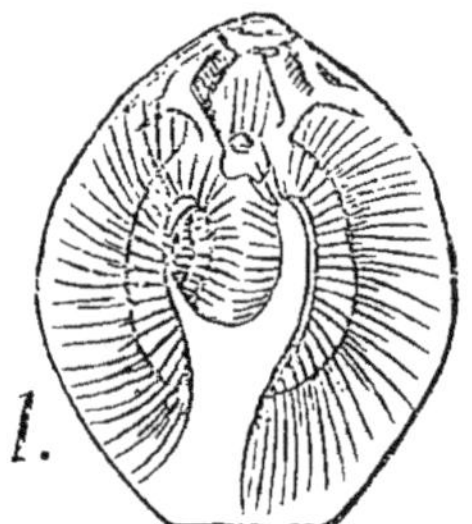

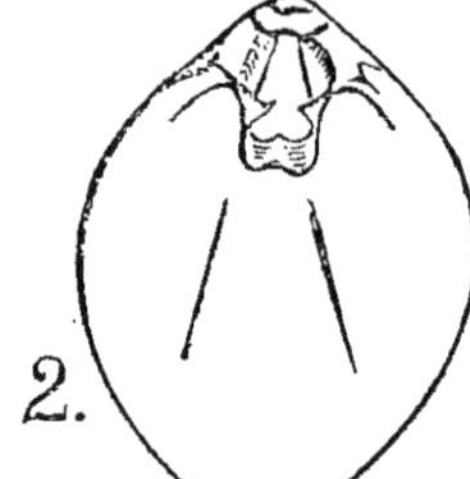

Fig. 74. — *Terebratula vitrea*. — 1, montrant les « bras » ciliés ; 2, montrant la coquille avec sa bride (d'après Woodward).

sée ou ventrale, pour s'y terminer en cœcum. Très-souvent la valve dorsale présente des prolongements écailleux spiraux ou en anse auxquels s'attachent les bras. Les valves se ferment au moyen d'une paire de muscles adducteurs et se séparent par des muscles *divaricateurs*, qui s'étendent de la valve ventrale à une saillie médiane — l'apophyse cardinale — de la ligne charnière de la valve ventrale. Très-souvent la valve ventrale se prolonge en une sorte de bec perforé pour le passage du pédoncule à l'aide duquel l'animal se fixe aux rochers. Aux côtés de la chambre viscérale le bord épaissi du lobe dorsal du manteau se continue avec le bord du lobe ventral.

La substance de la coquille est très-souvent traversée

par de nombreux canaux perpendiculaires à sa surface et contenant des prolongements du manteau.

Cette division comprend les familles des 1° *Térébratulides*, 2° *Spiriférides*, 3° *Rhynchonellides*, 4° *Orthides* et

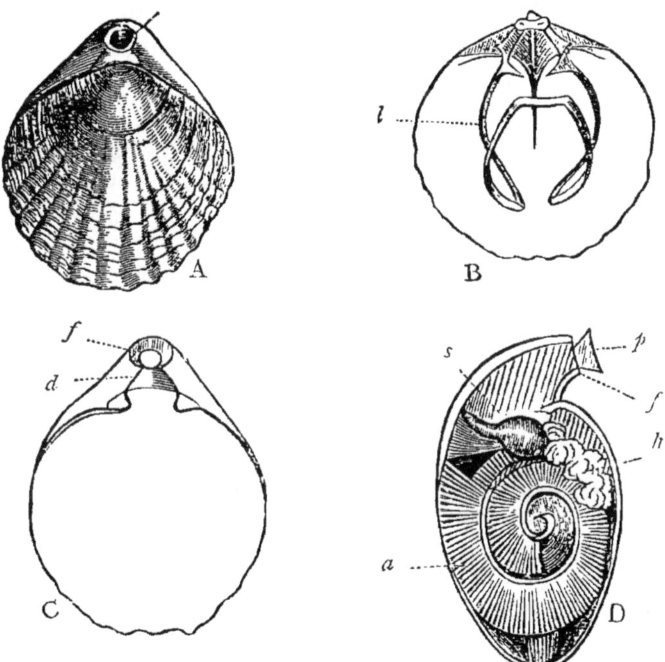

Fig. 75. — *Terebratula* (*Waldheimia*) *flavescens* — A, la coquille vue de derrière, montrant la valve dorsale, et au-dessus le sommet perforé de la valve ventrale. B, vue intérieure de la valve dorsale, montrant la bride écailleuse (*l*) qui supporte les bras spiraux. C, vue intérieure de la valve ventrale, montrant le foramen ou orifice *f* du bec à travers lequel passe le pédoncule musculaire qui sert à fixer l'animal. D, coupe longitudinale et verticale de l'animal, montrant les bras spiraux (*a*), l'estomac (*s*) et le foie (*h*). En *f* se trouve l'orifice du bec, traversé par le pédoncule d'attache (*p*); (d'après Davidson et Owen). Pour plus de clarté, on a négligé quelques détails dans les figures B, C et D.

5° *Productides*, parmi lesquelles les deuxième, quatrième et cinquième sont éteintes et paléozoïques, tandis que la majorité des espèces des deux autres familles sont aussi éteintes.

Les *Inarticulés* n'ont pas de charnière; l'intestin s'ouvre dans la cavité du manteau, dont les lobes sont complétement séparés à leurs bords. Quelques-uns possèdent un long pédoncule (*Lingule*), d'autres sont fixés par un prolongement (plug), qui passe à travers une ouverture ou encoche de l'une des valves (*Discina*), ou simplement par la substance d'une valve (*Crania*). Il n'existe pas de squelette brachial.

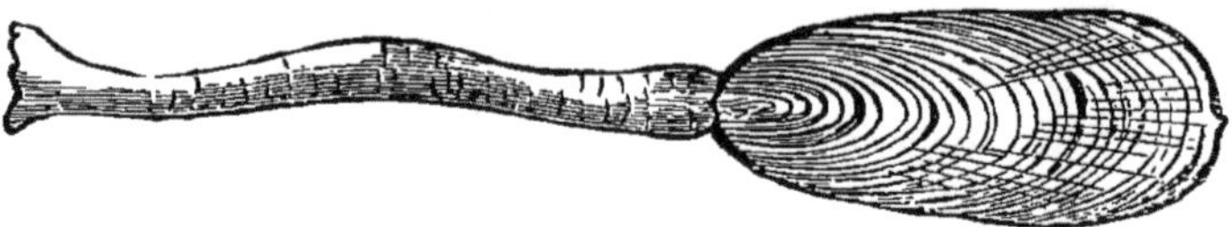

Fig. 76. — *Lingula anatina*, montrant le pédoncule musculaire à l'aide duquel s'attache la coquille.

Des espèces de toutes ces familles vivent actuellement, mais elles sont aussi représentées dans les époques paléozoïques les plus anciennes, et les *Lingules* figurent parmi les fossiles les plus vieux que l'on connaisse.

CHAPITRE XVI

Mollusques.

Caractères généraux. — La dénomination de Mollusques s'emploie convenablement pour les groupes réunis des *Lamellibranches* et des *Odontophores* (= *Gastéropodes, Ptéropodes* et *Céphalopodes* de Cuvier), qui, comme il est facile de le démontrer, sont des modifications d'un seul plan fondamental de structure. Ce type peut se représenter par un corps, symétrique relativement à un plan médian vertical, à une extrémité duquel se trouve l'ouverture buccale, et à l'autre l'orifice anal du canal alimentaire. Ce corps a une face ventrale ou *neurale*, une face opposée dorsale ou hématique (*de* αἷμα *sang*), et des côtés droit et gauche. La face neurale donne naissance à un *pied* musculaire. Le tégument de la face hématique se prolonge, dans une certaine étendue, par ses bords en un repli libre et l'on donne le nom de manteau, ou de *pallium*, à la région du tégument ainsi circonscrite. Entre la portion libre de ce manteau et le reste du corps se trouve une cavité, la chambre *palléale*, des parois de laquelle peuvent se développer des appendices qui servent à la respiration, les *branchies*.

Sur la ligne médiane de la surface du manteau de l'embryon, se forme très-généralement une *glande conchylienne* (*shell gland*), et de la surface du manteau se produit une sécrétion cuticulaire, la *coquille*.

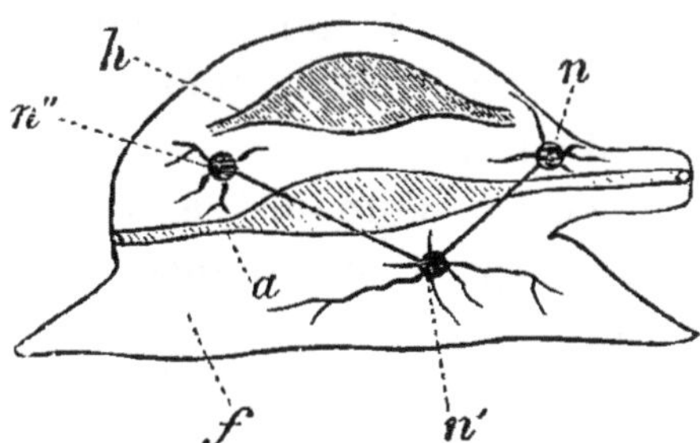

Fig. 76 *bis*. — Diagramme d'un Mollusque. — *a*, canal alimentaire ; *h*, cœur ; *f*, pied ; *n*, ganglion cérébral ; *n'*, ganglion pédieux ; *n"* ganglion pariéto-splanchnique.

Le cœur est situé au milieu de la région postérieure dorsale et se compose, moins, de deux cavités, une oreillette et un ventricule. es corpuscules du sang sont incolores et nucléés. Entre le cœur et l'intestin s'observent un ou deux sacs, les organes de Bojanus, qui s'ouvrent à l'extérieur et communiquent avec le système sanguin.

Le système nerveux consiste en une paire de ganglions (*cérébraux*) aux côtés ou en avant de la bouche, et en deux paires de glanglions post-œsophagiens (*pédieux* et *pariéto-splanchniques*), les derniers s'unissant aux premiers par des commissures.

Dans la majorité des Mollusques, l'embryon traverse une phase dans laquelle il est pourvu d'un *voile* cilié, développé sur la face *dorsale* de la région céphalique du corps, en avant du manteau.

Divisions des Mollusques. — Les particularités spéciales aux différents groupes des Mollusques résultent principalement :

1° De la forme de la région palléale, et des dimensions des lobes du manteau relativement au corps.

2° Du nombre et de l'arrangement des pièces de la coquille à laquelle le manteau donne naissance.

3° De la croissance et de la modification du pied, et de la production ou de la non-production par lui de matière chitineuse ou écailleuse.

4° Du développement d'organes sensoriels sur l'extrémité antérieure du corps et de l'absence ou de la présence d'une tête perceptible.

5° De la croissance disproportionnée de certaines régions du corps, et du changement dans la direction de l'intestin qui en est la conséquence, s'accompagnant souvent d'une distorsion asymétrique latérale.

A. LAMELLIBRANCHES.

Chez les *Lamellibranches*, le manteau a toujours deux grands lobes, situés latéralement, c'est-à-dire de droite et de gauche par rapport au plan médian ; et chacun de ces lobes donne naissance à une pièce, ou *valve*, de la coquille. Les deux valves sont ordinairement unies sur la ligne médio-dorsale par une substance cuticulaire chitineuse non calcifiée, appelée le *ligament ;* et il n'est pas rare qu'elles s'articulent au moyen de prolongements s'enclavant réciproquement. Les bords du manteau ne présentent pas de soies.

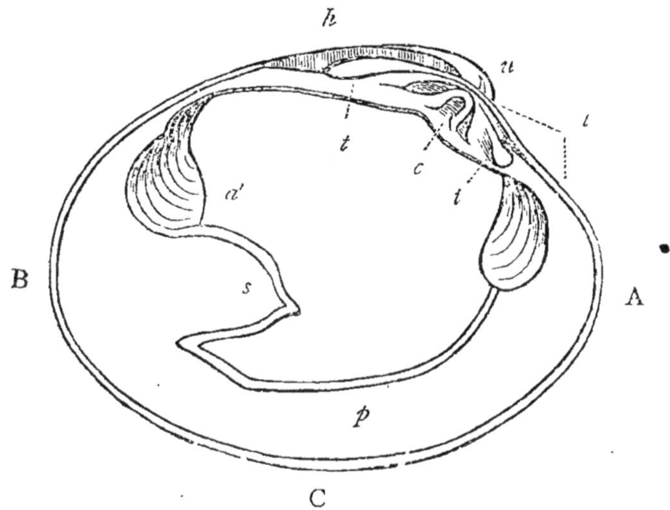

Fig. 77. — Valve gauche de la coquille du *Cytherèa chione* (d'après Woodward). — A, bord antérieur ; B, bord postérieur ; C, bord ventral ou base ; *u*, umbo ; *h*, ligament ; *l*, lunule ; *c*, dent cardinale ; *t*, *t*, dents latérales ; *a*, adducteur antérieur ; *a'* adducteur postérieur ; *p*, ligne palléale ; *s*, sinus palléal, déterminé par les muscles rétracteurs des siphons.

Le pied peut être rudimentaire, mais il est ordinairement grand, flexible et employé comme organe de locomotion. La face postérieure du pied présente assez souvent une glande qui sécrète une substance chitineuse ou écailleuse, le *byssus.*

Dans les points où chaque lobe du manteau rejoint le corps, des prolongements branchiaux se projettent dans la cavité palléale et se convertissent généralement en deux branchies offrant une forme allongée lamellaire.

La bouche est limitée par des lèvres, dont les angles se

prolongent ordinairement de chaque côté en deux *palpes*

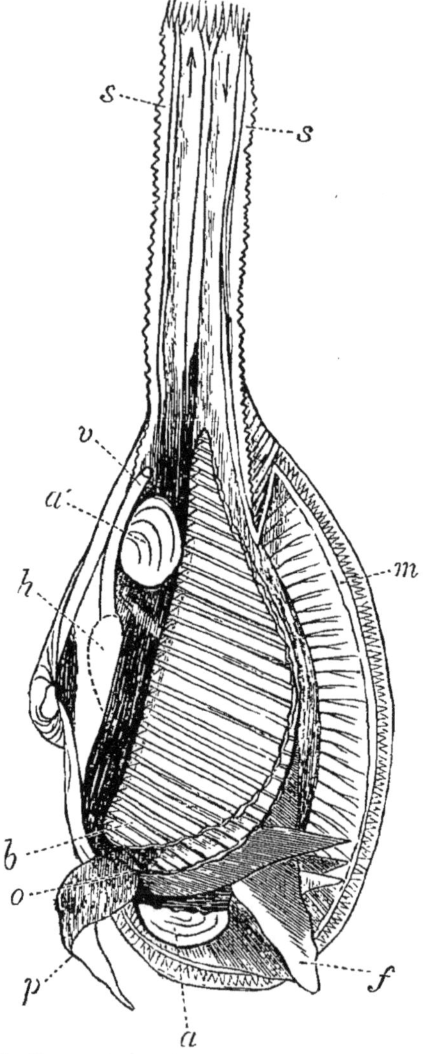

Fig. 78. — Anatomie d'un mollusque bivalve (*Mya arenaria*). La valve et le lobe gauches du manteau sont enlevés ainsi que la moitié des siphons; *s*, *s*, siphons respiratoires, les flèches indiquant la direction des courants; *a*, *a'* muscles adducteurs ; *b*, branchies; *h*, cœur ; *o*, bouche entourée de palpes labiaux (*p*) ; *f*, pied : *v*, anus ; *m*, bord coupé du manteau (d'après Woodward).

labiaux. Un œsophage large et court conduit dans un estomac environné par le foie. Très-généralement un diverticule de l'estomac contient un corps transparent en forme de baguette, le *style cristallin*.

L'intestin fait d'ordinaire de nombreuses circonvolutions, mais finit par atteindre la ligne médiane de la région dorsale du corps, et se termine par l'anus dans la partie postérieure de la cavité du manteau. Le cœur est situé dans la région traversée par la terminaison de l'intestin. Il se compose d'une oreillette et d'un ventricule, ou d'un ventricule et de deux oreillettes ou peut se diviser en deux oreillettes et deux ventricules séparés. Des troncs aortiques distribuent le sang incolore au corps, d'où il revient dans un sinus veineux médian; de là, il traverse les parois des organes de Bojanus, peut se rendre aux branchies et être ramené ensuite à la division auriculaire du cœur. Très-généralement le ventricule recouvre le rectum. La région mésodermique, comprise entre l'endoderme et l'ectoderme, est en majeure partie occupée par des tissus vasculaire, conjonctif et musculaire et par les organes reproducteurs, de telle sorte que l'espace périviscéral n'est pas considérable. Mais on y remarque 1° le grand sinus médian déjà mentionné, qui reçoit le sang ramené de toutes les parties du corps et qu'on appelle communément la *veine cave;* 2° un spacieux espace péricardique qui renferme le cœur. Il est en communication avec le système veineux et par conséquent, d'une manière directe ou indirecte, avec la veine cave; 3° deux organes de Bojanus, qui d'ordinaire communiquent librement l'un avec l'autre, s'ouvrent d'une part dans le péricarde et à l'extérieur du corps d'autre part; 4° des canaux qui débouchent à la surface tégumentaire et spécialement sur celle du pied. Ces derniers, appelés *vaisseaux aquifères*, se continuent intérieurement avec le système veineux, dont ils semblent, à vrai dire, former une partie. Il est probable que toutes ces cavités, envisagées dans leur ensemble, représentent la cavité périviscérale, les sinus sanguins, et le pseudo-cœur d'un Brachiopode (1).

(1) M. Sabatier, dans deux notes présentées à l'Académie des sciences (7 septembre 1874 et 29 novembre 1875), indique les dispositions différentes que réalisent, chez la Moule commune (*Mytilus edulis*), les appareils de la circulation, de la respiration et de l'excrétion urinaire, comparativement à celles que l'on observe chez la généralité des mollusques lamellibranches. Le cœur a deux oreillettes ; l'aorte postérieure naît de la face inférieure du bulbe aortique et se dirige en arrière pour se distribuer à l'estomac et à l'intestin. L'aorte antérieure fournit des artères hépatiques, des artères tentaculaires et surtout de grandes artères palléales qui se distribuent à la face externe du manteau. Les veines se terminent dans deux grands vaisseaux situés de chaque côté du corps, obliques de haut en bas et d'avant en arrière, et qui s'abouchent directement dans les oreillettes : ce sont les veines afférentes obliques. Le corps de Bojanus ne forme pas un organe nettement distinct, comme chez la plupart des mollusques lamellibranches : la partie antérieure est formée d'une série de replis membraneux verticaux et de couleur brun verdâtre. Ces replis renferment des cavités qui viennent s'aboucher nécessairement, par leurs extrémités supérieures, dans un canal collecteur dont le diamètre croît rapidement d'avant en arrière ; la partie postérieure du corps de Bojanus tapisse les parois de l'oreillette et de la veine afférente oblique. Les organes de la respiration sont multiples. Ils comprennent les branchies, la surface du corps et plus particulièrement la face interne du manteau, et enfin les organes godronnés ou en jabot. Les filets branchiaux sont séparés entre eux par des fentes étroites interrompues par des cylindres à axe court, ou disques, composés de deux couches de cellules que sépare un disque hyalin. Si l'on porte avec précaution un morceau de branchie sous le microscope, on observe que tout est immobile. Mais bientôt une série régulière d'alternatives d'aplatissement et d'épaississement accompagnés d'allongement et de raccourcissement de leur diamètre se manifeste dans les disques hyalins. De la contraction simultanée des disques d'une même région résultent, d'une part, un élargissement et un rétrécissement alternatifs produisant une sorte d'inspiration et d'expiration, d'autre part, une dilatation et un rétrécissement aussi alternatifs des filets branchiaux, comparables à une systole et à une diastole vasculaires.

Mais en écartant délicatement deux filets branchiaux, on voit se rompre les disques qui sont remplacés sur chaque feuillet par une couche de cellules munies d'une brosse de cils vibratiles hyalins provenant de la dissociation du disque en deux brosses de cils qui se péné-

Des fibres musculaires s'étendent transversalement d'une valve de la coquille à l'autre, et sont destinées à les rapprocher, tandis que les valves s'écartent par la réaction élastique du ligament. Il existe tantôt un, tantôt deux muscles *adducteurs*. Dans ce dernier cas (*Lamellibranches Dimyaires*), l'*adducteur antérieur* se trouve en avant et sur le côté dorsal de l'œsophage; tandis que l'*adducteur postérieur* est situé en avant, mais sur le côté neural du rectum. Il en résulte que le canal alimentaire, considéré dans son ensemble, est compris entre ces deux

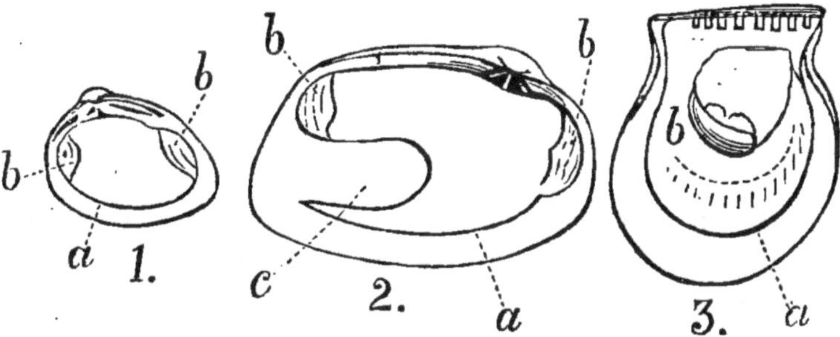

Fig. 79. — Coquilles de Lamellibranches. — 1, *Cyclas amnica*, coquille dimyaire avec une ligne palléale entière. 2, *Tapes pullastra*, coquille dimyaire avec une ligne palléale échancrée. 3, *Perna ephippium*, coquille monomyaire (d'après Woodward) : *a*, ligne palléale ; *b*, empreintes musculaires laissées par les adducteurs ; *c*, empreinte du siphon.

muscles. Quand il n'existe qu'un seul muscle, c'est le postérieur.

Les *ganglions cérébraux* sont placés aux côtés de la bouche et se relient par une commissure, qui passe en avant de cette dernière. Ils envoient des branches aux palpes labiaux et aux parties voisines de la bouche. Les *ganglions pédieux* se trouvent dans le pied ; ou dans la

traient réciproquement et étaient unis les uns aux autres par un vernis conjonctif. M. Sabatier a donné à ces curieux éléments histologiques le nom de *cils musculoïdes*, qui rappelle leurs doubles affinités apparentes.

région correspondante sur le côté neural du canal alimentaire, quand le pied ne s'est pas développé. Chacun d'eux s'unit par une commissure avec le ganglion cérébral de son propre côté, et avec son congénère. Ils animent les muscles du pied. Les ganglions *pariéto-splanchniques* sont situés sur la face ventrale de l'adducteur postérieur et chacun se relie avec le ganglion cérébral de son côté par une longue commissure. Ils envoient des branches au manteau, aux branchies et aux viscères.

Il ne se développe jamais d'yeux dans la région céphalique des Lamellibranches, mais, très-souvent, de nombreux yeux simples terminent des papilles des bords du manteau.

Des sacs auditifs sont presque toujours attachés par des pédoncules plus ou moins longs aux ganglions pédieux.

Les Lamellibranches sont ordinairement dioïques, mais quelquefois hermaphrodites. Les organes reproducteurs constituent des glandes en grappe ramifiées, qui occupent une grande portion du corps à l'époque de la génération et dont les conduits s'ouvrent extérieurement près des organes de Bojanus ou par des orifices communs avec ces derniers.

Le phénomène de la segmentation du jaune donne naissance à des blastomères, les uns petits, les autres plus volumineux, les premiers revêtant (à la manière d'un épiblaste) les derniers (qui représentent un hypoblaste).

Les observations importantes de M. Lankester sur le *Pisidium* prouvent que, chez quelques Lamellibranches, la division du jaune aboutit à la formation d'une morule vésiculaire, qui, après s'être invaginée, passe à la phase gastrula. Des côtés du sac alimentaire invaginé partent deux diverticules ovales, mais ils ne donnent naissance à aucune portion du tube digestif, lequel résulte de la métamorphose de la portion médiane de l'hypoblaste qui reste entre ces diverticules. Il est impossible de n'être pas frappé de la ressemblance de ces corps ovalaires avec les prolongements latéraux du sac gastrique primitif, aux dépens desquels se développent, chez le *Sagitta* et chez les *Branchiopodes*, la cavité périviscérale et le mésoderme.

A l'extrémité céphalique de l'embryon ainsi produit, se forme un voile, ou disque, ayant des bords richement ciliés et présentant d'ordinaire une touffe centrale de longs cils. Sur la face dorsale de l'embryon le tégument se soulève en une plaque à bords élevés, qui est le rudiment du manteau. Au centre de celui-ci une involution de l'épiblaste produit un petit sac — la « glande préconchylienne » — dont l'existence n'est que temporaire (1). Elle correspond par sa position au ligament et n'a rien à faire avec la coquille, qui à l'origine est une cuticule chitineuse développée de la surface des cellules du manteau, et dont la séparation en deux valves, unies par une charnière non calcifiée, doit probablement être attribuée à la manière suivant laquelle se dépose la substance calcaire ajoutée plus tard à la coquille.

Le pied apparaît comme une excroissance médiane de la face ventrale de l'embryon en arrière de la bouche. Les branchies ont tout d'abord la forme de prolongements filamenteux séparés qui se développent de la voûte de la partie antérieure de la cavité palléale et augmentent graduellement de nombre d'avant en arrière. Les prolongements les premiers formés s'unissent et deviennent la lamelle externe de la plaque branchiale interne ; la lamelle interne de cette plaque résulte du reploiement et de la croissance en haut des extrémités libres de ces prolongements. La lamelle interne de la branchie externe se forme de prolongements bran-

(1) Lankester, « Observations on the Development of the Pond Snail », *Quarterly Journal of microscop. Science*, vol. XIV.

chiaux qui croissent en dehors des extrémités adhérentes de la première série; quant à la lamelle externe de cette branchie, elle se produit de la même façon que la lamelle interne de la branchie interne.

De récentes observations tendent à montrer que chez ces animaux, comme chez d'autres invertébrés, les ganglions nerveux sont des productions internes modifiées de l'épiblaste.

En comparant les *Lamellibranches* avec les *Brachiopodes*, il est évident que ces deux groupes ont, en commun l'un avec l'autre et avec les *Annélides*, la forme larvaire véligère. Si la glande à coquille est, comme le suggère M. Lankester, l'homologue de la glande pédonculaire du *Loxosome* et des larves Brachiopodes, il s'ensuit que le pédoncule du Brachiopode correspond au centre de la surface palléale du Lamellibranche, et que ce qu'on appelle les lobes dorsal et ventral du manteau chez les Brachiopodes répond aux moitiés antérieure et postérieure du manteau chez les Lamellibranches. La charnière Brachiopode sera donc transversale par rapport à l'axe du corps, tandis que la charnière Lamellibranche lui est parallèle. Toutefois, en supposant cette comparaison exacte, les trois segments de la larve Brachiopode ne sauraient répondre aux segments d'une larve Annélide, mais les deux segments postérieurs de la larve Brachiopode doivent représenter une production externe du côté dorsal du corps; et cela correspondrait très-bien avec la disposition de l'intestin chez les *Brachiopodes* articulés.

Dans les formes les plus simples des *Lamellibranches*, comme la *Trigonia*, la *Nucula* et le *Pecten*, les lobes du manteau sont peu allongés, complétement séparés l'un de l'autre et des branchies, et ces dernières sont de simples plumes ou n'ont subi que peu de modification.

Chez la plupart des Lamellibranches les branchies sont

lamellaires et les lobes du manteau sont soudés l'un avec l'autre et avec les branchies, de manière à former deux cavités, une supra-branchiale, l'autre infra-branchiale (*Ostræa*, *Anodonta*).

Chez d'autres, cependant, les bords postérieurs du manteau se prolongent en arrière en tubes musculaires plus ou moins longs — les *siphons;* tandis que les bords ventraux des lobes du manteau s'unissent de manière à ne laisser qu'une petite ouverture médiane pour le pied. Dans les formes les plus modifiées, le corps s'allonge de plus en plus, jusqu'à ce qu'il devienne, chez le *Teredo*, complétement vermiforme et alors les valves de la coquille ne couvrent qu'une très-petite portion du corps.

B. Odontophores.

Les Mollusques qui appartiennent à cette division se distinguent des précédents en ce qu'ils possèdent une masse buccale, ou *odontophore*. Cet organe consiste en une charpente cartilagineuse attachée au plancher de la cavité buccale et sur laquelle joue, comme sur une poulie, une bande plus ou moins longue de nature chitineuse, le *ruban lingual*. Ce ruban lingual est armé de saillies en forme de dents, disposées en une ou plusieurs séries, et il se développe d'un sac situé à son extrémité postérieure de telle sorte que les dents sont remplacées d'arrière en avant à mesure qu'elles s'usent sous l'action du frottement contre les aliments qui sont râpés par elles à l'extrémité antérieure du ruban.

Fig. 80. — Fragment du ruban lingual ou odontophore du Buccin (*Buccinum undatum*) grossi (d'après Woodward).

Les Odontophores ne possèdent jamais de coquille bivalve, mais sous d'autres rapports quelques-unes des formes les plus inférieures de ce groupe se rapprochent de très-près des Lamellibranches, tandis que d'autres ressemblent plus à des Annélides qu'à tout autre organisme.

Subdivisions des Odontophores. — Ces formes les plus humbles des *Odontophores* sont les *Polyplacophores* ou *Chitonides* et les *Scaphopodes* ou *Dentalides*. Chez elles seules, la symétrie bilatérale du corps demeure complétement, ou à peu près complétement intacte.

A. *Polyplacophores.* — Les Chitons sont des animaux allongés, semblables aux limaces, ayant la bouche à une extrémité du corps, et l'anus à l'autre, et d'ailleurs bilatéralement symétriques. Un lobe arrondi surmonte la bouche, mais il ne porte ni yeux ni tentacules et il n'existe pas de tête définie. Les bords du manteau sont épaissis, mais peu proéminents, de sorte que la cavité palléale ne constitue guère plus qu'un sillon allongé au-dessous et en dedans du bord épaissi, qui est quelquefois garni de soies. Dans ce sillon se trouvent les courtes lamelles transversales qui représentent les branchies. La coquille diffère de celle de tout autre mollusque. Elle consiste en huit pièces symétriques transversalement allongées, disposées les unes derrière les autres, se recouvrant d'ordinaire et s'articulant entre elles. Le cœur, composé d'un seul ventricule et de deux oreillettes, est situé sur la ligne médiane, au-dessus du rectum, à l'extrémité postérieure du corps, et l'aorte se continue en avant de son extrémité antérieure. Les organes reproducteurs sont symétriques et leurs conduits s'ouvrent près de l'anus.

L'embryon sort de l'œuf sous forme d'un corps ovalaire, environné près de son extrémité antérieure par une bande circulaire ciliée, derrière laquelle apparaît une tache oculaire de chaque côté. Les segments de la coquille apparaissent quand le jeune *Chiton* est encore locomoteur et le disque situé en avant de la bande ciliée se convertit en le lobe qui surmonte la bouche.

B. *Scaphopodes.* — Dans le *Dentalium*, la coquille est allongée, conique et recourbée comme une défense d'éléphant dont la pointe serait brisée, et elle est ouverte aux deux bouts. L'animal a un grand manteau de forme correspondante et également ouvert aux deux extrémités, les bords de l'ouverture la plus grande étant fort épaissis. L'orifice buccal, placé à l'extrémité d'une sorte de coupe, dont les bords sont frangés de papilles, est situé fort en arrière de l'ouverture antérieure du manteau. Derrière la coupe orale, au point où le corps rejoint le manteau, se trouve une crête musculaire transversale, de laquelle procèdent un grand nombre de longs tentacules, qui sortent à travers l'ouverture antérieure du manteau et jouent le rôle d'organes préhensiles. En arrière et au-dessous de la coupe orale naît le pied, qui est très-long et sub-cylindrique. Près de son extrémité s'observent deux lobes épipodiaux charnus. La coupe orale conduit dans une cavité buccale, contenant l'odontophore, et qui est reliée à l'estomac par l'œsophage. Le foie consiste en deux divisions à ramifications symétriques; et l'intestin, après s'être contourné sur lui-même, se termine dans une papille anale, médiane, proéminente, située sur la ligne médiane, derrière la racine du pied. Il n'y a pas de cœur, mais le sang remplit des sinus spacieux. Il n'existe pas non plus d'organes respiratoires spéciaux, distincts de la paroi de la cavité palléale. Dans le système nerveux, les commissures des ganglions pariéto-splanchniques vont directement aux ganglions cérébraux, comme chez les Lamellibranches. Les sexes sont distincts. L'embryon est d'abord environné d'un certain nombre d'anneaux ciliés, son extrémité antérieure présentant une touffe de longs cils. Peu à peu, les cils se restreignent aux bords d'un disque, dans lequel s'épanouit l'extrémité antérieure de l'embryon et qui représente le voile præ-oral cilié des Lamellibranches. Le manteau apparaît alors sur la face dorsale du corps, en arrière de ce disque. Ses bords ventraux sont libres et il sécrète une plaque écailleuse de forme correspondante. Mais, à mesure que le développement avance, les bords du manteau aussi bien que de la coquille s'unissent sur la ligne médiane, laissant les bouts antérieur et postérieur ouverts.

ODONTOPHORES SUPÉRIEURS

(C) PTÉROPODES. — GASTÉROPODES : (D) (**Branchio-Gastéropodes et** (F) **Pulmo-Gastéropodes**). (G) CÉPHALOPODES.

Les *Odontophores* plus élevés — les *Gastéropodes* et les *Ptéropodes* de Cuvier, se subdivisent en deux groupes, d'après la structure et la disposition des parties du pied. Dans l'un de ces groupes, le pied peut consister en un simple disque, ou il peut se diviser en trois portions, une antérieure (le *propodium*), une moyenne (le *mesopodium*) et une postérieure (le *metapodium*) ; il peut encore se compliquer davantage par le développement, sur ces côtés, d'expansions musculaires, vraisemblablement analogues aux lobes du pied chez le *Dentalium*, expansions appelées *épipodes*. Mais, quelle que soit la forme du pied chez ces Mollusques, ses bords ne se prolongent pas en tentacules et ses portions antéro-latérales ne s'étendent pas aux côtés de la tête et s'unissent en avant de la bouche.

Dans l'autre division, les *Céphalopodes*, les bords du pied se prolongent en tentacules et les régions antéro-latérales de cet organe s'étendent au-dessus de la bouche et s'unissent en avant d'elle, de telle sorte que cette dernière se trouve située au centre du pied discoïde.

Dans la première division, l'embryon est, comme chez les *Scaphopodes* et les *Polyplacophores*, « véligère » chez tous les *Ptéropodes*, chez tous ceux des *Gastéropodes* qui respirent l'air dissous dans l'eau (*Branchiogastéropodes)*, et chez quelques-uns de ceux qui respirent l'air directement (*Pulmogastéropodes*). Mais, dans les *Céphalopodes*, il ne se forme pas de voile, et l'animal acquiert les caractères généraux de l'adulte avant de sortir de l'œuf.

Une glande à coquille s'observe souvent, sinon toujours, chez l'embryon des *Odontophores* supérieurs ; et chez tous les Ptéropodes et Branchio-gastéropodes, le manteau sécrète une coquille cuticulaire qui peut, cependant, n'exister que durant la phase larvaire (1).

C. *Ptéropodes.* — Dans ce groupe de petits animaux pélagiques, il n'existe pas de tête distincte, les yeux et les tentacules restant rudimentaires. Les épipodes constituent de grandes expansions musculaires, dont les battements font nager l'animal ; mais le reste du pied est toujours

(1) Certains Branchio-gastéropodes présentent la particularité remarquable d'avoir deux coquilles à l'état embryonnaire. Krohn, qui a le premier signalé ce point curieux, a fait voir par la comparaison des *Radula* que le mollusque décrit par lui sous le nom d'*Echinospira* devait être une larve de *Marseniadæ.* M. Giard a donné une démonstration directe du même fait en étudiant l'embryogénie du *Lamellaria* (*Marsenia*) *perspicua.* Chez ce mollusque, la segmentation rappelle celle de certains vers (*Euaxes*). La première coquille embryonnaire (*Echinospira*) a la forme nautiloïde de quelques coquilles de Ptéropodes. Cette coquille a évidemment une signification atavique comme les carapaces successives du *Nauplius* des Cirrhipèdes. Chose curieuse, chez le *Lamellaria* adulte la coquille définitive est complétement cachée sous le tégument, de sorte que cet animal, qui a été pourvu dans son jeune âge de deux enveloppes solides superposées semble complétement nu dans les phases ultérieures de son développement (V. Giard, *Embryogénie du Lamellaria*, C. R. de l'Académie, 22 mars 1875).

petit et souvent rudimentaire, répondant ainsi aux faibles dimensions de la face neurale du corps.

La face dorsale, au contraire, se prolonge toujours, comme chez les *Céphalopodes*, en un sac viscéral relativement considérable; et chez quelques-uns (les *Thecosomata*), ce sac viscéral s'étend conjointement avec le manteau, qui est protégé par une coquille. Chez d'autres (*Gymnosomata*), le manteau disparaît de bonne heure, et il n'y a pas de coquille.

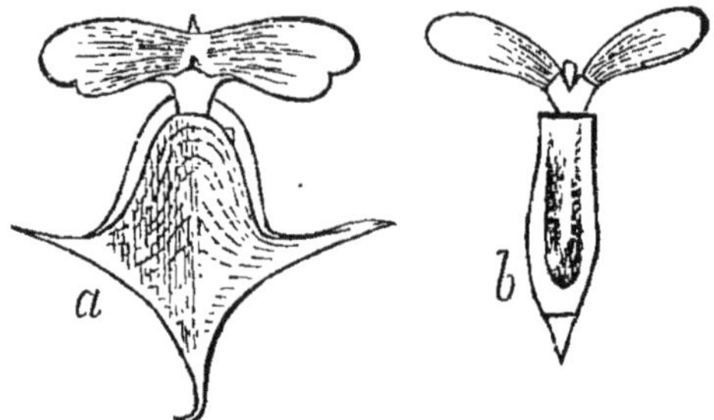

Fig. 81. — Ptéropodes. — *a*, *Cleodora pyramidata* ; *b*, *Cuvieria columnella* (d'après Woodward).

Chez les *Thecosomata*, le lobe libre du manteau, qui renferme une spacieuse cavité palléale, se trouve d'ordinaire sur la face postérieure du sac viscéral, comme chez les *Céphalopodes*, et le rectum s'y termine sur un côté de la ligne médiane. Dans ceux-là, on observe une simple flexion neurale du canal alimentaire, comme chez les céphalopodes, bien que la courbure du rectum vers l'un des côtés détruise la symétrie du corps. Chez le *Spirialis* l'intestin fait une circonvolution qui le ramène à la face antérieure du sac viscéral et, comme il s'accompagne de la cavité du manteau, l'ouverture du manteau se trouve placée sur la face antérieure du sac viscéral, au lieu de l'être sur la face postérieure. Il n'existe pas de branchies distinctes; mais, chez les *Theco-*

somata, la membrane qui tapisse la cavité palléale remplit la fonction de la respiration.

Le cœur se compose d'une seule oreillette et d'un ventricule unique. L'oreillette se trouve près de la cavité du manteau, dont les parois lui envoient le sang aéré. Le ventricule se dirige tantôt en avant comme dans tous les *Gymnosomata*, tantôt en arrière, de telle sorte que des formes proches parentes sont quelquefois *opisthobranchiées*, quelquefois *prosobranchiées*. Les divisions du tronc aortique se terminent bientôt dans des lacunes, par lesquelles le sang est ramené dans les parois de la cavité du manteau. Un sac contractile à parois délicates, qui s'ouvre d'un côté dans la chambre palléale, et de l'autre dans le sinus péricardiaque, représente l'organe de Bojanus.

Tous les *Ptéropodes* sont pourvus d'un *ovotestis*. — glande en grappe, dans les culs-de-sac ultimes de laquelle se développent à la fois des œufs et des spermatozoaires — et sont par conséquent hermaphrodites (1).

(D) *Branchiogastéropodes*. — Chez tous les membres de ce groupe, dont on a jusqu'ici étudié le développement, l'intestin subit une torsion qui le ramène sur la face antérieure du sac palléal, de telle façon que le canal alimentaire a, dans l'embryon véligère, une courbure complétement hématique (ou dorsale). Aussi, chez l'adulte, l'intestin naît-il de la face dorsale (ou hématique) et non de la face ventrale (ou neurale) de l'estomac. Le

(1) Les belles recherches de H. Fol sur le développement des Ptéropodes l'ont conduit à ce résultat fort important que l'*Ovotestis* présente une double origine. La partie testiculaire (corps pyriforme de Müller) dérive de l'ectoderme, tandis que la partie ovarienne se forme aux dépens de l'entoderme. C'est là une confirmation très-remarquable des vues de Ed. Van Beneden sur la sexualité différente des deux feuillets embryonnaires [Voy. H. Fol, *Développement des Ptéropodes* (*Archives de Zoologie*, t. IV, nos 1 et 2)].

cœur se compose généralement d'un ventricule et d'une seule oreillette, mais quelquefois il y a deux oreillettes.

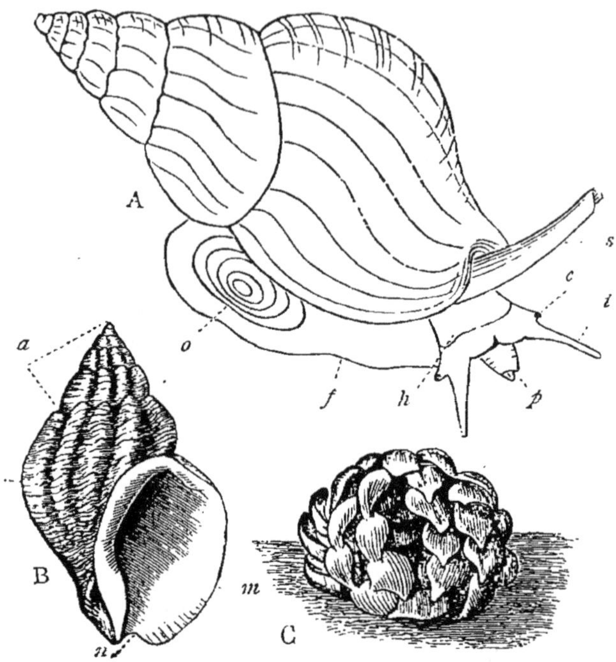

Fig. 82. — A, Esquisse d'un Buccin (*Buccinum undatum*) en mouvement ; *f*, pied ; *h*, tête portant les tentacules (*t*) avec les yeux (*e*) à leur base ; *p*, proboscide ; *s*, siphon respiratoire, ou tube par lequel l'eau arrive aux branchies ; *o*, opercule. B, coquille du Buccin ; *a*, spire ; *n*, encoche dans le bord antérieur de l'orifice de la coquille ; *m*, lèvre externe de l'ouverture de la coquille. Demi-grandeur naturelle. C, petit amas de capsules d'œufs de Buccin. (Les figures B et C sont empruntées à Woodward.)

Subdivisions des Branchiogastéropodes. — Les Branchiogastéropodes se partagent en deux séries distinctes, dont l'une (1) est hermaphrodite, — la glande génitale constituant un ovotestis, — et invariablement opistobranchiée, tandis que l'autre (2) est unisexuelle et ordinairement prosobranchiée. Dans chaque série, on observe quelques formes qui sont pourvues d'un grand manteau, avec un sac viscéral petit ou absent, et qui sont à peu près symétriques (*Phyllidie*, *Patelle*, *Fissurelle*) ; et d'autres dans lesquelles le manteau est complétement avorté (*Nudibranches*, *Firola*). Ces Branchiogastéropodes « Chlamydés » et « Achlamydés » correspondent aux *Thecosomata* et aux *Gymnosomata* parmi les Ptéropodes.

Les Branchiogastéropodes chlamydés sont ordinairement pourvus de branchies, qui prennent la forme soit de lamelles nombreuses, soit de deux organes plumeux, se réduisant parfois à un seul. Dans les formes achlamydées, les véritables branchies font généralement défaut tout en pouvant être remplacées fonctionnellement par des prolongements de la paroi dorsale du corps.

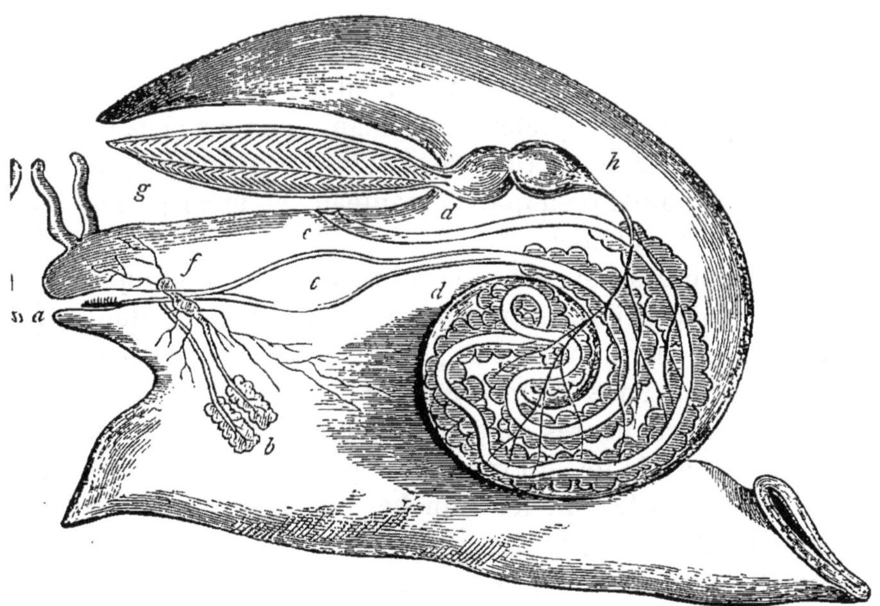

Fig. 83. — Coupe schématique d'un Buccin. — *a*, bouche, avec l'appareil masticatoire ; *b*, glandes salivaires ; *c*, estomac ; *dd*, intestin environné par le foie et se terminant dans l'anus (*e*) ; *g*, branchie ; *h*, cœur ; *f*, ganglion nerveux.

(1) Parmi les *Opisthobranches*, la *Phyllidie* est presque symétrique, l'anus étant situé à l'extrémité postérieure

du corps, et l'on observe un grand manteau, dépourvu de coquille. Il n'existe pas de cavité palléale et les branchies constituent des lamelles nombreuses, placées de chaque côté du corps, entre le bord libre du manteau et le pied. Dans l'*Aplysie* le manteau est relativement petit et développe une coquille interne; les branchies, l'anus et les ouvertures sexuelles sont du côté droit du corps. Ce genre possède des lobes épipodiaux très-étendus, à l'aide desquels quelques espèces progressent dans l'eau comme des Ptéropodes.

Fig. 83 *bis*. — Nudibranches. *Doris Johnstoni*.

Les *Nudibranches* n'ont pas de manteau, et l'anus se trouve d'ordinaire du côté droit du corps; quelquefois, cependant, comme chez les *Doris*, il est terminal. Chez le *Phyllirhöe* pélagique, le pied avorte, aussi bien que le manteau, et le corps a la forme d'un sac allongé.

La portion gastrique du canal alimentaire se complique par une subdivision en plusieurs compartiments, dont quelques uns sont pourvus de plaques chitineuses ou calcaires, ou de dents de même nature, chez l'*Aplysia*, le *Bulla* et d'autres genres. Chez beaucoup de *Nudibranches*, comme l'*Eolis*, le foie est représenté par un organe tubulaire très-ramifié, dont les branches cœcales ultimes se terminent dans les papilles allongées dorsales, dont les sommets renferment des *nématocystes*.

(2) Dans la série des *Prosobranches*, la grande majorité sont non-seulement chlamydés, mais présentent une chambre branchiale spacieuse et la paroi palléale du corps se prolonge en un « sac viscéral », conique, qui contient l'estomac, le foie et les organes génitaux. Il se replie ordinairement d'une manière asymétrique et est

protégé par la coquille. Aucun Opisthobranche ne possède de sac viscéral de ce genre. D'un autre côté, nul Prosobranche n'est, comme la *Phyllidie*, symétrique, avec l'anus à l'extrémité postérieure du corps.

Les *Prosobranches* ont, tout au plus, des rudiments d'*épipodes*, mais le reste du pied prend un développement beaucoup plus grand que chez les *Opisthobranches*, et souvent de la face dorsale ou hématique du métapode,

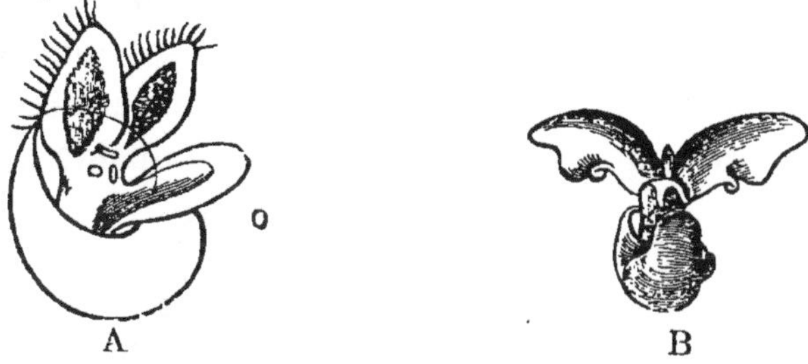

Fig. 84. — A, jeune d'*Æolis*, gastéropode à respiration aquatique, montrant les lobes buccaux provisoires. B, ptéropode adulte (*Limacina Antarctica*) (d'après Woodward).

il se développe une plaque chitineuse ou écailleuse — l'opercule. La différenciation du pied atteint son plus

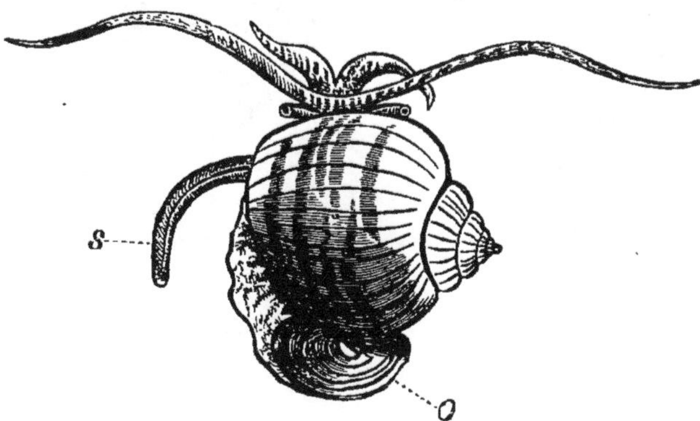

Fig. 85. — *Ampullaria canaliculata*. — o, opercule ; s, siphon respiratoire.

haut degré dans l'ordre des *Hétéropodes*, chez lesquels le propodium, le mesopodium et le métapodium diffèrent considérablement de forme — le propodium étant large et comme palmé et constituant le principal organe de locomotion chez ces animaux océaniques nageant librement.

Dans les *Lépas* (*Patelle*), le sac viscéral forme simplement une saillie conique sur la surface dorsale et les nombreux organes respiratoires, lamellaires ou filamenteux, sont logés entre les bords libres du manteau et les côtés du corps.

Chez les autres *Prosobranches* chlamydés, les *Cyclostomes* exceptés, il existe deux branchies plumeuses logées dans une chambre palléale située sur la face antérieure de la masse viscérale, qui est ordinairement considérable et

Fig. 86. — *Scalaria grœnlandica* (espèce des Prosobranchiata holostomata).

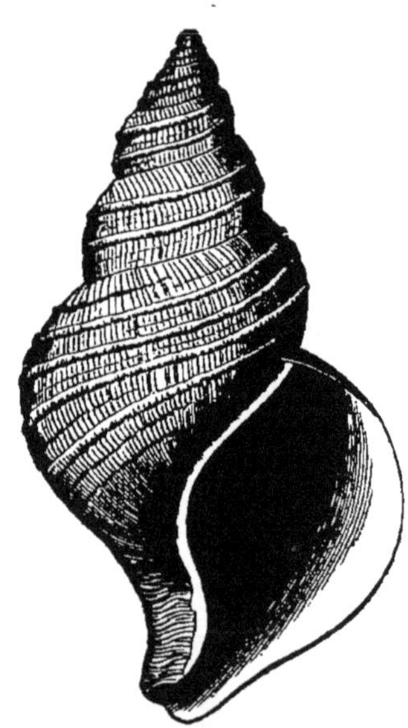

Fig. 87. — *Fusus tornatus* (des Prosobranchiata siphonostomata). Postpliocène.

repliée en spirale. Tantôt les deux branchies sont égales ou presque égales en dimensions (*Aspidobranches*), tantôt l'une est tellement plus petite que l'autre qu'elle paraît à peu près avortée (*Cténobranches*). L'*Ampullaria* possède une cavité pulmonaire aussi bien que des branchies. D'un autre côté, les *Cyclostomes* n'ont pas de branchies, mais respirent l'air au moyen des parois de la cavité du manteau, ce qui les fait placer d'ordinaire parmi les *Pulmonés*.

Chez les *Hétéropodes*, on observe une réduction graduelle du manteau, à partir de l'*Atlanta* (où le manteau et la coquille présentent les proportions habituelles et chez lequel l'éloignement du type gastéropode ordinaire

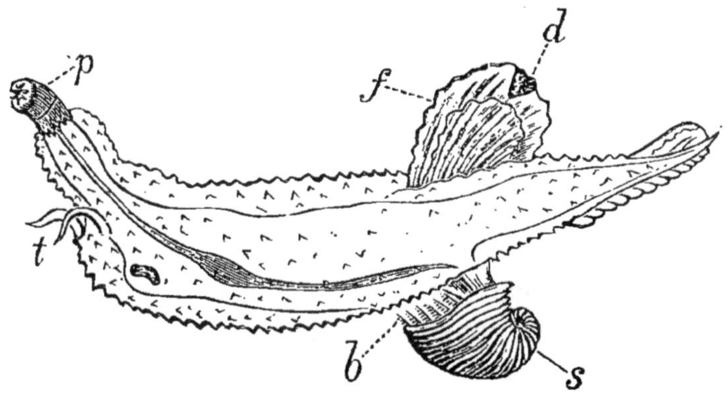

Fig. 88. — Hétéropodes. *Carinaria cymbium*. — *p*, proboscide ; *t*, tentacules ; *b*, branchies ; *s*, coquille ; *f*, pied ; *d*, disque (d'après Woodward).

n'est guère plus grand que l'écart observé dans les genres *Strombus* et *Pteroceras*), en passant par le *Carinaria* (genre qui a un manteau fort réduit et dont la coquille constitue un simple chapeau conique) jusqu'au *Firola*, dans lequel le manteau et la coquille font défaut chez l'adulte et qui correspond, par conséquent, aux *Ptéropodes* Achlamydés et aux *Opisthobranches*.

Voici les principales modifications de structure que présentent les *Prosobranches* :

1° Dans plusieurs genres des *Cténobranches*, et surtout parmi les formes carnivores, la bouche est située à l'extrémité d'une longue trompe, qui contient l'Odontophore et une grande partie de l'œsophage allongé. Cette trompe sort et se rétracte sous l'action de muscles spéciaux.

2° Chez les *Aspidobranches*, quand les deux branchies sont également développées (chez la *Fissurelle* et l'*Haliotide*, par ex.), le cœur a deux oreillettes et un ventricule unique. Le dernier recouvre le rectum et ressemble ainsi intimement à celui des *Lamellibranches*.

3° Il est probable que le système vasculaire sanguin communique toujours avec l'extérieur, par l'intermédiaire des organes de Bojanus; et, dans beaucoup de Prosobranches, on observe dans le pied des ouvertures qui conduisent dans des canaux et sont en libre communication avec le système vasculaire sanguin, dont il forme probablement partie.

4° Les *Cyclostomes* n'ont pas de branchies, mais respirent l'air directement au moyen de la membrane qui tapisse le sac palléal. Ils diffèrent des autres *Prosobranches* en ce qu'ils constituent des animaux terrestres, ayant l'aspect des Limaçons.

5° Les œufs sont souvent déposés dans des capsules que sécrètent les parois de l'oviducte. Chaque capsule contient un nombre d'œufs considérable, dont quelques-uns seulement se transforment en embryons, qui dévorent le reste chez le *Purpura* et le *Buccinum*.

(*F*) *Pulmonés*. — Les *Pulmogastéropodes* sont des Mollusques odontophores qui respirent l'air directement, au moyen d'une membrane respiratoire fournie par la paroi de la cavité palléale.

Chez quelques-uns (*Peroniades* et *Veronicellides*), le corps de l'animal semblable à une limace est à très-peu près symétrique; l'anus et le sac pulmonaire étant voisins l'un de l'autre à l'extrémité postérieure du corps. Le manteau, considérable, s'étend sur toute la surface hématique ou dorsale. Chez tous les autres *Pulmonés*, les ouvertures pulmonaire et anale se trouvent du côté droit du corps, et le manteau est pourvu, au moins, des rudiments d'une coquille. La région palléale est quelquefois très-petite relativement au reste du corps et forme alors un disque aplati, comme chez les limaces.

Fig. 89. — *Limax Sowerbyi* (d'après Woodward).

Chez quelques *Limacidés* et *Testacellidés*, ainsi que chez les *Janellidés*, le manteau se réduit au point que ces limaces sont presque « Achlamydées » ; mais plus ordinairement il est grand et se prolonge en un sac viscéral replié d'une façon asymétrique. Dans ce cas, la cavité du manteau se trouve sur la partie antérieure du sac et l'anus s'ouvre dans son intérieur. Ainsi, chez tous ces *Pulmonés* ordinaires, la terminaison de l'intestin se détourne de sa position normale à l'extrémité postérieure du corps, pour revenir en avant sur le côté droit dorsal du corps.

Quand il existe un sac viscéral, l'estomac et le foie s'y trouvent contenus. L'intestin, qui naît de l'estomac, se dirige en avant sur la face neurale, de sorte que le canal alimentaire a primitivement une courbure neurale, mais s'incline ensuite du côté dorsal.

Quand le sac pulmonaire est postérieur, ou que la région palléale est petite, le ventricule du cœur est antérieur et l'oreillette postérieure, et l'animal pourrait être dit *Opisthopulmoné*. D'un autre côté, quand la région palléale est grande et donne naissance à un sac viscéral, en même temps que le sac pulmonaire se trouve placé antérieurement, l'oreillette s'incline plus ou moins en avant et du côté droit et la pointe du ventricule en arrière et à gauche. L'animal est ainsi plus ou moins « prosopulmoné. »

La bouche est communément pourvue d'une mâchoire supérieure cornée, aussi bien que d'un odontophore bien développé. Il existe d'ordinaire des glandes salivaires volumineuses.

Le cœur se compose d'une seule oreillette et d'un seul ventricule. Le tronc aortique qui part de la pointe du dernier se divise en branches nombreuses, mais les canaux veineux sont ordinairement lacunaires. Un organe de Bojanus se trouve sur le trajet du sang de retour, près du sac pulmonaire.

Généralement on observe deux yeux simples, qui sont souvent placés aux sommets de tentacules rétractiles.

Les Pulmonés sont hermaphrodites. La glande génératrice est un ovotestis et se compose de canalicules ramifiés, du contenu cellulaire desquels se développent à la fois des œufs et des spermatozoaires.

Un étroit conduit commun part de l'ovotestis et se dilate bientôt pour recevoir la sécrétion visqueuse d'une grosse glande accessoire. La portion beaucoup plus dilatée du conduit commun, au delà du point d'attache de cette glande, est divisée incomplétement par des replis longitudinaux en deux parties, l'une large, sacculiforme, l'autre droite et plus étroite. La première donne passage aux œufs, la dernière aux spermatozoaires. A l'extrémité de cette portion de l'appareil, la partie plus large, qui représente l'oviducte, se continue par le vagin, qui s'ouvre à l'orifice génital femelle, tandis que la partie plus rétrécie du conduit commun se prolonge par un canal déférent, dont l'extrémité se relie avec une longue invagination du tégument, — le pénis.

En connexion avec l'ouverture génitale femelle, s'observent certains organes glandulaires accessoires : — celui qu'on appelle la *prostate ;* une *spermathèque*, ou sac pourvu d'un long col pour recevoir le fluide séminal de l'autre individu, au moment de la copulation ; et, enfin, un court sac musculaire, dans lequel se forment des corps chitineux ou calcifiés — les « *spicula amoris.* » Ce dernier s'appelle le *sac du dard* ou *sac spiculaire.*

La marche du développement présente de grandes variations chez les pulmonés. Semper (1), parlant d'une espèce de *Vaginulus*, dit qu'après le phénomène de la segmentation, l'embryon prend la forme d'un cylindre, à un pôle duquel apparaissent les rudiments des tentacules et des lèvres, tandis que, sur les côtés, une crête longitudinale indique le bord du manteau et délimite la région palléale, plus convexe, du pied plat. Il ne se forme pas de coquille.

Chez la *Limace* et l'*Hélice*, l'embryon offre deux dilatations sacculaires du tégument à parois rhythmiquement contractiles. L'une de ces dilatations est située immédiatement derrière la tête, sur la face dorsale du corps ; l'autre à l'extrémité du pied. Avant que le cœur apparaisse, ces sacs contractiles poussent le sang de l'embryon en arrière et en avant. L'embryon de la *Limace* n'a pas de coquille externe.

Dans le genre *Lymnée* (2), le vitellus subit la segmentation complète, et la vésicule blastodermique qui en résulte s'invagine pour produire l'endoderme. Mais ce

(1) « Entwickelungs-geschichte der *Ampullaria polita.* »

(2) Lankester, « Observations on the Development of the Pond Snail, *Lymnæus stagnalis* », *Quarterly Journal of microsc. Science*, vol. XIV. ew series.

n'est toutefois que la partie moyenne de l'endoderme invaginé qui devient le canal alimentaire. Les portions latérales (qui prennent la forme de sacs arrondis) pourraient bien, comme chez les Brachiopodes, donner naissance à la cavité périviscérale.

La bouche se produit par la formation d'une ouverture dans l'endoderme et l'ectoderme fusionnés, en un point voisin de l'extrémité antérieure du corps. De chaque côté de la bouche l'ectoderme se soulève en une crête transversale ciliée, qui représente le bord du voile chez d'autres mollusques embryonnaires. En arrière de celle-ci et sur le côté de l'embryon opposé à celui où se trouve la bouche, une plaque élevée de l'ectoderme représente le manteau.

Le pied commence sous la forme d'une papille immédiatement derrière la bouche. Une involution du centre de l'ectoderme palléal donne naissance à une glande à coquille, mais la coquille propre se développe indépendamment de cette glande, comme une sécrétion cuticulaire de toute la surface du manteau.

Ainsi l'embryon des *Limnées* possède un voile incomplétement développé et ressemble, par tous les caractères essentiels, à l'embryon véligère des Lamellibranches, des Ptéropodes et des Gastéropodes ; tandis que les limaces n'ont ni le voile (à moins qu'il ne soit représenté par le sac contractile antérieur), ni la coquille embryonnaire.

Nous n'avons aucun témoignage digne de foi sur l'existence des Gastéropodes opisthobranches avant l'époque du Trias, mais il faut se rappeler que la grande majorité de ces animaux ne possèdent pas de coquille. Parmi le reste des groupes précédents d'Odontophores, on en trouve des représentants jusqu'au milieu de l'époque Paléozoïque, tandis que des *Ptéropodes*, des *Hétéropodes* et des *Prosobranches* se rencontrent dans les formations siluriennes-

Parmi les *Prosobranches*, les *Patellides* et les *Aspidobranches* sont les formes caractéristiques des formations anciennes, les *Cténobranches* apparaissant plus tard et n'acquérant leur relative abondance actuelle qu'à la fin de l'époque secondaire et à l'époque tertiaire.

(G) *Céphalopodes*. La symétrie bilatérale qui est si évidente chez les *Polyplacophores* et les *Scaphopodes*, n'est que peu troublée dans ce groupe des Mollusques. La bouche et l'anus sont situés dans le plan médian, qui divise le corps en moitiés correspondantes ; les branchies, au nombre de deux ou quatre, sont disposées symétriquement de chaque côté de ce plan ; il en est de même des prolongements tentaculaires des bords du pied. La face dorsale du corps n'est, cependant, pas plate, comme dans les groupes que nous venons de nommer, mais s'allonge perpendiculairement à la face neurale, de manière à former une sorte de sac, revêtu par le manteau. Sur la face postérieure, ou anale, du sac, le manteau renferme une grande cavité, dans laquelle les branchies sont protégées. Sur la face antérieure du sac, au contraire, le manteau ne présente quelquefois pas de bord libre, ou forme tout au plus un prolongement comparativement petit.

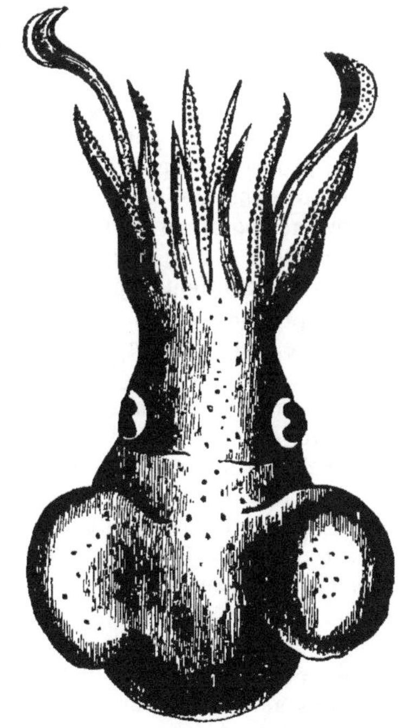

Fig. 90. — Céphalopodes. *Sepiola Atlantica*, espèce de Seiche (d'après Woodward).

Le tégument est pourvu de *chromatophores*, qui constituent des sacs à parois élastiques, remplis de pigment et munis de muscles rayonnés, sous l'action desquels ils peuvent prendre des dimensions bien des fois supérieures à celles qu'ils possèdent dans leur état de contraction. Quand ils sont dilatés, la couleur propre au pigment contenu devient parfaitement visible, tandis que dans leur état de contraction, ils apparaissent comme de simples taches sombres. C'est ce jeu alternatif d'expansion et de contraction des chromatophores qui produit ces effets magnifiques de coloration que l'on admire sur la peau des Céphalopodes vivants (1).

(1) M. Georges Pouchet donne le nom de *fonction chromatique* à la faculté que les Céphalopodes partagent avec d'autres animaux (certaines espèces de poissons, telles que les Turbots ; le Caméléon et certains Crustacés, en particulier le *Palemon serratus*) de mettre leur couleur propre en rapport avec l'intensité de la lumière réfléchie par le milieu ambiant. Jadis, c'était une croyance fort répandue que la peau de quelques poissons prend la couleur du fond où ils vivent ; l'action de la lumière sur le Caméléon n'était pas moins connue ; mais on ne savait trop comment expliquer le phénomène. M. G. Pouchet a démontré que les cellules pigmentaires sont sous la dépendance directe, immédiate, du système nerveux et doivent être ajoutées à la liste des éléments anatomiques dans lesquels l'excitation nerveuse se transforme en travail mécanique. Les nerfs déterminent la contractilité des *chromatophores* aussi bien que celle des muscles volontaires et des fibres-cellules des muscles de la vie végétative.

Chez les Turbots, M. G. Pouchet supprime la fonction chromatique en pratiquant l'ablation du globe oculaire ou simplement la section du nerf optique. L'animal aveuglé perd la faculté de modifier le ton de sa peau suivant que le fond sur lequel il est placé est clair ou obscur. Chez le *Palémon*, la même mutilation entraîne le même phénomène, au moins jusqu'à la régénération des organes de la vue. L'auteur en conclut que les changements de coloration constituent de véritables actes réflexes ayant leur centre dans le système nerveux central et leur point de départ dans les impressions rétiniennes.

Quant à la voie de transmission du cerveau aux cellules pigmentaires de la périphérie, des sections nerveuses pratiquées par M. Pouchet lui ont montré que c'était, chez les poissons, le grand sympathique qui gouverne la fonction chromatique ; mais il lui a été impossible de déterminer quelle route suit, chez les invertébrés, l'influence nerveuse à partir des ganglions cérébraux. (Rapport de M. Ch. Robin, *Acad. des sciences*, 1875.)

Mais ce qui distingue particulièrement les Céphalopodes, c'est la forme et la disposition du pied. Les bords de cet organe s'étendent, en réalité, en huit, dix prolongements tentaculiformes ou davantage; et ses portions antéro-latérales, après s'être avancées au-dessus de la bouche, s'unissent en avant d'elle, de telle sorte que celle-ci arrive à se trouver située au centre du disque pédieux. De plus, deux lobes musculaires — les *épipodes* — développés des côtés du pied, se réunissent postérieurement et, en se repliant en haut, donnent naissance à un organe plus ou moins complétement tubulaire — l'*infundibulum* — dont l'extrémité ouverte se projette entre la face postérieure du corps et la paroi palléale de la cavité branchiale, et sert à expulser l'eau de cette dernière.

L'orifice buccal est pourvu d'un bec dur, analogue à celui des oiseaux, dont les deux divisions sont, l'une antérieure, l'autre postérieure. La première est toujours la plus courte et recouverte par l'autre.

A l'intérieur de la bouche s'observe un odontophore offrant un ruban lingual garni de dents; la cavité buccale conduit par un long œsophage, se dirigeant en arrière sur la ligne médiane, dans l'estomac, qui est situé près de l'extrémité du sac du manteau. De l'estomac, l'intestin, plus ou moins recourbé sur lui-même, gagne la face neurale du corps et se termine dans l'anus médian. Le canal alimentaire offre donc une courbure neurale bien marquée.

Le cœur se trouve sur le côté dorsal de l'intestin et reçoit le sang par des vaisseaux branchio-cardiaques, dont le nombre correspond à celui des branchies, et qui, comme ils sont contractiles, peuvent être considérés comme des oreillettes.

Les branchies elles-mêmes n'ont pas de cils et sont douées dans quelques cas, sinon toujours, de contractilité. Le sang veineux, dans son trajet de retour au cœur, est recueilli dans un grand sinus longitudinal — la *veine cave* — qui se trouve sur la face postérieure du sac viscéral et se

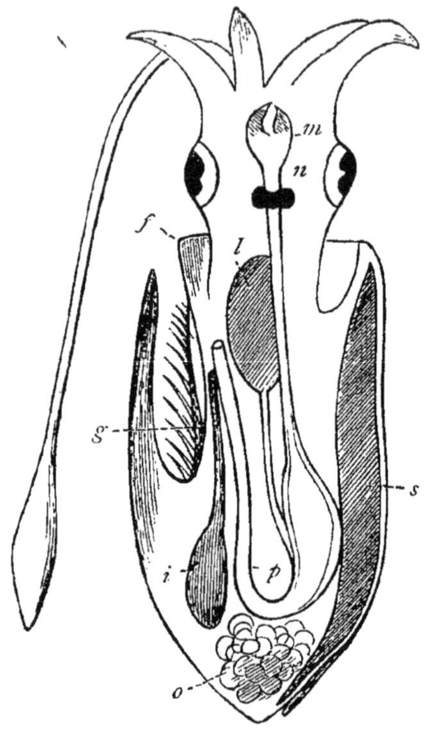

Fig. 91. — Diagramme d'une Seiche. — *m*, mandibules ; *n*, ganglions cérébraux ; *l*, foie ; *p*, intestin ; *i*, poche à encre ; *g*, branchie ; *f*, entonnoir ; *o*, ovaire ; *s*, sépiostaire.

divise en autant de vaisseaux branchiaux afférents qu'il y a de branchies. Chacun de ces vaisseaux traverse une chambre qui communique directement avec la cavité du manteau, et la paroi du vaisseau qui vient en contact avec l'eau contenue dans cette chambre forme un cul-de-sac et est glandulaire. Chaque chambre représente, en fait, un organe de Bojanus. Le péricarde et les sacs dans lesquels sont logés les testicules et les ovaires, communiquent avec la cavité palléale, soit directement, soit par l'intermédiaire de ces chambres.

Le système nerveux consiste en ganglions cérébraux, pédieux et pariéto-splanchniques groupés autour de l'œsophage et reliés par des cordons commissuraux. En outre de ceux-là, on observe des ganglions buccaux, viscéraux et palléaux sur les nerfs qui animent ces parties.

Il existe toujours des yeux, des organes olfactifs et des sacs auditifs.

Un endosquelette formé de vrai cartilage se développe dans la région des principaux ganglions et lui fournit parfois un revêtement complet. Il donne attache aux muscles les plus importants.

Chez quelques Céphalopodes, des cartilages additionnels apparaissent dans le manteau et dans l'entonnoir.

Les sexes sont distincts et les organes reproducteurs diffèrent de ceux des autres Mollusques. Ils consistent, dans les deux sexes, en organes lobés ou ramifiés, dont le contenu cellulaire se métamorphose en œufs ou en spermatozoaires et qui sont fixés en un point de la paroi d'un sac qui communique avec la cavité du manteau par deux oviductes symétriquement disposés chez les femelles de certaines espèces ; mais dans la plupart des Céphalopodes femelles et dans presque tous les mâles, on observe qu'un seul conduit, dont la terminaison est ordinairement située du côté gauche, mais peut être médiane. Chez la femelle, des glandes oviducales sécrètent un fluide visqueux, qui revêt les œufs et les unit, une fois pondus, en agrégats de formes diverses. Chez le mâle, une glande de caractère semblable, fournit la matière des capsules ou *spermatophores*, dans lesquelles sont contenus des paquets de spermatozoaires et qui possèdent parfois une structure très-compliquée.

Les mâles se distinguent des femelles par l'asymétrie

de leurs tentacules, dont un ou plusieurs présentent d'un côté une modification spéciale. Dans quelques genres (l'*Argonaute* par exemple) le mâle est beaucoup plus

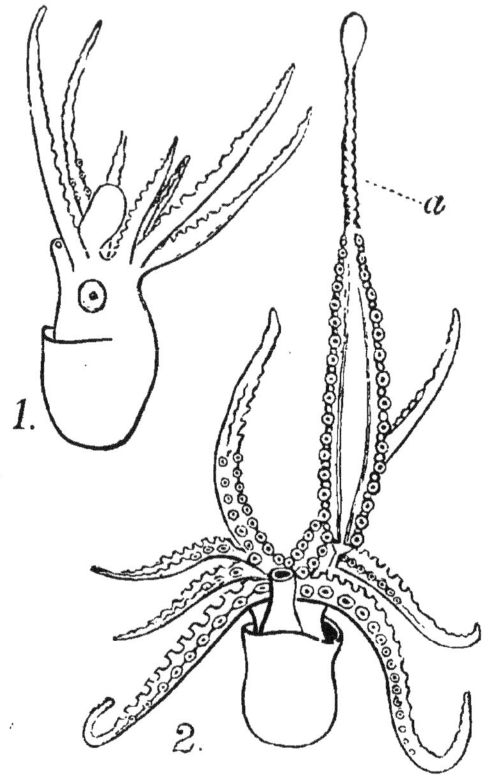

Fig. 92. — *Octopus carena* (mâle), présentant une modification cystique du troisième bras ; **2**, côté ventral d'un individu, plus développé, avec l'hectocotyle (*a*) (d'après Woodward).

petit que la femelle et le tentacule modifié (*Hectocotylus*), chargé de spermatophores, se détache et reste dans la cavité du manteau de la femelle quand la copulation a lieu.

Presque tous les Céphalopodes possèdent une coquille palléale, qui est soit externe, soit interne. Dans le premier cas, le corps est logé dans cette partie de la cavité de la coquille qui se trouve la plus rapprochée de son extrémité ouverte et le reste de la cavité est divisé par des cloisons transversales en des compartiments contenant de l'air. Les cloisons sont perforées, et un prolongements du manteau — le *siphon* — se continue à travers la série des perforations jusqu'à la chambre terminale au sommet de la coquille. Les coquilles internes des Céphalopodes peuvent offrir des formes très-variées et peuvent même se subdiviser en compartiments, traversés par un siphon ; mais la chambre la plus rapprochée de l'orifice de la coquille est petite et incapable de loger le corps.

D'après ce que nous savons actuellement du développement des Céphalopodes, le jaune subit une segmentation partielle, et le blastoderme, formé sur l'une de ses faces par les plus petits blastomères, s'étend graduellement sur la totalité de l'œuf, emprisonnant les blastomères plus volumineux et plus lents à se diviser. Le manteau fait son apparition sur une plaque saillante au centre du blastoderme, tandis que les futurs tentacules apparaissent sous forme d'élévations de la périphérie symétriquement disposées de chaque côté du manteau. Entre celles-ci et le bord du manteau, deux crêtes longitudinales marquent les rudiments des épipodes, tandis que la bouche se montre sur la ligne médiane en avant du manteau, et l'anus, avec les rudiments des branchies, derrière lui. Le reste du blastoderme forme les parois d'un sac vitellin, enfermant les plus gros blastomères.

La surface palléale devient alors de plus en plus convexe, le bord postérieur du manteau se développant en un repli libre, qui entoure la cavité palléale et recouvre les branchies.

Les épipodes s'unissent en arrière et donnent naissance à l'entonnoir, tandis que les portions antéro-latérales du pied, croissant au-dessus de la bouche, forcent peu à peu cette dernière à remonter au centre de la face neurale, au lieu de lui laisser sa position en avant d'elle. Le sac vitellin diminue graduellement, et les blastomères contenus finissent par aller dans l'intérieur du sac viscéral, dans lequel le canal alimentaire est peu à peu attiré.

Subdivisions des Céphalopodes. — Les Céphalopodes se divisent en deux groupes très-distincts : 1° les *Tétrabranches ;* 2° les *Dibranches.*

1° Les premiers possèdent une coquille externe cloisonnée et parcourue par un siphon. Les bords du pied se prolongent extérieurement en une sorte de capuchon, entre lequel et la bouche s'observent quatre expansions lobées. Le capuchon contient trente-huit, et chaque lobe douze cavités, dans lesquelles est logé un long tentacule,

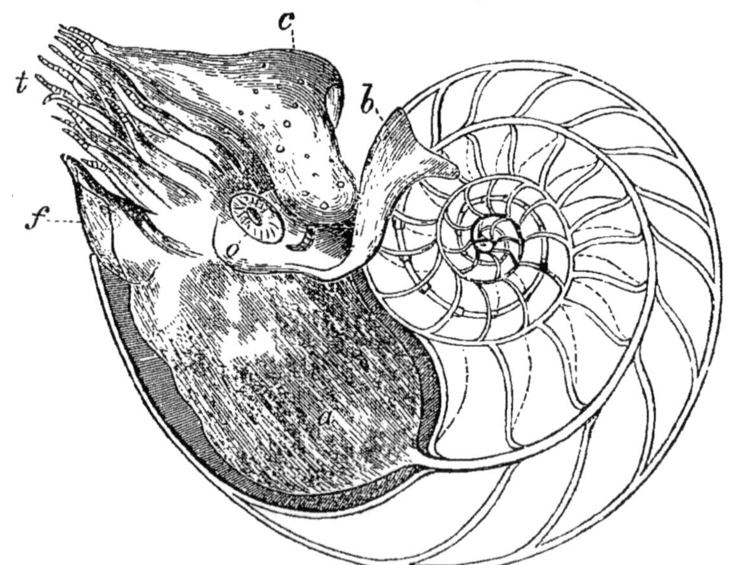

Fig. 93. — Nautile perlé (*Nautilus pompilius*). — *a*, manteau ; *b*, son repli dorsal ; *c*, capuchon ; *o*, œil ; *t*, tentacules ; *f*, entonnoir.

divisé en un certain nombre de disques, réunis par une

tige médiane. Outre ces tentacules, il en existe un en avant de l'œil pédonculé et un autre derrière cet organe. Les bords des épipodes soudés se replient simplement en dedans, sans se réunir en un entonnoir tubulaire. Il y a quatre branchies, et l'anus se termine dans la paroi palléale, ou postérieure, de la cavité branchiale. Les pointes des becs cornés sont obtuses et recouvertes d'un dépôt calcaire. Le foie constitue une glande en grappe lâche et il n'existe pas de *poche à encre*. Ces animaux ne possèdent pas de cœurs branchiaux; et, outre les quatre ouvertures qui conduisent dans les organes de Bojanus, il y en a deux autres communiquant avec des chambres de l'intérieur du corps, qui probablement contiennent du sang

Le squelette cartilagineux supporte les ganglions post-œsophagiens, mais n'entoure pas l'œsophage. L'œil pédonculé n'a ni cornée, ni cristallin, mais constitue une coupe ouverte, à l'intérieur de laquelle s'étale la rétine (1).

Chez les mâles, des tentacules modifiés du lobe postéro-interne du côté gauche constituent un organe particulier — le *spadix*.

Les seuls représentants actuels des *Tétrabranches* sont les différentes espèces de « nautile perlé » (*Nautilus pompilius*, etc.) qui se trouvent dans les mers du Sud, vivant au fond à une profondeur considérable. Ce genre est un des plus anciens qui existent, puisqu'on peut le suivre à travers toute la série des roches fossilifères jusqu'à l'époque Silurienne.

En même temps que lui se rencontrent, dans les formations palæozoïques, de nombreuses formes proches parentes, qui diffèrent du *Nautile* principalement par la

(1) Ray Lankester a montré que l'œil des Dibranches présente dans les premiers temps de sa formation un stade identique à l'état permanent des Tétrabranches.

courbure différente (*Lituites*, *Gyroceras*, *Trochoceras*) ou la rectitude (*Orthoceras*, *Gomphoceras*) de la coquille, et

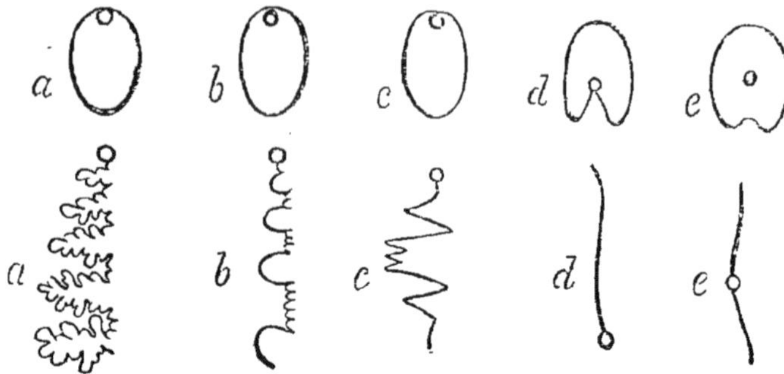

Fig. 94. — Diagramme destiné à montrer la position du siphon et la forme des cloisons dans divers céphalopodes tétrabranches. Les figures de la rangée supérieure représentent des coupes transversales des coquilles, celles de la rangée inférieure représentent les bords des cloisons. — *aa*, *Ammonite* ou *Baculite* ; *bb*, *Cératite* ; *cc*, *Goniatite* ; *dd*, *Clymenia* ; *ee*, *Nautilus* ou *Orthoceras*.

par la position, les proportions et le degré de calcification variable du siphon.

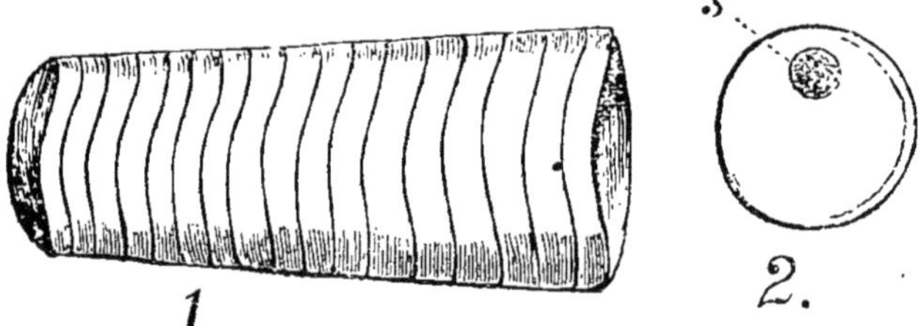

Fig. 95. — *Orthoceras explorator*, Billings. — 1, vue latérale d'un fragment montrant les cloisons ; 2, coupe transversale du même, montrant (*s*) le siphon.

Au milieu de l'époque palæozoïque (Devonien), apparaissent des Tétrabranches (*Ammonitides*) dans lesquels les bords des cloisons sont fortement recourbés, ce qui fait que ces bords se présentent, quand la couche externe de la coquille est usée, sous forme de lignes transversales en zigzag, repliées en « lobes » et en « selles » (*Goniatites*, *Cératites*) ; et, à l'époque Mésozoïque, les lobes et les selles deviennent extrêmement compliquées

(*Ammonites*, *Baculites*, *Turrilites*). Les Ammonitides sont extraordinairement nombreuses à l'époque Mésozoïque, mais on n'en a pas trouvé de trace dans les formations tertiaires et quaternaires.

2° Chez les *Dibranches*, les bords du pied ne s'étendent pas en moins de huit, ni en plus de dix bras, qui sont pourvus d'*acetabula* ou suçoirs. Chaque acetabulum représente une coupe sessile ou pédiculée, du fond de laquelle s'élève une saillie en massue, qui remplit presque la coupe, mais peut se rétracter par l'action de fibres musculaires qui s'y insèrent. Quand les bords de l'acetabulum s'appliquent à une surface quelconque et que la saillie se rétracte, il se crée un vide partiel qui fait adhérer l'acetabulum à la surface en vertu de la pression atmosphérique. Le pourtour de ces ventouses est fréquemment renforcé par des anneaux chitineux et ceux-ci se prolongent quelquefois en longs crochets recourbés.

Les bords des épipodes réunis ne se contentent pas de se replier en dedans, mais se soudent de manière à former un entonnoir tubulaire à travers lequel est expulsée l'eau introduite dans le sac branchial pour les besoins de la respiration. Il y a deux branchies, entre lesquelles se termine l'anus dans la paroi antérieure du sac branchial. Les extrémités des becs cornés sont en pointe aiguë et non revêtues de matière calcaire. Le foie constitue d'ordinaire une masse compacte. Une glande particulière, qui sécrète un liquide extrêmement foncé — ce qu'on appelle l'encre — et a la forme d'un sac ovoïde ou pyriforme (la *poche à encre*), pourvu d'un long conduit qui débouche dans le rectum ou dans son voisinage, est tantôt logé dans le foie, tantôt plus en arrière. L'encre est répandue quand l'animal est alarmé et elle forme dans l'eau ambiante un nuage foncé qui protége sa retraite. Aux points où les vaisseaux branchiaux afférents pénètrent dans les branchies, ils présentent des dilatations spongieuses — que l'on désigne sous le nom de cœurs branchiaux.

L'œil peut être pédiculé, ou logé dans un orbite. Une ouverture plus ou moins grande perfore la cornée. Le cristallin est présent et, comme une lentille de Coddington, offre un sillon circonférentiel profond, qui sépare la moitié externe de l'interne et reçoit le ligament à l'aide duquel le cristallin se maintient en place. L'endosquelette cartilagineux forme un anneau enveloppant les principaux ganglions.

Subdivisions des Dibranches. — Les *Dibranches* se subdivisent en deux groupes : 1° les *Octopodes ;* 2° les *Décapodes.*

1° Les *Octopodes* ont huit bras et ne possèdent pas de coquille palléale. Mais, chez la femelle d'un genre (l'*Argonaute*) les extrémités de la paire antérieure de bras se dilatent considérablement, en se retournant en arrière sur le manteau, et sécrètent une élégante structure écailleuse (le *Nautile papyracé*), qui recouvre le corps et sert d'attache aux œufs. Dans ce genre, ainsi que chez quelques autres Octopodes, le mâle est de beaucoup plus petit que la femelle et donne naissance à un Hectocotyle.

2° Les *Décapodes* possèdent dix bras, dont deux sont bien plus longs que les autres et peuvent saillir en dehors d'alvéoles ou s'y rétracter. Les acetabula ont des rebords cornés qui peuvent prendre la forme de crochets.

L'*Hectocotylisation* ne s'étend pas au delà d'une modification de la forme de l'un des bras. Il existe toujours une coquille interne, qui constitue soit une plume, soit un sépiostaire, soit un phragmacone, soit une combinaison de ce dernier avec une plume.

Les *Teuthidæ,* ou *Calmars*, se caractérisent par la possession d'une plume. Celle-ci constitue un corps lamellaire chitineux, renforcé par une ou plusieurs crêtes longitudinales, qui se trouve dans un sac logé dans la

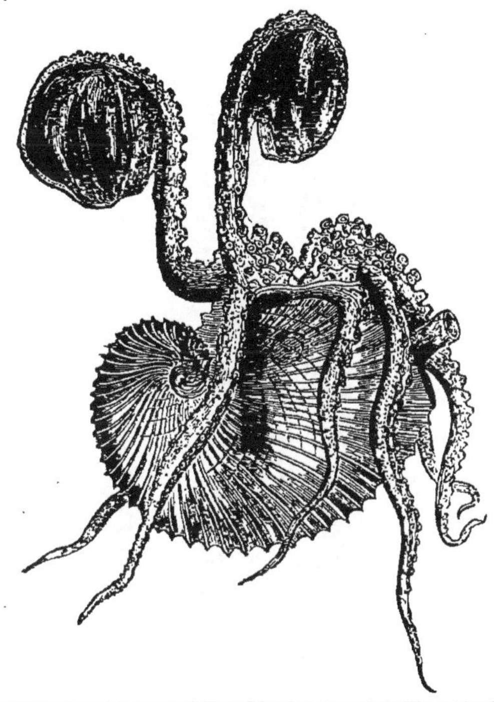

Fig. 96. — *Argonauta argo* « Nautile papyracé », femelle. L'animal est représenté dans sa coquille; mais les bras dorsaux palmés sont séparés de la coquille qu'ils embrassent d'ordinaire.

paroi antérieure du corps et qui est sécrété par la membrane tapissant ce sac. L'extrémité postérieure de la plume est généralement élargie, et ses côtes peuvent se replier de manière à former une coupe conique.

Dans les *Sépiadées*, ou seiches, le sépiostaire (ou os de sèche, biscuit de mer) qui occupe la même position, se compose d'une plaque large répondant à la plume, mais calcifiée. Sur la face interne de cette plaque, un grand nombre de délicates lamelles calcifiées, réunies par de nombreuses et courtes colonnes, forment un tissu spongieux qui est rempli d'air.

Chez les *Spirulidæ* représentées par le genre solitaire *Spirula*, qui est au nombre des animaux les plus rares

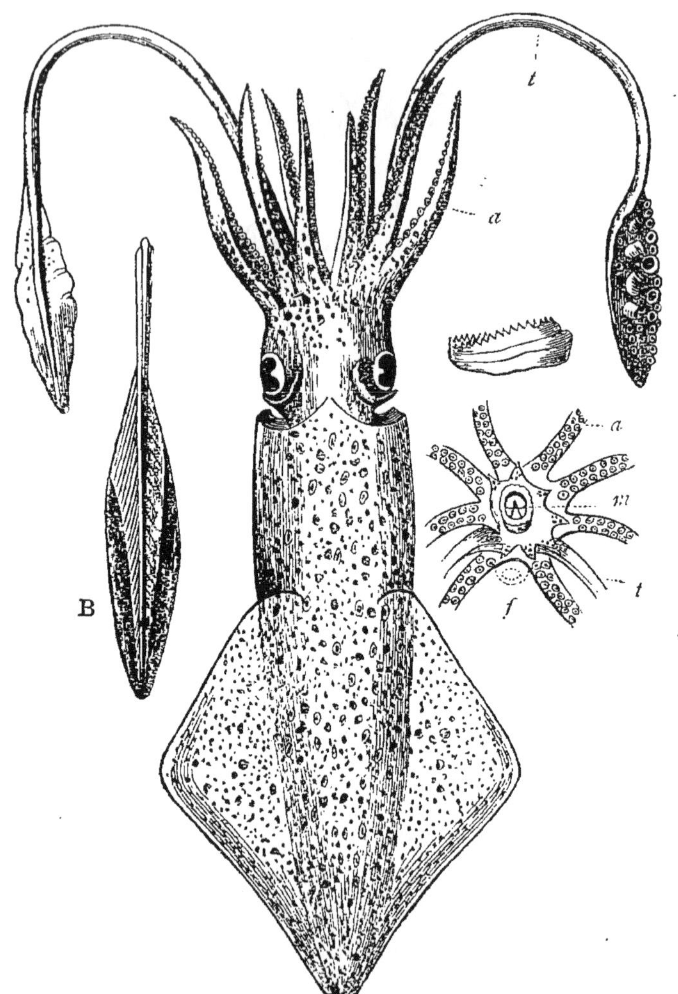

Fig. 97. — A, Calmar vulgaire (*Loligo vulgaris*), réduit : *a*, l'un des bras ordinaires ; *t*, l'un des bras plus longs ou « tentacules ». B, squelette ou « plume » du même animal, un quart de la grandeur naturelle (d'après Woodward). C, vue de côté de l'un des suçoirs, montrant les crochets cornés qui en garnissent le bord. D, vue de face de la tête, montrant la base des bras (*a*) et des tentacules (*t*), la bouche (*m*) et l'entonnoir (*f*).

de nos musées, bien que l'on trouve ses coquilles accumulées par millions incalculables, sur les bords des îles du Pacifique, la coquille s'enroule en spirale et est divisée en compartiments, par des cloisons perforées par un siphon. Le dernier compartiment de ce *phragmacone* n'est cependant pas plus grand que celui qui le précède, et la coquille se maintient en position par des prolongements latéraux du manteau, qui s'unissent en arrière d'elle et représentent probablement les parois du sac dans lequel la coquille fut primitivement formée.

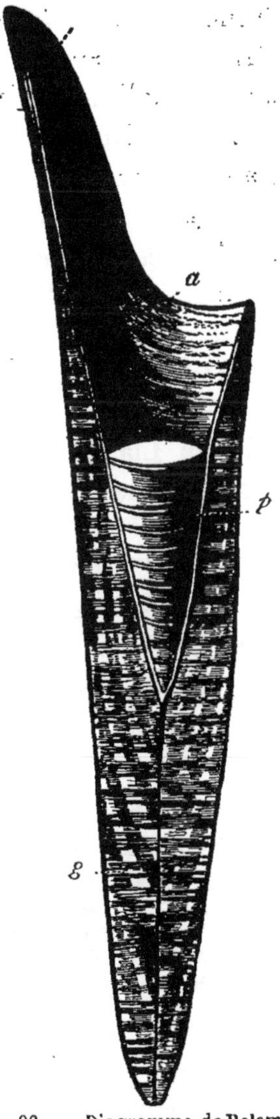

Fig. 98. — Diagramme de Belemnite (d'après le professeur Phillips). — *r*, plume cornée ou « pro-ostracum » ; *p*, « phragmacone » cloisonné dans sa cavité (*a*) ou « alvéole » ; *g*, « garde » ou rostrum.

Dans certains genres éteints (le *Spirulirostra*, par ex.) une coquille, semblable à celle du *Spirula*, est enfermée dans une gaîne pointue, dense et laminée, comme l'extrémité postérieure d'un sépiostaire, ou de la plume d'un *Ommastrephes*.

Chez les *Belemnitides*, qui abondaient à l'époque Mésozoïque, mais se sont éteintes depuis, un phragmacone rectiligne est emprisonné dans un cône plus ou moins allongé, calcifié et laminé, appelé *garde* ou *rostrum*, qui se continue en avant en un *pro-ostracum* de forme variée, ordinairement lamellaire. Le pro-ostracum et le rostre, pris ensemble, représentent la plume chez les *Teuthidæ*.

Les rares spécimens de *Belemnites* chez lesquels les parties molles fossilisées sont conservées montrent que les bras étaient pourvus de crochets et qu'il existait une grande poche à encre.

Le genre *Acanthoteuthis (Belemnoteuthis*, Pearce) — un des *Belemnitides*, chez lequel le rostre est presque rudimentaire, tandis que le pro-ostracum est considérable et en forme de plume — se rencontre dans le Trias et constitue le Céphalopode dibranche le plus ancien que l'on connaisse. Les *Belemnitides* ordinaires abondent à partir du Lias jusqu'à la fin de la période Mésozoïque, après laquelle ils disparaissent. Les *Sépiadés* commen-

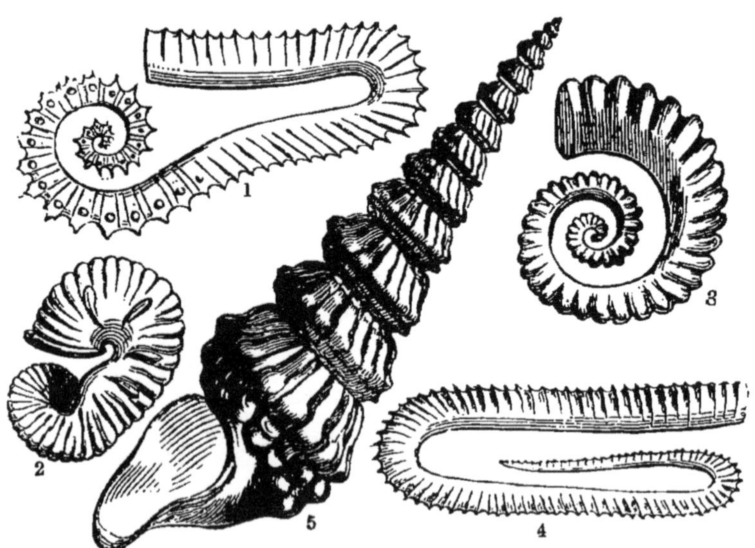

Fig. 99. — Coquilles de Céphalopodes secondaires. — 1, *Ancyloceras Matheronianus* ; 2, *Scaphites œqualis* ; 3, *Crioceras Duvalii* ; 4, *Hamites attenuatus* ; 5, *Turrilites catenatus*.

cent à se montrer dans la dernière moitié de l'époque Mésozoïque; tandis que les *Teuthidés* sont représentés par des genres fort rapprochés des formes existantes (*Teuthopsis*, *Belemnosepia*) dès l'époque du Lias.

CHAPITRE XVII

Tuniciers ou ascidiens.

Caractères généraux. — Les Ascidiens représentent tous des animaux marins, dont bon nombre sont fixés à leur état adulte, tandis que les autres nagent librement, mus soit par la contraction rhythmique des parois de leur corps, soit par un appendice musculaire spécial. La grande majorité sécrètent une enveloppe externe ou test qui contient de la cellulose ; et, chez tous, le cours de la circulation est alternativement renversé par suite du changement de direction des contractions péristaltiques du cœur. Sous ces deux rapports, les *Tuniciers* diffèrent de tous les autres animaux.

Divisions des Tuniciers. — Les *Appendiculariés* présentent le type d'organisation des Tuniciers sous sa forme la plus simple et la moins modifiée. Ce sont des animaux pélagiques de petit volume, offrant une certaine ressemblance avec de petits têtards, en ce sens que leur corps court est pourvu d'une sorte de queue par les ondulations de laquelle s'effectue la locomotion.

L'ectoderme, ou paroi externe du corps, consiste en une couche unique de cellules qui, dans quelques cas, contient des nématocystes (1). L'endoderme, constituant la paroi du canal alimentaire, est aussi formé d'une seule

(1) H. Fol, « Études sur les Appendiculaires », 1872.

couche de cellules, et, entre l'endoderme et l'ectoderme, se trouve une cavité qui contient le sang, et est en partie occupée par le squelette, les muscles et les organes reproducteurs.

Le squelette se compose d'une baguette gélatineuse — la notocorde — qui occupe le centre de l'appendice caudal et se prolonge quelque peu dans le corps. De

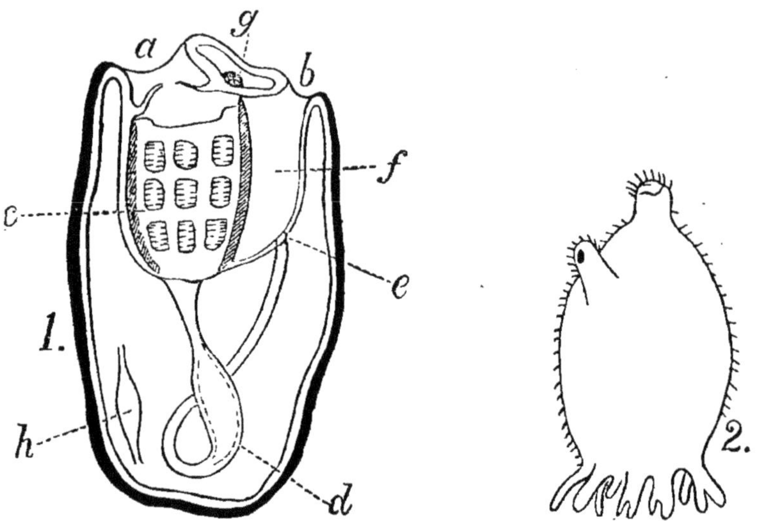

Fig. 100. — Morphologie des Tuniciers. Schéma d'un Tunicier (d'après Allman) — *a*, ouverture buccale; *b*, ouverture atriale; *c*, sac pharyngien ou branchial avec ses rangées d'orifices ciliés ; *d*, canal alimentaire avec sa courbure hématique ; *e*, anus ; *f*, atrium ou cloaque ; *g*, ganglion nerveux. 2, *Cynthia papillosa*, ascidien simple (d'après Woodward).

chaque côté de cet organe s'observe une couche de fibres musculaires longitudinales striées. L'ouverture buccale, large, est située à l'extrémité du corps opposée à l'insertion de l'appendice caudal. Elle s'ouvre dans un sac pharyngien spacieux: d'un côté de ce sac, un repli médian longitudinal de sa paroi se projette dans la cavité sanguine et qui, vu de côté, a la forme d'une baguette saillante dans cette cavité, d'où le nom d'*endostyle* qu'on lui a donné. Sur la même face que l'endostyle, l'extrémité postérieure du pharynx offre deux ouvertures, une de chaque côté, par lesquelles sa cavité communique directement avec l'extérieur ; ce sont les *stigmates* branchiaux. Des courants déterminés par les cils de l'endoderme pharyngien s'établissent à la bouche et sortent par les stigmates branchiaux, servant ainsi à l'alimentation et à la respiration. En arrière, le pharynx communique, par un œsophage court et étroit, avec un sac gastrique, d'où procède l'intestin rectiligne, se recourbant d'ordinaire en avant et du côté sur lequel se trouve placé l'endostyle, pour se terminer dans l'anus entre les deux stigmates.

Près de l'anus, se voit le cœur sacculaire allongé, aussi cette face du corps répond-elle à la face hématique d'un Mollusque. Le ganglion nerveux principal est situé sur la face opposée du corps, derrière la bouche. Une dépression ciliée de la paroi du pharynx, qui parait être un organe sensoriel, et un sac otolithique, se relient avec le ganglion et un long cordon en part pour se diriger postérieurement le long de l'une des faces de la notocorde, présentant des renflements ganglionnaires et émettant sur son parcours des branches latérales.

Les organes reproducteurs constituent des glandes simples, situées en arrière et sur le côté neural du canal alimentaire. Les deux sexes se trouvent ordinairement réunis sur le même individu.

Les *Appendiculaires* ont la singulière propriété de sécréter une enveloppe gélatineuse, bien des fois plus grande que le corps et formant à ce dernier ce revêtement que Mertens a appelé la « maison » de ces animaux. Cette enveloppe se détache facilement, mais se renouvelle avec une extrême rapidité. On n'a pas trouvé de cellulose dans sa composition.

Tous les autres *Tuniciers* diffèrent des *Appendicularińs* par les caractères suivants :

1° L'extrémité anale du canal alimentaire n'est pas située sur la face hématique du corps, et elle ne s'ouvre pas directement à l'extérieur.

2° Il existe une chambre appelée l'*Atrium*, ou cloaque, dont les parois sont formées par une involution de l'ectoderme. L'orifice externe de cette cavité est situé sur la face neurale du corps ; et le rectum, qui se recourbe en bas vers cette face, se termine dans l'atrium. L'une des parois du cloaque revêt les faces neurale et latérales du pharynx, comme la couche viscérale du péritoine peut revêtir un viscère ; et les stigmates branchiaux, qui sont souvent fort nombreux, perforent la paroi du pharynx ainsi formée par l'endoderme et l'ectoderme de l'atrium, pour s'ouvrir dans cette dernière cavité. Les organes reproducteurs versent aussi leur contenu dans le cloaque, et l'orifice de l'atrium est l'issue par où s'écoule le courant d'eau qui a traversé le pharynx et emporte avec lui les excréments et les produits générateurs.

3° Il n'y a pas d'appendice caudal chez l'adulte, qui est fréquemment fixé et peut donner naissance par bourgeonnement à des agrégats composés.

4° L'ectoderme sécrète un test ou revêtement externe, dans lequel il se dépose de la cellulose et qui peut acquérir la structure du tissu conjonctif ou du cartilage.

5° Une couronne de tentacules se développe communément autour de l'ouverture buccale ; le sac cilié acquiert souvent une forme compliquée et des taches oculaires peuvent apparaître autour de l'orifice oral aussi bien que de celui du cloaque. Ces deux orifices sont d'ordinaire très-voisins l'un de l'autre, mais ils peuvent être situés aux extrémités opposées du corps, comme chez les *Salpes* et les *Pyrosomes*.

Dans la plupart de ces Ascidiens, le vitellus subit la

segmentation complète et devient une morule vésiculaire, de laquelle le canal alimentaire se développe par invagination. L'embryon sort de l'œuf à l'état de larve Appendiculariforme, pourvue d'un appendice caudal mobile, qui a une notocorde axiale ; et après une existence locomotive dans cette condition, il perd son appendice caudal et se fixe. L'atrium se forme par une invagination de l'ectoderme autour de l'ouverture anale.

Chez le Pyrosome, et quelques autres Ascidiens composés, l'embryon est sacculaire, sans queue, et forme simplement la souche d'où bourgeonnent les Zooïdes de l'agrégat composé (1).

Chez les *Salpes,* l'embryon est dépourvu de queue, et se relie par un placenta avec le système vasculaire de la mère (A), jusqu'à ce qu'il ait atteint un volume considérable. Une fois détaché, il diffère beaucoup par la forme de A et peut être appelé B. La forme B ne possède pas d'organes sexuels, mais donne naissance à un stolon, duquel se développent des bourgeons, qui prennent la forme de A et sont mis en liberté en chaînes cohérentes. Ces chaînes se désagrégent et l'œuf unique, qui est con-

(1) Certaines ascidies simples du groupe des Molgulidées présentent également un embryon anoure, et divers zoologistes (Tellkampf, Kupffer, Lacaze-Duthiers) avaient tiré de cette observation des conséquences très-singulières. M. Giard a montré que l'exception n'est qu'apparente. La larve urodèle est la forme typique du développement des Tuniciers. Les Molgules et embryons anoures présentent un développement condensé et l'amas de cellules appelées *sphères de réserve* représente chez ces embryons l'appendice caudal des larves urodèles (à l'état de régression). La présence d'une larve urodèle est généralement en rapport avec les conditions d'existence (vie libre) de l'animal adulte.

Les Salpes et les Pyrosomes qui mènent une existence pélagique ont aussi des embryons anoures tandis que les *Diplosomidæ*, groupe de Synascidies *fixées* très-voisin des Pyrosomes, ont, au contraire, une larve urodèle parfaitement constituée (Voy. Giard, *Embryogénie des Ascidies*, Association française, congrès de Lille, 1874, et *Comptes rendus de l'Académie*, 13 décembre 1875).

tenu dans l'ovaire de chaque zooïde, devient un embryon à placenta. Ainsi chaque œuf donne naissance à un zooïde asexué (B), qui, par gemmation, produit un grand nombre de zooïdes hermaphrodites (A) (1) ; et ce fut sur le fait de l'alternance des formes de la mère et du rejeton observée chez les *Salpes* que Chamisso fonda la doctrine des générations alternantes (2).

CHAPITRE XVIII

Entéropneustes.

Le *Balanoglossus*, cet animal si singulier, qui est le seul exemple connu de ce groupe, est un ver à corps mou, allongé, apode, ayant la bouche à l'une des extrémités du corps et l'anus à l'autre. La bouche est environnée d'une sorte de collier ou lèvre proéminente, dans la marge de laquelle naît un long appendice médian probos-

(1) La forme (B) des *Salpa* est l'homologue du cyathozoïde des Pyrosomes et des Diplosomidæ lequel constitue le rudiment du cloaque commun ; c'est aussi l'homologue du premier individu asexué dérivé de la larve urodèle des Botrylliens et des Polycliniens. Le stolon qui porte les zooïdes hermaphrodites (A) est exactement constitué comme les stolons du *Perophora* ou comme les ovaires stolons des *Amarœcicum* et *Circinalium ;* les granules nutritifs qui chez ces derniers servent à la formation des gemmes correspondent à l'elœoblaste des Salpes. Quant au *placenta*, je le considérerai volontiers comme l'équivalent morphologique des *sphères de réserve* chez les Ascidies à embryogénie condensée, c'est-à-dire comme le rudiment ontogénique de l'appareil caudal des embryons typiques des Tuniciers (A. Giard).

(2) Voir pour plus de détails sur les Tuniciers les divers mémoires de A. Giard, sur les Ascidies composées et les Ascidies simples (*Archives de zoologie*, 1872-73 et *Comptes rendus de l'Académie*, 1874-75).

cidiforme, qui est creux intérieurement et présente un pore terminal. Du même côté que celui d'où part la trompe, la région antérieure du corps offre une aire allongée, quelquefois aplatie, limitée par des plis élevés longitudinaux. De chaque côté de cette aire s'observe une série longitudinale d'ouvertures — les ouvertures branchiales. — Celles-ci communiquent avec des dilatations sacculaires de la partie antérieure du canal alimentaire — les *sacs branchiaux*, — qui sont supportés par un squelette particulier.

On n'a pas encore découvert avec certitude de système nerveux, ni aucun organe sensoriel chez le Balanoglossus.

Selon Kowalewsky qui le premier a élucidé les caractères si singuliers du *Balanoglossus*, le système vasculaire consiste en un vaisseau dorsal et un ventral. A l'extrémité postérieure de la région branchiale, le premier se divise en troncs dorsaux supérieur et inférieur et en deux troncs latéraux. Le tronc supérieur se dirige en avant et, à l'extrémité antérieure du corps, se subdivise en deux branches descendantes, qui s'unissent avec le tronc ventral. Le tronc dorsal inférieur alimente les branchies, dont les troncs latéraux constituent les vaisseaux efférents.

Les branchies pharyngiennes du *Balanoglossus* constituent une disposition des organes respiratoires dont on ne peut trouver d'analogue que parmi les *Tuniciers* et les *Vertébrés*. D'un autre côté, la forme larvaire de cette créature anomale est généralement Annélidienne, et offre des ressemblances spéciales et très-intimes avec les *Echinodermes*.

Le jeune de *Balanoglossus* fut observé pour la première fois par Müller, qui lui donna le nom de *Tornaria* et le considéra (comme le firent tous les observateurs suivants jusqu'à ce qu'on en eût découvert la véritable nature) comme une larve d'Echinoderme, à cause de sa ressemblance extraordinaire avec les larves de quelques Étoiles de mer.

C'est un corps ovoïde allongé, pourvu de trois bandes de cils, dont l'une est præ-orale, tandis que les deux autres sont post-orales. De ces dernières, l'une située à l'extrémité postérieure est circulaire, tandis que l'autre s'incline obliquement par rapport à l'axe du corps, de manière à atteindre antérieurement et supérieurement l'extrémité antérieure, tandis que postérieurement elle occupe presque le milieu du corps. Sur la face ventrale, un sillon profond la sépare de la bande ciliée præ-orale, dans laquelle est située la bouche. Les bords des bandes ciliées prœ-orale et post-orales sont profondément sinués et ils viennent en contact sur la ligne médio-dorsale. Un large œsophage continue la bouche et s'ouvre dans la portion gastro-intestinale du canal alimentaire, qui se dirige en arrière sur la ligne médiane pour aller déboucher à l'extrémité postérieure du corps. Vers le milieu de la face dorsale du corps, l'on observe un pore circulaire, orifice d'un canal qui conduit dans un sac arrondi, placé au point de jonction de l'œsophage et de l'estomac. Ce sac émet deux diverticules latéraux courts qui embrassent l'œsophage.

Une bande délicate, vraisemblablement de nature musculaire, réunit le sommet du sac aquifère à cette partie de la face dorsale du corps où les bandes ciliées præ-orale et post-orales se rejoignent. Là se développent deux taches oculaires. La division gastrique du canal alimentaire se trouve séparée par une constriction de la partie intestinale tubulaire. Des diverticules de la portion gastro-intestinale du canal alimentaire donnent naissance à deux paires de corps discoïdes, desquels se développent selon toute probabilité le mésoblaste et la cavité périviscérale du *Balanoglossus*.

Des côtés de l'œsophage part une série de diverticules qui, s'unissant avec l'ectoderme, s'ouvrent extérieurement et deviennent les poches branchiales. Quand il ne se forme que deux de ces ouvertures branchiales, elles offrent, selon Metschnikoff, une ressemblance frappante avec celles des *Appendiculaires*. Une vésicule pulsatile — ce qu'on appelle le « cœur » — fait son apparition près du sac aquifère. Puis, l'extrémité antérieure du corps s'allonge pour se convertir en trompe ; tandis que la région postorale perd ses bandes ciliées et, prenant de l'extension, devient le corps allongé du vers adulte (1).

CHAPITRE XIX

Échinodermes.

Caractères généraux. — Les membres de ce singulier groupe sont pourvus d'un squelette composé de baguettes, de spicules ou de réseaux calcaires, qui s'unissent généralement en plaques définies. Le système nerveux consiste en un anneau, qui entoure l'œsophage, et envoie aux parois du corps cinq cordons longitudinaux équidistants; il existe encore un système remarquable de vaisseaux, appelés « ambulacraires » qui forment aussi un anneau autour de l'œsophage. Les Echinodermes les plus remarquables et les plus familièrement connus — les Étoiles de mer (*Astérides*), les Oursins (*Echinides*) et les Encrines (*Crinoïdes*) — ont une symétrie radiaire marquée,

(1) Voir Agassiz, « The History of *Balanoglossus* and *Tornaria* », *Memoirs of the American Academy of Arts and Sciences*, 1873 ; et Metschnikoff, « Untersuchungen ueber die Metamorphose einiger Seethiere », *Zeitschrift für Wissench. Zoologie*, XX, 1870.

des parties similaires, ordinairement au nombre de cinq, rayonnant autour d'un axe central ; et le corps est sphéroïdal, discoïde ou étoilé. Les *Concombres de mer* et les *Bèches-de-mer* (*Holothurides*) sont allongés et vermiformes ; mais on peut encore suivre la symétrie radiaire dans les tentacules buccaux et dans les systèmes nerveux et ambulacraire.

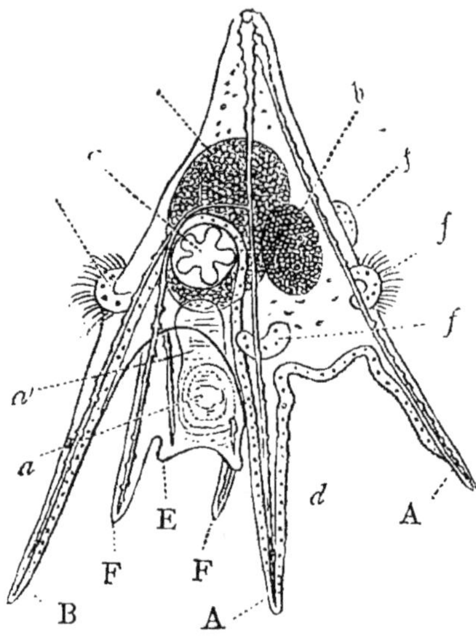

Fig. 101. — Larve d'*Echinus* (d'après J. Müller). — A, anus ; F, prolongement buccal ; B, bras latéral postérieur : *a*, bouche ; *a'*, œsophage ; *b*, estomac ; *b'*, intestin ; *d*, bandes ciliées ; *ff*, épaulettes ciliées ; *c*, disque du futur *Echinus* (figure copiée d'après sir John Lubbock).

A peu d'exceptions près, l'embryon quitte l'œuf sous forme d'une larve bilatéralement symétrique, pourvue de bandes ciliées et d'ailleurs semblable à une larve de ver, que l'on peut désigner sous le nom d'*Echinopædium*. La conversion de cet Echinopædium en Echinoderme s'effectue par le développement du système ambulacraire de vaisseaux et de nerfs et par la métamorphose du mésoblaste en métamères disposés en rayons, dont le résultat est l'oblitération plus ou moins complète de la symétrie bilatérale primitive de l'animal.

Divisions des Échinodermes. — Les Echinodermes les plus simples et les moins modifiés se trouvent parmi les *Holothurides*.

1° Holothurides.

Chez les *Synaptes*, par exemple, le corps est très-allongé et cylindrique, la bouche située à une extrémité et l'anus à l'autre. L'ouverture buccale se trouve au centre d'un cercle de tentacules et l'œsophage en part pour aboutir à un canal alimentaire, sans distinction marquée d'estomac et d'intestin, qui s'étend à travers le corps et se relie par des replis mésentériques avec les parois de ce dernier.

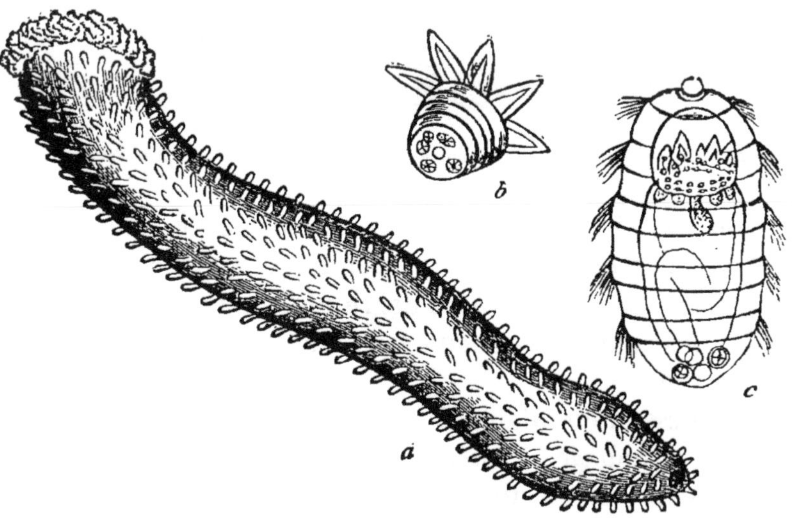

Fig. 102. — *Holothuria tubulosa.* — *b* et *c*, phases jeunes de cette espèce.

L'intestin présente des fibres musculaires externes circulaires et des internes longitudinales, et est tapissé par un endoderme cellulaire.

La paroi du corps consiste en un ectoderme externe cellulaire, recouvrant une couche de tissu conjonctif avec des fibres musculaires circulaires et longitudinales. Les dernières sont disposées en cinq bandes musculaires longitudinales, attachées antérieurement à un nombre correspondant des dix ou douze pièces d'un anneau calcaire qui environne l'œsophage.

Le tégument contient de nombreuses plaques calcaires, plates, perforées, auxquelles se fixent des crochets saillants et en forme d'ancre de la même substance. Selon Semper, ces corps en forme d'ancre se développent dans des sacs spéciaux tapissés d'une couche épithéliale (1).

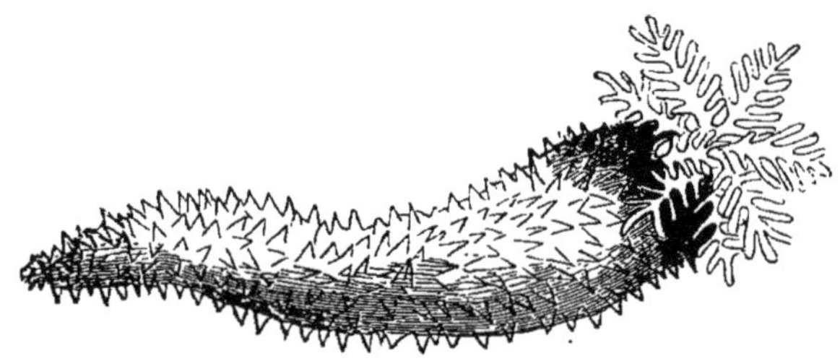

Fig. 103. — *Thyone papillosa*, autre espèce d'Holothuride (d'après Forbes).

Une cavité périviscérale spacieuse existe entre les parois du corps et le canal alimentaire, et les cellules qui la tapissent sont ciliées à un degré plus ou moins considérable. Des coupes pédonculées et ciliées sont attachées au mésentère.

Le vaisseau circulaire du système ambulacraire environne l'œsophage. Postérieurement, il émet divers prolongements en cœcum qui pendent librement dans la cavité périviscérale.

(1) Voir, sur ce point et sur tous ceux relatifs à la structure des *Holothurides*, la belle monographie de Semper dans ses « Reisen im Archipel der Philippinen », *Wissensch. Resultate,* Bd. i. : *Holothurien.*

Quelques-uns d'entre eux — *les vésicules de Poli*, — sont de simples culs-de-sac; mais, outre ces prolongements, on en observe un ou plusieurs tubulaires, dont les extrémités perforées sont revêtues d'un réseau calcaire et que l'on désigne sous le nom de *canaux madréporiques*. Par les orifices que présente le bout libre du canal madréporique, l'intérieur du système ambulacraire communique avec la cavité périviscérale. Antérieurement, le vaisseau circulaire envoie des branches aux tentacules. Les vaisseaux ambulacraires sont remplis d'un liquide contenant de nombreuses cellules nucléées.

Des vaisseaux contractiles, qui accompagnent l'intestin et règnent sur des côtés opposés de ce dernier, remplis d'un fluide semblable avec des corpuscules, représentent les vaisseaux pseudo-sanguins des Annélides.

Le système nerveux consiste en un anneau, placé superficiellement par rapport aux vaisseaux aquifères circulaires, et duquel partent cinq principaux cordons équidistants, qui traversent les ouvertures ou échancrures des plaques circum-œsophagiennes et atteignent le milieu des bandes musculaires longitudinales pour arriver avec elles à l'extrémité opposée du corps.

La glande génitale est unique et s'ouvre près de l'extrémité buccale, sur la ligne d'attache du mésentère. Les canalicules en cœcum et ramifiés dont elle se compose contiennent à la fois des œufs et des spermatozoaires, de telle sorte que les *Synaptes* sont hermaphrodites.

Chez d'autres *Holothurides*, le squelette peut atteindre un développement beaucoup plus grand et même prendre la forme de plaques visibles à l'œil nu et se recouvrant réciproquement. En outre, le vaisseau circulaire du système ambulacraire non-seulement donne origine aux vésicules de Poli, aux canaux madréporiques et aux vaisseaux tentaculaires, mais est encore le point de départ de cinq canaux, qui traversent des trous ou des encoches, situés dans les plaques circum-œsophagiennes auxquelles se fixent les muscles longitudinaux et se dirigent en arrière en suivant la partie centrale des aires occupées par chacun de ces muscles, du côté profond ou interne du nerf longitudinal. Ce sont les *vaisseaux ambulacraires*. Chez les *Holothurides* plus élevés, chaque vaisseau ambulacraire émet de nombreuses branches latérales; celles-ci pénètrent dans des prolongements contractiles de la paroi du corps, qui servent à la locomotion et constituent les *pieds* ou *suçoirs ambulacraires*. Conformément à la disposition des vaisseaux ambulacraires, ces suçoirs sont ordinairement disposés en cinq bandes longitudinales, qui sont les *ambulacres*. Quelquefois (*Psolus*), les pieds se suppriment dans deux de ces ambulacres et les trois autres sont disposés sur une surface aplatie sur laquelle l'animal rampe.

Chez les Holothurides supérieurs, l'intestin se termine dans un cloaque distinct où débouchent deux organes creux ramifiés qui se trouvent dans la cavité périviscérale. L'eau ambiante qui pénètre dans le cloaque et en ressort se comporte de même dans ces appendices, qui remplissent sans doute une fonction excrétoire et se désignent communément sous le nom « d'arbres respiratoires ». Il paraît probable que les ramifications ultimes de ces organes s'ouvrent directement dans la cavité périviscérale (1).

Les « organes de Cuvier » sont des appendices du cloaque pleins, simples ou ramifiés, dont la fonction est inconnue (2). Chez quelques *Holothurides*, l'orifice anal est pourvu d'un cercle de plaques calcaires.

(1) Semper, *loc. cit.*, Heft IV, p. 133.

(2) Chez certaines espèces (H. Polii, H. catanensis) les organes de

Dans bon nombre d'Holothuriens le système vasculaire sanguin atteint une grande complexité et ses branches non-seulement s'étendent sur le canal alimentaire, mais embrassent intimement l'un des organes excrétoires ramifiés. Les sexes sont distincts chez la plupart des Holothuriens.

La forme d'*Holothurides* la plus aberrante que l'on connaisse actuellement est le genre *Rhopalodina*. Le corps a la forme d'une bouteille à l'extrémité étroite de laquelle s'observent deux orifices. L'un d'eux — la bouche — est environné de dix tentacules; l'autre, qui représente l'anus, a dix papilles et un nombre égal de plaques calcaires. Une cavité cloacale spacieuse, pourvue d'organes excrétoires, traverse le goulot de la bouteille et débouche à l'anus. L'œsophage, qui se trouve à côté et à une certaine distance de l'ouverture buccale, présente un anneau de dix plaques calcaires. Le conduit génital est situé entre le cloaque et l'œsophage. Dix ambulacres divergent du centre de l'extrémité élargie du corps opposée à la bouche et s'étendent comme autant de méridiens vers le commencement du goulot de la bouteille. Une bande musculaire longitudinale répond à chaque ambulacre; et, détail qui caractérise spécialement le *Rhopalodina*, cinq de ces bandes s'attachent au cercle anal et les cinq autres à l'anneau circum-œsophagien. Jusqu'à ce que l'on ait démontré, cependant, que le vaisseau circulaire ambulacraire entoure le cloaque aussi bien que l'œsophage, — ce qui est fort improbable, — on est en droit de supposer que l'anus du *Rhopalodina*

Cuvier sont des tubes creux. Chez H. Polii (des Canaries) ces organes sont très-extensibles, d'un blanc de lait et peuvent être expulsés rapidement au dehors. Ils peuvent agglutiner les objets sur lesquels ils s'enlacent et doivent être considérés comme des organes de défense (Voir Greeff, *Sitzungsberichte der Gesellschaft u. s. w. zü Marburg*, 1876).

est réellement, comme chez les *Crinoïdes*, interradial dans sa position.

Le développement des *Holothurides* est extrêmement instructif. La division du jaune donne naissance à une morule vésiculaire, qui subit l'invagination et se convertit en une gastrule ovale ciliée. L'ouverture de la partie invaginée devient l'anus, tandis que la bouche est un nouvel orifice formé à l'extrémité close du sac endodermique. Le canal alimentaire se différencie en un œsophage, un estomac arrondi et un intestin; et les cils se restreignent d'ordinaire à une seule bande, recourbée sur elle-même, bien que sa direction générale soit transversale par rapport à l'axe du corps. A une période ultérieure, cette bande unique peut être remplacée par une série d'anneaux de cils.

Dans l'état le plus primitif que l'on ait encore observé (1), le système ambulacraire vasculaire apparaît comme un tube cœcal qui s'ouvre extérieurement par un pore situé sur la région antéro-dorsale de la larve, tandis que son extrémité close s'embranche sur l'œsophage. Le bout interne de ce tube s'allonge, se recourbe autour de l'estomac et se divise en trois portions. L'une de celles-ci reste en connexion avec le pore dorsal et, se dilatant, devient une vésicule à cinq lobes, qui se développe autour de l'œsophage et donne naissance aux canaux tentaculaires et ambulacraires, et à la vésicule de Poli; tandis que le canal primitif, se détachant de la paroi dorsale, devient le canal madréporique.

Les deux autres vésicules sont situées aux côtés de l'estomac, qui prend une forme plus cylindrique, et ces vésicules deviennent les « Würtsformige Körper »

(1) Metschnikoff, « Studien ueber die Entwickelung der Echinodermen und Nemertinen », *Mém. de l'Acad. de Saint-Pétersbourg*, XIV 1869.

(corps en forme de saucisse) observés par Müller. Augmentant peu à peu de volume, elles croissent autour du canal alimentaire et s'unissent au-dessus et au-dessous de lui. Ainsi se forme un double cylindre dans la position du mésoblaste, entre l'endoderme et l'ectoderme. La couche interne du double cylindre s'applique au canal alimentaire et devient l'enveloppe musculaire et péritonéale de ce viscère, tandis que la couche externe, s'attachant à l'ectoderme, se convertit en l'enveloppe musculaire et péritonéale de la paroi du corps. L'intervalle qui se trouve entre ces deux couches représente la cavité périviscérale.

En même temps, le corps de l'embryon s'allonge, les tentacules se développent autour de la bouche, les bandes ciliées disparaissent et la forme Holothuride est complète.

Des observations faites sur d'autres Échinodermes rendent fort probable que le tube primitif ambulacraire est un diverticule du canal alimentaire et que, dans la première condition observée, on trouve sa communication avec ce dernier interceptée, tandis qu'il a acquis une ouverture secondaire : le pore dorsal. Dans ce cas, il est clair que la cavité périviscérale de l'Holothurie serait un entérocœle, répondant à la cavité périviscérale du *Sagitta* et des *Brachiopodes*.

Il est encore évident que les organes qui se développent en connexion avec l'entérocœle correspondent à ceux qui dérivent du mésoblaste chez d'autres animaux, et que l'Échinoderme est à l'égard de son embryon dans le même rapport qu'une Annélide l'est à l'égard du sien, la forme adulte résultant de l'arrangement particulier des parties développées aux dépens du mésoblaste. Aucune partie de l'Échinopædium n'est rejetée dans le cours du développement des *Holothurides*, c'est-à-dire que le corps entier de la larve passe dans la forme adulte.

2° *Astérides*. — L'Étoile de mer peut se comparer à un Holothurien, dont les ambulacres se limitent à sa moitié orale, aplati de manière à avoir un axe très-court, tandis que son diamètre équatorial s'est accru considérablement et se prolonge à chaque ambulacre. La forme résultante serait un disque, présentant la forme d'un pentagone ou d'une étoile à cinq rayons, pourvu d'ambulacres seulement sur la face du disque qui porte la bouche.

Fig. 104. — Astéride. *Cribella oculata* (d'après Forbes).

Toutes les *Astérides* possèdent un squelette composé de plaques définies ou d'épaisses baguettes, dont chacune est formée d'un dense réseau calcaire. Un sillon profond, allant de la bouche à l'extrémité de chaque rayon, marque la position de chaque ambulacre, et les côtés de ce sillon sont supportés par deux séries d'osselets ambulacraires, qui se rencontrent et s'articulent ensemble sur la ligne médiane ou toit du sillon. On n'observe ni tentacules buccaux, ni anneau calcaire circum-œsophagien.

Le canal alimentaire est très-court et quelquefois dépourvu d'anus ; mais il émet des prolongements cœcaux

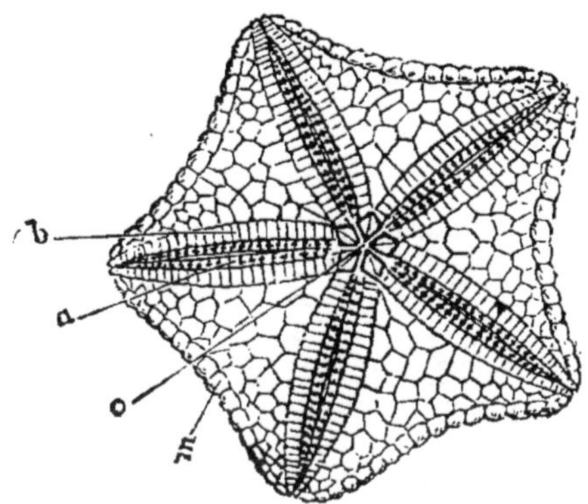

Fig. 105. — Diagramme d'une étoile de mer (*Goniaster*), montrant la face inférieure, avec la bouche et les sillons ambulacraires. — *a*, osselets ambulacraires, avec les pores ambulacraires entre eux ; *b*, plaques ambulacraires limitant les sillons ambulacraires ; *m*, plaques marginales (manquant dans beaucoup d'espèces); *o*, plaques buccales, situées aux angles de la bouche.

dans chaque rayon. Sur la face du corps opposée à la bouche, dans une position interradiale, l'on remarque un ou plusieurs tubercules madréporiques ; et le canal qui conduit du tubercule madréporique au vaisseau circulaire ambulacraire est renforcé par un squelette particulier.

Le vaisseau ambulacraire est superficiel relativement aux osselets ambulacraires, au fond du sillon ambulacraire, et recouvert par le nerf ambulacraire, et par le tégument ; quant au nerf, il se termine dans beaucoup d'étoiles de mer, à l'extrémité de l'ambulacre dans un œil composé.

Les troncs principaux des vaisseaux pseudo-sanguins forment deux anneaux, l'un autour de la bouche, l'autre autour de l'anus, qui sont unis par un vaisseau — désigné sous le nom de cœur, — dont la direction est parallèle au canal madréporique. Les sexes sont distincts, et les organes génitaux correspondent en nombre aux rayons.

Le tégument de la face opposée à la bouche présente de nombreux prolongements en cœcum ; et des corps en

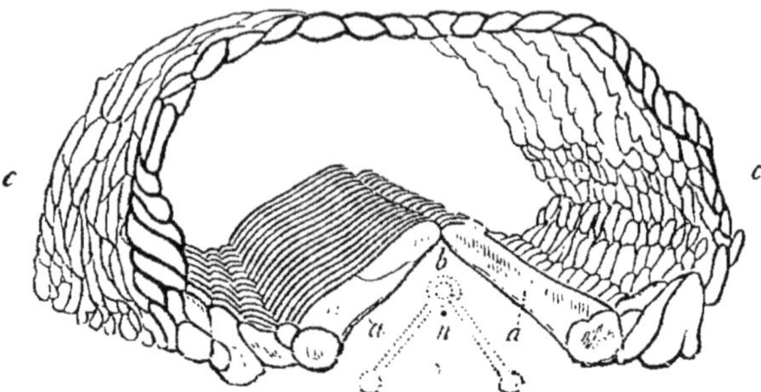

Fig. 106. — Section d'un rayon de l'*Uraster rubens*. — *aa*, osselets ambulacraires ; *b*, position du vaisseau ambulacraire ; *cc*, plaques du squelette externe ; *n*, cordon nerveux. Les lignes pointées montrent les pieds tubulaires procédant du vaisseau ambulacraire.

forme de pinces, pourvus d'un squelette interne, — les *pédicellaires* — sont largement disséminés sur le tégument.

Dans quelques Étoiles de mer, comme chez quelques Holothurides, l'embryon passe à l'état d'Astérie (forme adulte) sans traverser aucune phase larvaire libre. Mais, plus ordinairement, il se forme un Echinopædium de la même manière que chez les Holothuriens, mais différent par l'arrangement de ses bandes ciliées et surtout par leur prolongement en nombreux lobes ou appendices étroits, comme on l'observe chez la remarquable *Bipinnaria*.

D'après les observations d'A. Agassiz, qui ont été confirmées par Metschnikoff, les vaisseaux ambulacraires commencent sous forme de diverticules de l'estomac, qui, après s'être séparés du canal alimentaire, comme les disques latéraux des Holothuriens, donnent naissance à la cavité périviscérale et à toute la substance du corps comprise entre l'endoderme et l'ectoderme. Cependant une portion de l'un de ces diverticules se sépare du reste, s'ouvre extérieurement par un pore et se métamorphose en les vaisseaux ambulacraires. Mais ce diverticule ambulacraire n'entoure pas l'œsophage, et conséquemment il se développe une nouvelle bouche au centre de l'anneau ambulacraire. La bouche et l'œsophage larvaires disparaissent, et la plus grande partie du corps de l'Echinopædium se détache de la portion qui contient l'Echinoderme étoilé. Cette dernière résulte de la métamorphose du mésoblaste, qui se modèle sur l'entérocœle et enferme la portion moyenne du canal alimentaire (1).

3° *Echinides.* — On peut comparer un Oursin ordinaire à une Holothuride, dont le corps serait distendu au point de devenir globuleux et pourvu d'un squelette offrant la forme de plaques régulières, disposées en séries qui s'étendent d'un pôle à l'autre; les plaques correspondant aux vaisseaux ambulacraires sont superficielles relativement à ces derniers et sont par conséquent perforées par les canaux qui vont des vaisseaux ambulacraires aux pieds.

(1) Un groupe d'Échinodermes, dont l'étude anatomique et embryogénique serait très-importante pour la phylogénie de ces animaux, est le genre *Brisinga* découvert, en 1853, par Absjörnsen et dont on connaît deux espèces vivant à une profondeur de 100 à 200 brasses dans le nord de l'Atlantique et sur la côte de Norwége. Les Brisinga semblent tenir le milieu entre les Ophiurides et les Asteries : leurs bras trop épais et trop mous pour qu'on les compte parmi les premières, sont plus longs et plus fragiles que chez ces dernières ; le disque est petit et mesure de 20 à 25 millimètres de diamètre. Chez le *Brisinga endecacnemos* il est lisse; chez le *B. coronata*, il est hérissé de spicules. La plaque madréporique est sur la surface dorsale tout près du bord du disque. Un anneau solide de tubercules calcaires forme et renforce les bords du disque; c'est à cet anneau que les bras au nombre de 10 ou 11 viennent se rattacher. Ces bras ont quelquefois 30 centimètres de longueur, ils sont annelés, minces à leur base, et renflés vers le milieu, partie où se développent les ovaires, puis amincis de nouveau jusqu'à leur extrémité. Les pédicellaires sont également répandus sur les bras et le disque. Quoique vivant à de grandes profondeurs, les *Brisinga* sont d'une belle couleur cramoisie passant au rouge orangé (V. *Fauna littoralis Norwegiæ*, 2e liv., 1856, p. 96).

Le nerf ambulacraire se trouve entre les plaques squelettiques et les vaisseaux, et se termine dans une tache oculaire, située à l'extrémité aborale de chaque ambulacre. Dans tous les *Echinides* existants, il y a deux séries de plaques dans chaque ambulacre, et deux dans chaque espace interambulacraire, d'où, comme il existe cinq am-

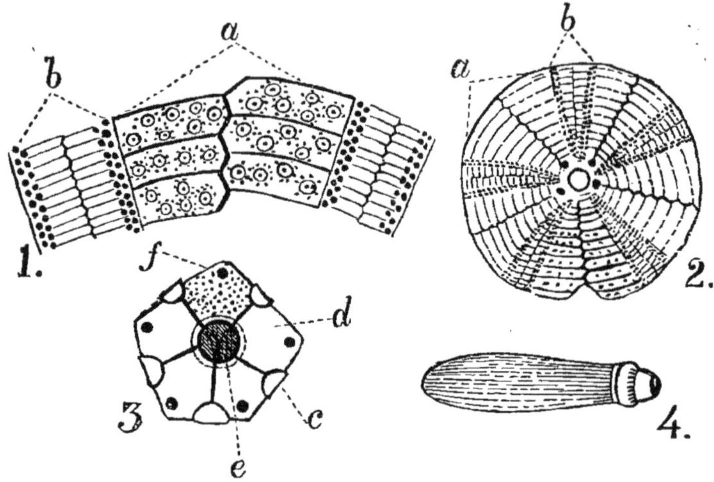

Fig. 107. — Morphologie des Échinides. — 1, portion du test du *Galerites hemisphericus*, grossie, montrant une aire inter-ambulacraire (*a*), et une aire ambulacraire (*b*). 2, *Galerites hemisphericus*, vu par sa face supérieure : *a*, interambulacres; *b*, ambulacres. 3, disque génital et oculaire de l'*Hemicidaris intermedia*, grossi; *c*, plaque oculaire ; *d*, plaque génitale ; *e*, ouverture anale ; *f*, tubercule madréporiforme. 4, épine du même (d'après Forbes). Pour plus de clarté, l'on a omis la plupart des tubercules dans les figures 2 et 3.

bulacres, vingt séries méridiennes de plaques constituent la partie principale de la coquille, ou *corona* comme on l'appelle. Ces plaques s'unissent d'ordinaire fortement par des sutures. A l'extrémité opposée à la bouche de chaque série ambulacraire se trouve une *plaque oculaire*, et à la même extrémité de chaque série inter-ambulacraire une *plaque génitale*. Ces dernières sont perforées par les conduits des organes reproducteurs.

Chez les Oursins réguliers, l'anus, qui existe toujours,

est situé à l'intérieur du cercle formé par les plaques génitales et oculaires, mais chez les autres il occupe un espace interradiaire sur la face ventrale ou dorsale.

La plupart des Echinides sont pourvus d'une armature buccale complexe qui, dans les Oursins réguliers, est connue sous le nom de Lanterne d'Aristote. Des épines mobiles s'articulent avec les plaques de la corona. Les

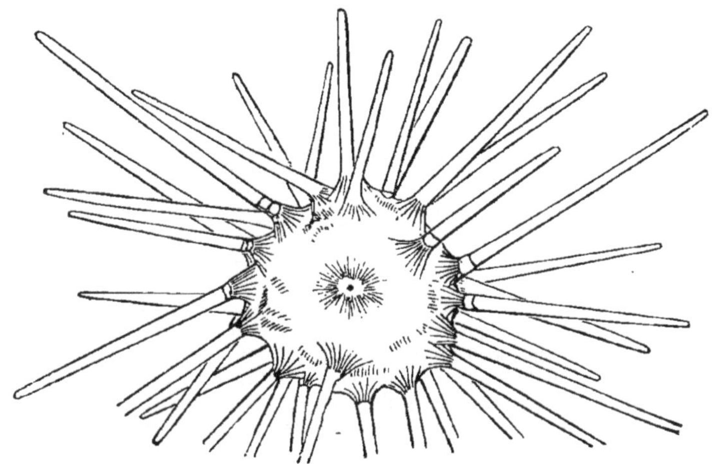

Fig. 108. — *Cidaris papillata,* montrant les épines mobiles (d'après Gosse).

pédicellaires abondent et sont généralement à trois mâchoires. Le développement embryonnaire des *Echinides* diffère de celui des formes précédentes en ce que l'Echinopædium (appelé *Pluteus*) a un squelette composé de baguettes calcaires, qui supportent les expansions dans lesquelles le corps se prolonge dans la région des bandes ciliées et ailleurs.

L'origine du système ambulacraire, avant qu'il ait pris la forme d'un tube avec un pore dorsal, n'a pas été élucidée. L'extrémité close de ce tube se trouve du côté gauche du canal alimentaire et se relie avec une masse discoïde qui existe du même côté de l'estomac ; une masse semblable apparaît du côté droit. Cette extrémité fermée du tube se dilate et donne naissance à une rosette, d'où procèdent les vaisseaux ambulacraires, et une dépression du tégument de la larve, formant ce qu'on nomme l'*Umbo*,

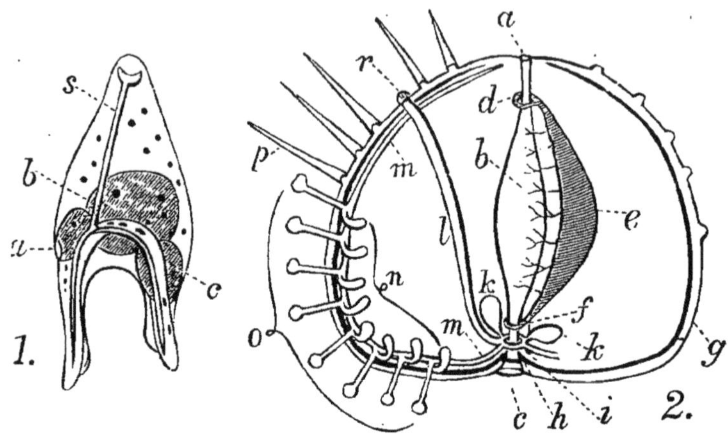

Fig. 109. — Morphologie des Échinides. — 1, Larve d'Échinide : *a*, bouche ; *b*, estomac ; *c*, intestin ; *s*, squelette. 2, Diagramme d'Échinus. Les épines et les ambulacres sont représentés sur une petite portion du test ; le système vasculaire est la partie ombrée ; le système nerveux est indiqué par le trait foncé : *a*, anus ; *b*, estomac ; *c*, bouche ; *d* et *f*, anneaux vasculaires autour du canal alimentaire ; *e*, cœur ; *g*, test ; *h*, anneau nerveux embrassant l'œsophage ; *i*, anneau ambulacraire ou « canal circulaire » entourant l'œsophage ; *kk*, vésicules de Poli ; *l*, canal du sable ; *mm*, canal ambulacraire rayonnant ; *n*, vésicules ambulacraires secondaires ; *o*, tubes ambulacraires ou « pieds tubulés » ; *p*, épines ; *r*, tubercule madréporiforme.

s'étend en dedans à cette rosette. Au fond de l'umbo, une nouvelle bouche s'ouvre à travers le centre de la rosette dans la cavité gastrique de la larve, le premier œsophage disparaissant. Le squelette larvaire se résorbe, mais le reste de l'Echinopædium passe dans l'Echinoderme (1).

(1) L'appareil circulatoire des *Oursins* a été étudié par M. Perrier dans un court séjour qu'il a fait, en 1874, à Roscoff (Finistère), dans le laboratoire de physiologie expérimentale de M. Lacaze-Duthiers.

L'étude histologique du *prétendu cœur* m'a montré, dit l'auteur, que cet organe n'est autre qu'une glande véritable, dont le produit est déversé dans une cavité tubulaire située au-dessous du canal vertical, issu de la plaque madréporique. Cette cavité se prolonge en un canal excréteur, aboutissant à l'espace infundibuliforme compris entre la

4° *Ophiurides*. — Cette division des Echinodermes comprend des animaux étoilés, à cinq rayons, comme la ma-

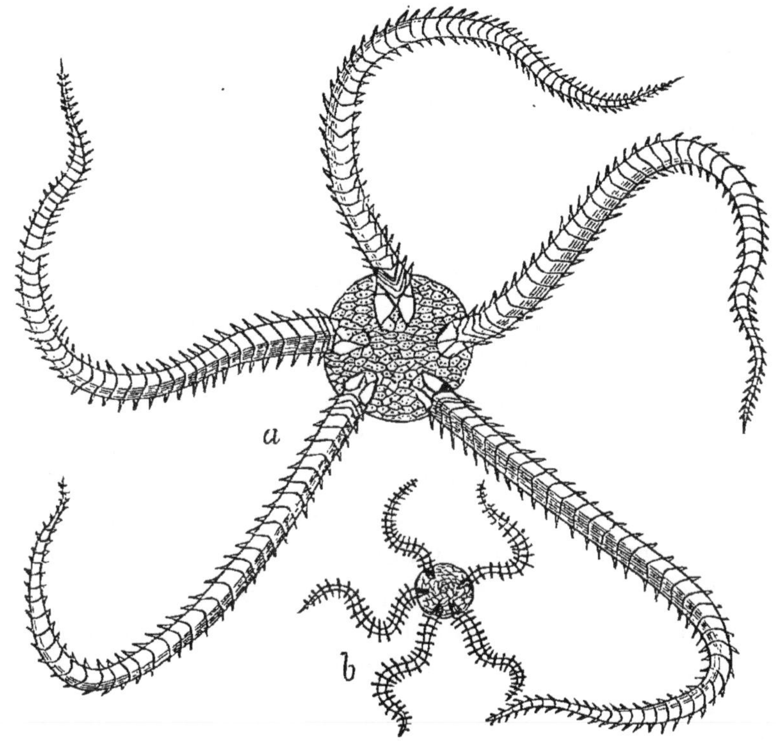

Fig. 110. — Ophiurides. — *a*, *Ophiura texturata* ; *b*, *Ophiocoma neglecta* (d'après Forbes).

jorité des Astéries et qui, comme ces dernières, ont les ambulacres confinés à la face buccale du corps et des

membrane du test et la plaque madréporique. D'autres glandes tubulaires, situées du côté opposé de l'œsophage, dans l'épaisseur même du mésentère, viennent s'aboucher en partie avec ce canal excréteur, en partie s'ouvrent directement sous la plaque madréporique, dont les pores donnent probablement issue au liquide sécrété. Il est à remarquer que, par l'intermédiaire de l'espace infundibuliforme situé sous la plaque madréporique, l'appareil circulatoire et cet appareil glandulaire communiquent, de sorte qu'une injection poussée par ce prétendu cœur peut redescendre par le canal du sable. (Note lue à l'Académie des sciences, 16 novembre 1874.)

rayons. Mais ils diffèrent à la fois des *Echinides* et des *Astérides* par la composition du squelette.

Le centre de chaque rayon est, en fait, occupé par une série « d'osselets vertébraux », qui se trouvent du côté profond du vaisseau et du nerf ambulacraires, tandis qu'une série de plaques médianes aplaties recouvre la face superficielle de la même partie.

Le canal alimentaire est un simple sac, sans intestin, anus ni diverticules latéraux.

Dans quelques *Ophiurides*, l'embryon ne passe pas par la phase Echinopædium, mais arrive directement à l'état Ophiuride. Lorsqu'il existe un Echinopædium, c'est un *Pluteus*, ayant un squelette semblable à celui des *Echinides*. Metschnikoff (*loc. cit.*) a fait cette observation intéressante que dans un Ophiuride (probablement l'*Ophiothrix fragilis*) tout l'ensemble des cavités périsviscérale et ambulacraires dérive de deux corps, situés l'un à droite, l'autre à gauche de l'œsophage, et qui sont pleins, bien qu'originairement ils puissent avoir été des diverticules. Deux masses cellulaires se détachent de ces corps, s'appliquent aux côtés de l'estomac et se convertissent en disques, desquels la cavité périviscérale et sa paroi, ainsi que les parois viscérales, tirent leur origine. Le reste du corps plein situé à gauche de l'œsophage prend un caractère vésiculeux, s'ouvre par un pore dorsal et se développe autour de l'œsophage pour donner naissance au vaisseau circulaire ambulacraire. L'autre corps plein disparaît. La bouche de l'Echinopædium devient celle de l'Ophiuride.

On ne saurait douter que ces corps solides ne naissent, de la même manière que chez les autres Echinopædiums, aux dépens de l'endoderme ; et ainsi s'élève la question : jusqu'à quel point le mésoblaste formé de la sorte diffère-t-il de celui qui provient de la séparation de cellules de l'hypoblaste, comme dans le chien de mer, et dans quelle mesure peut-on s'appuyer sur ce cas pour admettre la probabilité qu'un schizocœle n'est qu'une modification d'un enterocœle ?

5° *Crinoïdes* (1). — Les seuls représentants vivants de ce

(1) Dans un voyage d'exploration entrepris aux Barbades, L. Agassiz a retiré des profondeurs de l'Océan, la drague allant entre 75 et 120 pieds, un crinoïde très-voisin du *Rhizocrinus lofotensis*, mais probablement différent. « Nous avons conservé ce crinoïde vivant, dit le naturaliste, de dix à douze heures... C'était un spectacle très-émouvant pour nous de contempler les mouvements de cet être singulier, car il ne parlait pas de lui seulement, il jetait la lumière sur ce passé lointain, où les crinoïdes, aujourd'hui si rares, si difficiles à observer, constituaient le caractère dominant du règne animal. J'aurais pu voir, sans grand effort d'imagination, les bancs de Lockport, peuplés de ces genres nombreux de crinoïdes que les géologues de New-York ont retiré de ces riches dépôts siluriens, ou me rappeler les dépôts de mon pays natal, dans les montagnes duquel, parmi d'autres fossiles indiquant des eaux à fond sableux, d'autres crinoïdes abondent, plus semblables encore à celui que je venais d'observer vivant. Les affinités intimes des *Rhizocrinus* avec les Apiocrinides sont démontrées par ce fait que, lorsque l'animal meurt, il brise ses bras comme le font les Apiocrinides dont les têtes se trouvent généralement sans bras. On peut se demander maintenant quelle est aujourd'hui la signification de la rencontre de ces animaux dans nos mers profondes? Les types semblables des premiers âges habitaient-ils des eaux basses? Cela n'est pas douteux, car il est facile de prouver que les couches du diluvien de l'État de New-York doivent leur origine à des mers peu profondes; dans le cas des formations jurassiques dont il a été parlé ci-dessus, la combinaison des crinoïdes avec les fossiles ordinaires des récifs coralliaires, et leur présence dans les attols de cette époque sont des preuves suffisantes de mon assertion. Que signifie donc ce fait que nous ne trouvons plus les *Pentacrinus* et les *Rhizocrinus* que dans les eaux profondes des Indes occidentales? Il me semble qu'il n'y a qu'une explication possible; c'est dans le progrès de l'accroissement des terres fermes que nous pouvons trouver l'explication d'un tel déplacement des circonstances favorables à l'existence des types les plus voisins de ceux des premiers âges..... C'est seulement dans la profondeur de l'Océan que les animaux peuvent trouver des pressions comparables à celles que leur faisait autrefois subir l'atmosphère. Mais sûrement une pression aussi haute que celle à laquelle sont soumis les animaux à de grandes profondeurs, n'est pas favorable au développement de la vie, de là l'infériorité des formes que l'on trouve dans les mers profondes. La diminution rapide de la lumière quand la profondeur s'ac-

groupe sont les *Comatulides* et les *Pentacrinides*. Ils possèdent un corps en forme de coupe, pourvu de cinq bras ordinairement ramifiés, et soit perché à l'extrémité d'une tige articulée et fixée, soit adhérent par des appendices attachés à une face de la coupe. La bouche se trouve au centre de la face non adhérente de la coupe ; et cinq séries de filaments tentaculaires s'irradient de la bouche aux extrémités des faces buccales des bras. Entre deux de ces séries, on observe une élévation conique proéminente, ouverte à son sommet. Le canal alimentaire partant de la bouche se tord sur lui-même en spirale, de

croît et la petite quantité d'oxygène libre dans les eaux à des pressions de plus en plus élevées, sans parler de l'uniformité plus grande des conditions d'existence, de l'amoindrissement et du défaut de variété des substances alimentaires, etc., etc., voilà autant de causes qui agissent dans la même direction et conduisent aux mêmes résultats.

Agassiz a également dragué une petite espèce du genre *Micraster*, appartenant, par sa circonscription primitive, à l'époque crétacée. Jusque-là on n'en connaissait aucun spécimen vivant.

D'autres coups de drague ont ramené des espèces de *Mollusques*, représentant des types qu'il n'y a pas encore longtemps l'on croyait tout à fait éteints, par exemple, des *Pleurotomaria* et des *Pecten* vivants ; des éponges (un *Chemidium*, une *Siphonia* et une *Scyphia*) qui se rencontrent à l'état fossile dans les terrains jurassiques et crétacés ; enfin un petit crustacé, auquel il donne le nom de *Tomocaris Peircei*, dont la ressemblance avec les *Trilobites* est indiscutable et très-frappante. (*Lettres à M. Peirce*, L. Agassiz, 1873.)

A côté de ces faits signalés et interprétés par Agassiz, nous en mentionnerons d'autres rapportés par MM. Mac Andrew, Wyville Thompson, Mac Intosh, Jeffreys. Ces savants ont dragué des êtres vivants à des profondeurs dépassant 1,000 pieds ; mais ils ont constaté qu'à ces profondeurs les formes vitales se rapprochent de celles qu'on observe dans les mers polaires. De même qu'en s'élevant sur les Alpes on rencontre des végétaux qui se rapprochent de plus en plus de ceux des pays septentrionaux, de même, en descendant au-dessous du niveau de l'Océan, on rencontre des animaux de plus en plus semblables à ceux qui peuplent les mers arctiques. Cela est vrai pour les Annélides, pour les Mollusques et pour les Zoophytes, c'est-à-dire pour tous les animaux qui, menant une vie sédentaire, ne peuvent facilement se soustraire à l'influence des milieux ambiants. (Draguages du *Porcupine*, congrès de Liverpool, 1871.)

manière à enfermer une columelle centrale, puis aboutit dans la cavité de l'intérieur de ce cône anal.

Les séries rayonnantes de filaments tentaculaires sont généralement considérées comme des *ambulacres*, — et l'on interprète le Crinoïde comme s'il constituait une sorte d'Étoile de mer aberrante. Mais il me semble que les bras du crinoïde sont plutôt comparables aux tentacules d'un Holothuride, et que les Crinoïdes sont dépourvus d'ambulacres au sens propre du mot. On ne saurait, selon moi, mieux comparer le Crinoïde qu'à une *Synapte* Rhopalodiniforme ayant ses tentacules buccaux énormément accrus et des plaques squelettiques développées sur toute la paroi dorsale du corps, comme les osselets du calice, des bras et pinnules du Crinoïde.

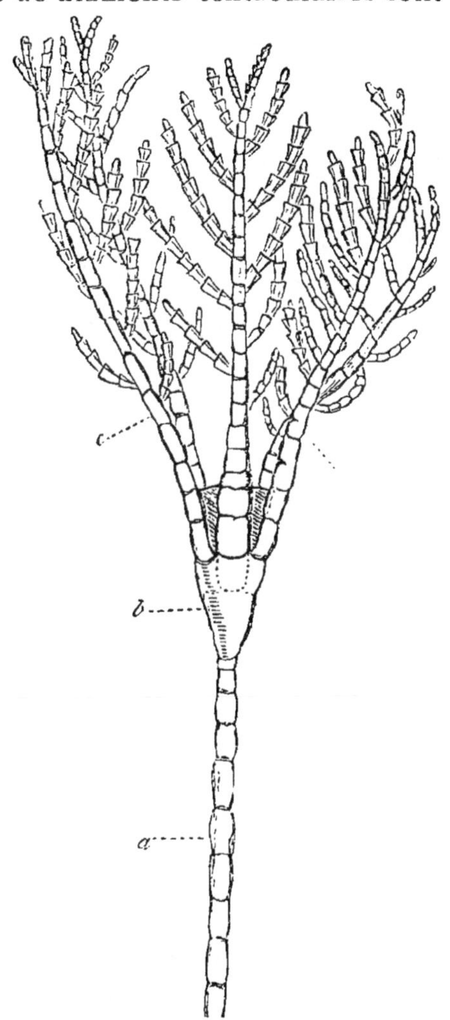

Fig. 111. — Crinoïdes. *Rhizocrinus Lofotensis*, espèce vivante (d'après Wyville Thompson), grossie quatre fois. — *a*, tige; *b*, calice; *c*, *c*, bras.

Avec cette interprétation, il est possible de comprendre pourquoi l'on n'a encore découvert d'une manière positive ni vaisseaux ni nerfs ambulacraires chez les *Crinoïdes*.

La position des organes générateurs dans les pinnules ou prolongements latéraux des bras reste encore comme un caractère servant à distinguer les Crinoïdes existants de tous les autres.

Fig. 112. — Crinoïde vivant, *Comatula rosacea*. — *a*, adulte libre ; *b*, jeune fixé (d'après Forbes).

On sait peu de chose sur le développement des Crinoïdes, cependant Wyville Thompson a montré que, dans l'*Antedon* (*Comatula*), l'Echinopædium s'environne d'anneaux ciliés. L'origine de la cavité périviscérale n'a pas été élucidée, mais le squelette de l'Echinoderme apparaît dans le corps de la larve comme un Crinoïde pédonculé et il finit par s'attacher par l'extrémité de son pédoncule. Il augmente de volume dans cet état pentacrinoïde ; mais à la fin, le calice et les bras se détachent de la tige et prennent la forme comatuloïde.

Le développement d'Holothurides tels que le *Psolinus* (Kowalevsky, *Mémoire de l'Académie de S. Pétersbourg*, 1868) et de la forme, probablement analogue au *Psolus*, décrite par Krohn (*Müller's Archiv*, 1851) me paraît offrir les meilleurs termes de comparaison avec les Crinoïdes. La dernière présente, dans les plaques squelettiques et dans les tentacules, une ressemblance frappante, avec un *Antedon* embryonnaire ; tandis que les suçoirs médians, qui sont d'abord les seuls développés, indiquent une interprétation possible de la souche Crinoïde.

Les *Cystidés* éteints sont évidemment proches parents des *Crinoïdes*, avec des bras buccaux plus petits et l'anus beaucoup moins rapproché de la bouche. Il est probable que les parties génitales étaient contenues dans le calice.

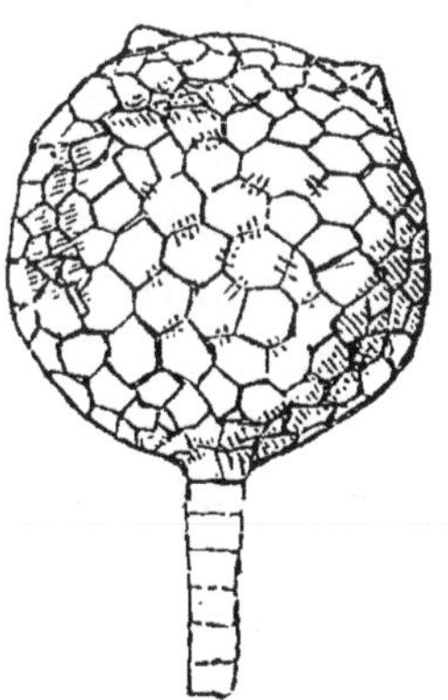

Fig. 113. — Cystidés. *Echinosphœrites aurantium*, espèce appartenant au silurien inférieur.

Les *Edrioastérides* et les *Blastoïdes*, d'un autre côté, possédaient manifestement de vrais ambulacres, et les premiers devaient être intimement alliés aux *Astérides*. Quant aux *Blastoïdes*, leurs ambulacres sont d'une interprétation fort difficile.

Toutes les investigations récentes sur le développement des *Echinodermes* ont fourni, selon moi, des preuves convaincantes et multipliées de l'opinion à laquelle j'avais été conduit et que j'ai émise, il y a quelque vingt ans, d'après l'étude des travaux de Müller, à savoir que ces animaux sont des Vers modifiés et n'ont pas d'affinité spéciale avec les *Cœlentérés*.

La belle découverte faite par Al. Agassiz du mode

d'origine du système ambulacraire, tout en soulevant une question relativement à l'homologie de ce système avec le système aquo-vasculaire des Vers (et sans contredire immédiatement cette homologie), n'apporte aucun argument en faveur des affinités des Echinodermes avec les Cœlentérés ; d'autant plus que nous savons maintenant que la cavité périviscérale du *Sagitta* et des *Brachiopodes*, qui n'ont certainement guère à faire avec les *Cœlentérés*, se développe de la même manière.

Hæckel, admettant le caractère essentiellement Annuloïde des *Echinodermes*, a émis l'hypothèse que ces animaux sont des Vers composés, chaque ambulacre, si je comprends bien sa manière de voir, représentant un corps de vers virtuel. Mais c'est précisément le système ambulacraire auquel on ne trouve rien de comparable dans un Ver ordinaire, ; et il ne faudrait, à mon avis, pas moins que la démonstration du fait pour justifier l'idée suivant laquelle un Holothurien représenterait une souche d'organismes vermiformes.

La ressemblance des larves d'Echinodermes avec les larves d'*Enteropneustes*, d'*Annélides* et de *Turbellariés*, et leur dissemblance de celles des *Cœlentérés*, sont indéniables. Le développement de la cavité périviscérale et des vaisseaux ambulacraires, chez les Echinodermes, est incontestablement semblable à celui des canaux gastro-vasculaires chez les *Cténophores ;* mais il ressemble encore plus à celui de la cavité périviscérale dans les *Chætognathes* et les *Brachiopodes*. Tandis que s'il est permis de s'en rapporter à l'idée que suggère le développement de l'*Ophiothrix*, il a des analogues encore plus largement répandus parmi les animaux d'organisation supérieure.

Les vaisseaux pseudo-sanguins, si fortement développés chez la plupart des Echinodermes, font défaut chez les *Cœlentérés*, et atteignent leur maximum chez les Vers. Il me semble que l'opinion de Semper, d'après laquelle les *Holothurides* et les *Géphyrées* proviennent d'une souche commune, et les *Astérides*, les *Echinides* et les *Ophiurides* constituent des modifications extrêmes du prototype Holothuride, est fort probable. Mais je conçois que, tandis que les Echinodermes mentionnés ci-dessus sont essentiellement des *Holothurides* avec des tentacules buccaux diminués ou absents, et des corps volumineux pourvus d'ambulacres bien développés; les Crinoïdes sont essentiellement des *Holothurides*, avec les tentacules buccaux agrandis, le corps relativement petit et les ambulacres non développés.

CHAPITRE XX

Arthropodes.

Caractères généraux. — Les *Echinodermes* et les *Mollusques* sont les derniers termes de séries d'animaux invertébrés qui divergent des *Turbellariés*, tandis que les *Tuniciers* indiquent le cours de modification qui conduit aux Vertébrés. Les *Arthropodes*, enfin, paraissent terminer cette série dont les *Annélides* constituent un terme intermédiaire. En fait, ce sont des Annélides dépourvues de soies, dans lesquelles les vaisseaux pseudo-sanguins sont ordinairement remplacés par un cœur et des vaisseaux sanguins et dans lesquelles les appendices sont généralement segmentés, une ou plusieurs paires se modifiant de façon à servir à la mastication.

A un point de vue important, ils diffèrent de la grande

majorité des Annélides, en ce que ni l'embryon ni l'adulte ne possèdent jamais de cils.

Le travail de la segmentation du jaune peut être complet ou incomplet, mais chez aucun Arthropode connu l'œuf ne donne naissance à une morule vésiculaire, et l'on n'a pas vu le canal alimentaire se former par invagination. Le mode précis d'origine du mésoblaste reste encore à élucider, mais la cavité périviscérale se développe toujours par la division de cette partie, c'est-à-dire qu'elle est un Schizocœle.

Comme chez les Annélides, la segmentation du corps résulte de la subdivision du mésoblaste, en *protosomites*, par des constrictions transversales et il y a tout lieu de croire que la chaîne nerveuse ganglionnaire provient d'une involution de l'épiblaste.

La face neurale de l'embryon se forme la première et son extrémité antérieure se termine en deux expansions arrondies — les lobes *procéphaliques* — qui donnent naissance aux côtés et au-devant de la tête. Les appendices se développent par paires de la face neurale de chaque somite et, quelle que doive être leur forme ultime, ils apparaissent tout d'abord comme de simples excroissances gemmiformes. Très-généralement un large prolongement médian du sternum du somite qui se trouve en avant de la bouche, donne naissance à un *labrum*, tandis qu'un prolongement médian correspondant, en arrière de la bouche, constitue le *métastome*.

Chez un certain nombre d'Insectes appartenant à différents ordres de la classe, un revêtement amniotique se développe de la partie extra-neurale du blastoderme, par un procédé exactement semblable à celui qui donne naissance à l'amnios chez les *Vertébrés* supérieurs.

Divisions des Arthropodes. — On divise communément les Arthropodes en quatre grands groupes : les *Crustacés*,

les *Arachnides*, les *Myriapodes*, et les *Insectes* ; et, bien qu'il soit impossible de donner une définition qui permette de séparer absolument les deux premiers groupes, peut-être ne vaut-il pas la peine de déranger une classification qui offre beaucoup de commodité pratique. Mais pour des nécessités purement morphologiques il sera instructif de les considérer d'un autre point de vue.

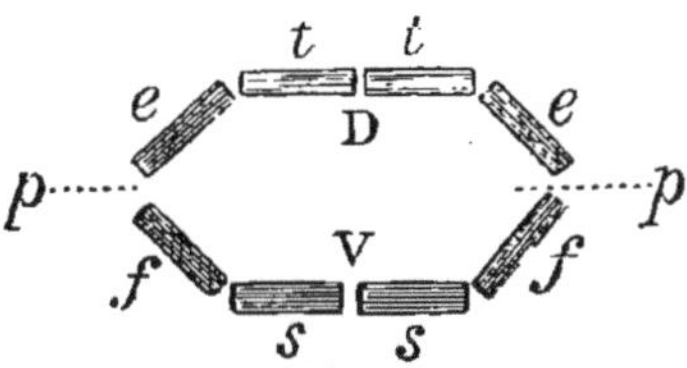

Fig. 114. — Schéma destiné à montrer la composition du squelette tégumentaire des crustacés (d'après Milne-Edwards). — D, arc dorsal ; *tt*, pièces dorsales ; *ee*, pièces épimériques. V, arc ventral ; *ss*, pièces sternales ; *ff*, pièces épisternales ; *pp*, insertion des extrémités.

Les *Arthropodes* peuvent, en fait, se diviser en deux séries. L'une d'elles se compose presque totalement de formes à respiration aérienne — qui, lorsqu'elles possèdent des organes respiratoires spéciaux, ont soit des sacs pulmonaires, soit des trachées ; tandis que l'autre comprend une proportion non moins grande d'animaux à respiration aquatique qui, lorsqu'ils sont pourvus d'organes respiratoires, ont des branchies. Cette dernière série renferme les *Crustacés ;* la première réunit les *Arachnides*, les *Myriapodes* et les *Insectes*. Dans le cours du développement des *Arthropodes* les plus élevés, on observe une phase dans laquelle le corps est segmenté, mais sans que les appendices soient développés ; ou, s'ils le sont, aucun ne remplit les fonctions spéciales de mâchoires ; il y a une seconde période dans laquelle les appendices masticatoires (*gnathites*) sont semblables aux autres membres ; et enfin, dans une troisième période les gnathites se convertissent complétement en mâchoires. Maintenant, parmi les *Arthropo-*

des à respiration aquatique, on n'a encore découvert avec

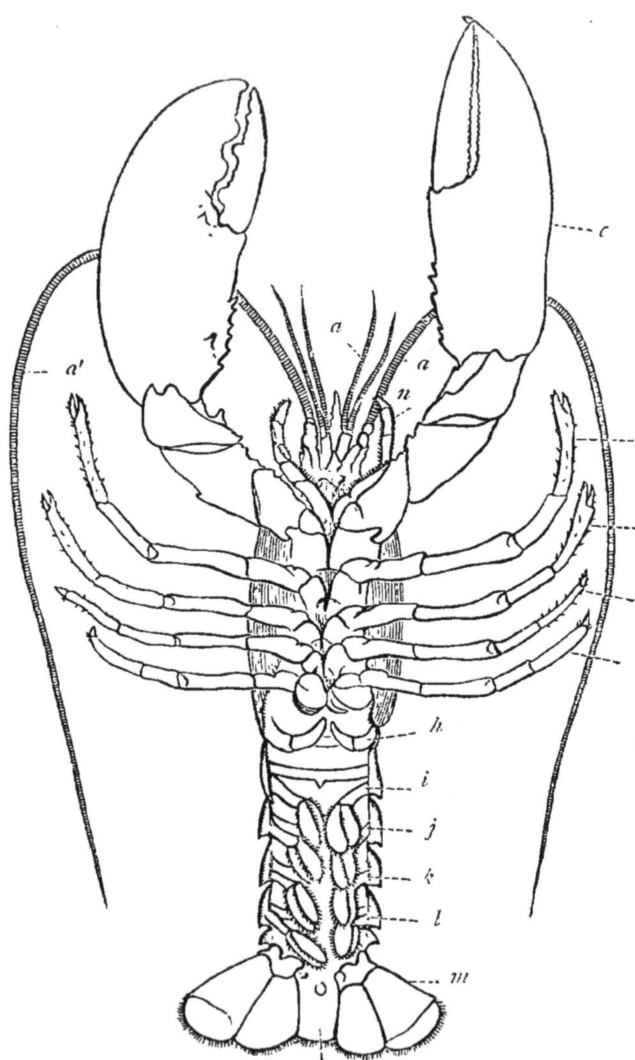

Fig. 115. — Homard commun (*Homarus vulgaris*), vu de la face inférieure. — *a*, petites antennes; *a'* grandes antennes; *n*, dernière paire de pieds-mâchoires; *c*, grandes pinces, ou première paire de pattes; *d*, *e*, *f*, *g*, les quatre dernières paires de membres ambulatoires; *h*, *i*, *j*, *k*, *l*, *m*, les six paires d'appendices abdominaux, dont les cinq dernières constituent de petites nageoires; la dernière de toutes offrant une grande expansion; *t*, le dernier segment du corps, sans appendices.

certitude aucune trace de membres parmi les *Trilobites* ; chez les *Mérostomes* (*Eurypterida* et *Xiphosura*) les gna-

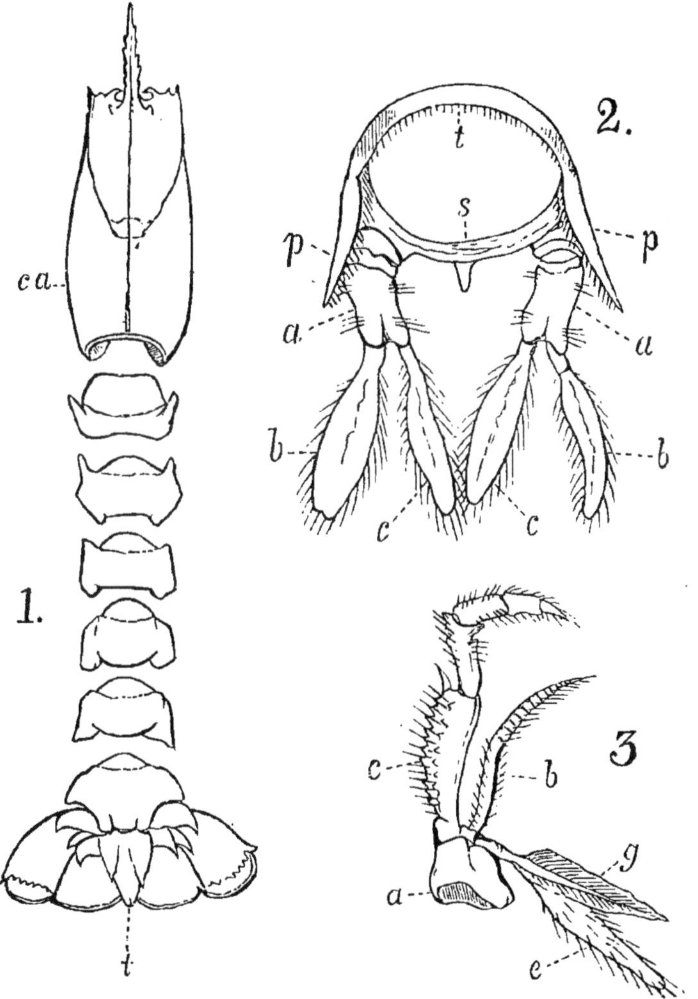

Fig. 116. — Morphologie du Homard. — 1, animal privé de tous ses appendices, sauf les nageoires terminales ; les somites abdominaux sont séparés les uns des autres ; *c a*, carapace ; *t*, telson. 2, troisième somite abdominal isolé ; *t*, dos ; *s*, sternum ; *p*, expansion latérale (*pleuron*) ; *a*, protopodite ; *b*, exopodite ; *c*, endopodite. 3. L'un des pieds-mâchoires ou maxillipèdes ; *e*, épipodite ; *g*, branchie ; les autres lettres comme dans la fig. 2.

thites sont complétement pédiformes; tandis que chez les

Entomostracés et les *Malacostracés*, un plus ou moins grand nombre de gnathites se modifient de façon à servir à la mastication et à nulle autre fonction.

Dans la série à respiration aérienne, on ne connaît pas de formes absolument apodes. Les *Tardigrades* et les *Pentastomides* paraissent n'avoir pas de mâchoires ; mais la présence de stylets buccaux chez les premiers, et la position des crochets qui représentent les membres chez les derniers, jettent quelque doute sur ce point.

Chez les *Arachnides* et les *Péripatides*, les gnathites sont complétement pédiformes. Mais chez les *Myriapodes* et les *Insectes*, certaines paires d'appendices ont perdu le caractère de jambes pour se convertir en organes masticateurs. Nous arrivons de la sorte à ranger les *Arthropodes* comme le montre le tableau suivant :

ARTHROPODES.

(A respiration aquatique.)		(A respiration aérienne.)
	I. *Sans gnathites.*	
(1) Trilobites.		(6) Tardigrades. (?) (7) Pentastomidés. (?)
	II. *Avec des gnathites pédiformes.*	
(2) Mérostomes.	(5) Arachnides.	(8) Péripatides.
	III. *Avec des gnathites maxilliformes.*	
(3) Entomostracés. (4) Malacostracés.		(9) Myriapodes. (10) Insectes.

(1) *Trilobites.* — Ces anciens Arthropodes, qui se sont éteints depuis l'époque palæozoïque, se rencontrent en grand nombre à l'état fossile et dans des conditions très-favorables à leur conservation ; mais, jusqu'ici, on n'a encore découvert aucun indice certain de l'existence d'appendices, ni même d'aucune partie tégumentaire dure ou sternale calcifiée, bien qu'un labrum en forme

de bouclier, qui se trouve en avant de la bouche, se soit conservé dans quelques spécimens. Le corps consiste en un bouclier céphalique; en un nombre variable de somites thoraciques mobiles, et en un *pygidium*, composé d'un nombre variable des somites qui succèdent au thorax, unis ensemble.

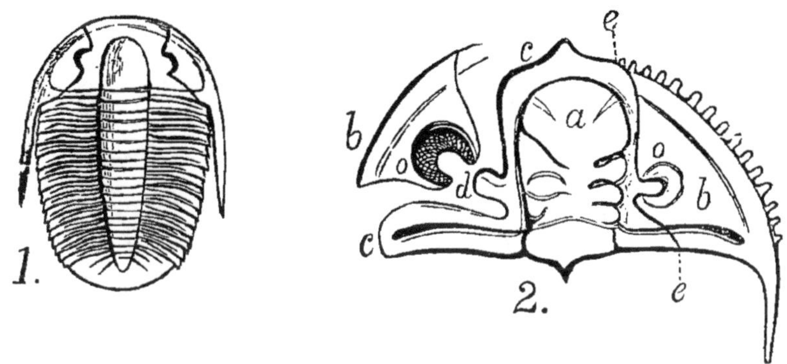

Fig. 117. — Morphologie des Trilobites. — 1, *Angelina Sedgwickii*. 2. Diagramme du bouclier céphalique d'un trilobite (d'après Salter) ; *a*, glabella ; *bb*, joues libres, portant les yeux (*o*, *o*) ; *cc*, joue fixée, comprenant le lobe oculaire (*d*) ; *ee*, suture faciale.

Le bouclier céphalique porte ordinairement deux yeux composés, et présente cette particularité remarquable d'être divisé par une suture, qui passe au côté interne de chaque œil pour atteindre la partie postérieure du bouclier, dans une portion centrale et une marginale. En quittant l'œuf, les jeunes sont discoïdes. La division en somites a lieu plus tard, et le nombre des somites augmente avec l'âge jusqu'à l'état adulte.

(2) *Mérostomes*. — Ces animaux ont un bouclier céphalique, semblable à celui des Trilobites, mais dépourvu de la suture, suivi d'un certain nombre de somites libres, qui, chez les *Xyphosura*, s'unissent ensemble, comme dans le pygidium d'un Trilobite. Dans leur développement, non moins que dans leur structure, les *Méros*-

tomes ressemblent intimement aux Trilobites (1). Mais

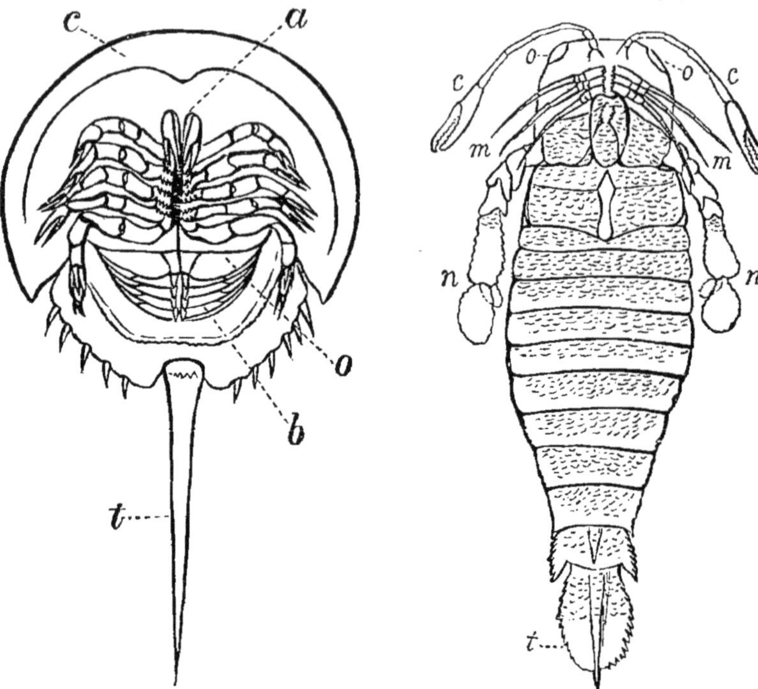

Fig. 118. — Xiphosura. *Limulus polyphemus*, vu en dessous. — *c*, le bouclier céphalique portant les yeux sessiles sur sa face supérieure ; *o* « opercule » recouvrant les organes génitaux ; *b*, plaques branchiales ; *a*, première paire d'antennes (antennules) se terminant par des pinces. Au-dessous de ces antennes se trouve l'orifice buccal, environné des bases épineuses des cinq autres paires d'appendices qui, d'après Woodward, représentent d'avant en arrière : les grandes antennes, les mandibules, les premières mâchoires, les secondes mâchoires et une paire de maxillipèdes. Tous se terminent par des pinces.

Fig. 119. — *Eurypterida. Pterygotus anglicus*, reconstitué (d'après H. Woodward). — *cc*, antennes terminées par des pinces ; *oo*, yeux, situés au bord antérieur de la carapace ; *mm*, mandibules, et les premières et secondes mâchoires ; *nn*, maxillipèdes, dont la base a les bords dentelés, le dessin suppose qu'on les voit à travers le métastome ou plaque post-orale, qui sert de lèvre inférieure. Immédiatement en arrière de celle-ci se voit l'opercule ou plaque thoracique qui recouvre les deux somites thoraciques antérieurs ; puis viennent cinq somites thoraciques et cinq abdominaux, et enfin le telson (*t*).

(1) Les relations existant entre les *Trilobites* et les *Mérostomes* ont été exposées de la manière la plus claire et la plus complète par Dohrn, « Zur Embryologie und Morphologie der *Limulus Polyphemus* ». (*Jenaische Zeitschrift*, Bd. VI.)

ils possèdent un nombre de paires de membres, qui, chez le *Limulus*, vont jusqu'à treize. La bouche, dans ce dernier genre, est située entre les bases des deuxième, troisième, quatrième et cinquième paires de membres, qui sont épineuses et, se projetant dans la cavité buccale, agissent comme mâchoires. Les six paires postérieures d'appendices sont lamellaires et s'unissent les unes aux autres sur la ligne médiane. Les orifices reproducteurs se trouvent sur les faces postérieures de la paire la plus antérieure; les branchies lamellaires sont attachées aux faces postérieures des autres.

Les *Eurypterida* sont des formes palæozoïques éteintes, chez lesquelles tous les somites qui succèdent à la tête sont libres. Les *Xiphosura*, qui commencent à l'époque carbonifère et sont actuellement représentés par les *Limules* ont les somites post-céphaliques plus ou moins soudés.

(3) *Entomostracés*. — Dans ce groupe, lorsque le corps possède un abdomen (composé de somites qui se trouvent

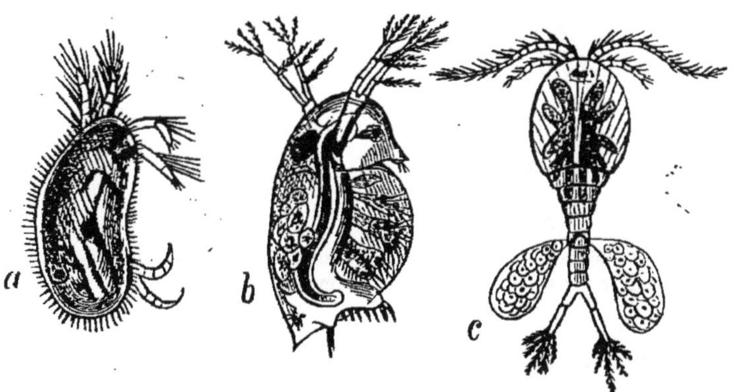

Fig. 120. — Entomostracés d'eau douce. — *a*, *Cypris tri-striata*; *b*, *Daphnia pulex*; *c*, *Cyclops quadricornis*.

en arrière de l'ouverture génitale), ses somites sont dépourvus d'appendices. De plus, les somites, en comptant celui qui porte les yeux comme le premier, sont plus ou moins inférieurs au nombre de vingt. Il n'y a jamais plus de trois paires de gnathites. L'embryon presquetoujours sort de l'œuf à l'état de *Nauplius ;* c'est-à-dire sous forme d'un corps ovalaire, pourvu de deux ou trois paires d'appendices qui se convertissent en gnathites et en organes antennaires chez l'adulte.

Chez les *Copépodes*, qui se rapprochent de très-près des *Euryptérida*, le bouclier céphalique, qui est discoïde et non plié longitudinalement, est suivi d'un certain nombre de somites libres thoraciques et abdominaux. Les antennules et les antennes sont grandes et constituent, comme chez les *Euryptérida*, des organes de locomotion ou de préhension. Les membres antérieurs thoraciques sont transformés en pieds-mâchoires; les postérieurs servent de rames, les membres de chaque paire s'unissant souvent ensemble, comme chez le *Limulus*. L'embryon abandonne l'œuf à l'état de *Nauplie*.

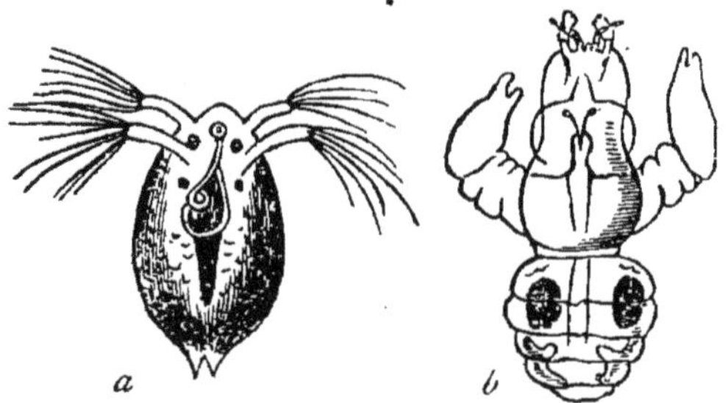

Fig. 121. — Épizoaires. — *a*, larve nageant librement de l'*Achtheres percarum* à sa première phase ; *b*, adulte mâle du même. Grossi (d'après Owen).

Les *Epizoaires* sont des Copépodes dont les femelles sont parasites et subissent souvent une métamorphose rétrograde étendue, après avoir traversé les états de *Nauplius* et de Copépode primitif.

Chez les *Phyllopodes*, les somites sont plus nombreux que chez les Copépodes. Le bouclier céphalique peut être soit absent (*Branchipus*), soit considérable et discoïde (*Apus*), soit replié sur lui-même, de manière à former une coquille bivalve dans laquelle est renfermé

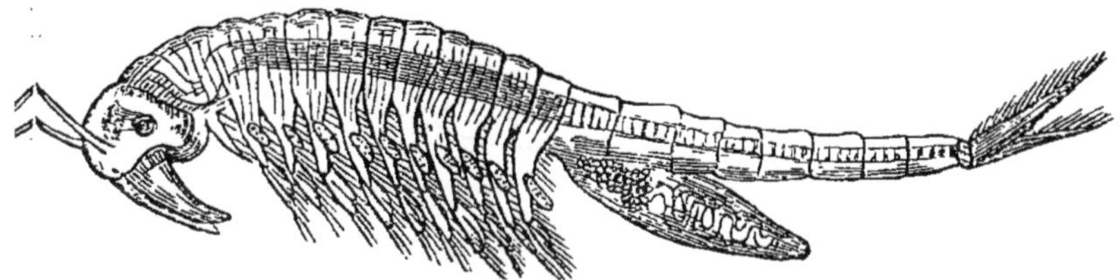

Fig. 122. — Phyllopodes. *Chirocephalus diaphanus* (d'après Baird).

le reste du corps (*Estheria*). Les organes antennaires sont relativement petits, la locomotion s'effectuant à l'aide des membres thoraciques foliacés. L'embryon sort de l'œuf à l'état de *Nauplius*.

Les *Cladocères* ont une carapace repliée, mais non bivalve, une paire de grands organes antennaires, qui sont les principaux agents de locomotion, très-peu de membres thoraciques et pas d'abdomen. L'embryon passe directement à la forme adulte.

Les *Ostracodes* ont une carapace bivalve, les deux valves s'unissant par une charnière dorsale, deux paires de grands organes antennaires, pas plus de trois paires d'appendices thoraciques et point d'abdominaux. Il n'existe pas de cœur. L'embryon quitte l'œuf sous forme de *Nauplius*.

Les *Pectostracés* (*Rhizocéphales* et *Cirripèdes*) abandonnent l'œuf à l'état de *Nauplius*, avec trois paires d'appendices en forme de membres, qui répondent aux antennes et apparemment aux mandibules et à la première paire de mâchoires de l'adulte. Les antennules constituent une paire additionnelle d'appendices filiformes en avant des antennes, et il existe une carapace discoïde. Plus tard, la carapace devient bivalve (comme chez beaucoup de *Phyllopodes*, et chez les *Cladocères* et les *Ostracodes*), et les antennes se convertissent en appen-

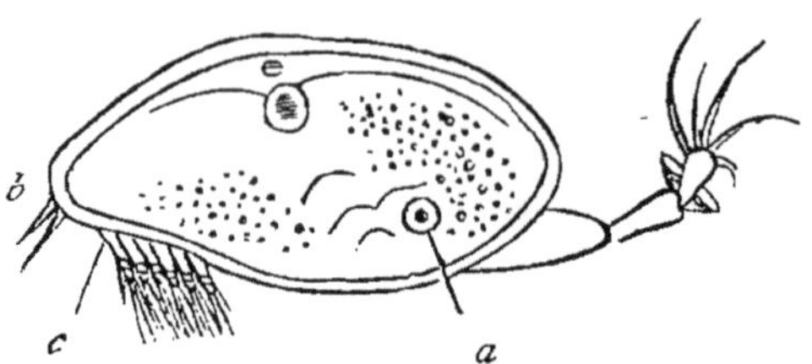

Fig. 123. — Larve locomotrice (stade *cypris*) de *Balanus*. — *a*, œil; *b*, soies caudales; *c*, membres sétigères.

dices articulés, relativement grands, pourvus d'un organe en forme de suçoir. Le thorax s'accroît et développe six paires d'appendices.

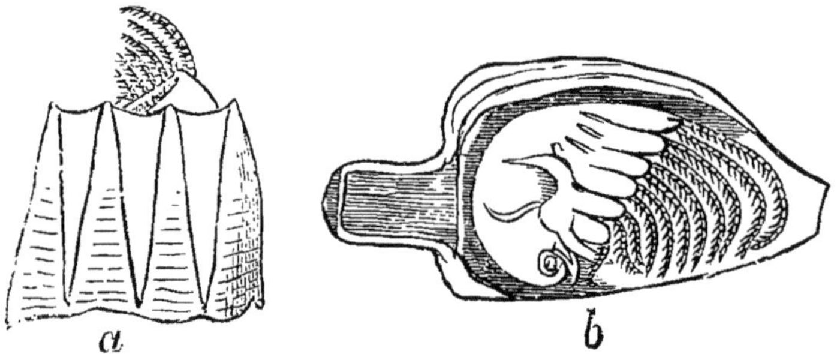

Fig. 124. — Morphologie des Cirripèdes. — *a*, cirripède sessile, *Balanus sulcatus*; *b*, cirripède pédonculé, *Lepas anatifera*.

Enfin, la larve à coquille bivalve, se fixant par les ventouses de ses antennes, la région præ-orale de la tête se dilate et se transforme en la base ou le pédoncule chez les Cirripèdes ordinaires, tout en émettant les prolongements radiculaires qui poussent dans les tissus des animaux sur lesquels les *Rhizocéphales* vivent en parasites. Les Cirripèdes sont presque tous hermaphrodites, condition qui est très-exceptionnelle parmi les Arthropodes. Ils ne possèdent pas de cœur.

(4) *Malacostracés*. — Dans cette division des Arthro-

podes, le corps se compose presque toujours de vingt somites (en comptant pour un celui qui porte les yeux), parmi lesquels six (portant les yeux, les antennules, les antennes, les mandibules et deux paires de mâchoires)

Fig. 125. — *Edriophthalmes. Caprella phasma.*

constituent la tête, tandis que huit entrent dans la composition du thorax et portent les pieds-mâchoires et les membres ambulatoires, et les six autres les membres abdominaux.

La forme *Nauplius* d'embryon libre est rare, mais se présente dans quelques cas (*Peneus*). Chez d'autres, elle est représentée seulement par un état temporaire de l'embryon, pendant lequel, cependant, il se forme une

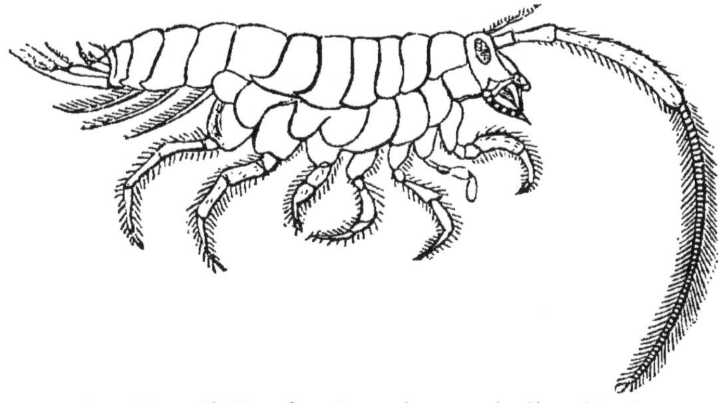

Fig. 126. — *Talitrus locusta*, espèce grossie d'Amphipodes.

cuticule chitineuse, qui tombe plus tard ; et ce qui paraît être des restes d'une semblable phase transitoire de la forme *Nauplius* originelle, se voit chez beaucoup d'*Amphi-*

podes et d'*Isopodes*, qui atteignent presque leur condition adulte à l'intérieur de l'œuf. Chez la plupart des *Podophthalmes*, l'embryon abandonne l'œuf, non à l'état

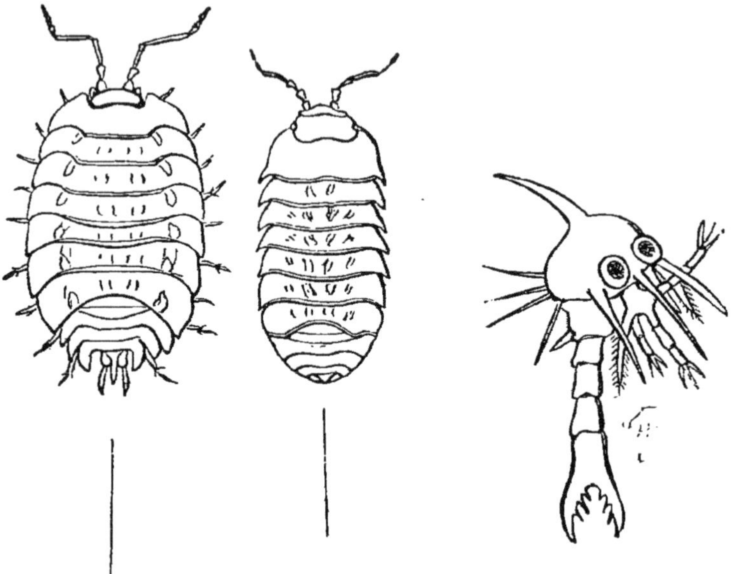

Fig. 127. — Cloporte (Oniscus), espèce d'Isopodes.

Fig. 128. — Larve (*Zoëa*) de crabe (*Pirimela denticulata*), amplifiée (d'après Kinahan).

de *Nauplius*, mais sous une forme (*Zoëa*) qui a des appendices thoraciques, mais point d'abdominaux, et répond à la phase Copépode des *Entomostracés*.

Les *Cumacés* prennent une position intermédiaire entre les *Podophthalmes* et les *Edriophthalmes* d'une part, et les *Phyllopodes* (*Nebalia*) de l'autre.

La bouche chez les *Crustacés* est tantôt un appareil de mastication, tantôt un appareil de succion ; et le canal alimentaire, ordinairement divisé en œsophage, estomac, et intestin, offre des diversités trop considérables pour se prêter à une description générale. Très-souvent, la division antérieure de l'estomac est armée de dents.

Les glandes salivaires font généralement défaut, mais on observe presque toujours un foie distinct. L'existence

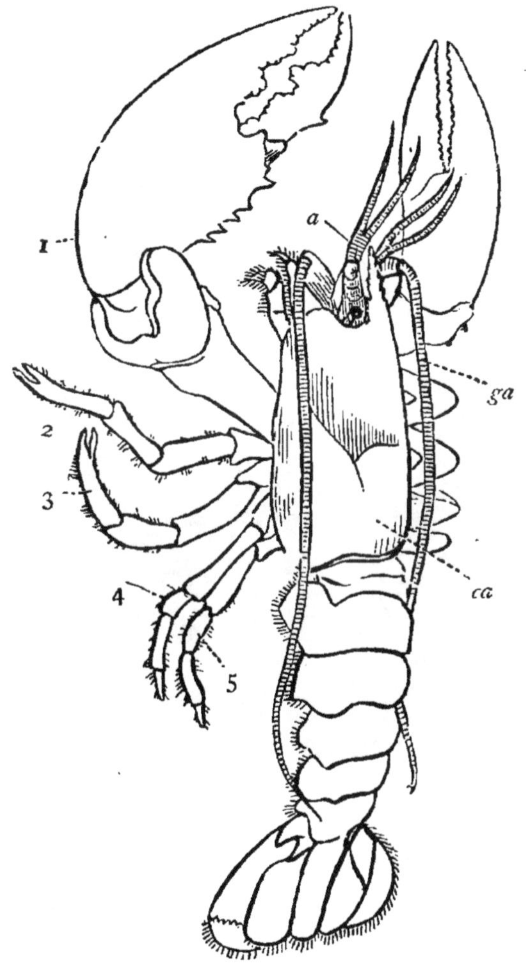

Fig. 129. — Homard commun. — 1, première paire de membres, constituant les grandes pinces ; 2, 3, deuxième et troisième paires de membres terminées également par des pinces ; 4 et 5, les dernières pattes dont les extrémités sont simplement pointues ; *a*, antennules ; *ga*, grandes antennes ; *ca*, carapace.

d'un appareil urinaire spécial n'a pas encore été établie avec certitude. Le cœur peut être absent (*Ostracodes*,

Cirripèdes) ou peut être présent et alors soit simple, soit multiloculaire, les compartiments étant plus ou moins nombreux. Chez les *Crustacés* supérieurs, le système artériel est bien développé. Les branchies peuvent faire défaut, ou être attachées aux membres abdominaux ou thoraciques ou aux parois latérales du thorax. Dans quel-

Fig. 130. — Araignée de mer (*Maia squinado*).

ques-uns des *Isopodes* terrestres, il paraît exister des rudiments d'un système trachéen. Les yeux sont simples ou composés. Des organes auditifs se développent dans la très-grande majorité des cas et varient dans leur position depuis les appendices de la tête (*Antennules*) jusqu'à ceux de l'abdomen. Les sexes sont toujours distincts, sauf chez les Cirripèdes, et les ouvertures génitales se trouvent à la partie postérieure du thorax ou de ses appendices.

L'Agamogénèse est commune parmi les *Ostracodes*, les *Cladocères* et les *Phyllopodes*, mais on ne l'a pas observée chez les autres *Crustacés*.

Dans la série des Arthropodes à respiration aérienne, on ne connaît pas de formes absolument dépourvues se membres, bien que les appendices se réduisent à deux paires chez les *Pentastomidés*.

Les *Arachnides* et les *Péripatides* représentent les Arthropodes à respiration aérienne, qui ont des gnathites pédiformes.

(5) *Arachnides.* — Parmi les *Arachnides*, les *Arthrogastres* (Scorpions et pseudo-scorpions) offrent une ressemblance extraordinairement intime avec les *Mérostomes* parmi les *Crustacés*. Dans le corps d'un scorpion, on distingue une petite carapace, ou bouclier céphalo-mésentérique,

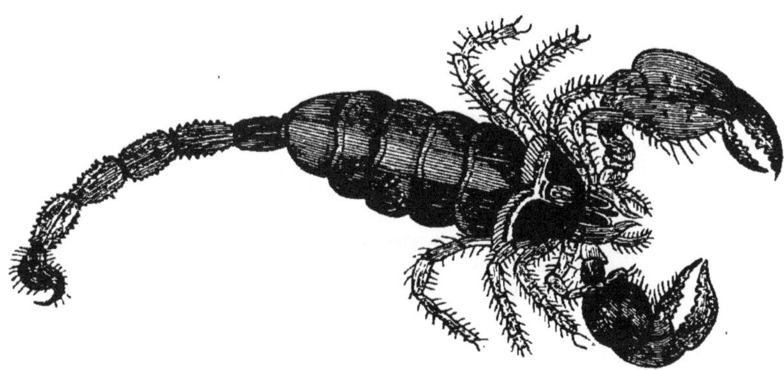

Fig. 131. — Scorpion (réduit).

suivi de douze somites libres et de la pièce acérée mobile (*telson*) qui contient la glande à venin et surplombe l'anus. Les ouvertures génitales sont situées dans le sternum du premier des douze somites libres, tandis que celui du second possède une paire d'organes particuliers, courts, en forme de brosse — appelés *peignes*. Les autres somites libres n'ont pas d'appendices.

Six paires d'appendices s'attachent au céphalo-thorax. Sur ces six paires, la plus antérieure constitue les *Chélicères*, situés de chaque côté du labrum considérable et

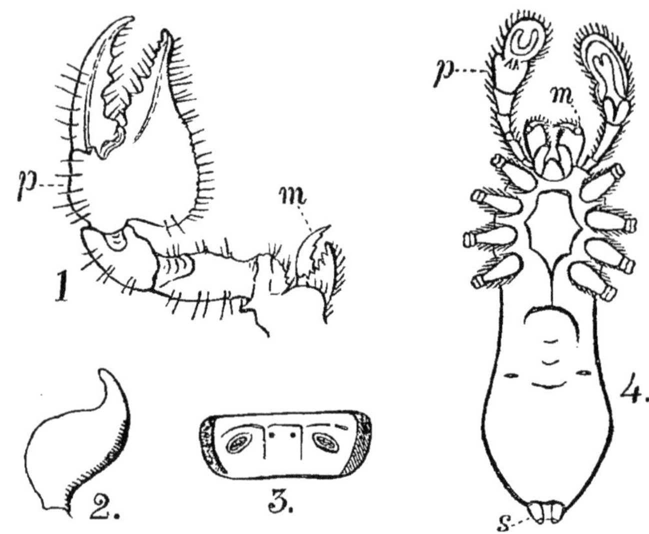

Fig. 132. — Morphologie des Arachnides. — 1, organes de la bouche, d'un côté, chez le scorpion ; *m*, mandibules (antennes) converties en pinces, et appelés chélicères ; *p*, palpes maxillaires considérablement développés et formant de fortes pinces. 2, telson du scorpion. 3, l'un des segments abdominaux du scorpion, montrant les « stigmates », ou orifices des sacs pulmonaires. 4, *Tegenaria domestica*, araignée commune (mâle), vue par la face inférieure ; *s*, filières ; *m*, mandibules avec leurs crochets perforés, au-dessous des mandibules sont les mâchoires et, entre les bases de ces dernières, se trouve le labium ; *p*, palpes maxillaires avec leur extrémités renflées.

en avant de la bouche ; la paire suivante forme les *pédipalpes*, qui ressemblent aux pinces du homard ; en arrière de celles-ci viennent quatre paires de membres ambulatoires.

La bouche se trouve entre le labrum en avant, les

bases des pédipalpes et celles des deux premières paires de membres ambulatoires, sur les côtés et en arrière ; exactement comme chez le *Limulus* la bouche est située entre le labrum et les articulations de la base des troisième, quatrième et cinquième membres, qui répondent aux mandibules et aux première et seconde mâchoires des *Crustacés* supérieurs. Si cette comparaison est juste, il y a une paire d'appendices præ-oraux, qui existe chez le Limulus et manque chez le Scorpion, et l'on peut représenter la différence entre les deux de la manière suivante :

Limulus.	Antennule. Antenne.	Mandibule.	1er maxillaire.	2e maxillaire.
Scorpion.	Chélicère.	Pédipalpe.	1re jambe.	2e jambe.

En admettant la justesse de cette interprétation, et dans le cas où la partie de la tête qui porte les yeux peut être regardée comme un somite, le corps du scorpion, comme celui d'un crustacé du groupe des Malacostracés, se composera de vingt somites et d'un telson. Mais on n'a rencontré aucune trace de l'appendice antennaire supposé manquant dans l'état embryonnaire, de sorte qu'il faut tenir compte de la possibilité alternative que la bouche soit située un somite plus en avant chez le scorpion que chez le Crustacé.

C'est un fait très-intéressant que Metschnikoff ait trouvé des rudiments de membres sur ces somites de l'embryon où sont situés les stigmates.

Les *Aranéides* (araignées) ont la même structure fondamentale que les *Arthrogastres*, mais la partie du corps qui répond aux somites libres chez le *Scorpion*, est renflée et non divisée. Chez les *Acariens* (Mites et Tiques), la partie postérieure du corps présente le même caractère, mais les chélicères, les pédipalpes et le labrum, se fusionnent plus ou moins complétement pour former ce qu'on appelle le *bec* ou *rostre* (1).

(1) Des Acariens, que l'on désigne sous le nom de *Tyroglyphes*, ont été fréquemment étudiés par les naturalistes; l'*Acarus* du fromage est le type des Tyroglyphes ; d'autres Acariens, les *Hypopes*, que l'on trouve d'ordinaire attachés sur des animaux de tout genre, ont aussi été souvent décrits. Tyroglyphes et Hypopes, comparés entre eux, ne frappent l'observateur que par leur dissemblance; jamais on n'aurait soupçonné que les deux formes fussent des états particuliers des mêmes êtres. Cependant, en 1868, Claparède annonça qu'un Tyroglyphe ayant mué sous ses yeux s'était transformé en Hypope. Sans aller plus loin, l'éminent naturaliste de Genève émit l'opinion que l'Hypope représente une phase du développement du Tyroglyphe. M. Mégnin a tout éclairci.

Sur des champignons vivent certaines espèces de Tyroglyphes; les individus se comptent par milliers ou plutôt ne se comptent pas, tant ils sont nombreux. Il y en a de tous les âges, depuis les nouveau-nés n'ayant que six pattes, jusqu'aux adultes dont la fécondité paraît fort grande. Les générations se succèdent, et dans la population microscopique on ne découvre toujours que des Tyroglyphes; un instant vient où le champignon qui fournissait la pâture des petits êtres est épuisé. Les Tyroglyphes, mal protégés par des téguments assez mous, très-imparfaitement doués pour la locomotion, ne peuvent se porter au loin, ni chercher la subsistance. Jeunes et vieux périssent; mais dans le nombre, des individus assez avancés dans leur développement et n'ayant pas encore l'âge adulte survivent. Ceux-ci ne tardent pas à muer; alors ce ne sont plus des Tyroglyphes. Acariens revêtus d'une solide cuirasse, n'ayant qu'un appareil buccal rudimentaire, parce qu'ils ne doivent jamais manger; privés d'organes reproducteurs, parce qu'ils doivent demeurer stériles; portant à la face inférieure du corps de petites ventouses, parce qu'ils ont besoin de demeurer fixés sans efforts pénibles; ce sont des Hypopes.

Ces Acariens s'accrochent au premier animal passant à leur portée, et de la sorte ils voyagent sans peine aussi longtemps que la saison le commande ou que la rencontre d'une station favorable se fait attendre. Arrive la rencontre, les Hypopes abandonnent l'animal qui les portait. Les voilà sur un champignon; ils se cramponnent; leur peau se fend; de chaque dépouille sort un Tyroglyphe; la propagation de l'espèce va recommencer; M. Mégnin appelle l'Hypope une *nymphe adventive* des Tyroglyphes; l'habile investigateur ne s'est pas contenté d'observer les mues dans les occasions où elles s'effectuaient sous ses yeux; plaçant à diverses reprises des Hypopes sur des champignons, il a toujours de la sorte provoqué la métamorphose dans l'espace de quelques heures.

Ainsi, des animaux de l'ordre des Acariens se transforment seulement

Les *Pycnogonides* sont ordinairement regardés comme des *Arachnides* aberrantes, mais ils diffèrent de toutes les

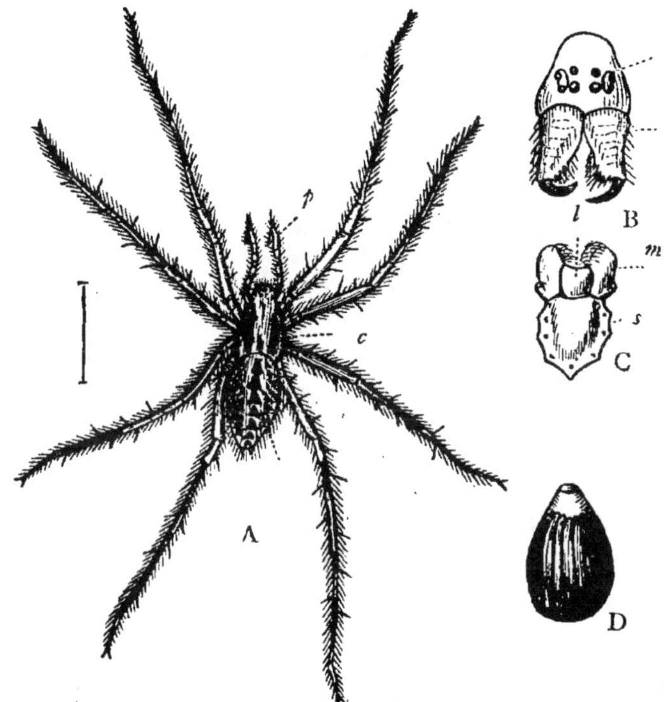

Fig. 133. — A, mâle de l'araignée de chambre (*Tegenaria civilis*) considérablement grossi ; *c*, partie antérieure du corps, composée de la tête et du thorax fusionnés ; *p*, palpes maxillaires ; *a*, abdomen. B, portion antérieure de la tête du même animal, montrant les huit yeux (*f*) et les mandibules (*n*). C, face inférieure de la tête et du tronc, montrant les vraies mâchoires (*m*), la lèvre inférieure (*l*) et la plaque cornée à laquelle les pattes se fixent. D, diagramme de l'une des chambres à air ou organes respiratoires.

Arachnides par le nombre de leurs appendices. L'adulte a quatre paires de membres ambulatoires énormément

dans des conditions déterminées; ils revêtent une forme spéciale et acquièrent des aptitudes particulières pour une condition d'existence transitoire. Des individus vivent pendant un temps sans aucune possibilité de croître ou de se reproduire, et cette vie singulière se manifeste pour la conservation de l'espèce. (Rapport de M. E. Blanchard, Acad. des sciences, 1875.)

allongés, en avant desquelles se trouvent trois paires de courts appendices, dont les antérieurs portent des pinces, tandis que les postérieurs sont plus ou moins rudimentaires. Entre la paire antérieure se trouve un rostre

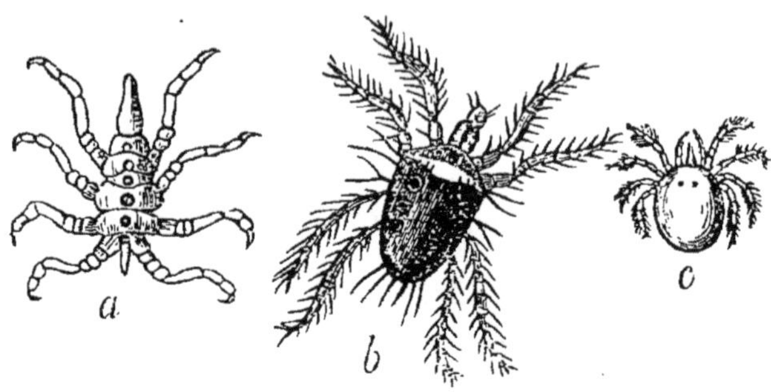

Fig. 134. — Arachnides. — *a*, *Pycnogonum littorale* ; *b*, *Tetranychus telarius* (mite vivant en société) ; *c*, *Hydrachna globulus* (mise aquatique).

dans lequel la bouche se termine. L'embryon sort de l'œuf à l'état de larve pourvue d'un bec et de trois paires d'appendices qui représentent les trois courtes paires antérieures chez l'adulte (1). Les quatre paires de grands membres de l'adulte proviennent d'excroissances formées par une élongation ultérieure de la partie postérieure du corps.

La comparaison des embryons des *Pycnogonides* avec ceux des *Acariens*, surtout dans l'état où ils quittent l'œuf avec trois paires d'appendices, me paraît ne laisser que peu de doute sur ce fait que le rostre du Pycnogonum larvaire se forme, comme chez les Mites, par la fusion des parties représentant les chélicères et les pédipalpes. S'il en est ainsi, les sept autres paires de membres excèdent de trois le nombre de paires que présente toute Arachnide. D'un autre côté, la larve hexapode des *Pycnogo-*

(1) A. Dorhn, « Untersuchungen ueber Bau und Entwickelung der Arthropoden », *Erster Haft*, 1870.

nides diffère du *Nauplius* hexapode des Crustacés, en ce sens qu'une, sinon deux paires des appendices du *Nauplius*, représente toujours des antennes (1).

Le fait que l'embryon du Scorpion a six paires d'appendices rudimentaires attachées à un nombre égal des somites qui suivent le céphalo-thorax, parmi lesquelles une seule paire reste (sous forme de peignes) chez l'adulte, me conduit à soupçonner que les *Pycnogonides* peuvent représenter une forme primitive d'Arachnide fort modifiée, de laquelle les *Arthrogastres*, les *Aranéides* et les *Acarides* sont dérivés.

(6) et (7) Le rostre des *Tardigrades* est tellement semblable à celui des *Acariens* que l'on est tenté de les considérer comme des Mites modifiées. Tandis que les *Pentastomides* parasites ont probablement avec les *Acariens* les mêmes rapports que les *Epizoaires* ont avec les *Copépodes*.

L'ouverture buccale chez les *Arachnides* est toujours petite et conduit d'ordinaire dans un pharynx suçeur.

(1) L'embryogénie des *Pycnogonides*, dont cinq ou six espèces se retrouvent communément à Boulogne, m'a fourni, dit M. Giard, plusieurs résultats intéressants. Les quatre paires de pattes que ces animaux possèdent à l'état adulte ne peuvent être regardées comme homologues des quatre paires de pattes des Acariens, dont la première forme larvaire présente cependant une ressemblance indiscutable avec le *Nauplius* des *Pycnogonum*.

La première paire d'appendices de la larve des *Pycnogonum littorale* renferme un organe glandulaire que je crois comparable à celui qu'on rencontre chez les embryons des Cirrhopodes et des Rhizocéphales. Cet organe n'est autre que le rudiment de la glande verte, depuis longtemps connue chez un grand nombre de crustacés, et qui souvent vient déboucher au dehors, comme cela a lieu dans la corne frontale des embryons des Cirrhopodes vrais ou parasitaires.

Il est singulier que Claparède ait pris cette glande pour une partie musculaire chez le *Nauplius* de l'anatife, Claparède, qui avait fait connaître un organe analogue chez un grand nombre d'Annélides. Les homologies du Nauplius des Pycnogonides avec celui des Crustacés sont d'ailleurs très-loin d'être suffisamment établies.

Très-souvent, l'estomac émet de longs prolongements en cœcum qui peuvent s'étendre à une grande distance dans les jambes. Des glandes salivaires, un foie distinct et des glandes urinaires (de Malpighi) s'ouvrent dans le canal alimentaire. Chez les *Arthrogastres* et les *Aranéides* existent un cœur multiloculaire dans la région dorsale de l'abdomen, et un système artériel bien développé. Les organes respiratoires constituent des sacs pulmonaires seuls (*Scorpionides*) ; des sacs pulmonaires et des trachées combinés

Fig. 135. — Aranéides. *Theridion riparium* (femelle).

(*Aranéides*) ; ou des trachées seules, comme chez toutes les autres *Arachnides* pourvues d'organes respiratoires distincts. Les organes visuels sont toujours des yeux simples ; on ne connaît pas d'organes spéciaux de l'ouïe et de l'odorat. Les sexes sont distincts, excepté chez les *Tardigrades*, qui sont hermaphrodites. Les jeunes nouvellement éclos ressemblent à l'adulte, sauf chez quelques *Acarides*, et chez les *Tardigrades* et les *Pentastomides*. On ne connaît pas d'exemple d'agamogénèse parmi les *Arachnides*.

(8) *Péripatides*. Le genre *Peripatus* (1) contient des ani-

(1) La détermination de la nature de cet animal est due à M. Mosely, l'un des naturalistes de l'expédition du *Challenger*. — Voir son excellent mémoire sur le *Peripatus capensis*. (*Philosoph. Transactions*, 1874.)

maux vermiformes, à corps segmenté, pourvus d'une paire de longs tentacules céphaliques et de quatorze à trente-trois paires de membres ambulatoires articulés, terminés chacun par deux pinces. Ils ont la curieuse habitude de filer une toile quand on les manie ou qu'on les irrite. Cette toile se compose de fins filaments d'une matière visqueuse, qui sort par les sommets de deux papilles buccales.

Le canal alimentaire commence par un pharynx musculaire ovoïde. L'œsophage, qui le continue, se dilate graduellement en un estomac long et large, duquel part un intestin très-court qui se termine à l'anus, situé à l'extrémité postérieure du corps. On ne trouve pas de cœcums de Malpighi. Deux glandes tubulaires ramifiées très-grosses, qui sécrètent la substance visqueuse mentionnée ci-dessus, longent les côtés du canal alimentaire et s'ouvrent sur les papilles buccales. On voit un vaisseau régner le long de la ligne médiane de la paroi dorsale du corps.

Les nombreux pores, ou *stigmates*, desquels les trachées tirent leur origine, sont dispersés sur toute la surface du corps, formant entre autres une rangée médio-ventrale. Chaque stigmate est la terminaison externe d'un tube large et court, qui, à son extrémité opposée, se ramifie en un pinceau de fines trachées, lesquelles se divisent rarement et se distribuent abondamment aux viscères. Un épaississement spiroïde imparfait se voit dans les parois des trachées.

Le système nerveux consiste en un anneau œsophagien avec des renflements ganglionnaires dorsaux, et en deux cordons complétement distincts qui s'étendent de là à l'extrémité postérieure du corps. Les muscles ne sont pas striés.

Les sexes sont distincts. L'ovaire, petit, est divisé par

une cloison médiane en deux lobes et se trouve au-dessous du canal alimentaire. L'oviducte, d'abord simple, se divise en deux branches qui sont longues et, postérieurement, présentent des dilatations utérines. Elles s'unissent ensuite pour se terminer par un court vagin sur la face ventrale du rectum. Les testicules constituent des corps ovoïdes, pourvus chacun d'un appendice cœcal. Les conduits déférents, longs et contournés en spirale, s'unissent en un conduit commun, qui s'ouvre dans la même position que l'orifice générateur femelle. Les œufs se développent dans les dilatations utérines des oviductes.

Dans l'état le plus primitif où on l'ait observé, l'embryon est très-semblable à celui d'un Scorpion, mais il est replié sur lui-même, de telle sorte que les faces ventrales des moitiés antérieure et postérieure du corps se tournent l'une vers l'autre. Comme chez le Scorpion, il y a une paire de gros lobes procéphaliques, suivie d'une série de segments, des côtés desquels bourgeonnent des prolongements — rudiments des membres Les lobes procéphaliques donnent naissance à une espèce de capuchon, dont les angles latéraux s'étendent au-dessus des bases de la première paire de membres et s'unissent avec celles de la seconde paire, qui sont les papilles buccales de l'adulte. La première paire de membres devient de la sorte enfermée dans le capuchon (dont les bords forment la lèvre suçoir de l'adulte) et, en développant deux pinces chitineuses à leurs extrémités, semblables à celles des autres membres, elle se transforme en mâchoires de l'animal adulte.

Il est remarquable que les antennes se développent de la partie antérieure des lobes procéphaliques, tandis que les Chélicères du Scorpion apparaissent au bord postérieur de ces lobes, dans une position correspondante à celle de la première paire de membres, ou mâchoires, du *Peripatus*.

(9). *Myriapodes.* — Chez ces animaux — Centipèdes et Millipèdes — le segment le plus antérieur du corps constitue la tête. Il porte les yeux (qui sont ordinairement de simples ocelles, mais quelquefois des yeux composés), une

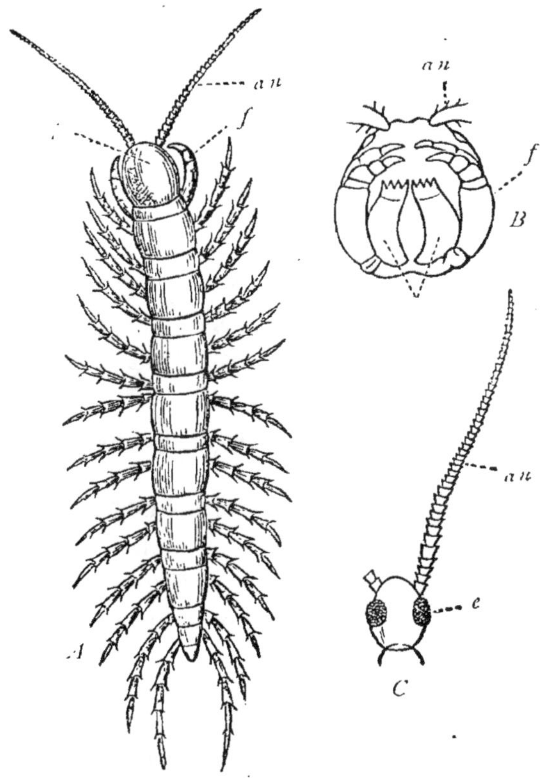

Fig. 136. — A, *Lithobius forficatus*, grossi et vu par la face supérieure : *an*, antennes; *f*, pieds-mâchoires ; *h*, tête. B, tête du *Lithobius Leachii*, vue par la face inférieure (d'après Newport); *an*, antennes ; *f*, pieds-mâchoires terminés en crochets ; *l*, lèvre inférieure, composée de deux pièces. C, tête du *L. forficatus*, vue par la face supérieure (d'après Gervais) ; *an*, antennes ; *e*, œil.

paire d'antennes et deux paires d'organes masticateurs, entre lesquelles se trouve l'ouverture buccale. Dans une division du groupe — celle des *Chilognathes* — les appendices suivants sont des membres locomoteurs ordinaires. Mais, chez les *Chilopodes*, les deux paires de membres qui s'attachent au segment (représentant au moins deux somites) qui suit la tête, se convertissent en mâchoires accessoires, la seconde paire constituant les forcipules (ou crochets à venin), grands et recourbés, des *Scolopendres*. Les segments du corps des *Chilognathes*, situés en arrière des cinq ou six premiers, portent deux paires de membres, de sorte que chacun représente probablement deux somites. Le canal alimentaire est droit et simple, comme celui d'une larve d'insecte. Il est pourvu de canalicules de Malpighi, et de grosses glandes salivaires s'ouvrent dans la bouche.

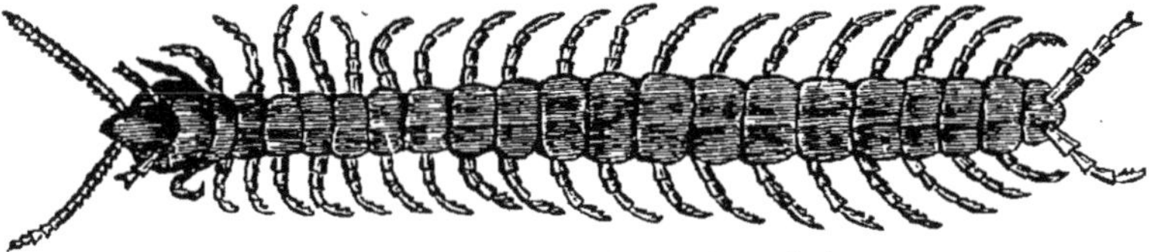

Fig. 137. — Centipède (*Scolopendre*).

Le cœur est multiloculaire, et les organes respiratoires sont des trachées, semblables à celles des insectes et, comme elles, s'ouvrant par des stigmates sur la surface latérale ou ventrale du corps, ou rarement (*Scutigères*) sur la ligne médio-dorsale.

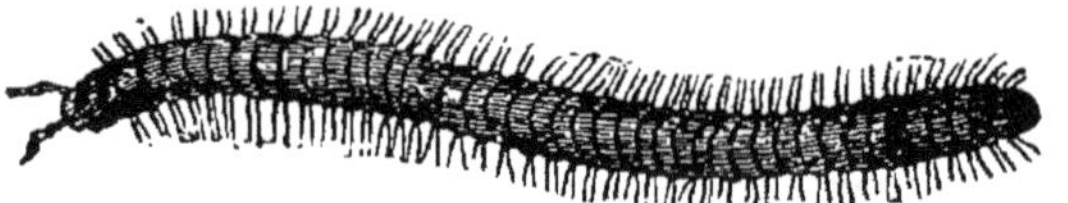

Fig. 138. — Millipède (*Iulus*).

Les organes reproducteurs sont tuberculaires, et ceux des femelles sont pourvus de réceptacles de la semence. Chez les *Chilopodes*, les ouvertures génitales sont situées à l'extrémité postérieure du corps; mais, chez les *Chilognathes*, elles s'ouvrent à la base des deuxième ou troisième paires de membres. Les organes copulateurs du mâle sont cependant situés sur le septième somite en arrière de la tête, ou à l'extrémité du corps.

Metschnikoff (1) a récemment démontré que, chez les *Chilognathes*, l'œuf imprégné subit la segmentation complète du jaune; que l'embryon est, dès le principe, fortement replié, de telle sorte que les faces ventrales des moitiés antérieure et postérieure du corps s'appliquent

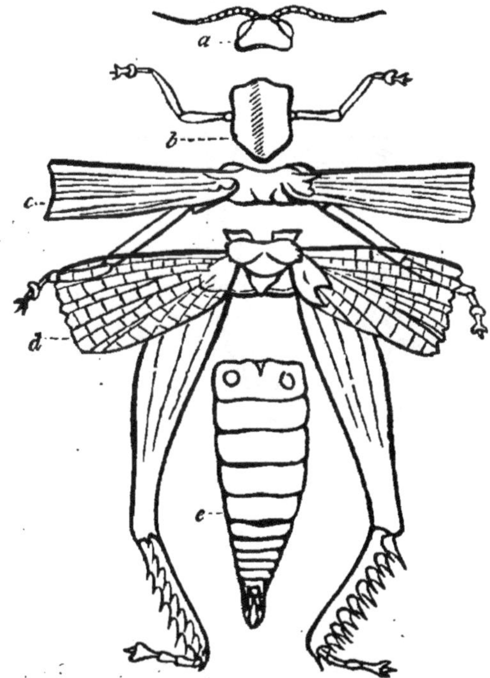

Fig. 139. — Diagramme d'insecte. — *a*, tête portant les yeux et les antennes; *b*, prothorax, portant la première paire de pattes; *c*, mésothorax, portant la deuxième paire de pattes et la première paire d'ailes; *d*, métathorax, avec la troisième paire de pattes et la deuxième paire d'ailes; *e*, abdomen, dépourvu de membres, mais se terminant par des appendices qui servent à la reproduction.

intimement l'une à l'autre; que deux paires seulement d'appendices se convertissent en mâchoires; et qu'avant

(1) « Embryologie der doppeltfussigen Myriapoden (*Chilognatha*) », *Zeitschrift für Wiss. Zoologie*, 1874.

que la larve hexapode sorte de l'œuf, les rudiments de plusieurs paires de jambes se développent en arrière des trois paires fonctionnelles. Une cuticule chitineuse est de bonne heure rejetée par l'embryon, et, dans quelques espèces, développe un prolongement médian dentiforme,

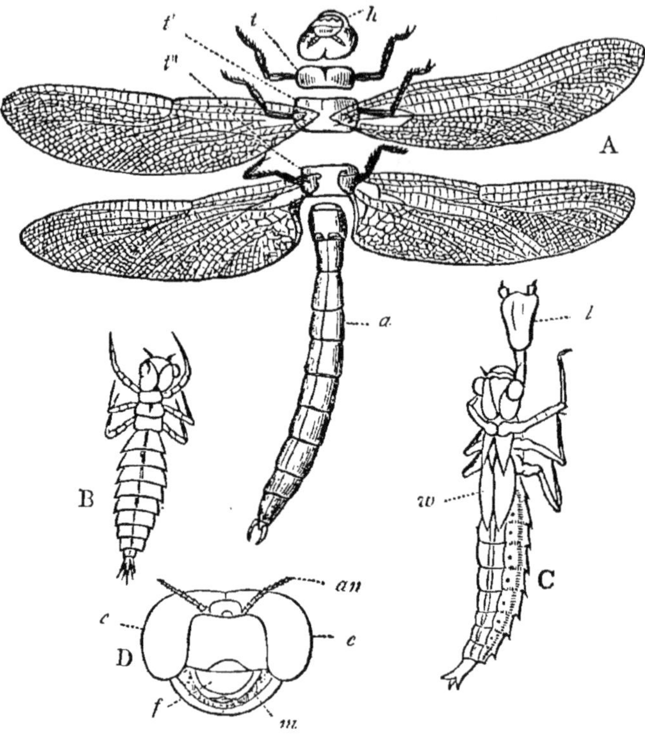

Fig. 140. — Libellule (*Æshna grandis*). — *h*, tête, portant les yeux, les antennes et les organes buccaux ; *t*, *t'*, *t''*, premier, deuxième et troisième segments du thorax, légèrement séparés les uns des autres, chacun portant une paire de pattes, et les deux derniers portant chacun une paire d'ailes ; *a*, queue ou abdomen. B, forme jeune ou « larve » du même animal ; C, deuxième phase ou « nymphe » ; D, tête d'une autre libellule (*Libellula depressa*), montrant les antennes (*an*), les yeux (*e*,*e*), la paire postérieure de mâchoires (*m*) et la lèvre supérieure (*f*).

qui sert à crever la membrane vitelline. Il n'existe pas d'amnios analogue à celui des insectes.

Le développement des *Chilopodes* n'a pas encore été parfaitement élucidé.

(10). *Insectes.* — Dans ce groupe immense et varié des *Arthropodes*, on observe une singulière uniformité de structure fondamentale.

Les trois somites qui suivent immédiatement la tête, constituent le thorax; on les désigne sous les noms de *prothorax*, *mésothorax* et *métathorax;* ils portent les membres locomoteurs ; et, quand il existe des ailes, elles s'attachent soit au mésothorax, soit au métathorax, soit à l'un et à l'autre. Les somites qui viennent après le thorax s'appellent abdominaux et ne portent pas de membres ambulatoires chez l'adulte. Le nombre total de ces somites est de onze.

La tête est toujours pourvue de quatre paires d'appendices mobiles, dont trois — les mandibules et deux paires de mâchoires — sont situées aux côtés de la bouche, laquelle est recouverte en avant par un labre.

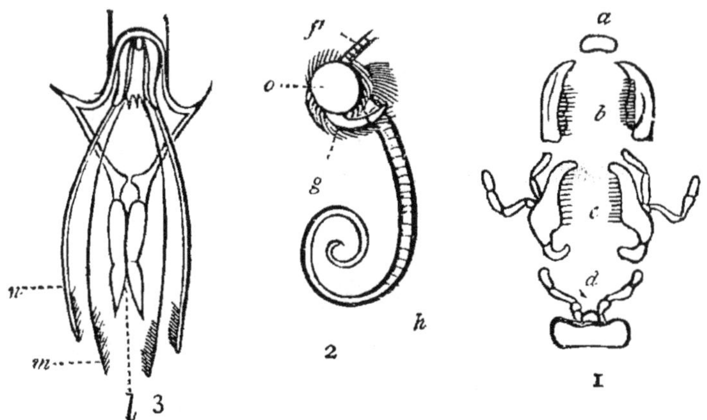

Fig. 141. — Organes de la bouche chez les insectes. — 1, appareil masticateur d'un coléoptère : *a*, labrum, ou lèvre supérieure ; *b*, mandibules ; *c*, mâchoires avec leurs palpes ; *d*, labium, ou lèvre inférieure avec ses palpes. 2, bouche d'un lépidoptère ; *o*, œil, *f*, base d'une antenne ; *g*, palpe labial ; *h*, trompe spirale. 3, bouche d'un insecte hémiptère (*Nepa cinerea*) ; *l*, labium ; *m*, mâchoires ; *n*, mandibules.

La quatrième paire d'appendices s'attache en avant de

la bouche et constitue les antennes. Les yeux sont toujours immobiles.

Les mandibules et les mâchoires sont tellement semblables à celles de beaucoup de Crustacés Malocostracéens par leur structure, par leur rapport avec la bouche

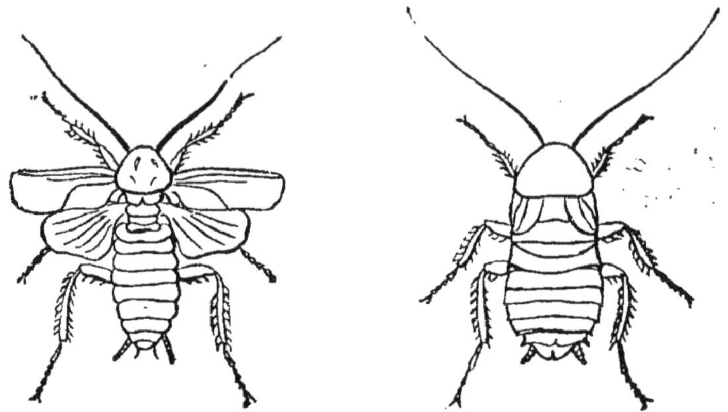

Fig. 142. — Orthoptères. Blatte commune (*Blatta orientalis*), mâle et femelle.

et par leur source nerveuse, qu'elles peuvent être considérées comme homologues. Dans ce cas, on se trouve en présence de la même difficulté qu'offrait la comparaison des parties correspondantes chez les *Arachnides* et les

Fig. 143. — Criquet voyageur (*Acrydium migratorium*).

Crustacés. Au lieu de deux paires d'organes antennaires, il n'y en a qu'une. Si l'on peut supposer légitimement que les yeux indiquent un somite et qu'une paire d'antennes est supprimée, le corps de l'insecte, comme celui du Scor-

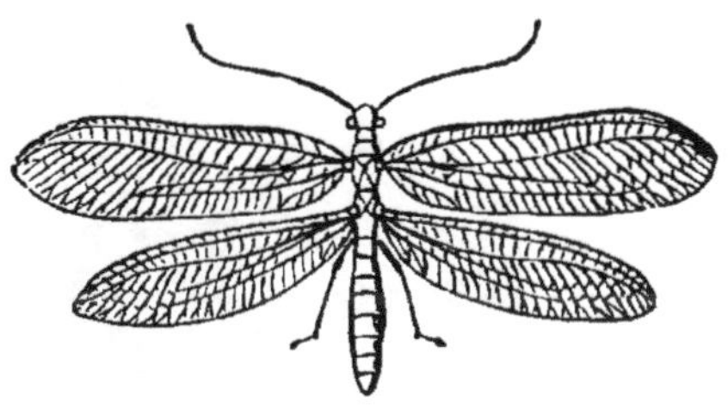

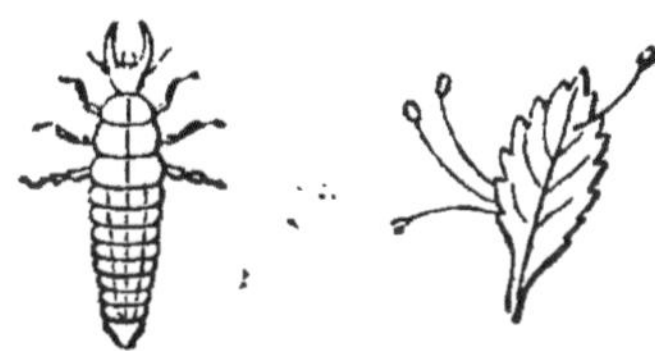

Fig. 144. — Névroptères Aphis-lion (*Hemerobiidæ*), insecte parfait, larve et œufs.

pion et des *Malacostracés*, se composera de vingt somites,

Fig. 145. — Termites (*Termes bellicosus*). — *a*, roi, avant qu'il ait dépouillé ses ailes; *b*, reine avec l'abdomen distendu par les œufs; *c*, travailleur; *d*, combattant.

dont six sont céphaliques, trois thoraciques et onze abdominaux.

Chez les *Thysanures*, les *Orthoptères*, les *Névroptères* et les *Coléoptères*, les mandibules et les mâchoires sont adap-

Fig. 146. — Coléoptères. Hanneton (*Melolontha vulgaris*).

tées pour le broiement et la section, et ces insectes prennent la dénomination de mandibulés.

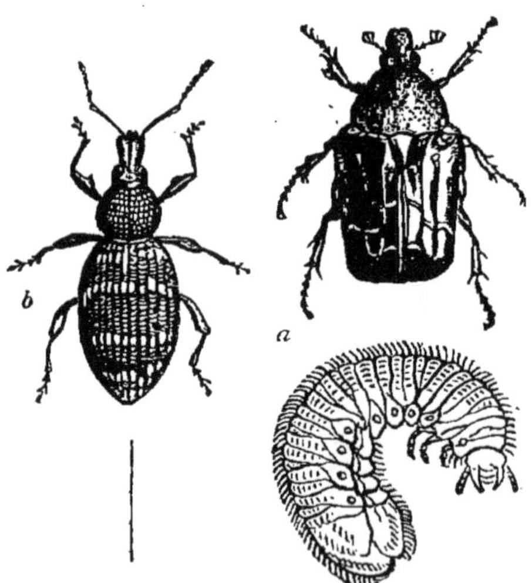

Fig. 147. — *a*, Céloine dorée (*Cetonia aurata*) et sa larve; *b*, Charançon de vigne (*Curculio sulcatus*).

Chez les *Hyménoptères*, les mandibules et les mâchoires sont encore adaptées pour couper et broyer, mais la deuxième paire de mâchoires se fusionne, s'allonge et donne naissance à un appareil de succion.

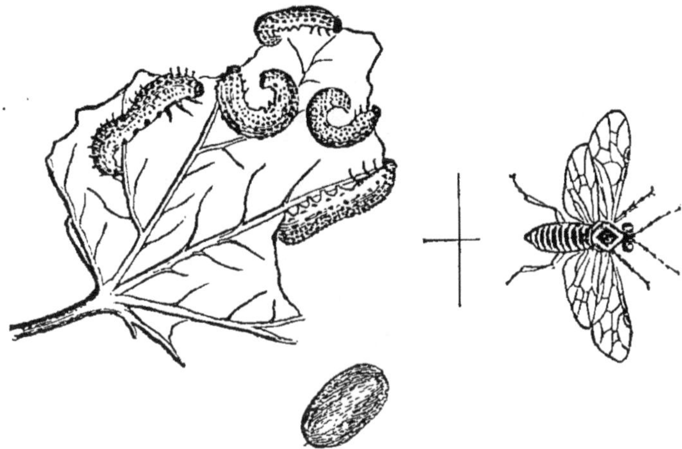

Fig. 148. — Hyménoptères. Mouche porte-scie du groseillier (*Tenthredo grossulariæ*), larve, nymphe et insecte parfait.

Chez les *Hémiptères*, le labre, les mandibules et la première paire de mâchoires se convertissent en styles allongés et très-acérés, tandis que les mâchoires de la

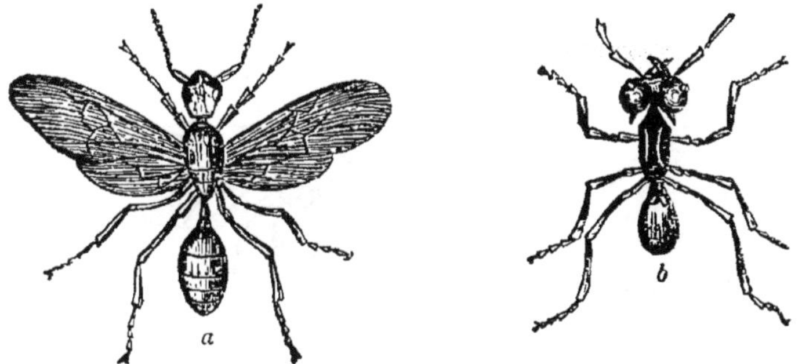

Fig. 149. — Fourmi rouge (*Myrmica rufa*). — *a*, mâle ailé ; *b*, neutre sans ailes ; fortement grossis.

deuxième paire, soudées entre elles, constituent une lèvre inférieure charnue. Le même genre de modification, qui amène la bouche à l'état de *haustellum*, va encore plus loin chez les *Diptères*.

Chez les *Lépidoptères*, le *haustellum* très-parfait se forme d'une manière différente. Le labre, les mandibules et les deuxièmes mâchoires sont rudimentaires, à l'exception des

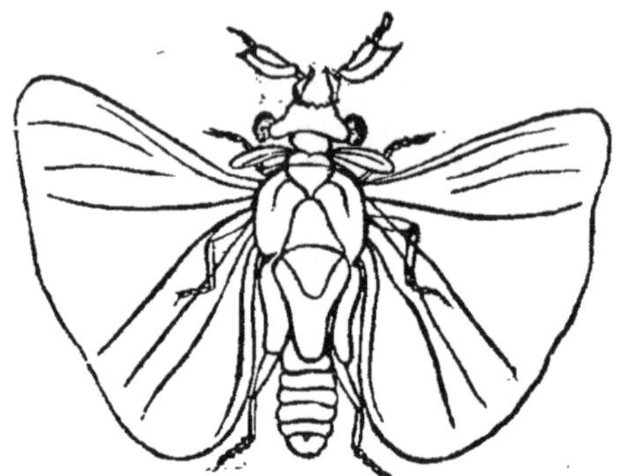

Fig. 150. — Strepsiptera (*Stylops Spencii*), fortement grossi (d'après Westwood), vit en parasite sur certains hyménoptères.

palpes des dernières qui sont volumineux; mais les mâchoires de la première paire s'allongent immensément; chacune est creusée d'une gouttière longitudinale; et, par la jonctiondes bords des deux mâchoires, il se produit un tube à succion ou trompe.

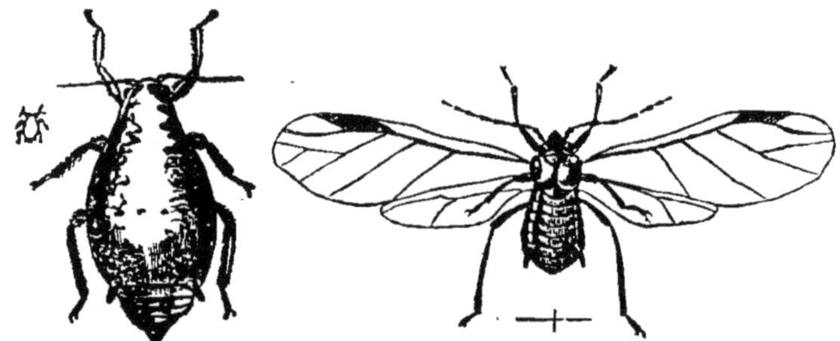

Fig. 151. — Hémiptères. Puceron de la fève (*Aphis fabæ*), mâle ailé et femelle dépourvue d'ailes.

Les Insectes diffèrent considérablement les uns des autres par le degré suivant lequel le jeune nouvellement éclos se rapproche de l'état adulte. Chez les *Thysanures*, les *Orthoptères* et les *Hémiptères*, le jeune est un être hexapode actif qui diffère de l'adulte par la dimension,

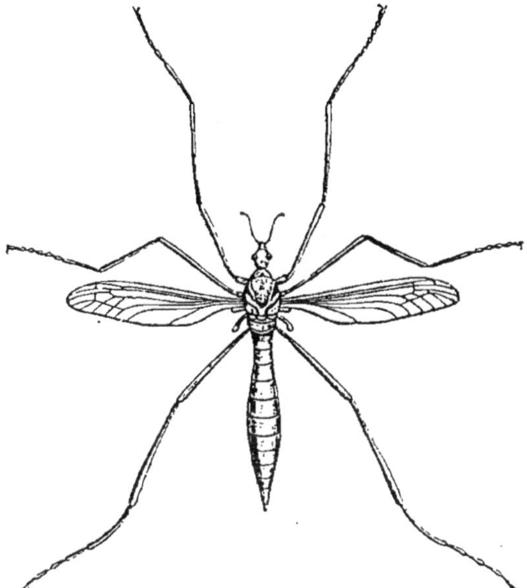

Fig. 152. — Diptères. *Tipula oleracea.*

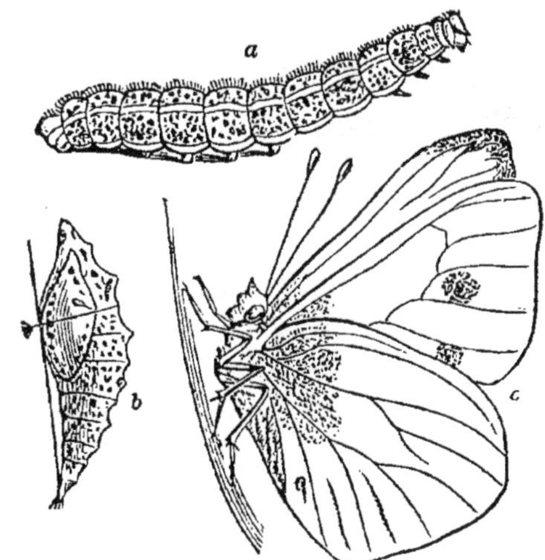

Fig. 153. — Lépidoptères diurnes. — Grand papillon blanc du chou (*Pontia brassicæ*). — *a*, larve ou chenille ; *b*, nymphe ou chrysalide ; *c*, image ou insecte parfait.

l'absence d'ailes et de caractères sexuels prononcés, mais

prend graduellement et insensiblement les traits de l'adulte à mesure qu'il avance en âge. On désigne ces groupes d'insectes sous le nom d'*Amétaboliques* pour indiquer qu'ils ne subissent pas de métamorphose.

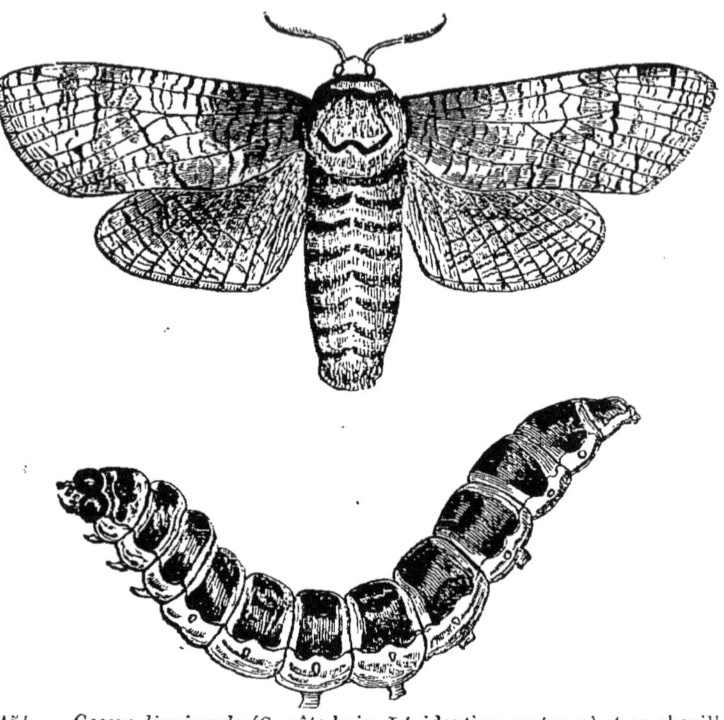

Fig. 154. — *Cossus ligniperda* (C. gâte-bois, Lépidoptère nocturne) et sa chenille.

D'un autre côté, les *Névroptères*, les *Hyménoptères*, les *Diptères*, les *Coléoptères* et les *Lépidoptères* sont *Métaboliques*, ou éprouvent une métamorphose au sens entomologique du mot ; c'est-à-dire que l'insecte, quand il abandonne l'œuf, est une *larve* ou *chenille*, très-différente, sous le rapport de la structure et du mode d'existence, de l'adulte. En cet état, il arrive à sa pleine croissance, sans changement notable et sans développement d'ailes, puis, abrité dans sa dernière dépouille tégumentaire, il passe, sous forme de *nymphe* ou *chrysalide*, dans un état de repos, durant lequel les ailes se développent, et l'insecte revêt sa forme adulte ou *imago*.

Le canal alimentaire des insectes se divise ordinairement en un œsophage, souvent pourvu d'une dilatation en forme de jabot et suivi d'un gésier musculeux à paroi

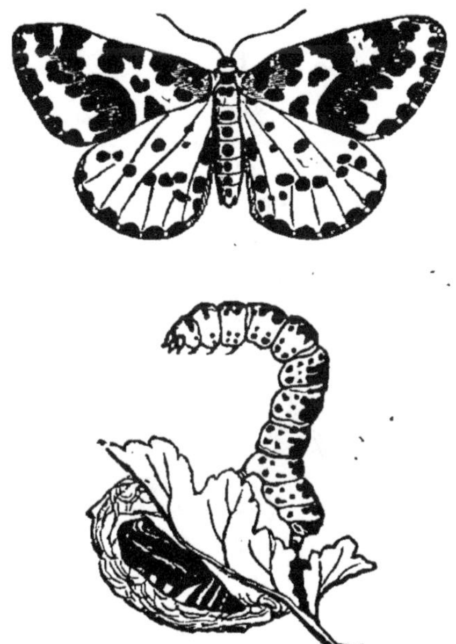

Fig. 155. — Métamorphose de la *Phalæna grossulariata*.

épaisse ; en un estomac glanduleux et considérable (*ventriculus*) ; en un petit intestin allongé et en un gros intestin se terminant dans un rectum. Des glandes salivaires sont souvent largement développées ; et des glandes tubulaires particulières (les *vasa* de Malpighi), qui éliminent la sécrétion urinaire, débouchent au point de jonction de l'estomac et du petit intestin. Il n'y a pas de foie distinct.

Un cœur multiloculaire se trouve sur le côté dorsal de l'abdomen, dans un sinus péricardiaque. Les troncs artériels sont courts, et le sang circule, en majeure partie, à travers des lacunes.

La respiration s'effectue à l'aide de trachées, qui envoient leurs fines ramifications dans tous les tissus et prennent leur origine dans des stigmates, ordinairement pourvus d'ouvertures valvulaires et capables de se fermer et de

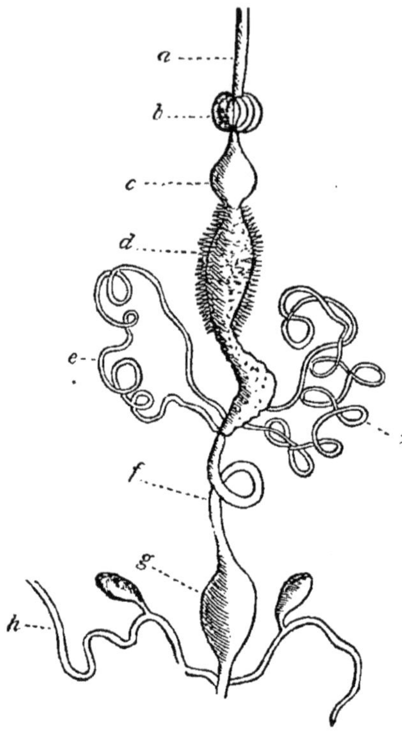

Fig. 156. — Système digestif d'un coléoptère (*Carabus auratus*). — *a*, œsophage ; *b*, jabot ; *c*, gésier ; *d*, estomac (*ventriculus*) ; *e*, tubes de Malpighi ; *f*, intestin ; *g*, cloaque ; *h*, vaisseaux rénaux supposés.

s'ouvrir sous l'action de muscles appropriés. La membrane chitineuse qui tapisse les trachées est épaissie en lignes spirales. Quelquefois les trachées se dilatent en grandes vésicules aériennes. Beaucoup d'insectes aquatiques, dans leur état larvaire, sont pourvus, au lieu de stigmates, de *branchies trachéennes*. Ce sont des prolongements latéraux du corps remplis de ramifications trachéennes, par lesquelles l'air contenu dans l'eau est filtré pour pénétrer dans le système trachéen.

Les yeux peuvent être composés ou simples. Des organes auditifs n'ont encore été découverts avec certitude que chez quelques Criquets et Locustes. On les trouve sur les côtés de l'abdomen dans le premier cas, et dans le tibia des deux pattes antérieures chez les Sauterelles. Tous les insectes sont normalement dioïques, et les ouvertures génitales sont situées près de l'extrémité de l'abdomen. Les mâles sont pourvus d'un pénis, les femelles d'un réceptacle de la semence. Les œufs sont enfermés dans une forte membrane vitelline avant l'imprégnation, aussi observe-t-on un *micropyle* — ou une perforation unique ou multiple dans cette membrane — pour permettre l'entrée des spermatozoaires.

L'agamogénèse a lieu chez beaucoup d'insectes, soit par le développement d'un œuf ordinaire sans fécondation (*Lépidoptères*, œufs des abeilles mâles ou *bourdons*); soit par celui d'un pseudo-œuf développé dans une forme asexuée (*Pucerons*) (1); soit par une sorte de bourgeonnement interne chez des larves (*Cécidomyes*).

(1) M. Balbiani s'occupe activement, depuis plusieurs années, à rechercher la cause de l'aptitude à la reproduction *parthénogénésique*. Il a d'abord observé dans l'ovule des animaux dont il s'est occupé, outre la *vésicule* de *Purkinje* (germinative), une autre vésicule qu'il a appelée *embryogène*, autour de laquelle et probablement sous son influence s'organise en effet le germe destiné à devenir ultérieurement un embryon, tandis que la *vésicule* de *Purkinje*, appelée improprement d'après lui *vésicule germinative*, est le foyer primitif du travail génésique dont résulte la formation de la portion nutritive de la sphère vitelline.

Observant ensuite avec beaucoup d'attention les changements qui se manifestent dans l'intérieur de ces jeunes œufs, soit chez les animaux parthénogénésiques, soit chez les femelles qui ne peuvent se reproduire qu'avec le concours du mâle, mais qui n'ont pas encore subi l'influence de celui-ci, M. Balbiani a trouvé qu'il y a toujours entre certains éléments primordiaux de l'ovule, d'origine différente, des phénomènes de conjugaison fort remarquables et offrant une ressemblance frappante avec les phénomènes de fécondation spermatique. Il a constaté aussi que cette sorte de fécondation primordiale des cellules génésiques est même une condition de développement de la matière spermatique chez le mâle, aussi bien que du développement de l'ovule produit par la femelle, et que, durant la première période du travail ayant pour objet la formation de nouveaux individus, les choses se passent à peu près de la même manière chez les animaux de l'un et de l'autre sexe.

Dans le testicule ainsi que dans l'ovaire, il existe, indépendamment du *stroma*, deux sortes de cellules, les unes libres, volumineuses, sont des ovules renfermant une vésicule de Purkinje ou son homotype, les autres, plus petites, groupées autour des précédentes en une sorte de capsule dont les parois offrent les caractères propres aux tissus épithéliques.

Les choses restent dans cet état pendant le jeune âge ; mais, à l'époque où l'activité fonctionnelle de l'appareil génital se manifeste, il n'en est plus de même. M. Balbiani a vu qu'alors des *conjugaisons* s'opèrent entre les ovules ou cellules centrales et les cellules pariétales, mais que le mode de groupement de ces éléments varie suivant la nature du produit à obtenir, et que ce produit est un ovule proprement dit, un ovule femelle renfermant un germe apte à devenir embryon, ou bien une vésicule spermatogène, un œuf mâle destiné à fournir des spermatozoïdes, suivant que le travail physiologique a principalement son siége dans les cellules pariétales ou immédiatement autour de la cellule centrale.

Cette *préfécondation* serait suffisante dans certains cas pour assurer le développement de l'embryon (cas de Parthénogénésie), mais en général il faut une nouvelle union de deux éléments divers, l'ovule et le spermatozoïde, pour permettre ce développement (voy. *Rapport* de M. H. Milne-Edwards. Acad. des sciences, 1875).

Les recherches récentes de Strasbürger, Auerbach et surtout de O. Hertwig, Ed. Van Beneden et Bütschli montrent que c'est dans une direction toute différente qu'il faut chercher l'explication de ces phénomènes encore si obscurs de la génération et de la parthénogénèse. Voir au commencement de ce livre (Principes généraux) l'exposé de cette question difficile.

FIN.

CLASSIFICATION DU RÈGNE ANIMAL (1).

Linné définit l'objet de la classification de la manière suivante :

Methodus, anima scientiæ, indigitat, primo intuitu, quodcunque corpus naturale, ut hoc corpus dicat proprium suum nomen, et hoc nomen quæcumque de nominato corpore beneficio seculi innotere, ut sic in summa confusione rerum apparenti, summus conspiciatur naturæ ordo. » (*Systema naturæ*, éd. 12, p. 13.)

Cuvier eut la même conception générale de la méthode en classification, mais il vit de plus l'importance d'une complète analyse de la structure de l'animal adulte. Sa classification est une tentative pour énoncer les faits de structure ainsi déterminés dans une série de propositions dont les plus générales constituent les définitions des groupes les plus compréhensifs, et les plus spéciales celles des groupes plus restreints.

Von Baer a montré que notre connaissance de la structure d'un animal est imparfaite si nous ne connaissons tous les stades d'évolution par lesquels cette structure a passé; et depuis la publication de l'*Entwickelungs-Geschichte der Thiere*, pas un naturaliste philosophe n'a négligé les faits embryologiques dans l'établissement des classifications.

(1) Ce travail du Pr Huxley a été lu à la société Linnéenne le 4 décembre 1874. Il a été ensuite publié dans *Nature*, puis dans le *Quaterly Journal* de Ray Lankester, janvier 1875.

Darwin, en donnant une base nouvelle et solide à la théorie de l'évolution, a introduit un élément nouveau dans la Taxonomie. Si une espèce, comme un individu, est le produit d'un processus de développement, son mode d'évolution doit être pris en considération dans la détermination de sa ressemblance ou de sa dissemblance avec les autres espèces ; et, par suite, la *phylogénie* devient non moins importante que l'embryogénie pour le taxonomiste. Mais, si la valeur logique de la phylogénie doit être pleinement admise, il faut bien reconnaître que, dans l'état présent de la science, nous ne savons absolument rien de positif relativement à la phylogénie des groupes les plus étendus du règne animal. Si instructives et importantes que soient les vues émises sur la phylogénie pour nous guider dans nos investigatious et nous en suggérer de nouvelles, elles ne sont encore que de pures hypothèses non susceptibles d'une preuve objective ; il y a donc grand danger d'introduire des confusions dans la science en mêlant ces hypothèses avec les données de la taxonomie qui doit être un arrangement précis et logique de faits observés.

Dans le présent essai, je me propose de classer les faits connus sur la structure des animaux (y compris le développement de cette structure), sans recourir à la phylogénie, et de donner ainsi une classification qui puisse rester bonne, quelles que soient les variations des spéculations phylogéniques.

Les animaux peuvent d'abord se diviser en deux ensembles : ceux dont le corps n'est pas différencié en cellules histogénétiques (PROTOZOA), et ceux dont le corps est différencié en éléments cellulaires multiples (METAZOA de Hæckel).

I. Les PROTOZOA sont encore divisibles en deux groupes : 1° les *Monera* de Hæckel chez lesquels le corps ne contient pas de nucléus, et 2° les *Endoplastica* chez lesquels le corps contient un ou plusieurs noyaux. Parmi ces derniers, les *Infusoria ciliata* et *flagellata* (*Noctiluca*, etc.), quoique possédant toujours le type général de cellule unique, atteignent une complexité considérable d'organisation et présentent des faits parallèles à ceux qu'on rencontre chez les champignons et les algues unicellulaires (par exemple : *Mucor*, *Vaucheria*, *Caulerpa*).

II. Les METAZOA se divisent d'abord en deux groupes : ceux chez lesquels se développe une cavité alimentaire, processus qui s'accompagne de la différenciation des parois du corps en deux couches au moins, un épiblaste et un hypoblaste (*Gastreæ* de Hæckel), et ceux chez lesquels on ne voit jamais de cavité digestive.

Parmi les *Gastreæ* il en est chez lesquels la *gastrula*, c'est-à-dire le sac primitif à double paroi ouvert à une extrémité, garde cette ouverture primitive pendant toute la vie comme ouverture d'égestion ; de nombreuses ouvertures d'ingestion se développent dans les parois latérales de la gastrula, de sorte que ces animaux peuvent être appelés *Polystomata*. Ce groupe comprend les *Spongida* ou *Porifera*. Tous les autres *Gastreæ* sont des *Monostomata*, c'est-à-dire que leur *gastrula* développe seulement une ouverture d'ingestion ; les cas d'organismes composés chez lesquels de nouvelles gastrula sont produites par gemmation ne constituent pas évidemment une exception à cette règle.

Chez quelques *Monostomata*, l'ouverture primitive devient la bouche permanente de l'animal (*Archæostomata*). Cette division renferme deux groupes dont les membres sont dans chaque groupe intimement alliés entre eux : — 1° les *Cœlenterata* ; 2° les *Scolecimorpha*. Sous ce dernier chef sont groupés les *Turbellaria*, les *Nematoïdea*, les *Trematoda*, les *Hirudinea*, les *Oligochæta*, et probablement les *Rotifera* et les *Gephyrea*. Chez tous les autres *Monostomata*, l'ouverture primitive de la *gastrula*, quel que soit son destin, ne devient jamais la bouche : cette dernière est produite par une perforation secondaire de la paroi du corps. Chez ces *Deuterostomata* il existe une cavité périviscérale distincte du canal digestif, mais cette cavité périviscérale est produite de différentes manières.

1° Une cavité périviscérale est formée par des diverticules du canal alimentaire qui arrivent à se séparer de ce dernier (Enterocœla). Les recherches d'Alexandre Agassiz et de Metschnikoff ont montré que non-seulement le système ambulacraire, mais aussi la cavité périviscérale des *Echinodermata* prennent naissance de cette manière; c'est un fait qui peut être interprété comme indiquant une certaine affinité avec lés Cœlenterés (il ne faut pas oublier que les Turbellariés dendrocœles et beaucoup de Trématodes sont de véritables Cœlentérés) ; mais ce rapprochement ne doit pas nous masquer les ressemblances fondamentales des Echinodermes avec les vers. Kowalewsky a fait voir que la cavité périviscérale du genre anomal *Sagitta* se forme de la même façon, et les recherches de Metschnikoff semblent indiquer quelque chose de semblable dans le développement du *Balanoglossus*.

2° Une cavité générale est formée par un dédoublement du mésoblaste (Schizocœla). Tel paraît être le cas de tous les *Mollusques* ordinaires et de toutes les *Annélides* polychætes dont les mollusques sont tout au plus des modifications oligomères ; c'est aussi le cas de tous les Arthropodes.

Il reste à savoir si les *Brachiopoda* et les *Polyzoa* appartiennent à cette division ou à la précédente.

3° Une cavité périviscérale n'est formée ni par des diverticules du tube, digestif ni par une fente du mésoblaste, mais par un repli ou une invagination de la paroi externe du corps (Epicœla). Les *Tunicata* sont dans ce cas, leur cavité atriale étant formée par une invagination de l'épiblaste.

L'*Amphioxus*, qui dans son développement ressemble tant aux Ascidiens, a une cavité périviscérale qui correspond essentiellement à l'atrium des Tuniciers, bien qu'elle soit formée d'une manière un peu différente. Une des particularités les plus remarquables de la structure de l'*Amphioxus* est que la paroi du corps (qui répond évidemment à la somatopleure d'un vertébré supérieur et enclôt une cavité pleuro-péritonéale dans les parois de laquelle se développent les organes de la génération), recouvre les ouvertures branchiales, de telle sorte que ces dernières s'ouvrent dans la cavité pleuro-péritonéale. Cette disposition ne se rencontre dans aucun autre animal vertébré. Kowalevsky a prouvé que cette structure, tout à fait exceptionnelle, résulte du développement de la somatopleure qui croît sous forme de lame de chaque côté du corps : les lames latérales s'unissant ensuite sur la ligne médiane ventrale et laissant seulement entre elles une étroite ouverture, le *pore respiratoire*. Stieda a mentionné l'existence d'un raphé le long de la ligne de soudure chez l'animal adulte. Rathke indique deux *canaux abdominaux* chez l'*Amphioxus*, et Johannes Müller et plus récemment Stieda ont décrit et figuré ces canaux. Toutefois, les canaux de Rathke n'existent pas réellement, et l'on a décrit sous ce nom de simples passages ou des semi-canaux entre la paroi propre de l'abdomen du côté ventral et les bords incurvés de deux sillons développés de la jonction de la face ventrale avec les faces latérales du corps, lesquels s'étendent depuis le pore abdominal où ils se rencontrent en arrière jusqu'aux côtés de la bouche. Sans doute les œufs que Kowalevsky a vu sortir de la bouche, étaient entrés dans ces semi-canaux en quittant le corps par le pore abdominal et avaient ainsi cheminé jusqu'à la région orale. Le tégument ventral entre les lames ventro-latérales est sillonné, comme l'a indiqué Stieda, de nombreux plis longitudinaux qu'on a pris à tort pour des fibres musculaires, et les rainures comprises entre ces plis sont occupées par des cellules épidermiques, de telle sorte que, dans une section transverse, ces inter-espaces entre les plis ont l'apparence de cœcums glandulaires. Cet organe plissé paraît représenter le conduit de Wolff des vertébrés supérieurs, lequel concordant avec les autres caractères généraux embryonnaires de l'*Amphioxus* a gardé sa forme primitive de canal ouvert. La somatopleure de l'Amphioxus ressemble donc à celle des vertébrés ordinaires en ce qu'elle donne naissance au conduit de Wolff par une invagination de sa surface interne. Mais ce conduit de Wolff ne se change pas en tube, et sa paroi dorsale ou axiale s'unit avec sa congénère symétrique dans le raphé de la suture ventrale de la cavité périviscérale.

Dans tous les *Vertebrata* supérieurs dont le développement a été étudié, la cavité *pleuro-péritonéale* ou périviscéral se forme en apparence par une fente du mésoblaste, laquelle ne s'étend pas toutefois au delà de la portion postérieure de la région branchiale. Mais chez beaucoup de vertébrés (par exemple *Holocephali*, *Ganoidei*, *Teleostei*, *Amphibia*) un prolongement du tégument se développe sur la région de l'arc hyoïdien et forme un opercule couvrant la fente branchiale. Chez la grenouille, le fait est bien connu, cette membrane operculaire est très-large et s'unit postérieurement avec la paroi du corps, laissant seulement un *pore respiratoire* sur le côté gauche pendant les dernières périodes de la vie de têtard. Il y a donc en ce point une couche homologue avec la splanchnopleure de l'Amphioxus; tandis que, dans la région thoraco-abdominale, la splanchnopleure paraît résulter d'une fente du mésoblaste. En tenant compte de ce qui a lieu chez l'*Amphioxus*, on peut se demander si la fente du mésoblaste chez les vertébrés ne se formerait pas par un mode différent du processus en apparence similaire observé chez les Arthropodes, les Annélides et les Mollusques, et si le péricarde, la plèvre et le péritoine ne seraient pas des parties de l'épiblaste au même titre que la tunique atriale des Ascidiens. Ce point réclame de nouvelles investigations. En admettant provisoirement que la cavité pleuro-péritonéale des Vertébrés est originellement une invagination de l'épiblaste, l'ouverture péritonéale des poissons devient exactement l'homologue du pore respiratoire de l'*Amphioxus;* et les canaux de Wolff avec leurs prolongements, avec les canaux de Müller sont, comme l'avait déjà suggéré Gegenbaur, des organes de même nature que les organes segmentaires des Vermes.

La division des Metazoa sans tube digestif est établie provisoirement pour les *Cestoidea* et les *Acanthocephala* chez lesquels on n'a pu découvrir la moindre trace d'une cavité digestive. Il est très-possible que l'opinion ordinaire qui fait de ces animaux des *Gastreæ* modifiés par le parasitisme soit exacte. D'un autre côté le cas des Nématoïdes et des Trématodes montre que le parasitisme le plus complet n'implique pas nécessairement la disparition de la cavité élémentaire, et l'on peut admettre comme possible qu'un parasite primitivement grégariniforme devienne peu à peu multicellulaire, et développe des organes reproducteurs et autres sans jamais trouver un avantage à la possession d'un tube digestif. Une classification purement objective doit reconnaître ces deux possibilités et laisser la question ouverte aux recherches ultérieures.

Tableau donnant la concordance de la classification d'Huxley avec la classification de Cuvier (1).

I. *Classification d'Huxley.*

- ANIMALIA.
  - METAZOA.
    - Gastræada.
      - Monostomata.
        - Deuterostomata.
          - Epicœla........
            - Vertebrata.... 1
            - Amphioxus.... 1 *a.*
            - Tunicata...... 3 *a.*
          - Schizocœla.....
            - Arthropoda.... 2
            - Annelida...... 2 *a.*
            - Mollusca...... 3
            - Polyzoa....... 3 *a.*
          - Enterocœla.....
            - Chætognatha.. 2 *a.*
            - Enteropneustes. 2 *a.*
            - Brachiopoda.'. 3
            - Echinodermata. 4
        - Archæostomata.
          - Scolecimorpha .
            - Turbellaria.... 2 *a.*
            - Nematoidea.... 2 *a.*
            - Trematoda .... 2 *a.*
            - Hirudinea..... 2 *a.*
            - Oligochæta.... 2 *a.*
            - Rotifera?...... 2 *a.*
            - Gephyrea ?.... 2 *a.*
          - Cœlenterata ....
            - Ctenophora.... 4
            - Anthozoa...... 4
            - Hydroidea..... 4
      - Polystomata..
        - Spongida...... 4 *a.*
    - Agastræa..
      - Cestoidea...... 2
      - Acanthocephala. 2
  - PROTOZOA.......................................
    - Monera .... 4 *a.*
    - Endoplastica... 4 *a.*

II. *Classification de Cuvier modifiée par Milne-Edwards.*

- Vertébrés..
  - Allantoïdiens.. 1
  - Anallantoïdiens 1 *a.*
- Annelés....
  - Arthropodes... 2
  - Vers.......... 2 *a.*
- Mollusques.
  - Mollusques.... 3
  - Molluscoïdes... 3 *a.*
- Zoophytes..
  - Rayonnés...... 4
  - Sarcodaires ... 4 *a.*

(1) Voir pour les remarques auxquelles ces classifications peuvent donner lieu la *Revue scientifique*, 5e année, 2e série (nos 37 et 38, 11 et 18 mars 1876).

GLOSSAIRE

OU LISTE DES MOTS TECHNIQUES PEU FAMILIERS AUX COMMENÇANTS ET QUI ONT BESOIN D'ÊTRE EXPLIQUÉS.

AB-ORALE. Extrémité du corps opposée à la bouche.

ABERRANT (lat. *aberro*, je m'écarte). Qui s'éloigne du type régulier.

ACALÉPHES (gr. ἀκαλήφη, ortie). Nom d'une classe des animaux rayonnés de Cuvier, que l'on range aujourd'hui parmi les Hydrozoaires.

ACANTHOCÉPHALES (gr. ἄκανθα, épine ; κεφαλή, tête). Groupe de vers parasites dont la tête est armée d'épines et comprenant le genre *Échinorhynque* seulement.

ACARIENS (gr. ἀκαρι, ciron). Ordre d'Arachnides.

ACETABULUM (en latin sorte de vase à mettre du vinaigre, *acetum*). On donne le nom d'*acetabula* aux ventouses que portent les tentacules des *Céphalopodes*.

ACTINOZOAIRES (ἀκτιν, rayon ; ζῶον, animal). Classe de Cœlentérés. V. *Anthozoaires*.

AMBULACRES (lat. *ambulacrum*, de *ambulare*, se promener). Espaces perforés qui s'étendent du sommet à la base d'un oursin de mer.

AMŒBES (gr. ἀμοιβή, changement), mieux qu'*Amibes*. Genre de protozoaires qui changent continuellement de forme, d'où le nom de Protée qu'on lui donnait autrefois.

AMPHIDISQUES (gr. ἀμφί, des deux côtés, δίσκος, disque). Spicules qui environnent les gemmules de la spongille et ressemblent à deux roues dentées, unies par un axe.

AMPHIPODES ('Αμφί et πούς, pied). Groupe de *Crustacés* dans lesquels les pieds servent à la fois à la marche et à la natation, compris dans les *Edriophthalmes*.

ANNELÉS (lat. *annulus*, anneau). Division primaire du sous-règne, correspondant aux *Articulés* de Cuvier.

ANNÉLIDES (lat. *annellus*, dim. de *annulus*, anneau). Classe d'*Annelés*.

ANTENNES (lat. *antenna*, vergue de navire). Appendices de l'un des segments de la tête chez les insectes et de deux chez les crustacés, où les appendices antérieurs plus petits prennent le nom d'antennules (dim. d'*antenna*).

ANTHOZOAIRES (ἄνθος, fleur; ζῶον, animal). Classe de Cœlentérés, encore appelés *Actinozoaires* et autrefois *Zoophytes*, ou animaux-plantes, correspondant en partie aux *Polypes* de Cuvier.

ARACHNIDES (ἀράχνη, araignée). Classe des *Annelés* arthropodes.

ARANÉIDES (lat. *aranea*, araignée). Ordre des Arachnides.

Arthrogastres (ἄρθρον, articulation ; γαστήρ, ventre). Ordre d'*Arachnides* ayant un abdomen distinctement articulé.

Arthropodes (ἄρθρον, articulation ; πούς, pied). Classes d'animaux annelés pourvus de membres articulés.

Articulés (lat. *articulus*, dimin. de *artus*, articulation). Animaux ayant leur corps composé d'articles, appelés encore Annelés.

Ascaride (ἀσκαρίς, ver intestinal). Ver cylindrique, l'un des entozoaires de l'homme.

Ascidiens (ἀσκός, outre). Ordre d'animaux molluscoïdes, encore appelés *Tuniciers*.

Astérides (ἀστήρ, étoile ; εἶδος, forme). Ordre d'*Échinodermes*.

Atrium (salle d'entrée) ou « cloaque ». Cavité spéciale aux *Tuniciers*, dans laquelle débouche l'intestin.

Avicularia (lat. *avicula*, dim. de *avis*, oiseau). Appendices singuliers, ayant souvent la forme d'une tête d'oiseau, qui se rencontrent chez beaucoup de *Polyzoaires*.

Blastoderme (βλαστός, germe ; δέρμα, peau). Surface superficielle de l'embryon dans son état primitif.

Blastoïdes (βλαστός, bourgeon ; εἶδος, forme). Ordre éteint d'*Échinodermes*.

Blastostyle (βλαστός, bourgeon ; στύλος, colonne). Nom donné par Allmann à certains zooïdes en forme de colonne destinés, chez les *Hydrozoaires*, à porter des bourgeons générateurs.

Bothriocéphale (βόθριον, petite fosse ; κεφαλή, tête). Genre de ténioïdes.

Branchiogastéropodes (βράγχια, branchies ; γαστήρ, ventre ; πούς, pied). Classe de mollusques gastéropodes respirant au moyen de branchies.

Branchiopodes (βράγχια, branchies ; πούς, pied). Ordre de *Crustacés* dont les pieds sont modifiés pour servir à la respiration. Il comprend les ordres des *Phyllopodes* et des *Cladocères* de Milne-Edwards.

Bryozoaires (βρύον, mousse; ζῶον, animal). Classe d'animaux composés, vivant fixés sur des plantes marines ou sur les rochers. Synonyme de Polyzoaires.

Byssus (Βύσσος, lin très-fin). Filaments soyeux sécrétés par une glande spéciale chez certains mollusques.

Calice. Capsule dans laquelle est contenu le polype d'un zoophyte coralligène (*Actinozoaires*) ; s'applique encore au corps cupuliforme de la *Vorticelle* (*Protozoaires*) ou d'un *Crinoïde* (*Échinodermes*).

Céphalopodes (κεφαλή, tête ; πούς, pied). Classe de Mollusques.

Céphalothorax (κεφαλή, tête ; θώραξ, poitrine). La division antérieure du corps, composée de la tête et du thorax fusionnés chez beaucoup de *Crustacés* et d'*Arachnides*.

Cestoïdes (κεστός, ceinture). Nom donné aux *Téniadés*, classe de vers intestinaux dont le corps est aplati comme un ruban (d'où le nom de vers rubannés).

CHÆTOGNATHES (χαίτη, poil, soie ; γνάθος, mâchoire). Classe d'annelés dont le genre *Sagitta* est le seul représentant.

CHÆTOPHORES (χαίτη, soie ; φέρω, je porte). Ordre d'annélides pourvues de soies.

CHELÆ (χηλή, pince). La quatrième paire modifiée de membres thoraciques chez certains *Crustacés*, tels que le crabe, le homard, etc.

CHELICÈRES (χηλή, pince ; κέρας, corne, antenne). Les antennes modifiées des Scorpions.

CHILOGNATHES (κεῖλος, lèvre ; γνάθος, mâchoire). Ordre de *Myriapodes*, appelés encore *Diplopodes*.

CHILOPODES (χεῖλος, lèvre ; πούς, pied). Ordre de myriapodes, appelés encore *Syngnathes*.

CHITINE (χιτών, tunique). Principe chimique particulier, se rapprochant de la corne, qui forme l'exosquelette de nombreux invertébrés, surtout parmi les *Arthropodes* (*Crustacés*, *Insectes*, etc.).

CHROMATOPHORES (χρῶμα, couleur ; φέρω, je porte). Petits éléments contenant des granulations pigmentaires qui se trouvent dans le tégument des *Seiches*.

CILS (*cilium*). Filaments microscopiques animés de mouvements rhythmiques.

CIRRIPÈDES ou CIRRHIPÈDES ou CIRRHOPODES (lat. *cirrus*, boucle de cheveux, *pes*, pied). Groupe de *Crustacés* chez lesquels plusieurs des membres sont pourvus d'appendices fort longs, cornés, appelés *cirrhes* ; rangés par Cuvier parmi les *Mollusques*.

CLADOCÈRES (κλάδος, branche ; κέρας, corne). Ordre de *Crustacés*, portant des antennes ramifiées.

CLOAQUE (lat. *cloaca*, égout). Conduit commun où débouchent le canal intestinal et les canaux des organes générateurs et urinaires chez quelques invertébrés (les insectes par exemple), de même que chez beaucoup d'animaux vertébrés.

CŒCAL, adj. de *cœcum* (lat. *cœcus*, aveugle). Qui se termine par une extrémité close.

CŒLENTÉRÉS (κοῖλος, creux ; ἔντερα, viscères). Groupe d'animaux (comprenant les *Hydrozoaires* et les *Actinozoaires*) qui diffèrent de ceux qui sont au-dessous d'eux en ce qu'ils possèdent une cavité digestive creuse. Ce terme a été proposé par Frey et Leuckhart pour remplacer l'ancienne dénomination de *Rayonnés*, qui comprenaient d'autres animaux.

CŒNŒCIUM (κοινός, commun ; οἶκος, maison). L'ensemble du système dermique de tout *Polyzoaire* ; synonyme des termes *polyzoarium* ou *polipidom*.

CŒNOSARQUE (κοινός, commun ; σάρξ, chair). Tige commune qui réunit les polypides distincts d'un Hydrozoaire composé.

COLÉOPTÈRES (κολεός, gaîne ; πτερόν, aile). Ordre d'insectes dont les ailes membraneuses (seconde paire) sont enfermées dans des gaînes formées par les *élytres*.

Columelle (lat. dim. de *columna*, colonne). Nom donné en conchyliologie à l'espèce de petite colonne qui forme l'axe de toutes les coquilles spirales. Parmi les *Actinozoaires*, c'est l'axe central qui se trouve au centre des thèques de nombreux coraux.

Conchifères (lat. *concha*, coquille, *fero*, je porte). Coquillage. S'applique dans un sens restreint aux Mollusques bivalves et s'emploie comme synonyme de *Lamellibranches*.

Copépodes (κώπη, rame πούς, pied). Ordre de *Crustacés* comprenant, outre le groupe ainsi désigné par Latreille et Milne-Edwards, la plupart des *Épizoaires*.

Coralligènes (κοράλλιον, corail ; γεν-, racine, de γίγνομαι, produire). Ordre d'*Actinozoaires*.

Corallite. Corail sécrété par un *Actinozoaire* se composant d'un seul polype ; ce mot désigne encore la portion d'un corail composé appartenant à un polype individuel et sécrété par lui.

Cormus (κορμός, tronc d'arbre). Mot qui désigne l'ensemble formé par les animaux composés. Le cormus des anthozoaires est quelquefois appelé *Zoanthodème*, celui des Cestodes *Helminthodème*, celui des Ascidies composées *Ascidiodème*,

Craspedum (κράσπεδον, bordure, frange). Cordon en spirale contenant des cellules à filament et qui s'attache aux bords libres du mésentère d'une anémone de mer.

Crinoïdes (κρίνον, lis ; εἶδος, forme). Ordre d'*Échinodermes* comprenant des formes qui sont ordinairement pédiculées et ressemblent quelquefois à des lis.

Crustacés (*crusta*, croûte). Classe d'*Annelés*, comprenant les crabes, homards, etc., caractérisés par la possession d'une carapace dure dont ils se dépouillent périodiquement.

Cténocysre (κτείς, peigne ; κύστις, vessie). Organe sensoriel (probablement auditif) qui se rencontre chez les *Cténophores*.

Cténophores (κτείς, peigne ; φέρω, je porte). Ordre d'*Actinozoaires*, renfermant des animaux pélagiques, qui nagent au moyen de « *cténophores* » ou bandes de cils disposées en plaques pectiniformes.

Cuticule (*cuticula*, dim. de *cutis*, peau). Pellicule formant la couche externe du corps parmi les *Infusoires*. La couche externe du tégument en général.

Cysticerques (κύστις, vessie ; κέρκος, queue). Larve émigrante ou *deutoscolex* du *Tænia solium* dans sa forme hydatide.

Cystoïdes (κύστις, vessie ; εἶδος, forme). Ordre d'*Échinodermes* représenté aujourd'hui par une seule espèce, l'*Hyponome Sarsii*.

Décapodes (δέκα, dix ; πούς, pied). Division de *Crustacés* ayant dix membres ambulatoires ; et aussi famille de Seiches pourvues de dix bras ou prolongements céphaliques.

Demodex (δημός, graisse ; δήξ, ver). Petite arachnide alliée aux *Pentastomidés*, et habitant les follicules sébacés de l'homme.

DENDRITIQUE, DENDRIFORME (δενδρον, arbre). Ramifié comme un arbre, arborescent.

DESMIDIÆ. Petites plantes d'eau douce, de couleur verte, sans épiderme siliceux.

DIASTOLE (διαστέλλω, je dilate). Expansion d'une cavité contractile telle que le cœur, qui succède à sa contraction ou « systole ».

DIATOMACÉES (διατέμνω, je découpe). Ordre de petites plantes, pourvues d'enveloppes siliceuses.

DIBRANCHES (δι-, deux ; βράγχια, branchies). Ordre de *Céphalopodes* n'ayant que deux branchies.

DIMYAIRES (δι-, deux ; μυών, muscle). Mollusques bivalves (*Lamellibranches*) dont la coquille se ferme à l'aide de deux muscles adducteurs.

DIOÏQUES (δι-, deux ; οἶκος, maison). A sexes distincts ; s'applique aux espèces qui ont des individus mâles et femelles.

DIPTÈRES (δι-, deux : πτερόν, aile). Ordre d'insectes caractérisés par la possession de deux ailes.

DISCOPHORES (δίσκος, disque ; φέρω, je porte). Division des *Cœlentérés* méduses, qu'on désigne ainsi à cause de leur forme ; on applique encore quelquefois ce terme à l'ordre des sangsues (*Hirudinées*) en raison des ventouses dont ces animaux sont pourvus.

DISSÉPIMENTS (lat. *dissepio*, je sépare). Séparations. Ce mot s'emploie dans un sens restreint pour désigner certaines cloisons transversales incomplètes qui subdivisent les compartiments de nombreux coraux.

ÉCHINOCOQUE (ἐχῖνος, hérisson ; κόκκος, graine, baie). Larve émigrante (*scolex*) du *Tænia echinococcus*,, dans sa forme hydatide, avec des deuto-scolex ou kystes filles produits par gemmation.

ÉCHINODERMES (ἐχῖνος, hérisson ou oursin ; δέρμα, peau). Classe représentée par l'oursin, l'étoile de mer.

ÉCHINOÏDES ou ÉCHINIDES. Ordre d'*Échinodermes*.

ECTOCYSTE (ἐκτός, en dehors ; κύστις, vessie). Revêtement externe du cœnœcium d'un *Polyzoaire*.

ECTODERME (ἐκτός, en dehors ; δέρμα, peau). Couche tégumentaire externe des *Cœlentérés*. D'une manière plus générale, couche externe de l'embryon des métazoaires au stade *gastrula*.

ECTOSARQUE (ἐκτός, σάρξ, chair). Couche externe transparente de sarcode chez certaines *Monères*, telles que les *Amœbes*.

ÉDRIOPHTHALMES (ἑδραῖος, sessile ; ὀφθαλμός, œil). Ordre de *Crustacé* comprenant les *Isopodes*, les *Ampipodes* et les *Læmodipodes*, dont les yeux sont sessiles.

ÉLYTRES (ἔλυθρον, étui). Première paire d'ailes dures qui, chez les coléoptères, recouvre la seconde paire.

EMBRYON (ἐν, dans ; βρύων, qui croît). L'état le plus primitif sous lequel l'animal apparaît dans l'œuf imprégné.

ENDOCYSTE (ἔνδον, dedans ; κύστις, vessie). Membrane ou couche tégumentaire interne d'un *Polyzoaire*. Chez les *Cristatella* où il n'y a pas d'ectocyste, l'endocyste constitue tout le tégument.

Endoderme (ἔνδον, dedans; δέρμα, peau). Couche tégumentaire interne des *Cœlentérés*. D'une manière plus générale, couche interne de l'embryon des métazoaires au stade *gastrula*.

Endosarque (ἔνδον, dedans; σάρξ, chair). Couche moléculaire interne de sarcode chez les *Amœbes* et autres *Monères*.

Endosquelette (ἔνδον, dedans; σκελετός, séché). Tissus durs internes, tels que les os, qui servent à l'insertion des muscles ou à la protection des organes et ne sont pas un simple durcissement du tégument.

Endostyle (ἔνδον, dedans, στῦλος, colonne). Repli de la membrane qui tapisse le pharynx chez les *Ascidiens*.

Entomostracés (ἐντέμνω, je coupe; ὄστρακον, coquille). *Crustacés* inférieurs, ainsi appelés par Latreille, parce que les segments de leurs corps sont désunis.

Entozoaires (ἐντός, dedans; ζῷον, animal) ou entoparasites. Animaux vivant en parasites à l'intérieur d'autres animaux.

Éocène ('Ηῶς, aurore; καινός, nouveau). Division la plus inférieure des roches tertiaires, où quelques-unes des espèces actuelles de coquilles sont représentées.

Épipodes (ἐπί, sur; πούς, pied). Lobes musculaires développés des surfaces latérales et supérieures du « pied » dans certains Mollusques.

Épistome (ἐπί, sur; στόμα, bouche). Prolongement lobé qui se recourbe sur la bouche dans certains *Polyzoaires*.

Épizoaires (ἐπί, sur; ζῷον, animal). Ectoparasites, animaux vivant en parasites sur d'autres animaux; dans un sens restreint, division de *Crustacés* ectoparasites de poissons.

Errantes (du lat. *erro*). Famille d'*Annélides*, adaptées pour la locomotion, comprises parmi les *Chætophores*.

Euryptérides (εὐρύς, large; πτέρον, aile). Sous-ordre éteint de *Crustacés*.

Exosquelette (ἔξω, dehors; σκελετός, séché). Squelette externe, constitué par un durcissement du tégument et appelé souvent « dermosquelette ».

Fissiparité (*fissus*, fendu; *pario*, je crée). Génération asexuelle par la division du parent en deux parties qui deviennent de nouveaux individus.

Flagellum (fouet). Appendice en forme de fouet dont sont pourvus beaucoup d'*Infusoires* et certaines cellules des animaux inférieurs, Spongiaires, etc., qui prennent ainsi l'épithète de « flagellés ».

Foraminifères (*foramen*, trou; *fero*, je porte). Ordre de *Protozoaires*, vivant dans des carapaces calcaires creuses, perforées; à ce groupe appartiennent les *Orthocerina*, *Globigerina* et *Nummulites*.

Ganglion (γάγγλιον, tumeur). Masse de substance nerveuse contenant des cellules nerveuses et donnant origine à des fibres nerveuses.

Gastéropodes (γάστήρ, ventre; πούς, pied). Classe des *Mollusques*, comprenant les Univalves ordinaires, chez lesquels la locomotion s'effectue ordinairement par une expansion musculaire de la face inférieure du corps (le « pied »).

Gastrula (dim. de γαστήρ, estomac). Nom donné par Hæckel au stade de développement, dans lequel l'embryon des métazoaires se compose de deux membranes fondamentales, l'une externe, l'autre interne, renfermant une cavité centrale.

Gemmiparité (*gemma*, bourgeon, *pario*, je crée). Génération asexuelle par des bourgeons émis par la souche mère et qui deviennent de nouveaux individus.

Gemmules (dim. de *gemma*, bourgeon). Embryons ciliés de beaucoup de *Cœlentérés ;* on désigne encore sous le nom de *gemmules* les corps reproducteurs analogues à des graines ou « spores » de la *spongille.*

Géphyrées (γέφυρα, pont). Groupe d'animaux renfermant entre autres les familles *Sipunculidæ* et *Synaptidæ*, rangées parmi les *Échinodermes*, ordre des *Apedicellata* (Cuvier), *Apoda* (Van der Hœven), ou *Vermigrada* (Forbes), mais classées aujourd'hui dans les *Annélides* à l'exception des synaptes qui sont des Échinodermes.

Gnathites (γνάθος, mâchoire). Organes masticatoires des *Crustacés.*

Gonoblastidion (γόνος, rejeton, et dim. de βλαστός, bourgeon). Prolongement qui porte les réceptacles reproducteurs ou « gonophores, » chez beaucoup d'*Hydrozoaires.*

Gonocalice (γόνος, rejeton ; κάλυξ, calice). Cloche natatoire des gonophores médusiformes, ou la même partie chez les gonophores non détachés.

Gonophore (γόνος ; φερω, je porte). Bourgeons générateurs, ou réceptacles des éléments reproducteurs chez les *Hydrozoaires*, qu'ils soient ou non détachés.

Gonothèque (γόνος, θήκη, étui). Réceptacle chitineux dans lequel se produisent les gonophores de certains *Hydrozoaires.*

Graptholithes (γραφώ, j'écris ; λίθος, pierre). Groupe éteint d'*Hydrozoaires.*

Grégarine (*gregarius*, de *grex*, troupeau). Genre de *Protozoaires*, qui forme le type de la classe des *Grégarinides.*

Gordius. Genre de vers Nématoïdes, donnant son nom au groupe *Gordiacea;* le corps filiforme de l'animal s'enroule en nœuds ; or, on sait que Gordius, roi de Phrygie, avait un char dont le joug était lié au timon par ce fameux nœud tranché par Alexandre.

Gymnolæmata (γυμνός, nu ; λαιμός, gosier). Ordre de *Polyzoaires* chez lesquels l'ouverture qui conduit à l'œsophage est dépourvue « d'épistome ».

Gymnophthalmata (γυμνός, nu ; ὀφθαλμός, œil). Nom donné par Edward Forbes aux *Méduses* chez lesquelles les taches oculaires disposées à la circonférence du disque ne sont pas protégées. Cette division est aujourd'hui abandonnée.

Gymnosomata (γυμνός, nu; σῶμα, corps). Ordre des *Ptéropodes* dont le corps n'est pas protégé par une coquille.

Hectocotyle (ἑκατόν, cent; κότυλος, coupe). Bras reproducteur métamorphosé des mâles de certains céphalopodes. Chez l'*Argonaute*, le bras se détache, et on considéra dans l'origine cet organe comme un vers parasitaire.

Helminthes (ἕλμινς, ver). Synonyme d'*entozoaires*, divisés par Owen en *Sterelminthes* (στερεός, solide) (les *Parenchymata* de Cuvier) et en *Cœlelminthes* (κοῖλος, creux), (les *Cavitaria* de Cuvier). Tous sont compris dans la classe *Scolecida* et constituent un ensemble artificiel de vers parasites.

Hémiptères (ἡμι-, moitié ; πτερόν, aile). Ordre d'Insectes dont les ailes antérieures sont coriaces dans leur première moitié et membraneuses dans leur partie terminale.

Hermaphrodite (Ἑρμῆς, Mercure; Ἀφροδίτη, Vénus). Qui possède les caractères des deux sexes combinés.

Hétéropodes (ἕτερος, différent; πούς, pied). Groupe de *Gastéropodes branchiés* chez lesquels le *propodium* se modifie en une nageoire comprimée latéralement, tandis que les *épipodes* font défaut.

Hile (lat. *hilum*). Petite ouverture (comme dans les gemmules des éponges), ou petite dépression (comme dans les *Noctiluques*).

Hirudinées (lat. *hirudo*). Ordre d'*Annélides* comprenant les sangsues.

Histologie (ἱστός, toile; λογός, discours). Étude des tissus, plus spécialement des éléments microscopiques du corps.

Holostomata (ὅλος, tout entier; στόμα, bouche). Division de *Mollusques Gastéropodes* chez lesquels l'ouverture de la coquille est arrondie ou « entière ».

Holothurie (ὁλοθούριον, Aristote H. A. i, i, 19). Ordre d'*Échinodermes*,

Homologues (ὁμολογος, concordant). Se dit de parties qui sont construites sur le même plan fondamental.

Hydatide (ὑδατίς) ou Ver vésiculaire. Forme cystique des *scolex* ou larves émigrés des ténias.

Hydranthe (ὕδρα, hydre; ἄνθος, fleur). « Polypite » ou zooïde nourricier propre des Hydrozoaires.

Hydre (ὕδρα). Genre de Polypes décrits pour la première fois par Trembley, en 1774, et formant le type de la classe moderne des Hydrozoaires.

Hydrœcium (ὕδρα, et οἶκος, maison). Cavité dans laquelle le cœnosarque peut se rétracter chez beaucoup de *Calycophorides*.

Hydrophyllia (ὕδρα, et φύλλον, feuille). Appendices ou plaques tégumentaires qui protégent les polypites chez certains *Hydrozoaires* océaniques (*Calycophoridæ* et *Physophoridæ*).

Hydrosoma (ὕδρα, et σῶμα, corps). L'organisme entier de tout Hydrozoaire.

HYDROTHÈQUE (ὕδρα, et θήκη, étui). Les petites coupes chitineuses dans lesquelles sont protégés les polypites des *Sertularida* et *Campanularida*.

HYDROZOAIRES (ὕδρα, et ζῶον, animal). Classe des *Cœlentérés* comprenant des animaux construits sur le type de l'*Hydre*.

HYMÉNOPTÈRES (ὑμήν, membrane ; πτερόν, aile). Ordre d'Insectes (comprenant les abeilles, fourmis, etc.) caractérisés par la possession de quatre ailes membraneuses.

IMAGO. Nom donné par Linnée à l'état final, ailé et sexuel des Insectes.

INÉQUIVALVE. Composé de deux pièces ou valves inégales.

INFUNDIBULUM (lat. *entonnoir*). Tube formé par des prolongements repliés du manteau et par lequel l'eau s'échappe de la cavité branchiale des *mollusques* ; s'appelle encore « siphon ».

INFUSOIRES (lat. *infusum*, infusion). Classe de *protozoaires*, ainsi appelés parce qu'ils se développent souvent dans des infusions organiques.

INSECTES (*inseco*, je coupe ; du grec ἔντομα, de ἐντέμνω). Classe d'*Arthropodes*. « Jure omnia Insecta appellata ab incisuris, quæ nunc cervicum loco, nunc pectorum atque alvi, præcincta separant membra. » Plin. XI, I, 1).

INTERAMBULACRES. Séries de plaques, chez un Échinoderme, qui ne sont pas perforées pour l'émission des « pieds tubulaires ».

INVERTÉBRÉS (lat. *in*, sans; *vertebra*, vertèbre). Animaux dépourvus de colonne vertébrale.

ISOPODES (ἴσος, égal ; πούς, pied). Ordre de *Crustacés* chez lesquels les pieds sont semblables et égaux entre eux ; compris parmi les *Edriophthalmes*.

KÉRATOSE (κέρας, corne). Substance cornée dont se compose le squelette de beaucoup d'éponges.

LABIUM (lat., lèvre). Partie inférieure de la bouche, chez les Insectes, formée par la coalescence de la seconde partie des mâchoires (maxillæ).

LABRUM (lat., lèvre). Partie supérieure de la bouche chez les Insectes.

LÆMODIPODES (λαιμός, gorge ; δι, deux ; πούς, pied). Groupe de *Crustacés*, ainsi désignés parce qu'ils ont deux membres situés très en avant ; rangés maintenant parmi les Edriophthalmes.

LAMELLIBRANCHES (*lamella*, dim. de *lamina*, plaque mince ; βράγχια, branchies). Ordre de *Mollusques* comprenant les bivalves ordinaires, caractérisés par la possession de branchies lamellaires.

LARVA (lat., masque). Nom appliqué par Linnée à la chenille, première phase dans la métamorphose des Insectes.

LÉPIDOPTÈRES (λεπίς, écaille ; πτερόν, aile). Ordre d'Insectes, pourvus de quatre ailes ordinairement recouvertes de petites écailles.

LITHOCYSTES (λίθος, pierre ; κύστις, vessie). Organes sensoriels ou « corps marginaux » des *Lucernarida* ou *Méduses Stéganophthalmes*.

Lophophore (λόφος, plumet; φέρω, je porte). Disque qui supporte les tentacules des *Polyzoaires*.

Lucernaires (*lucerna*, lampe). Genre d'*Hydrozoaires*.

Madréporiforme. Perforé de petits trous, comme un corail; s'applique au tubercule par lequel le système ambulacraire des *Echinodermes* communique le plus souvent avec l'extérieur.

Malacsotracés (μαλακόστρακα, Arist., à coquille molle). Crustacés supérieurs, ainsi appelés par Latreille pour les distinguer des Mollusques à coquille plus dure. V. *Entomostracés*.

Mallophages (μαλλός, toison, laine; φαγεῖν, manger). Groupe d'Insectes parasites.

Mandibule (lat., mâchoire). Paire supérieure de mâchoires chez les Insectes; s'applique encore à l'une des paires de mâchoires chez les *Crustacés* et les Araignées, au bec des Céphalopodes, etc.

Manteau ou « pallium ». Tégument externe de la plupart des Mollusques, qui est largement développé et forme un voile dans lequel les viscères sont protégés.

Manubrium (lat., manche). Polypite qui est suspendu au centre de la concavité de la cloche d'une *Méduse* ou du gonocalice d'un gonophore médusiforme parmi les *Hydrozoaires*.

Mastax (en grec, bouche). Pharynx musculeux pourvu d'une armature, dans lequel s'ouvre la bouche chez la plupart des *Rotifères*.

Maxilles (lat., mâchoire). La paire ou les deux paires de membres qui viennent après les mandibules, chez les *Arthropodes*, et qui sont modifiées comme mâchoires.

Maxillipèdes (*maxilla*, *pes*) ou « pieds-mâchoires ». S'appliquent aux membres modifiés des trois premiers segments du thorax chez les *Crustacés*.

Méduses. Ordre d'*Hydrozoaires* (*Discophores* ou *Acalèphes*). Cet ordre a été considérablement restreint par les naturalistes modernes; on a en effet reconnu aujourd'hui que beaucoup de *Méduses* sont simplement les gonophores d'autres *Hydrozoaires*.

Médusoïde (Médusiforme). Semblable à une Méduse; s'emploie substantivement pour désigner les gonophores médusiformes des *Hydrozoaires*.

Mérostomes (μηρός, cuisse; στόμα, bouche). Ordre de *Crustacés* voisins des Arachnides chez lesquels les appendices situés autour de la bouche (gnathites) ont leurs extrémités libres développées en organes locomoteurs ou préhensiles. Cet ordre a été encore désigné sous le nom de *Xiphosura*.

Mésentères (μέσος, intermédiaire; ἔντερον, intestin). Dans un sens restreint, les plaques verticales qui divisent la cavité somatique d'une anémone de mer (*Actinie*) en compartiments.

Mésopode (μέσος, et πούς, pied). Portion moyenne du « pied » des Mollusques.

MÉSOTHORAX (μέσος et θώραξ). L'anneau moyen du thorax chez les Insectes.

MÉSOZOÏQUE (μέσος et ζωή, vie). Période secondaire en géologie.

MÉTAPODE (μετά, après; πούς, pied). Lobe postérieur du pied chez les *Mollusques;* souvent appelé « lobe operculigère » parce qu'il développe l'opercule quand cet organe existe.

MÉTASTOME (μετά, et στόμα, bouche). Plaque qui ferme la bouche postérieurement chez les *Crustacés.*

METATHORAX (μετά, et θώραξ). Anneau postérieur du thorax chez les Insectes.

MOLLUSQUES (de *mollis*, mou). L'une des divisions primaires du règne animal établies par Cuvier. Il y comprenait, outre les classes admises aujourd'hui, les *Tuniciers*, les *Brachiopodes* et les *Cirripèdes.*

MONADE (μονάς, unité). Organismes microscopiques d'une extrême simplicité, qui se développent dans les infusions organiques.

MONOÏQUES (μόνος, seul; οἶκος, maison). S'applique aux individus chez lesquels les deux sexes sont réunis, *hermaphrodites.*

MONOMYAIRES (μόνος, seul; μυών, muscle). S'applique aux bivalves (*Lamellibranches*) chez lesquels la coquille se ferme à l'aide d'un seul muscle adducteur.

MORULA (lat., dim. de *mora*, délai). Nom donné par Hæckel à l'embryon des Métozoaires au moment où se termine le phénomène de la segmentation.

MYRIAPODES (μυρίος, nombreux; πούς, pied). Ordre d'*Arthropodes* séparé des *Insectes* de Cuvier et représenté par les Millipèdes et les Centipedes.

NAUPLIUS (lat., sorte de crustacé). Nom donné par Müller à la larve ovoïde non segmentée des *Crustacés* inférieurs.

NECTOCALICE (νηκτός, de νήχω, je nage; κάλυξ, calice). Cloche ou « disque » natatoire d'*Hydrozoaires.*

NÉMATOCYSTE (νῆμα, fil; κύστις, vessie). Cellules urticantes ou « cellules à filament » que possèdent tous les *Cœlentérés* et quelques genres non alliés de *Turbellariés* et *Mollusques* Nudibranches.

NÉMATOÏDES (νῆμα, fil; εἶδος, apparence). Division des *Métazoaires* correspondant à peu près aux *Cœlelminthia* ou *Entozoa cavitaria* de Cuvier et aux *Némalelminthes* de Vogt. Ce groupe comprend les « Vers filiformes » et les « Vers cylindriques; » les *Gordiacés* peuvent aussi y prendre place.

NÉMATOPHORES (νῆμα, et φέρω, je porte). Prolongements en cul-de-sac qui se trouvent sur le cœnosarque de certaines espèces de *Sertularides* et qui renferment de nombreux nématocystes à leurs extrémités.

NÉMERTIDES (Némertiens, de νη particule négative, et μέρος partie, qui n'est pas segmenté). Division des *Turbellariés* comprenant les « Vers rubanés ».

NEUROPODIUM (νεῦρον, nerf; πούς, pied). Appendice lobulaire ventral ou inférieur d'une *Annélide;* appelé encore « nageoire ventrale ».

Névroptères (νεῦρον, nerf; πτερόν, aile). Ordre d'*Insectes* caractérisés par quatre ailes membraneuses offrant de nombreuses nervures réticulées.

Notocorde (νῶτον, dos; χορδή, corde) ou *chorda dorsalis*. Nom donné par Baër à une petite languette gélatiniforme, celluleuse, placée sous la moelle épinière de l'embryon des animaux vertébrés; elle occupe l'axe du corps des vertèbres qui n'existent pas encore, sans en être le rudiment. On retrouve son homologue dans l'organe squelettique qui occupe le centre de l'appendice caudal des *Tuniciers*.

Notopodium (νῶτον, dos; πούς, pied). Appendice lobulaire dorsal d'une *Annélide;* appelé encore « nageoire dorsale ».

Ocelles (lat., dim. d'*oculus*, œil). Yeux simples de beaucoup d'Échinodermes, Araignées, Crustacés, Mollusques, etc.

Octopodes (ὀκτώ, huit; πούς, pied). Tribu de *Seiches* dont la tête porte huit appendices ou bras.

Odontophores (ὀδούς, dent; φέρω, je porte). Classes de mollusques pourvues de têtes et d'un appareil masticatoire particulier, *ruban lingual.*

Oligochætes (ὀλίγος, peu nombreux; χαίτη, cheveux). Ordre d'*Annélides* comprenant les vers de terre, pourvus d'un petit nombre de soies.

Opercule (lat., *operculum*). Plaque cornée ou écailleuse qui se développe, chez certains *Mollusques*, sur la partie postérieure du pied, et sert à fermer la coquille quand l'animal s'y est rétracté; couvercle de la coquille du *Balanus.*

Ophiurides (ὄφις, serpent; οὐρά, queue; εἶδος, forme). Ordre d'*Echinodermes*.

Opisthobranches (ὄπισθεν, derrière; βράγχια, branchies). Division de *Gastéropodes* chez lesquels les branchies sont placées sur la partie postérieure du corps.

Orthoptères (ὀρθός, droit; πτερόν, aile). Ordre d'*Insectes.*

Oscules (lat., dim. de *os*, bouche). 1° Les grandes ouvertures dont les éponges sont perforées (*orifices exhalants*). 2° Les ventouses dont sont pourvus les *Téniadés.*

Ostracodes (ὀστρακώδης, adj. de ὄστρακον, coquille). Ordre de petits *Crustacés* enfermés dans une carapace dure.

Ovaire, ovarium. Organe qui produit les œufs.

Otolithes (οὖς, oreille; λίθος, pierre). Petites concrétions contenues dans les sacs auditifs des *Crustacés* et autres animaux *Invertébrés.*

Oxyure (ὀξύς, aigu; οὐρά, queue). Ver filiforme, de la division des *Nématoïdes.*

Palæozoïque (παλαιός, ancien; ζωή, vie). La plus ancienne des grandes époques géologiques.

Pallium (lat., *manteau*). Le manteau des Mollusques, développement extrême du tégument, représenté dans ses divers éléments : épithélial, vasculaire, glandulaire et musculaire, avec des replis et prolongements formant le « pied » et autres appendices. *Pallial*, relatif au manteau. Ex. : *coquille palliale*, coquille sécrétée par le manteau, ou contenue dans son intérieur, tel que l' « *os* » de Seiche.

PALPES (*palpo*, je touche). Petits appendices articulés, mobiles, en nombre pair, placés à la partie latérale de la bouche chez les *Crustacés*, *Arachnides*, *Insectes*; ils sont propres aux mâchoires (*palpes maxillaires* ou à la lèvre (*palpes labiaux*); on suppose que ce sont les organes du toucher chez ces animaux.

PARAPODES (παρά, auprès de; πούς, pied). Prolongements locomoteurs latéraux, inarticulés, chez beaucoup d'*Annélides*.

PARTHÉNOGÉNÈSE (παρθένος, vierge; γένεσις, génération). Ce mot ne s'applique, à strictement parler, qu'à la production de nouveaux individus par des femelles vierges qui pondent des œufs non fécondés par un mâle. Mais il s'emploie aussi quelquefois pour désigner les différents modes de reproduction asexuelle, par scission, gemmation ou bourgeonnement interne.

PECTOSTRACÉS (πηκτός, fixé ; ὄστρακον, coquille). Ordre de *Crustacés* qui se fixent à l'état adulte, comprenant les *Cirripèdes* et les *Rhizocéphales*.

PEDICELLAIRES (lat., *pedicellus*, pou). Curieux appendices, en forme de pinces, largement disséminés sur la surface tégumentaire de beaucoup d'*Echinodermes*.

PENTASTOMA (πέντε, cinq; στόμα, bouche). Nom donné par une fausse conception à un genre de mœurs parasitaires, encore appelé *Linguatula* et qui donne son nom à un ordre d'*Arachnides*.

PÉRIGASTRIQUE (πέρι, autour; γαστήρ, estomac). L'espace périgastrique est la cavité qui environne l'estomac et autres viscères, correspondant à la cavité abdominale des animaux supérieurs.

PÉRISTOME (πέρι, autour; στόμα, bouche). L'espace qui se trouve entre la bouche et la marge du calice chez les *Vorticelles*; celui qui se trouve entre la bouche et les tentacules chez les *Actinies*, et la lèvre ou le bord de l'orifice d'une coquille univalve.

PHRAGMACONE (φράγμα, cloison; κῶνος, cône). Partie de la coquille interne des *Bélemnites* divisée en compartiments par des cloisons.

PHYLACTOLÆMATA (φυλακτός, de φυλασσω, gardé ; λαιμός, gosier). Ordre de *Polyzoaires* chez lesquels la bouche est protégée par un *épistome*.

PHYLLOPODES (φύλλον, feuille; πούς, pied). Ordre de *Crustacés*.

PHYSOPHORIDÆ (φῦσα, soufflet; φέρω, je porte). Famille d'*Hydrozoaires*.

PHYSOPODES (φῦσα et πούς). Groupe d'Insectes.

PILIDIUM (lat., dim. de *pileus*, bonnet de laine). Nom donné par Müller à la larve en forme de casque des *Némertides*, division des *Turbellariés*.

PINNULES (lat., dim. de *pinna*, plume). Prolongements latéraux des bras chez les *Crinoïdes*.

PLANAIRES (πλανάω, j'erre). Sous-ordre des *Turbellariés*.

PLANULA (lat., *planus*, plat). Désigne l'embryon cilié ovoïde de certains *Hydrozoaires*.

Pluteus (lat., pupitre). Forme larvaire de l'*Echinus*.

Pneumatocyste (πνεῦμα, air; κύστις, vessie). Sac à air ou flotteur de certains Hydrozoaires (*Physophoridæ*).

Pneumatophore (πνεῦμα, air; φέρω, je porte). Dilatation du cœnosarque qui, chez les *Physophoridæ*, environne le pneumatocyste.

Podophthalmes (πούς, pied; ὀφθαλμός, œil). Ordre de *Crustacés* dont les yeux sont pédonculés; il correspond au groupe des *Décapodes*.

Polycystina (πολύς, nombreux; κύστις, vessie). Les coquilles microscopiques de certains *Radiolaires*.

Polygastriques (πολύς, et γαστήρ, ventre). Nom donné aux *Infusoires* par Ehrenberg, qui croyait ces animalcules pourvus de plusieurs estomacs.

Polype (πολύς et πούς). Désigne l'individu unique d'un *Actinozoaire* simple, tel qu'une anémone de mer, ou les zooïdes distincts d'un actinozoaire composé. S'applique souvent indistinctement à tous les *Cœlentérés* ou même aux *Polyzoaires*.

Polypide. Nom donné à chacun des zooïdes d'un *Polyzoaire*.

Polypite. Nom donné à la partie solide de chaque hydranthe ou zooïde d'un Hydrozoaire. La réunion des polypites forme le polypier comme la réunion des zooïdes forme le cormus.

Polyzoaires (πολύς, ζῶον). Classe d'animaux composés, appelés encore *Bryozoaires*. V. ce mot.

Polyzoarium. Système tégumentaire de la colonie d'un *Polyzoaire*.

Porifères (lat. *porus*, pore, *fero*, je porte). Synonyme d'*Éponges*; s'emploie aussi quelquefois pour désigner les *foraminifères*.

Proboscis. Nom latin et grec de Trompe.

Proglottis (προγλωττίς, la pointe de la langue). Proglottide (cucurbitin), segment ou article générateur d'un ver rubané; produit par gemmation d'un *scolex*, il donne à son tour naissance à des *œufs*.

Propodium (πρό, en avant; πούς, pied). Partie antérieure du pied chez les Mollusques.

Proscolex (πρό, et σκώληξ, ver). Premier stade embryonnaire d'un ver rubané.

Prosobranches (πρόσω, en avant; βράγχια, branchies). Division de Mollusques gastéropodes chez lesquels les branchies sont situées en avant du cœur.

Prothorax (πρό et θώραξ). L'anneau antérieur du thorax chez les Insectes.

Protoplasme (πρῶτος, premier; πλασμα, de πλασσω, je forme). Base élémentaire des tissus organisés; s'emploie quelquefois comme synonyme du *Sarcode* des *Protozoaires*.

Protopodite (πρῶτος, πούς). Segment de la base du membre typique d'un Crustacé.

Protozoaires (πρῶτος, ζῶον). La division la plus inférieure du règne animal. Un terme semblable, *Protista*, est employé par Hæckel pour comprendre à la fois les Protozaires les plus inférieurs et les Protophytes.

PSEUDO-CŒURS. Certaines cavités contractiles en rapport avec le système *atrial* des *Brachiopodes* et considérés longtemps comme de vrais cœurs.

PSEUDO-EMBRYON. Forme larvaire d'un *Échinoderme.*

PSEUDO-NAVICELLES (ψευδής, faux; et *Navicula,* genre de *Diatomées*). Formes embryonnaires des *Grégarinides,* ainsi désignées en raison de leur ressemblance de forme avec la *Navicula.*

PSEUDOPODES (ψευδής et πούς). Prolongements du corps que les *Rhizopodes* émettent au dehors et font rentrer à volonté, et qui leur servent pour la locomotion et la préhension.

PSEUDO-ŒUFS. Corps semblables à des œufs d'où naissent les jeunes *pucerons* vivipares.

PTÉROPODES (πτερόν, πούς). Classe de *Mollusques* chez lesquels les *Épipodes* du pied se développent de manière à former des prolongements fixés près de la tête et servant à la natation.

PULMOGASTÉROPODES (*pulmo,* poumon; γαστήρ, ventre; πούς, pied). *Mollusques* qui marchent sur le ventre et respirent au moyen de poumons.

PYCNOGONIDES (πυκνός, épais; γόνυ, genou). Ordre d'*Arachnides* pourvues de membres à articulations épaisses.

RADIOLAIRES (*radiolus,* dim. de *radius*). Classe de *Protozoaires.*

RAYONNÉS. Cet ancien sous-règne de Cuvier est maintenant rompu. Les *Polypes* se partagent entre les *Polyzoaires* et les *Cœlentérés,* ce dernier groupe comprenant aussi les *Acalèphes;* les *Entozoaires* et les *Échinodermes* forment des divisions à part; il en est de même des *Infusoires* et des *Rotifères.*

RHIZOCÉPHALE (ῥίζα, racine; κεφαλή, tête). Groupe de Cirripèdes qui, une fois arrivés à l'état adulte, enfoncent des racines dans le corps des animaux dont ils sont parasites.

RHIZOPODES (ῥίζα et πούς). Classe de *Protozoaires* chez lesquels des pseudopodes sortent du corps comme des racines.

ROSTRE (lat., *rostrum,* bec). Terminaison antérieure de la carapace chez les *Crustacés;* l'organe de succion formé par les appendices buccaux chez certains *Insectes.*

ROTIFÈRES (lat., *rota,* roue; *fero,* je porte). Classes d'animalcules séparés des *Infusoires* et pourvus de franges ciliées autour de la bouche, qui dans leur état de mouvement ressemblent à deux roues dentées.

RUGOSA (lat., *rugueux*). Ordre de *Coraux.*

SABLE (canal du). Tube par lequel l'eau est amenée de l'extérieur au système ambulacraire des *Échinodermes.*

SAGITTA (lat., *flèche*). Genre ressemblant à certaines *Annélides,* mais avec des particularités qui ont conduit à en faire une classe distincte, celle des *Chætognathes.*

SARCODE (σάρξ, chair; ὁδός, chemin). Ce mot s'applique au tissu imparfaitement différencié des Protozoaires et Infusoires qui est, pour ainsi dire, en voie de devenir de la chair véritable.

SARCOÏDES (σάρξ, chair; εἶδος, forme). Particules amœbiformes dont la réunion constitue la substance charnue des éponges.

SCLÉROBASE (σκληρός, dur; βάσις, base). Corail produit par la surface externe du tégument dans certains *Actinozoaires* (par ex. : le Corail rouge) et qui forme un axe solide revêtu par les parties molles de l'animal.

SCLÉRODERMIQUE (σκληρός, et δέρμα, peau). S'applique au corail qui se dépose dans les tissus de certains *Actinozoaires*.

SCOLÉCIDES (σκώληξ, ver). Groupe d'*Annuloïdes* ou *Vers*, comprenant, outre les *Entozoaires* de Cuvier, les *Turbellariés* libres.

SCOLEX (σκώληξ, ver). Larve des *Scolécides*, produite d'un œuf et qui peut par gemmation donner naissance à des *deutoscolex* infertiles ou à des *proglottides* ovigères.

SÉPIOSTAIRE. Coquille interne de la *Sepia*, vulgairement appelée « os de Seiche ».

SEPTA. Cloisons.

SERTULARIDES (lat., *sertum*, tresse). Ordre d'*Hydrozoaires*.

SETÆ (lat., *soies* de porc). Soies, poils longs et raides.

SÉTIGÈRES. Portant des soies; s'applique spécialement aux *Annélides* locomotrices.

SIPHONS (σίφων, tube). Tubes respiratoires chez les *Mollusques*; désigne encore d'autres tubes de fonctions différentes.

SIPHONOPHORES (σίφων et φέρω). Division d'*Hydrozoaires*, comprenant les formes pélagiques (Calycophoridæ et Physophoridæ).

SOMATIQUE (σῶμα, corps). Qui se rapporte au corps.

SOMITE (σῶμα, corps). L'un des segments du corps d'un animal articulé ou annelé.

SPERMARIUM (σπέρμα, semence). Organe dans lequel se produit le sperme.

SPERMATOPHORES (σπέρμα, et φὲρώ). Capsules cylindriques des *Céphalopodes*, qui portent les spermatozoaires.

SPERMATOZOAIRES ou SPERMATOZOÏDES (σπέρμα et ζῷον). Filaments microscopiques qui forment l'élément générateur essentiel du mâle.

SPICULE (dim. du lat. *spica*, épine). Corps pointu en forme d'aiguille.

SPONGIDA (σπόγγος, éponge). Classe de *Protozoaires* (*Spongiaires* ou *Porifères*).

SPORES (σπορά, semence). Ordinairement germes de plantes; dans un sens restreint, les corps reproducteurs ou « gemmules » de certaines éponges et des protistes.

SPOROSACS (σπορά et σάκκος, sac). Bourgeons générateurs simples de certains *Hydrozoaires*, chez lesquels la structure médusoïde n'est pas développée.

STÉGANOPHTHALMES (στεγανός, couvert; ὀφθαλμός, œil). Ordre d'*Hydrozoaires*, rangés autrefois parmi les Méduses, chez lesquels les oganes sensoriels « corps marginaux » sont protégés par une sorte de capuchon.

Stemmata (στέμμα, guirlande). Yeux simples ou « ocelles » de certains animaux tels que les Insectes, les Araignées et les Crustacés, souvent disposés en forme de cercle au sommet de la tête.

Stigmates (στίγμα, marque). Orifice des tubes respiratoires (trachées) chez les *Insectes* et les *Arachnides*.

Stomapodes (ou mieux Stomatopodes, στόμα et πούς). Ordre de Crustacés chez lesquels les organes de préhension conservent plus le caractère de pieds que chez les Décapodes.

Strepsiptera (στρέψις, torsion, πτερόν, aile). Groupes d'Insectes dont les ailes antérieures sont représentées par des rudiments tordus.

Strobile (στρόβιλος, toupie, pomme de pin). Chaîne de zooïdes formée par un *scolex* et les *proglottides* qui en ont successivement bourgeonné. Forme adulte du ténia avec ses segments générateurs ou « proglottides ».

Synapticules (συνάπτω, je joins). Supports transversaux qui se trouvent dans certains *coraux*, dont ils traversent les loges comme les barreaux d'une grille.

Systole (συστέλλω, je contracte). S'applique à la contraction de toute cavité contractile. V. *Diastole*.

Telson (τέλσον, limite). Partie centrale du dernier somite des Crustacés supérieurs.

Ténia (ταινία, ruban). Genre de vers intestinaux qui donne son nom à l'ordre des *Téniadés* ou vers Cestoïdes. Le ver rubané est un Strobile formé d'un scolex (la tête) et de proglottides (les articles).

Terebratula (dim. de *terebra*, tarrière). Genre de *Brachiopodes*.

Tergum (lat., dos). Segment supérieur de l'exosquelette des somites d'un Arthropode (arc dorsal).

Test (*testa*, coquille). Coquille des *Mollusques*, que pour cette raison l'on appelle encore quelquefois *Testacés*; étui calcaire des *Échinodermes;* tunique externe chitineuse des *Tuniciers*.

Testicule (lat., *testis*). L'organe du mâle qui produit le liquide générateur ou semence.

Tétrabranches (τετρα, quatre; βράγχια, branchies). Ordre de *Céphalopodes* caractérisés par la possession de quatre branchies.

Thécosomata (θήκη, étui; σῶμα, corps). Division de *Mollusques Ptéropodes,* dont le corps est protégé par une coquille externe.

Thèque (θήκη, étui). Gaîne ou réceptacle.

Thorax (θώραξ, poitrine). Chez les Insectes, le segment central formé de la réunion de trois somites.

Thysanoures (θύσανος, frange; οὐρά, queue). Ordre d'Insectes aptères, portant à l'extrémité de l'abdomen des appendices frangés.

Trachées (τραχεῖα, s.-ent. ἀρτηρία, trachée artère). Chez les Insectes, tubes aérifères qui se ramifient dans tout le corps.

Trématodes (τρῆμα, trou). Classe de vers parasites dont le tube alimentaire, quand il existe, ne présente qu'un orifice (buccal).

Trichine (de θρίξ, cheveu). Petit ver nématoïde parasite dans les muscles de l'homme.

Trichocystes (θρίξ, cheveux; κύστις, vessie). Cellules particulières à certains infusoires qui se rapprochent beaucoup des *nématocystes* des *Cœlentérés.*

Trilobites (τρεῖς, trois; λοβός, lobe). Ordre éteint de *Crustacés* voisin des Mérostomes.

Trochoïde (τροχός, roue; εἶδος, forme). S'applique au disque cilié des Rotifères.

Trochosphera. Forme embryonnaire commune aux Annélides et aux Mollusques. Elle suit le stade gastrula et est caractérisée par une couronne de cellules à flagellums.

Tubicoles (*tuba,* tube; *colo,* j'habite). Groupe d'*Annélides* qui fabriquent des étuis calcaires dans lesquels elles sont protégées.

Tuniciers (lat. *tunica*), synonyme d'*Ascidiens*, animaux ressemblant aux mollusques, mais chez lesquels la coquille est remplacée par un test de cellulose.

Turbellariés (dim. de *turba,* agitation). Classe d'invertébrés renfermant les genres *Nemertes* et *Planaria* (ainsi désignés d'après les courants déterminés par leurs cils).

Umbo (lat., partie saillante). Bec d'une coquille bivalve.

Urticantes (cellules). Voy. *Nématocystes.*

Vacuoles (lat., *vacuus,* vide). Espaces vides qui se trouvent dans le sarcode des *Rhizopodes* et des *Infusoires.*

Vas deferens. Conduit excréteur du testicule.

Velum ou voile. Membrane qui entoure et ferme partiellement l'orifice du « disque » des *Méduses*, ou des gonophores médusiformes.

Vers (lat., *vermis*). Nom sous lequel Linnée comprenait les Insectes, les Mollusques, les Testacés, les Zoophytes et les Infusoires. Il doit se restreindre aujourd'hui aux *Scolecimorpha* de Huxley.

Vertébrés (lat., *vertebra*). Division du règne animal caractérisée grossièrement par la possession d'une colonne vertébrale.

Vibracula (lat., *vibro,* je secoue). Longs appendices filamenteux que l'on trouve toujours en mouvement chez beaucoup de *Polyzoaires.*

Vitellus (le jaune d'œuf). Se rencontre dans toutes les formes d'œufs, environné de la membrane *vitelline.*

Xiphosura (ξίφος, épée; οὐρά, queue). Synonyme de *Merostomata,* ordre de *Crustacés* comprenant les *Limules* dont la queue est longue et acérée.

Zoëa. Forme larvaire des *Podophthalmes* (*Arthropodes malacostracés.*)

Zooïde (ζῷον, animal; εἶδος, ressemblance). Organismes d'une indépendance plus ou moins complète, produits par gemmation ou scission, qu'ils restent ou non unis les uns aux autres.

INDEX ALPHABÉTIQUE

G

H

I

N

O

P

T

FIN DE L'INDEX ALPHABÉTIQUE.

TABLE DES MATIÈRES

CHAPITRE III.

TURBELLARIÉS.

CHAPITRE IV.

TRÉMATODES.

CHAPITRE V.

CESTOÏDES OU VERS RUBANÉS.

CHAPITRE VI.

HIRUDINÉES.

CHAPITRE VII.

OLIGOCHÆTES.

CHAPITRE VIII.

POLYCHÆTES

CHAPITRE IX.

ROTIFÈRES.

CHAPITRE X.

NÉMATOÏDES OU VERS FILIFORMES.

CHAPITRE XI.

GÉPHYRÉES.

CHAPITRE XII.

CHÆTOGNATHES.

CHAPITRE XIII.

ACANTHOCÉPHALES.

CHAPITRE XIV.

POLYZOAIRES OU BRYOZOAIRES.

CHAPITRE XV.

BRACHIOPODES.

CHAPITRE XVI.

MOLLUSQUES.

CHAPITRE XVII.

TUNICIERS OU ASCIDIENS.

CHAPITRE XVIII.

ENTÉROPNEUSTES.

CHAPITRE XIX.

ÉCHINODERMES.

CHAPITRE XX.

ARTHROPODES.

Corbeil. — Typ. et stér. de Crété.

EXTRAIT DES PUBLICATIONS

DE LA

LIBRAIRIE ADRIEN DELAHAYE

PARIS, PLACE DE L'ÉCOLE-DE-MÉDECINE

Agenda-Annuaire, ou guide pratique de l'étudiant en médecine, par le docteur FORT. Troisième année. 1 vol. in-32. 1875. . . . 1 fr. 50

Agenda-Formulaire des médecins-praticiens, publié sous la direction de M. le docteur Bossu, paraissant tous les ans, du 1er au 10 décembre, 1 vol. in-18 de 400 pages, broché. . . . . 1 fr. 75
Reliures depuis 3 fr. jusqu'à 9 fr.

ALLING. **De l'absorption par la muqueuse vésico-uréthrale**.. In-8. 1871. Prix.. . . . . 1 fr. 50

Almanach général de médecine et de pharmacie, pour la France, l'Algérie et les colonies, publié par l'administration de *l'Union médicale*, paraissant tous les ans du 1er au 10 décembre. 1 vol. in-12 d'environ 600 pages.. . . . . 4 fr. »

AMANIEU. **Vertiges, siége et causes.** In-8. 1871. . . . . 1 fr. 50

ANGER (B.). **Pansements des plaies chirurgicales.** In-8 de 230 pages. 1872. Prix.. 3 fr. 50

ANNER. **Études des causes de la mortalité excessive des enfants pendant la première année de leur existence, et des moyens de la restreindre; recherches sur l'infanticide.** 1 v. in-12. 1872. 2 fr. 50

ANNER. **Guide des mères et des nouveau-nés.** Ouvrage couronné par la Société protectrice de l'enfance de Paris en séance publique du 23 janvier 1870. 1 vol. in-18 de 200 pages. . . . . 2 fr.

ARMAINGAUD. **Pneumonies et fièvres intermittentes pneumoniques.** In-8 de 40 pages, et tracés thermographiques. 1872. . . . . 2 fr.

AUDHOUI. **Pathologie générale de l'empoisonnement par l'alcool.** In-8 de 131 pages. Paris, 1868. . . . . 2 fr.

AZÉMA. **De l'ulcère de Mozambique**, suivi d'un rapport lu à la Société de chirurgie de Paris, par M. Aug. CULLERIER, chirurgien de l'hôpital du Midi. In-8 de 87 pages. Paris, 1863. . . . . 2 fr.

AZMI. **Des hémorrhagies dans la cirrhose.** In-8 de 75 pages et 1 planche. 1874. . . . . 2 fr.

ENVOI FRANCO PAR LA POSTE, CONTRE UN MANDAT.

BACCELLI, professeur de clinique médicale à l'Université de Rome. **Leçons cliniques sur la Perniciosité**, précédées d'une lettre du professeur TEISSIER (de Lyon), traduites de l'italien par L. JULLIEN, interne des hôpitaux de Lyon, in-8. 1872 . . . . 2 fr.

BACCELLI. **Leçons de clinique médicale**, 2e fascicule : de l'empyème vrai; de la fièvre subcontinue, traduites de l'italien par L. JULLIEN, interne des hôpitaux de Lyon. 1872 . . . . 2 fr.

BARQUISSEAU. **De l'éclampsie puerpérale**. In-8. 1872. . . . 2 fr.

BARTHAREZ. **Du traitement des hémorrhagies de matrice par le sulfate de quinine**. In-8 de 42 pages. 1872. . . . . . . 1 fr. 50

BASSAGET. **Le matérialisme et le vitalisme en médecine**, étude comparée. In-8. 1872. . . . . 2 fr.

BAUCHET, chirurgien des hôpitaux de Paris. **Des lésions traumatiques de l'encéphale**. Paris, 1860. In-8 de 200 pages. . . . . 3 fr.

BAUCHET. **Du panaris et des inflammations de la main**. Paris, 1859. 1 vol. in-8. 2e édition, revue et augmentée. . . . . 3 fr. 50

BAZIN, médecin de l'hôpital Saint-Louis, etc. **Leçons sur la scrofule**. considérée en elle-même et dans ses rapports avec la syphilis, la dartre et l'arthritis. 1 vol. in-8. 2e édition, revue et considérablement augmentée. Paris, 1861. . . . . 7 fr. 50

BAZIN. **Leçons théoriques et cliniques sur les affections cutanées parasitaires**, professées à l'hôpital Saint-Louis, rédigées et publiées par POUQUET, revues et approuvées par le professeur. 2e édition, revue et augmentée. 1 vol. in-8 orné de 5 planches sur acier. 1862. . . 5 fr.

BAZIN. **Leçons théoriques et cliniques sur les affections cutanées de nature arthritique et dartreuse**, considérées en elles-mêmes et dans leurs rapports avec les éruptions scrofuleuses, parasitaires et syphilitiques, professées à l'hôpital Saint-Louis par le docteur BAZIN, rédigées et publiées par le docteur Jules BESNIER, revues et approuvées par le professeur. 2e édition, considérablement augmentée. 1868. 1 vol. in-8. Prix. . . . . 7 fr.

BAZIN. **Leçons théoriques et cliniques sur les affections cutanées artificielles et sur la lèpre, les diathèses, le purpura, les difformités de la peau**, etc., professées à l'hôpital Saint-Louis par le docteur BAZIN, recueillies et publiées par le docteur GUÉRARD, revues et approuvées par le professeur. Paris, 1862. 1 vol. in-8.. . . . . 6 fr.

BAZIN. **Leçons sur les affections génériques de la peau**, professées à l'hôpital Saint-Louis par le docteur BAZIN, recueillies et publiées par les docteurs BAUDOT et GUÉRARD, revues et approuvées par le professeur. Paris, 1862 et 1865. 2 vol. in-8. . . . . 11 fr.

Le tome II se vend séparément. . . . . 6 fr.

BAZIN. **Examen critique de la divergence des opinions actuelles en pathologie cutanée,** leçons professées à l'hôpital Saint-Louis par le docteur BAZIN, rédigées et publiées par le docteur LANGRONNE, revues et approuvées par le professeur. 1 vol. in-8. Paris, 1866 . . . . 3 fr. 50

BAZIN. **Leçons théoriques et cliniques sur la syphilis et les syphilides,** professées à l'hôpital Saint-Louis par le docteur BAZIN, publiées par le docteur DUBUC, revues et approuvées par le professeur. 2e édition considérablement augmentée. 1 vol. in-8 accompagné de 4 magnifiques planches sur acier, figures coloriées. 1866. . . . . 10 fr.

Sépia. . . . . 8 fr.

BAZIN. **Leçons sur le traitement des maladies chroniques en général, et des affections de la peau en particulier, par l'emploi comparé des eaux minérales, de l'hydrothérapie et des moyens pharmaceutiques,** professées à l'hôpital Saint-Louis par le docteur BAZIN, rédigées et publiées par E. MAUREL, interne des hôpitaux, revues par le professeur. 1 vol. in-8 de 480 pages. 1870. Prix : broché, 7 fr.; cartonné en toile. . . . . 8 fr.

BELINA (DE). **De la transfusion du sang défibriné,** nouveau procédé pratique. In-8 de 66 pages. . . . . 2 fr.

BELLOC. **De l'ophthalmie glaucomateuse,** son origine et ses divers modes de traitement. In-8 de 138 pages. Paris, 1867. . . . . 3 fr.

BENNI. **Recherches sur quelques points de la gangrène spontanée** (accidents inopexiques et endartérite hypertrophique). In-8 de 140 pages. Paris, 1867. . . . . 2 fr. 50

BÉRENGER-FERAUD. **Traité de l'immobilisation directe des fragments osseux dans les fractures.** 1 vol. in-8 de 768 pages, avec 102 figures dans le texte. 1870. . . . . 10 fr.

— **Traité des fractures non consolidées ou pseudarthroses.** 1 vol. in-8 de 700 pages, avec 102 figures dans le texte. 1871. . . . . 10 fr.

BERGEON. **Recherches sur la physiologie médicale de la respiration** à l'aide d'un nouvel appareil enregistreur, l'anapnographe (spiromètre écrivant). 1er fascicule : **Description de l'anapnographe, ses applications. Considérations générales sur les voies respiratoires. Rôle de la glande lacrymale dans la respiration.** In-8 de 100 pages avec figures intercalées dans le texte. 1869. . . . . 3 fr.

BERGERON (G.). **Des caractères généraux des affections catarrhales aiguës.** In-8 de 73 pages. 1872. . . . . 2 fr.

BERGERON (GEORGES). **Recherches sur la pneumonie des vieillards** (pneumonie lobaire aiguë). In-8 de 80 pages et 1 tableau. Paris, 1866. Prix. . . . . 2 fr. 50

BERTHIER, médecin de l'hospice de Bicêtre. **Des névroses menstruelles, ou la menstruation dans ses rapports avec les maladies nerveuses et mentales.** 1 vol. in-8 de 296 pages. 1874. . . . . 5 fr.

BERTIN, professeur agrégé à la Faculté de médecine de Montpellier. **De la ménopause**, considérée principalement au point de vue de l'hygiène. In-8 de 179 pages. Paris, 1866. . . . . 3 fr.

BERTIN. **Étude clinique de l'emploi et des effets du bain d'air comprimé dans le traitement des maladies de poitrine**, etc. 2e édition, 1 vol. in-8 de 741 pages, et 1 planche. 1868. . . . . . 7 fr. 50

BERTIN. **Étude critique de l'embolie dans les vaisseaux veineux et artériels.** 1 vol. in-8 de 492 pages. 1869. . . . . 8 fr.

BÈS. **De l'érythème noueux dans certaines maladies.** In-8 de 80 pages, 1872. Prix. . . . . 2 fr.

BESNIER (Jules). **Recherches sur la nosographie et le traitement du choléra épidémique**, considéré dans ses formes et ses accidents secondaires (épidémies de 1865 et 1866). In-8 de 192 pages, avec figures intercalées dans le texte. Paris, 1867. . . . . 3 fr. 50

BEYRAN. **Leçons sur les maladies des voies urinaires.** In-8 de 35 pages. Paris, 1866. 1 fr. 25

BIDLOT. **Études sur les diverses espèces de phthisie pulmonaire et sur le traitement applicable à chacune d'elles.** 1 vol. in-8 de 253 pages. Paris, 1868. . . . . 4 fr.

BILHAUT. **Étude sur la température dans la phthisie pulmonaire.** In-8 de 51 pages et 4 planches. 1872. . . . . 1 fr. 75

BLANC. **Étude sur le cancer primitif du larynx.** In-8 de 92 pages et 1 planche. 1871. . . . . 2 fr. 50

BLAQUART. **Étude critique sur la digitaline au point de vue chimique et physiologique.** In-8 de 94 pages. 1872. . . . . . . 2 fr.

BŒHM. **De la thérapeutique de l'œil, au moyen de la lumière colorée**, traduit de l'allemand par Klein, traducteur de l'*Optique physiologique* de Helmholtz, avec 2 planches coloriées. 1 vol in-8. 1871. 4 fr.

BOILLET (Ch.). **Du matérialisme contemporain et de son remède.** In-8. 1872 . . . . 60 cent.

BOILLET. **Malades et médecins.** 1 vol. in-12. . . . . . . 1 fr. 50

BOILLET. **Les instincts des malades peuvent-ils servir à leur guérison?** In-12. . . . . 1 fr. 25

BONNET. **La truffe.** Étude sur les truffes comestibles au point de vue botanique, entomologique, forestier et commercial. Grand in-8 de 144 pages. 1869. 3 fr. 50

BOREL. **Optique pathologique. Des lunettes après l'opération de la cataracte.** In-8. 1872. . . . . 1 fr.

BOSSU. **Anthropologie**, étude des organes, des fonctions et des maladies de l'homme et de la femme, contenant l'anatomie, la physiologie, l'hygiène, la pathologie, la thérapeutique et les principales notions de médecine légale. 2 forts vol. in-8 compactes, accompagnés d'un atlas de 20 planches d'anatomie gravées sur acier. *Sixième édition*, revue, corrigée et augmentée. Avec figures noires. 1870. . . . . . . 15 fr.
Avec figures coloriées. . . . . 21 fr.

BOSSU. **Traité des plantes médicinales indigènes**, précédé d'un Cours de botanique. 3e édit. 1 vol. in-8 et atlas. Avec fig. noires. 1872. 13 fr.
Avec figures coloriées. . . . . 22 fr.

BOURDIN. **Médecine et matérialisme**. In-18 de 16 pages. . . 50 c.

BOURGEOIS. **De la congestion pulmonaire simple**. In-8 de 92 p. 2 fr.

BOURGOIN. **De l'alimentation des enfants et des adultes dans une ville assiégée, et en particulier de la viande de cheval**. In-8. 1 fr.

BOURGOIN. **Du blé, sa valeur alimentaire en temps de siége et de disette**. In-8. . . . . 75 c.

BOURNEVILLE. **Études cliniques et thermométriques sur les maladies du système nerveux**. 1 vol. in-8, accompagné de 40 figures dans le texte. 1872. 1er et 2e fascicules. Prix de chacun. . . . . 3 fr. 50

BOURNEVILLE et GUÉRARD. **De la sclérose en plaques disséminées**. 1 vol. in-8 de 240 pages avec 10 figures et une planche coloriée. 1869. Prix. . . . . 4 fr.

BOURNEVILLE et VOULET. **De la contracture hystérique permanente**. In-8 de 107 pages. 1872. . . . . 2 fr. 50

BOUSSEAU. **Des rétinites secondaires ou symptomatiques**. 1 vol. in-8 avec 4 planches en chromolithographie. 1868. . . . . 5 fr.

BOYER (Jules). **Guérison de la phthisie pulmonaire et de la bronchite chronique à l'aide d'un traitement nouveau**. *Dixième édition*. In-8 de 136 pages. 1874. . . . . 1 fr. 50

BRÉBANT. **Le charbon**, ou fermentation bactéridienne chez l'homme, physiologie pathologique et thérapeutique rationnelle. In-8 de 140 pages. 1870. . . . . 2 fr.

BRÉBANT. **Choléra épidémique**, considéré comme affection morbide personnelle, physiologie pathologique et thérapeutique rationnelle. 1 vol. in-8. 1868 . . . . 5 fr.

BRIÈRE. **Étude clinique et anatomique sur le sarcome de la choroïde et sur la mélanose intra-oculaire**. 1 vol. in-8 de 250 pages et 4 planches. 1874. . . . . 5 fr.

BRINTON (W.). **Traité des maladies de l'estomac**. Ouvrage traduit par le docteur A. Riant, précédé d'une Introduction par M. le professeur Ch. Lasègue. 1 vol. in-8 de 520 pages, avec figures dans le texte. 1870. Prix du volume cartonné en toile. . . . . 7 fr.

BRUC (De). **Formulaire médical des familles.** 2e édition. 1 vol. in-12 de 595 pages. 1872. 5 fr.

BRUC (De). **Guérison du cancer.** Découverte d'un traitement spécifique. 2e édition. In-8. 1874. . . . . 2 fr.

BRUNELLI, professeur libre d'électrothérapie. **Album illustré, représentant la topographie névro-musculaire, ou les points d'élection pour la pratique de la thérapie galvano-faradique.** 1872. 15 fr.

BURILL. **De l'ivrognerie et des moyens de la combattre.** In-8 de 88 pages. 1872. . . . . 2 fr.

BUYS (Léopold). **Traitement des kystes de l'ovaire, du pyothorax, de l'hydrothorax, des plaies, etc., par la compression et l'aspiration continues ; procédés et appareils nouveaux.** 1 vol. in-8, avec 3 grandes planches lithographiées et coloriées. 1871. . . . . . 3 fr.

CAIZERGUES. **Les microzymas ; ce qu'il faut en penser.** In-8 de 84 pages et 5 planches. 1871. . . . . 3 fr. 50

CAMPOS BAUTISTA. **De la galvanocaustique chimique comme moyen de traitement des rétrécissements de l'urèthre.** In-4 de 162 pages avec figures dans le texte. 1870. . . . . 3 fr. 50

CARLET. **Du rôle des sciences accessoires et en particulier des sciences exactes en médecine.** In-8 de 63 pages. 1872. . . . . . . 2 fr.

CARRIÈRE. **De la tumeur hydatique alvéolaire** (tumeur à échinocoques multiloculaire). In-8 de 190 pages, avec 1 planche en chromolithographie. Paris, 1868. . . . . 3 fr. 50

CASTAN. **Traité élémentaire des diathèses.** 1 vol. in-8, 467 pages. 6 fr.

CASTAN. **Traité élémentaire des fièvres.** 2e édition. 1 vol. in-8. 7 fr.

CAZENAVE (A.), ancien médecin de l'hôpital Saint-Louis. **Pathologie générale des maladies de la peau.** 1 vol. in-8. 1868. . . . . . 7 fr.

CERVIOTTI. **Étude sur les vêtements chez l'homme et chez la femme dans leurs rapports avec l'hygiène.** In-8 de 86 pages. . . . 2 fr.

CHALLAND. **Étude expérimentale et clinique sur l'absinthisme et l'alcoolisme.** In-8. 1871. . . . . 2 fr.

CHALVET. **Des moyens pratiques d'obvier à la mortalité des enfants nouveau-nés.** In-8. 1870. . . . . 1 fr.

CHANTREUIL. **Études sur les déformations du bassin chez les cyphotiques au point de vue de l'accouchement.** In-8 de 167 pages et figures dans le texte. 1869. . . . . 3 fr.

CHANTREUIL. **Du cancer de l'utérus au point de vue de la conception, de la grossesse et de l'accouchement.** In-8 de 96 pages. . 2 fr. 50

ENVOI FRANCO PAR LA POSTE, CONTRE UN MANDAT.

CHANTREUIL. **Des applications de l'histologie à l'obstétrique.** 1 vol. in-8 de 190 pages. 1872. . . . . 3 fr. 50

CHARAZAC, docteur en médecine, etc. **La clef du diagnostic**, ou *Vade mecum* de l'élève et du praticien. Séméiologie, description, traitement. 1866. 1 vol. in-12 de 470 pages. . . . . 5 fr.

CHARCOT, professeur à la Faculté de médecine de Paris, médecin de l'hospice de la Salpêtrière, etc. **Leçons cliniques sur les maladies des vieillards et les maladies chroniques**, recueillies et publiées par le docteur BALL, professeur agrégé à la Faculté de médecine de Paris, etc. 1868. 1 vol. in-8 avec figures intercalées dans le texte, et 5 planches en chromolithographie, avec un joli cartonnage en toile. . . . . . . 8 fr.

2e série, publiée par le docteur CH. BOUCHARD. Deux fascicules sont en vente.
Prix du 1er fascicule. 1 fr.
Prix du 2e fascicule. 2 fr.

CHARCOT. **Leçons sur les maladies du système nerveux**, recueillies et publiées par le docteur BOURNEVILLE. 1 vol. in-8 avec figures intercalées dans le texte, et 10 planches en chromo. 2e édition, revue et corrigée. 1875. . . . . 10 fr.

CHARPENTIER. **Étude sur le scorbut en général, l'épidémie de 1871** en particulier. In-8. . . . . 1 fr. 75

CHARPENTIER (A.), professeur agrégé à la Faculté de Paris, etc. **De l'influence des divers traitements sur les accès éclamptiques.** In-8 de 148 pages. 1872. 3 fr.

CHARVOT. **Température, pouls, urines dans la crise et la convalescence de quelques pyrexies, pneumonie, fièvre typhoïde, rhumatisme articulaire.** In-8 de 62 pages et 14 planches. . . . 2 fr. 50

CHAVÉE. **Petit essai philosophique de médecine pratique**, à l'adresse des gens instruits. 1 vol. in-8. 1870. . . . . 5 fr.

CHEREAU. **Le Parnasse médical français**, ou Dictionnaire des médecins poëtes de la France, anciens ou modernes, morts ou vivants. 1 joli vol. in-12 de 552 pages. 1874. . . . . 7 fr.

CHÉRON (JULES) et MOREAU-WOLF. **Des services que peuvent rendre les courants continus constants dans l'inflammation, l'engorgement et l'hypertrophie de la prostate.** In-8 de 31 pages. . . 1 fr.

CHEVALIER (ARTHUR). **L'étudiant micrographe.** Traité théorique et pratique du microscope et de ses préparations. Ouvrage orné de planches représentant 300 infusoires et de 200 figures dans le texte. 2e édition, augmentée des applications à l'étude de l'anatomie, de la botanique et de l'histologie, par MM. ALPHONSE DE BREBISSON, HENRI VAN HEURCK et G. POUCHET. 1 vol. in-8 de 563 pages. 1865. . . . . 7 fr. 50

CHEVALIER. **Manuel de l'étudiant oculiste**, traité de la construction et de l'application des lunettes pour les affections visuelles. 1 vol. in-18 jésus de 300 pages et 90 figures intercalées dans le texte. Paris, 1868. 5 fr.

CLAPARÈDE. **Inflammation et catarrhe de la vessie, gravelle, des divers moyens de combattre ces affections.** 1 vol. in-8 de 268 pages avec 60 figures intercalées dans le texte et 3 planches. 1872. . 5 fr.

COLES (O.). **Manuel de prothèse, ou mécanique dentaire**, traduit de l'anglais et annoté par le docteur G. DARIN. 1 vol. in-8 de 278 pages et 150 figures dans le texte. 1874. . . . . 6 fr.

COLETTE. **Sur une forme d'arthropathie**. In-8 de 56 pages. 1 fr. 50

Comptes rendus des séances et **Mémoires de la Société de biologie.**
1re série. Tome III, avec planches, figures noires et coloriées. 15 fr.
— — IV . . . . 10 fr.
— — V. 7 fr.
2e — 5 vol. à. . . . . 5 fr.
3e — 5 vol. à. . . . . 5 fr.
4e — Tomes I à III. . . . . 5 fr.
4e — Tome IV. . . . . 7 fr.
4e — Tome V. . . . . 7 fr.
5e — Tomes I à IV. . . . . 7 fr.
NOTA. — Les 2e et 3e séries, et les tomes Ier et IIIe de la 4e série pris ensemble, 15 volumes avec planches noires et coloriées. . . . 50 fr.

Conférence médicale de Paris. Discussion sur la variole et la vaccine, par MM. CAFFE, DALLY, GALLARD, MARCHAL (de Calvi), LANOIX, TARDIEU, REVILLOUT, etc. 1 vol. in-8 de 192 pages. 1871. . . . . . . 3 fr. 50

CORNILLON. **Des accidents des plaies pendant la grossesse et l'état puerpéral.** In-8 de 70 pages. 1871. . . . . 2 fr.

COURTAUX. **De la fièvre syphilitique**. In-8 de 75 pages. . . . 2 fr.

COUYBA. **Des troubles trophiques consécutifs aux lésions traumatiques de la moelle et des nerfs**. In-8, 66 pages. 1871 . . . 2 fr.

CREVAUX. **De l'hématurie chyleuse ou graisseuse des pays chauds.** In-8 de 62 pages. 1873. . . . . 2 fr.

CULOT. **De l'inflammation primitive aiguë de la moelle des os.** In-8. 1871. . . . . 2 fr.

DANET. **De l'alcool dans le traitement des maladies puerpérales,** suites de couches et de la résorption purulente. In-8 de 36 pag. 1 fr. 25

DANET. **Des infiniment petits rencontrés chez les cholériques** : étiologie, prophylaxie et traitement du choléra. 1 vol. in-8 de 160 pages et 8 planches. 1874. . . . . 5 fr.

DAUDÉ. **Traité de l'érysipèle épidémique**. 1 vol. in-8 de 344 pages. 1867. (*Ouvrage récompensé par l'Académie de médecine.*). . . . 5 fr. 50

DEBRAY. **De l'eucalyptus globulus**. In-8. 1872. . . . 2 fr.

DÉCLAT. **De la curation des maladies de la peau**, spécialement des maladies comprises sous le nom de *dartres*, à l'aide de la nouvelle médication phéniquée. In-12. 1872. . . . . 2 fr.

DÉCLAT. **De la curation du charbon, de la cocotte** et des principales maladies qui sévissent sur les bœufs, les moutons, les chevaux, et les cochons à l'aide de la nouvelle médication à l'acide phénique. 2e éd. 2 fr.

DÉCLAT. **Observations sur la curation des maladies organiques de la langue**, précédées de considérations sur les causes et le traitement des affections cancéreuses en général. 1 fort vol. in-8. 1868. . . . 8 fr.

DÉCLAT. **Nouvelles applications de l'acide phénique en médecine et en chirurgie aux affections occasionnées par les microphytes, les microzoaires, les virus, les ferments**, etc. 2e édition. 1 vol. in-12 de 1070 pages. 1874. . . . . 7 fr.
Par la poste. . . . . 8 fr.

DELAPORTE. **De la gastrotomie dans les étranglements internes**. In-8 de 80 pages. 1872. . . . . 2 fr.

DELBARRE. **De la dénudation des artères**. In-8 de 66 pages. 1 fr. 50

DELFAU. **Déontologie médicale**. Devoirs et droits des médecins vis-à-vis de l'autorité, de leurs confrères et du public. Ouvrage couronné. 1 vol. in-12 de 316 pages. 1868. . . . . 4 fr.

DELENS. **De la communication de la carotide et du sinus caverneux** (anévrysme artérioso-veineux). In-8 de 90 pages, avec 2 planches coloriées. 1870. . . . . 3 fr. 50

DELENS. **De la sacro-coxalgie**. 1 vol. in-8 de 118 pages et 2 pl. 3 fr.

DEMEULES, interne des hôpitaux de Paris, etc. **Pronostic et traitement des fractures de jambe compliquées de plaie**. In-8. . . . . 2 fr.

DEPAUL. **Leçons de clinique obstétricale** professées à l'hôpital des Cliniques, rédigées par M. le docteur DE SOYRE, chef de clinique. 1 vol. in-8 avec figures intercalées dans le texte. Prix de l'ouvrage complet pour les souscripteurs. . . . . 14 fr.

DEPAUL. **Sur la vaccination animale**. In-8. . . . . 2 fr.

DEPAUL. **De la rétention d'urine chez l'enfant pendant la vie fœtale**, étudiée surtout comme cause de dystocie. In-8. . . . . . 1 fr. 50

DEPAUL. **Rapport sur des accidents graves** suite de la vaccination, qui se sont produits dans le département du Morbihan. In-8. . . 50 cent.

DERLON. **De l'influence des progrès des sciences sur la thérapeutique**. Étude des connaissances chimiques et pharmacologiques nécessaires au traitement des maladies. 1 vol. in-8 de 174 pages. . . 3 fr.

DEROYE. **Étude théorique et pratique de l'albuminurie et de quelques néphrites**. In-8 de 55 pages. 1874. . . . . 1 fr. 50

★

DESNOS. **Considérations sur le diagnostic, le pronostic et la thérapeutique de quelques-unes des principales formes de la variole.** Grand in-8 de 8 pages. . . . . 50 c.

DESNOS et HUCHARD. **Des complications cardiaques dans la variole et notamment de la myocardite varioleuse.** In-8. . . . 1 fr. 50

DESPRÈS, chirurgien de l'hôpital de Lourcine, professeur agrégé, etc. **Traité iconographique de l'ulcération et des ulcères du col de l'utérus.** 1 vol. in-8, avec planches lithographiées et coloriées. . 5 fr.

DIEULAFOY. **De la contagion.** In-8 de 148 pages. 1872. . . . 3 fr.

DOLBEAU, professeur à la Faculté de médecine de Paris, chirurgien des hôpitaux, etc. **Traité pratique de la pierre dans la vessie.** 1 vol. in-8 de 424 pages, avec 14 figures dans le texte. Paris, 1864. . 7 fr.

DUBREUIL (E.). **Étude anatomique et histologique sur l'appareil générateur du genre Helix.** In-8 de 60 pages et 1 planche. . . 2 fr.

DUFOUR (E.). **De l'encombrement des asiles d'aliénés**, étude sur l'augmentation toujours croissante de la population des asiles d'aliénés ; ses causes, ses inconvénients, et des moyens d'y remédier. Mémoire couronné par la Société de médecine de Gand. In-8 de 107 pages. 2 fr.

DUPIERRIS, **De l'efficacité des injections iodées dans la cavité de l'utérus pour arrêter les métrorrhagies qui succèdent à la délivrance,** et de leur action comme moyen préservatif de la fièvre puerpérale. In-8 de 96 pages. 1870. . . . . 2 fr.

DUPUY (PAUL). **Du libre arbitre.** Grand in-8 de 64 pages. . . . 2 fr.

DUSART. **Recherches expérimentales sur le rôle physiologique et thérapeutique du phosphate de chaux.** 1 vol. in-12 de 158 pag. 2 fr.

EMIN. **Études sur les affections glaucomateuses de l'œil.** 1 vol. in-8 de 131 pages, avec 4 planches coloriées. 1870. . . . . . . 5 fr.

EUSTACHE. **Apprécier l'influence des travaux modernes sur la connaissance et le traitement des maladies virulentes en général.** In-8 de 90 pages. 1872. . . . . 2 fr. 50

FAID. **Des troubles de la sensibilité générale dans la période secondaire de la syphilis**, et notamment de l'analgésie syphilitique. In-8 de 132 pages. 1870. . . . . 3 fr. 50

FANO, professeur agrégé à la Faculté de médecine de Paris. **Traité élémentaire de chirurgie.** 2 forts vol. in-8 avec 307 figures dans le texte. 1869-72. . . . . 28 fr.

FANO, professeur agrégé à la Faculté de médecine de Paris, etc. **Traité pratique des maladies des yeux**, contenant des résumés d'anatomie des divers organes de l'appareil de la vision. Illustré d'un grand nombre de figures intercalées dans le texte et de 20 dessins en chromolithographie. 1866. 2 vol. in-8. . . . . 17 fr.

FERRAS. **De la laryngite syphilitique.** In-8 de 86 pages. . . . 2 fr.

FIGUEROA. **Des obstacles que le col utérin peut apporter à l'accouchement.** In-8 de 99 pages. . . . . 2 fr.

FISCHER et BRICHETEAU. **Traitement du croup**, ou angine laryngée diphthéritique. 2e édition, revue et augmentée. In-8 de 120 pages. Paris, 1863. . . . . 2 fr. 50

FLAMAIN. **Étude sur les procédés opératoires applicables à l'amputation tibio-tarsienne.** In-8. . . . . 1 fr. 50

FORT. **Anatomie descriptive et dissection**, contenant un précis d'embryologie, la structure microscopique des organes et celle des tissus. 2e édition très-augmentée. 3 vol. in-12, avec 662 figures intercalées dans le texte. 1868. . . . . 25 fr.

FORT. **Manuel d'anatomie.** Deuxième édition du résumé d'anatomie, revue, corrigée et augmentée. 1 vol. in-18 de 824 pages avec 151 figures dans le texte. 1875. . . . . 7 fr. 50

FORT. **Traité élémentaire d'histologie.** 2e édition. 1 vol. in-8 avec 500 figures intercalées dans le texte. 1872. . . . . 14 fr.

FORT. **Pathologie et clinique chirurgicales.** 2e édition, corrigée et considérablement augmentée. 2 vol. in-8 avec 542 figures intercalées dans le texte. 1873. . . . . 25 fr.
Cartonné. . . . . 27 fr.

FOUCHER, professeur agrégé à la Faculté de médecine de Paris, chirurgien des hôpitaux, etc. **Traité du diagnostic des maladies chirurgicales**, avec appendice, et **Traité des tumeurs**, par A. Desprès, professeur agrégé à la Faculté de médecine de Paris, chirurgien des hôpitaux. 1 vol. in-8 de 1162 pages et 57 figures intercalées dans le texte, avec un joli carton. en toile. 1866-69. . . . . 18 fr.

FOUILLOUX. **Essai sur le pansement immédiat des plaies d'amputation par le perchlorure de fer.** In-8 de 57 pages. . . . . 1 fr. 50

FOURCY (Eugène de), ingénieur en chef du corps des mines. **Vade-mecum des herborisations parisiennes**, conduisant sans maître aux noms d'ordre, de genre et d'espèce de toutes les plantes spontanées ou cultivées en grand dans un rayon de 25 lieues autour de Paris. 3e édition, comprenant les mousses et les champignons. 1 vol. in-18 de 309 pages. 1872 Prix. . . . . 4 fr. 50

FOURNIÉ (Édouard). **Physiologie de la voix et de la parole.** 1 vol. in-8 de 816 pages, avec figures dans le texte. 1866. . . . . . . 10 fr.

FOURNIÉ (Éd.). **Physiologie du système nerveux cérébro-spinal d'après l'analyse physiologique des mouvements de la vie.** 1 vol. in-8 de 832 pages, avec un joli carton. en toile. 1872. . . . . . . 12 fr.

FOURNIER (ALFRED), professeur agrégé, médecin de l'hôpital de Lourcine. **Leçons cliniques sur la syphilis,** étudiée plus particulièrement chez la femme. 1 fort vol. in-8 avec tracés sphygmographiques. 1873. 15 fr.

FOURNIER (ALFRED). **Fracastor : la Syphilis, 1530; le Mal français, 1546**; traduction et commentaires. 1 vol. in-12 de 210 pages. 2 fr. 50

FOURNIER. **Diagnostic général du chancre syphilitique.** Leçon recueillie et rédigée par GRIPAT, interne des hôpitaux. . . . . . . 1 fr. 25

FOURNIER. **Note sur un cas de gomme syphilitique.** . . . 50 cent.

FREDET. **Étude médico-légale des effets de la foudre sur l'homme.** Lésions anatomiques observées sur le cadavre d'un foudroyé. 75 cent.

FREIDREICH. **Traité pratique des maladies du cœur.** Ouvrage traduit de l'allemand par les docteurs DOYON et LORBER. 1 vol. in-8. . . . 9 fr.

GAILLETON. **Traité élémentaire des maladies de la peau.** 1 vol. in-8 de 504 pages. 1874. 6 fr.

GALICIER. **Théorie de l'unité vitale.** Première partie : **Physiologie unitaire.** In-8 de 204 pages. 1869. . . . . 3 fr. 50

Deuxième partie : **Pathologie unitaire.** In-8 de 420 pages. 1869. Prix. . . . . 6 fr.

GARROD. **La goutte,** sa nature, son traitement, et **le rhumatisme goutteux,** ouvrage traduit par A. OLLIVIER, professeur agrégé à la Faculté de médecine de Paris, et annoté par J.-M. CHARCOT, professeur agrégé à la Faculté de médecine de Paris, médecin de l'hospice de la Salpêtrière, etc. 1867. 1 vol. in-8 de 710 pages, avec 26 figures intercalées dans le texte, et 8 planches coloriées. . . . . 12 fr.

Avec un joli cartonnage en toile. . . . . 13 fr.

GAUTIER (JULES). **De la fécondation artificielle dans le règne animal,** et de son emploi contre la stérilité. 1 vol. in-12 de 46 pages. . 1 fr.

GEORGESCO. **Du scorbut.** Épidémie observée pendant le siége de Paris. In-8 de 76 pages. 2 fr.

GIGARD. **Deux points de l'histoire du favus.** In-8 de 51 pages et 2 planches. . . . . 2 fr.

GIMBERT. **L'eucalyptus globulus,** son importance en agriculture, en hygiène et en médecine. Grand in-8 de 102 pages et 3 planches. 3 fr. 50

GIRALDÈS, chirurgien de l'hôpital des enfants, etc. **Leçons cliniques sur les maladies chirurgicales des enfants,** recueillies et publiées par MM. BOURNEVILLE et BOURGEOIS, revues par le professeur. 1 fort vol. in-8 accompagné de figures dans le texte. Cartonné en toile. 1869. 14 fr.

GIRARD. **Les matières glucogènes et les sucres au point de vue chimique et physiologique.** In-8 de 80 pages. . . . . 2 fr. 50

GIRAUD. **Du délire dans le rhumatisme articulaire aigu.** In-8 de 110 pages. 1872. 2 fr.

GIRAULT. **Étude sur la génération artificielle dans l'espèce humaine.** In-8 de 16 pages. 1869 . . . . 1 fr.

GLATZ. **Résumé clinique sur le diagnostic et le traitement des différentes espèces de néphrites et de la dégénérescence amyloïde des reins.** In-8 de 62 pages et 2 planches. 1872. . . . . 2 fr.

GOSSELIN, professeur de clinique chirurgicale à la Faculté de médecine de Paris, etc. **Leçons sur les hernies**, professées à la Faculté de médecine de Paris, recueillies et publiées par le docteur Léon LABBÉ, professeur agrégé, chirurgien du Bureau central. 1 vol. in-8 de 500 pages, avec figures dans le texte. 1864. . . . . 7 fr.

GOSSELIN. **Leçons sur les hémorrhoïdes.** 1 vol. in-8. 1866. . 5 fr.

GOURVAT. **Physiologie expérimentale sur la digitale et la digitaline.** In-8. 1871. . . . . 2 fr.

GRAEFE (DE). **Des paralysies du muscle moteur de l'œil**, traduit de l'allemand par A. SICHEL, revu par le professeur. 1 vol. in-8 de 220 pages. 1871. 3 fr. 50

GRANCHER. **De l'unité de la phthisie.** In-8. 1873. . . . . 1 fr. 50

GRAVES. **Leçons de clinique médicale**, ouvrage traduit et annoté par le docteur JACCOUD, précédé d'une introduction par le professeur TROUSSEAU. 3e édition. 2 vol. in-8. 1871. . . . . 20 fr.

GREMION-MENUAU. **Étude sur la réduction de luxations anciennes d'origine traumatique par les machines.** In-8 de 62 pages avec 2 planches dans le texte. . . . . 2 fr.

GRIESINGER, professeur de clinique médicale et de médecine mentale à l'Université de Berlin. **Des maladies mentales et de leur traitement.** Ouvrage traduit de l'allemand sous les yeux de l'auteur par le docteur DOUMIC, accompagné de notes par M. le docteur BAILLARGER, médecin de la Salpêtrière, membre de l'Académie de médecine. 1 vol. in-8. Paris, 1868. . . . . 9 fr.

GUÉNEAU DE MUSSY. **Clinique médicale de l'Hôtel-Dieu.** 2 vol. in-8. 1874-1875. . . . . 24 fr.

GUÉNIOT. **De l'opération césarienne à Paris**, et des modifications qu'elle comporte dans son exécution. In-8. . . . . 75 c.

GUÉNIOT. **De la guérison par résorption des tumeurs dites fibreuses de l'utérus.** In-8. . . . . 50 cent.

GUICHARD (AMBROISE). **Recherches sur les injections utérines en dehors de l'état puerpéral.** Grand in-8 de 184 pages. . . 3 fr. 50

HALLOPEAU. **Des accidents convulsifs dans les maladies de la moelle épinière.** In-8. 1871. . . . . 2 fr.

HAMEL. **Du rash variolique** (*Variolus rash* des Anglais). In-8 de 100 pages. 1870. . . . . 2 fr.

HAYEM. **Études sur le mécanisme de la suppuration.** In-8 de 32 pages. 1871. . . . . 1 fr.

HAYEM. **Des hémorrhagies intra-rachidiennes.** In-8 de 232 pag. 4 fr.

HŒPFFNER. **De l'urine dans quelques maladies fébriles.** In-8 de 94 pages et 8 tableaux. 1872 . . . . 2 fr. 50

HERVIEUX, médecin de la Maternité de Paris. **Traité clinique et pratique des maladies puerpérales**, suites de couches. 1 vol. in-8 de 1165 pages, avec figures dans le texte. 1872. Le volume cartonné. . 16 fr.

HESTRÉS. **Étude sur le coup de chaleur**, maladie des pays chauds. In-8 de 135 pages. 1872. . . . . 2 fr. 50

HUCHARD. **Étude sur les causes de la mort dans la variole.** In-8 de 70 pages. 1872. . . . . 2 fr.

HUTIN et BOTTENTUIT. **Guide des baigneurs aux eaux minérales de Plombières.** 1 vol. de 224 pag. avec fig. dans le texte. Cart. 2 fr. 50

HYBORD. **Du zona ophthalmique et des lésions oculaires qui s'y rattachent.** In-8 de 160 pages et 4 planches. . . . . 3 fr. 50

INZANI. **Recherches sur la terminaison des nerfs dans les muqueuses des nerfs, dans les muqueuses des sinus frontaux et maxillaire.** In-8. . . . . 75 cent.

JACCOUD, professeur agrégé à la Faculté de médecine de Paris, médecin de l'hospice Saint-Antoine, etc. **Etude de pathogénie et de sémiotique, les paraplégies et l'ataxie du mouvement**, etc. 1 fort vol. in-8. Paris, 1864. . . . . 9 fr.

JACCOUD, professeur agrégé à la Faculté de médecine de Paris. **Traité de pathologie interne.** 2 vol. in-8 avec 53 planches en chromolithographie. 4ᵉ édition. 1875. . . . . 25 fr.

JACCOUD. **Leçons de clinique médicale** faites à l'hôpital Lariboisière. 2ᵉ édition. 1 vol. in-8 accompagné de 10 planches en chromolithographie. 1874. Cartonné. . . . . 16 fr.

JACCOUD. **Leçons de clinique médicale**, faites à l'hôpital de la Charité. 1 fort vol. in-8 de 878 pages, avec 29 figures et 11 planches en chromolithographie. 3ᵉ édit., avec un joli cartonnage en toile. 1874. 16 fr.

JOB. **Malades et blessés** : ambulance de l'hôpital Rothschild pendant le siége de Paris. In-8. . . . . 1 fr. 50

LABORDE. **Le ramollissement et la congestion du cerveau principalement considérés chez le vieillard.** Étude clinique et pathogénique 1 vol. in-8 de 420 pages, avec planche coloriée contenant 6 figures. Paris, 1866 . . . . 6 fr.

LACASSAGNE. **De la putridité morbide et de la septicémie.** Histoire des théories anciennes et modernes. In-8 de 138 pages. . . 3 fr. 50

LAFFITTE (L.). **Essai sur les aphonies nerveuses et réflexes.** In-8 de 70 pages. 1872. . . . . 2 fr.

LAFITTE. **Des kystes des parties molles de la jambe.** In-8 de 80 pages. 1872. . . . . 2 fr.

LAMBERT (DE). **De l'emploi des affusions froides dans le traitement de la fièvre typhoïde et des fièvres éruptives.** In-8 de 75 pag. 2 fr.

LAMBLIN. **Étude sur la lèpre tuberculeuse, ou éléphantiasis des Grecs.** 1 vol. in-8, ouvrage orné de gravures dans le texte. 3 fr. 50

LANCEREAUX. **De la maladie expérimentale comparée à la maladie spontanée.** In-8 de 132 pages. 1872. . . . . 2 fr. 50

LANDRIEUX, **Des pneumopathies syphilitiques,** In-8 de 80 pag. 2 fr.

LANGLEBERT **La syphilis dans ses rapports avec le mariage.** 1 vol. in-12. 1873. 3 fr. 50

LARGUIER DES BANCELS. **Étude sur le diagnostic et le traitement chirurgical des étranglements internes.** In-8 de 144 pages. . 3 fr.

LARRIEU. **Des hémorrhagies rétiniennes.** In-8 de 118 pages. 2 fr. 50

LARROQUE. **Traitement complémentaire et prophylactique du lymphatisme et de la scrofule confirmée.** 64 observations à l'appui. 1 vol. in-8. 1871 . . . . 3 fr. 50

LASSERRE. **Étude sur l'isolement considéré comme moyen de traitement dans la folie.** In-8 de 88 pages. . . . . 2 fr.

LAURENT (CH.). **De l'hyoscyamine et de la daturine,** étude physiologique, application thérapeutique. Grand in-8 de 123 pag. avec fig. 3 fr.

LAVAL. **Essai critique sur le delirium tremens.** In-8 de 85 pag. 2 fr.

LEBER et ROTTENSTEIN. **Recherches sur la carie dentaire.** 1 vol. in-8 de 130 pages et 2 planches lithographiées. Paris, 1868. . . . 3 fr.

LE BŒUF. **Étude critique sur l'expectation dans la pneumonie.** Grand in-8 de 98 pages. 1870. . . . . 2 fr.

LE BRET, président de la Société d'hydrologie médicale de Paris, etc. **Manuel médical des eaux minérales.** 1 vol. in-12 de 555 pages. 1874. Prix. . . . . 5 fr. 50

LEGRAND DU SAULLE. **Traité de médecine légale et de jurisprudence médicale.** 1 fort vol. in-8 de 1268 pages. 1874. . . . . . . 18 fr.

LERICHE. **Du spina bifida crânien.** In-8, avec figures. . . . . 2 fr.

LETEINTURIER. **Du danger des opérations pratiqués sur le col de l'utérus.** In-8 de 39 pages. 1872. . . . . 1 fr. 50

LETEURTRE. **Documents pour servir à l'histoire du seigle ergoté.** In-8 de 107 pages. 1871. . . . . 2 fr. 50

LETONA. **Étude comparative des fièvres palustres.** In-8 de 137 pages. 1872. . . . . 2 fr. 50

LEVI. **Diagnostic des maladies de l'oreille.** In-8 avec 3 planches en chromolithographie. 1872. . . . . 3 fr. 50

LOOMANS. **De la liberté humaine** considérée dans la vie intellectuelle et dans ses rapports avec le matérialisme. In-8 de 52 pages. 50 cent.

LOUSTAU. **Voies urinaires.** Étude sur la divulsion des rétrécissements du canal de l'urèthre (procédés de MM. Holt et Voillemier). In-8 de 91 pages et 2 planches. 1872. . . . . 2 fr. 50

MAGNAN. **Étude expérimentale et clinique sur l'alcoolisme** (alcool et absinthe, épilepsie absinthique). In-8 de 46 pages. . . . . . 2 fr.

MAGNAN. **De l'alcoolisme, des diverses formes du délire alcoolique** et de leur traitement. In-8 de 289 pages avec figures dans le texte. 1874.
Prix. . . . . 5 fr.
Cartonné. . . . . 6 fr.

MALASSEZ. **Étude sur le molluscum.** In-8 avec 3 planches. . . 2 fr.

MALHERBE. **De la fièvre dans les maladies des voies urinaires.** Recherches sur ses rapports avec les affections du rein. 1 vol. in-8 accompagné de nombreuses courbes thermiques. 1872. . . . 3 fr. 50

MALLEZ et DELPECH. **Thérapeutique des maladies de l'appareil urinaire.** 1 vol. in-8. 1872. . . . . 7 fr. 50

MALLEZ et A. TRIPIER. **De la guérison durable des rétrécissements de l'urèthre par la galvanocaustique chimique.** Mémoire couronné par l'Académie de médecine. In-8 de 35 pages, avec figures dans le texte. *Deuxième édition*. 1870. . . . . 2 fr.

MARTIN (Gustave). **Études sur les plaies artérielles de la main et de la partie antérieure de l'avant-bras.** In-8 de 88 pages. . 2 fr.

MARTIN. **De la circoncision,** avec un nouvel appareil inventé par l'auteur pour faire la circoncision. Nouveau procédé pour le débridement du phimosis congénital. Grand in-8 de 88 pages. . . . . 2 fr.

MASSEY (Lucien). **Mémoires sur le traitement médical et la guérison des affections cancéreuses,** suivi d'une Note sur le traitement de la syphilis, In-8 de 30 pages. . . . . 1 fr.

MATTEI, **Clinique obstétricale,** ou Recueil d'observations et statistiques. Paris, 1862 et 1871. 6 vol. in-8. . . . . 24 fr.

MAURIAC, médecin de l'hôpital du Midi. **Mémoire sur les affections syphilitiques précoces du système osseux.** In-8 de 100 pages. 2 fr.

MAURIAC. **Mémoire sur le paraphimosis.** In-8 de 48 pages. 1 fr. 50

MERCIER. **Traitement préservatif et curatif des sédiments de la gravelle, de la pierre urinaires, et de diverses maladies dépendant de la diathèse urique.** 1 vol. in-12 avec fig. intercalées dans le texte. 1872. 7 fr. Cart. 8 fr.

MICHAUD. **Sur la méningite et la myélite dans le mal vertébral.** Recherches d'anatomie et de physiologie pathologiques. 1 vol. in-8 de 88 pages et 3 planches. . . . . 2 fr. 50

MICHALSKI. **Étude sur la première dentition.** In-8 de 67 pages. 2 fr.

MISSET. **Étude sur la pathologie des glandes sébacées.** In-8 de 120 pages avec 4 planches. 1872. . . . . 3 fr. 50

MOILIN. **Leçons de médecine physiologique.** 1 vol. in-8 de 296 pages. Paris, 1866. 3 fr. 50

MOILIN. **Médecine physiologique**; maladies des voies respiratoires, maladies des fosses nasales, de la gorge, du larynx et de la poitrine. 1 vol. in-8 de 307 pages. 1867. . . . . 4 fr.

MONCOQ. **Transfusion instantanée du sang.** Solution théorique et pratique de la transfusion médiate et de la transfusion immédiate chez les animaux et chez l'homme. 1 vol. in-8 de 378 pages avec 7 figures intercalées dans le texte et 1 planche. 1874. . . . . 6 fr.

MONTEILS. **Histoire de la vaccination**; recherches historiques et critiques sur les divers moyens de prophylaxie thérapeutique employés contre la variole depuis l'origine de celle-ci jusqu'à nos jours. 1 vol. in-8 de 422 pages. 1874. . . . . 7 fr.

MORDRET. **Traité pratique des affections nerveuses et chloro-anémiques** considérées dans les rapports qu'elles ont entre elles. Paris, 1861. 1 vol. in-8 de 496 pages. . . . . 6 fr.

MOREAU-WOLF. **Des rétrécissements de l'urèthre et de leur guérison radicale et instantanée par un procédé nouveau**, la *divulsion rétrograde*. Grand in-8 de 100 pages, avec figures dans le texte. 3 fr.

MOURA. **Angines aiguës ou graves**; origine, nature, traitement. In-8 de 68 pages. 1870. 2 fr.

MOUTARD-MARTIN, médecin de l'hôpital Beaujon. **La pleurésie purulente et son traitement.** 1 vol. in-8. 1872. . . . . 4 fr.

MURON. **Pathogénie de l'infiltration de l'urine.** In-8 de 72 pages. 2 fr.

NADAUD. **Paralysies obstétricales des nouveau-nés.** In-8 de 60 pages. . . . . 1 fr. 50

NAUDIER. **De l'obstruction des voies lacrymales.** In-8 de 91 p 2 fr.

NIEPCE. **Quelques considérations sur le crétinisme.** In-8. 1 fr. 75

NIEDERKORN. **Contributions à l'étude de quelques-uns des phénomènes de la rigidité cadavérique chez l'homme.** 91 pages et 33 tableaux. 1872. 2 fr. 50

NONAT, ancien médecin de la Charité, agrégé libre de la Faculté de Paris. **Traité pratique des maladies de l'utérus, de ses annexes et des organes génitaux externes**, 2ᵉ édition revue et augmentée avec la collaboration du docteur LINAS. 1 fort vol. in-8, avec figures dans le texte. 1874. Prix . . . . 17 fr.

NYSTROM. **Du pied et de la forme hygiénique des chaussures**, avec une préface du professeur SANTESSON, traduction de la 2ᵉ édition suédoise. In-8 de 46 pages, avec figures dans le texte . . . . 1 fr. 50

OFF. **Des altérations de l'œil dans l'albuminurie et le diabète**. In-8 de 180 pages, avec 2 planches en chromolithographie . . . . . 4 fr. 50

OLLIER DE MARICHARD et PRUNER-BEY. **Les Carthaginois en France, la colonie libo-phénicienne du Liby**. Gr. in-8 de 50 pages, avec 2 tableaux et 6 planches . . . . 5 fr.

OLLIER DE MARICHARD. **Recherches sur l'ancienneté de l'homme dans les grottes et monuments mégalithiques du Vivarais**. 1 vol. in-8 avec 13 planches en partie coloriées . . . . 7 fr.

PANAS et LOREY. **Leçons sur le strabisme, les paralysies oculaires, le nystagmus, etc.** 1 vol. in-8, avec figures. 1873 . . . . 5 fr.

PÉAN et MALASSEZ. **Étude clinique sur les ulcérations anales**. 1 vol. in-8 avec figures et 4 pl. coloriées. 1872 . . . . 6 fr.

PÉAN et URDY. **Hystérotomie**. De l'ablation de l'utérus par la gastrotomie. 1 vol. in-8, avec figures et planches. 1873 . . . . 6 fr. »

PELTIER. **L'ambulance n° 5**. In-8 de 109 pages . . . . . . 1 fr. 50

PELTIER. **Pathologie de la rate**. In-8 de 110 pages . . . . 2 fr. 50

PELTIER. **Étude sur les épanchements traumatiques primitifs de sérosité**. In-8. 1871 . . . . 1 fr. 50

PELVET. **Des anévrysmes du cœur**. In-8 de 172 pages, avec 2 planches 1867 . . . . 3 fr. 50

PÉNIÈRES. **Des résections du genou**. In-8 de 120 pages . . . 3 fr. »

PERIER. **Le château de Bourbon-l'Archambault**. Notice historique. In-8 avec 9 planches . . . . 1 fr. 25

PÉRONNE (CHARLES). **De l'alcoolisme dans ses rapports avec le traumatisme**. In-8 de 155 pages. 1870 . . . . 3 fr. 50

PÉTRASU. **De la tuberculose péritonéale étudiée principalement chez l'adulte** (anatomie pathologique et forme clinique). In-8 de 72 pages. 1872. Prix . . . . 2 fr.

PÉTRINI. **Des injections hypodermiques de chlorhydrate de narcéine**. In-8, avec tracés sphygmographiques. 1872 . . . . . . 2 fr.

PHÉLIPPEAUX. **Étude pratique sur les frictions et le massage**, ou Guide du médecin masseur. In-8 de 187 pages. 1870 . . . . . 3 fr.

PICOT. **Du rhumatisme aigu et de ses diverses manifestations chez les enfants**. 1 vol. in-8. 1873. . . . . 3 fr. 50

PIORRY, professeur de clinique médicale à la Faculté de Paris, membre de l'Académie, etc. **La médecine du bon sens.** De l'emploi des petits moyens en médecine et en thérapeutique. 2e édition. 1 vol. in-12. Paris 1867.. . . . . 5 fr.

PIORRY. **Clinique médico-chirurgicale de la ville**, résumé et exposition de la doctrine et de la nomenclature organo-pathologique; observations et réflexions cliniques. 1 vol. in-8. . 1869. . . . . 6 fr.

PIORRY. **Traité de plessimétrisme et d'organographisme**, anatomie des organes sains et malades, établie pendant la vie au moyen de la percussion médiate et du dessin à l'effet d'éclairer le diagnostic. 1866. 1 fort vol. in-8 avec 91 figures intercalées dans le texte.. . . . 15 fr. »

PITON. **Étude sur le rhumatisme**. In-8 de 220 pages. 1868. 3 fr. 50

PLANCHE. **Apprécier l'influence des travaux modernes sur la connaissance de la fièvre, exposer les applications thérapeutiques résultant de cette étude**. In-8 de 68 pages. . . . . 2 fr.

PLANCHON. **Faits cliniques de laryngotomie**. In-8 de 116 pages avec 2 planches. 1869, ... 3 fr.

POINSOT. **De la conservation dans le traitement des fractures compliquées**. 1 vol. in-8 de 434 pages, 1873. . . . . 6 fr.

POLACZEC.. **De l'opportunité des grandes opérations**. In-8 de 67 pages. 1871. . . . . 2 fr.

POULIOT. **De la cystite du col**, de ses divers modes de traitement, et en particulier des instillations au nitrate d'argent. In-8 de 128 pages. 1872. Prix. . . . . 2 fr. 50

POUZOL. **Essai sur l'ictère**. In-8 de 107 pages. 1872.. . . 2 fr. 50

PRAT. **Du panaris**. In-8 de 104 pages. 1870. . . . . . . 2 fr. »

PUTÉGNAT. **Quelques faits d'obstétricie**. 1 vol. in-8. . . . 7 fr. »

QUINQUAUD. **Essai sur le puerpérisme infectieux chez la femme et chez le nouveau-né**. 1 vol. in-8 de 276 pages et 17 figures intercalées dans le texte. . 1872. . . . . 3 fr. 50

RATHERY. **Essai sur le diagnostic des tumeurs intra-abdominales chez les enfants**. In-8 de 136 pages. . . . . 2 fr. 50

RAYMOND (TH.). **Opérations préliminaires à l'extirpation des tumeurs** (écrasement linéaire, — galvanocaustie). De leur combinaison. In-8 de 100 pages. . . . . 2 fr.

REBATEL. **Recherches sur la circulation dans les artères coronaires.** In-8 de 32 pages avec 8 tracés sphygmographiques dans le texte. 1 fr. 50

REGNAULT (Paul). **De l'hygroma du genou.** Traitement par la ponction suivie d'injection iodée. In-8 de 58 pages. . . . . 1 fr. 50

RELIQUET. **Traité des opérations des voies urinaires.** 1 vol. in-8 de 820 pages, avec figures dans le texte. 1870. Le vol. cart. en toile. 11 fr.

Ouvrage couronné par l'Académie de médecine.

REVILLIOD. **Étude sur la variole.** In-8 de 38 pages et 1 tableau. 1 fr. 50

RIANT (A.), professeur d'hygiène, médecin à l'École normale du département de la Seine, etc. **Leçons d'hygiène**, contenant les matières du programme officiel adopté par le ministre de l'instruction publique pour les lycées et les écoles normales. 1 beau vol. in-12. 1873. . . . 6 fr.

RIGAUD (Émile). **Examen clinique de 396 cas de rétrécissement du bassin observés à la Maternité de Paris de 1860 à 1870.** In-8 de 143 pages. . . . . 3 fr.

RICORD, chirurgien de l'hôpital du Midi, membre de l'Académie de médecine, etc. **Leçons sur le chancre**, professées à l'hôpital du Midi, recueillies et publiées par le docteur A. Fournier, suivies de notes et pièces justificatives et d'un formulaire spécial. 2e édition, revue et augmen Paris, 1860. 1 vol. in-8 de 549 pages. . . . . 7 fr.

RIZZOLI. **Clinique chirurgicale.** Mémoire de chirurgie et d'obstétrique. Ouvrage traduit par le docteur Andreini. 1 vol. in-8 avec 103 figures intercalées dans le texte. 1872. . . . . 12 fr.

ROBIN. **Travaux de réforme dans les sciences naturelles et médicales, etc.** 1 vol. 1869-74. . . . . 7 fr. 50

ROGER et DAMASCHINO. **Recherches anatomo-pathologiques sur la paralysie spinale de l'enfance** (paralysie infantile). In-8 de 51 pages et 4 planches. 3 fr. 50

ROMMELAERE. **De la pathogénie des symptômes urémiques.** Étude de physiologie pathologique. In-8 de 80 pages avec 2 planches. 2 fr. 50

ROALDÈS (De). **Des fractures compliquées de la cuisse par armes à feu.** In-8. 1871. . . . . 2 fr.

ROSENSTEIN, professeur de clinique médicale à Grœningue. **Traité pratique des maladies des reins.** Ouvrage traduit par les docteurs Bottentuit et Labadie-Lagrave. 1 vol. in-8 de 650 pages. 1874. . . 10 fr.

Cartonné. . . . . 11 fr.

ROUBAUD (Félix). **Les eaux minérales dans le traitement des affections utérines.** In-12 de 190 pages. 1870. . . . . 2 fr. 50

ROUDANOWSKY. **Études photographiques sur le système nerveux de l'homme et de quelques animaux supérieurs, d'après les coupes de tissu nerveux congelés**. In-8 de 64 pages, avec atlas in-folio de XVI planches contenant 165 photographies. *Deuxième édition*, revue et corrigée.. 1870. . . . . 170 fr.

Le texte se vend séparément. . . . . 3 fr.

Demi-reliure maroquin de l'atlas in-folio, monté sur onglets. 10 fr.

ROUGE, chirurgien de l'hôpital cantonal de Lausanne. **L'uranoplastie et les divisions congénitales du palais**. In-8, avec figures intercalées dans le texte. 1870.. . . . . 3 fr.

ROUVILLE (PAUL DE). **Session de la Société géologique de France à Montpellier** (octobre 1868). Compte rendu. In-8 de 154 pages, avec 21 planches. . . . . 7 fr.

ROUYER. **Études médicales sur l'ancienne Rome.** Les bains publics de Rome, les magiciennes, les philtres, etc.; l'avortement, les eunuques, l'infibulation, la cosmétique, les parfums, etc. Paris, 1859. 1 volume in-8. . . . . 3 fr. 50

SAINT-VEL, ancien médecin civil à la Martinique. **Traité des maladies intertropicales**. 1 vol. in-8 de 524 pages. Paris, 1868 . . . . 7 fr.

SAINT-VEL. **Hygiène des Européens dans les climats tropicaux, des créoles et des races colorées dans les pays tempérés**. 1 vol. in-12. 1872. Prix . . . . 3 fr.

SAISON. **Diagnostic des manifestations secondaires de la syphilis sur la langue**. In-8.. 1 fr. 50

SAPPEY, professeur d'anatomie à la Faculté de médecine de Paris, etc. **Traité d'anatomie descriptive**, avec figures intercalées dans le texte. *Deuxième édition*, entièrement refondue. Tome Ier : OSTÉOLOGIE et ARTHROLOGIE. 1 vol. in-8 avec 226 figures. — Tome II : MYOLOGIE et ANGIOLOGIE. 1 vol. avec 204 figures noires et coloriées. — Tome III : NÉVROLOGIE et ORGANES DES SENS. 1 vol. in-8, avec 304 figures.

Prix des tomes I, II et III. . . . . 36 fr.

Tome IV. **Splanchnologie**, avec 176 figures. . . . . 12 fr.

SCAGLIA. **Des différentes formes de l'ovarite aiguë**. In-8 de 116 pages. 1870. Prix. . . . . 2 fr.

SENTEX. **Étude statistique et clinique sur les positions occipito-postérieures**. In-8 de 150 pages. 1872. . . . . 3 fr. »

SERRE. **Classification clinique des tumeurs**. In-8 de 130 pages. 3 fr. »

SERVAJAN. **De l'aquapuncture**. In-8 de 56 pages. . . . . 1 fr. 50

SILHOL. **Pièces et documents sur la dernière peste languedocienne de 1721-22, suite de celle de Marseille**. In-8. . . . . . . 2 fr. 50

ENVOI FRANCO PAR LA POSTE, CONTRE UN MANDAT.

SOLARI. **Traité pratique des maladies vénériennes.** 2e édition. 1 vol. in-12 avec planches coloriées. 1868. . . . . 6 fr.

SOYRE (De), chef de clinique, à l'hôpital de la Clinique d'accouchements. **Etude historique et critique sur le mécanisme de l'accouchement spontané.** In-8 de 210 pages. 1869. . . . . 3 fr.

STANESCO. **Recherches cliniques sur les rétrécissements du bassin** basées sur 414 cas observés à la clinique d'accouchements de Paris pendant seize ans. In-8 de 120 pages et 16 tableaux. 1869. . . . 4 fr.

STAUB. **Traitement de la syphilis par les injections hypodermique de sublimé à l'état de solution chloro-albumineuse.** In-8 de 100 pages. 1872. Prix. . . . . 2 fr.

SUCHARD. **De l'expression utérine appliquée au fœtus.** In-8 de 83 pages. 1872. 2 fr.

SUCQUET. **De l'embaumement chez les anciens et chez les modernes. et des conservations pour l'étude de l'anatomie.** 1 vol. in-8. 5 fr,

TACHARD. **De l'électricité appliquée à l'art des accouchements.** In-8. . . . . 1 fr. 50

TAMIN-DESPALLES. **Alimentation du cerveau et des nerfs.** 1 vol. in-8 avec 3 planches. 1872. . . . . 7 fr.
Cartonné. . . . . 8 fr.

TARDIEU. **Huitième ambulance de campagne de la Société de sécours aux blessés (campagnes de Sedan et Paris. 1870-71).** Rapport historique médical et administratif. In-8 de 107 pages. . . . . . 2 fr.

TARNOWSKY. **Aphasie syphilitique.** In-8 de 131 pages. . . . 3 fr.

TASSET. **Nouvelles considérations pratiques sur le typhus, la fièvre jaune, les fièvres intermittentes pernicieuses paludéennes et la verrue péruvienne.** In-8 de 64 pages. . . . . 2 fr.

THOMPSON. **Traité des maladies chroniques,** traduit de l'anglais. In-12 de 72 pages. . . . . 1 fr.

TOUTAIN. **Nouvelle méthode d'application de l'électricité pour la guérison des maladies.** 1 vol. in-12 de 352 pages. 1870. . . . 5 fr.

TOYNBÉE (J.). **Maladies de l'oreille,** nature, diagnostic et traitement, avec un supplément par James Hinton, traduit et annoté par le docteur G. Darin. 1 vol. in-8 de 470 pages et 99 figures intercalées dans le texte. 1874. 8 fr. 50
Cartonné. . . . . 9 fr. 50

TROELTSCH (De). **Traité pratique des maladies de l'oreille,** traduit de l'allemand sur la 4e édition (1868), par les docteurs A. Kuhn et D. M. Levi. 1 vol. in-8 de 560 pages, avec figures dans le texte. 1870. Le volume cartonné en toile. . . . . 8 fr. 50

TROUSSEAU, professeur de la Faculté de médecine de Paris, etc. **Conférences sur l'empirisme.** Paris, 1862. In-8 de 58 pages. 1 fr. 50

VALCOURT (De). **Les institutions médicales aux États-Unis de l'Amérique du Nord.** Rapport présenté à Son Exc. le ministre de l'instruction publique le 2 novembre 1868. 1 vol. in-8. Paris, 1869. . . . 3 fr.

VELPEAU, clinique chirurgicale de la Charité. **Leçons sur le diagnostic et le traitement des maladies chirurgicales**, recueillies et rédigées par A. Regnard, interne des hôpitaux, revues par le professeur. In-8 de 60 pages. Paris, 1866. . . . . 1 fr. 50

VERDUN. Essai sur la diurèse et les diurétiques. In-8 de 67 pages et 1 planche. 1871. . . . . 1 fr. 75

VERWAEST. Étude générale et comparative des pharmacopées d'Europe et d'Amérique. In-8 de 90 pages et 1 tableau. . . . . 2 fr. 50

VÉTAULT. Considérations étiologiques sur l'hydrocèle des adultes. In-8 de 62 pages. 1872. . . . . 1 fr. 50

VILLARD. Du hachisch. Étude clinique, physiologique et thérapeutique. 1872. . . . . 2 fr.

VISCA. Du vaginisme. In-8 de 148 pages. . . . . 2 fr. 50

VOYET. De quelques observations de thoracentèse chez les enfants. In-8 de 100 pages 1870. . . . . 2 fr.

WATELET. De la ponction de la vessie à l'aide du trocart capillaire et de l'aspiration pneumatique. In-8 de 46 pages et 2 planches. 1 fr. 50

WEBER. Des conditions de l'élévation de la température dans la fièvre. In-8 de 80 pages. 1872. . . . . 2 fr.

WECKER et **JÆGER. Traité des maladies du fond de l'œil.** 1 vol. in-8, accompagné d'un atlas de 29 planches en chromolith. 1870. . 55 fr.

WECKER, professeur de clinique ophthalmologique, etc. **Traité théorique et pratique des maladies des yeux.** 2e édition revue et augmentée, accompagnée d'un grand nombre de figures dans le texte et planches lithographiées. 2 forts volumes in-8 avec un joli cartonnage en toile. 1868-69. Prix. . . . . 26 fr.

WELLS (S.). **Des vues longues, courtes et faibles**, et de leur traitement par l'emploi scientifique des lunettes. Ouvrage traduit de l'anglais par le docteur G. Darin. 1 vol. in-8 de 224 pages et 29 figures. 1874. 4 fr.

WILLIÈME. Des dyspepsies dites essentielles. Leur nature et leurs transformations, théorie et pratique. 1 v. in-8 de 620 pag. 1868. 8 fr.

WOILLEZ. Traité clinique des maladies aiguës des organes respiratoires. 1 vol. in-8 de 700 pages, avec 93 figures intercalées danc le texte et 8 planches en chromolithographie. 1871. Broché. . . . . 13 fr.
Cartonné. . . . . 14 fr.

Archives de tocologie, maladies des femmes et des enfants nouveau-nés. Recueil mensuel publié sous la direction du docteur J.-A.-H. Depaul, professeur de clinique d'accouchements à la Faculté de médecine de Paris, et avec la collaboration de MM. Stoltz, Bouchacourt, Bailly, Bernutz, Blot, Chantreuil, Charpentier, Guéniot, Hervieux, Parrot et De Soyre.

Prix de l'abonnement pour Paris. . . . . . 18 fr.
— pour les départements. 20 fr.
— pour l'étranger. . . . le port en sus.

Bulletins de la Société anatomique de Paris. Anatomie normale, anatomie pathologique, clinique. Les Bulletins sont publiés par cahiers bi-mensuels, et forment chaque année 1 volume in-8 d'environ 600 pages. Abonnement à l'année courante. . . . . 9 fr.
Collection complète, 1826 à 1873, 48 vol. et tables. . . . 300 fr.

Comptes rendus des séances et Mémoires de la Société de biologie. Abonnement à l'année courante. 1 vol. in-8 avec figures coloriées. 7 fr.

Journal d'oculistique et de chirurgie, recueil mensuel, publié sous la direction du docteur Fano, professeur agrégé à la Faculté de médecine de Paris. Prix de l'abonnement pour Paris et les départements, 5 fr.; pour l'étranger, le port en sus.

La France médicale, paraissant le mercredi et le samedi. Rédacteur en chef : le docteur E. Bottentuit.

Abonnements pour la France : Un an. . . . 12 fr.
— pour l'étranger. . . . . 20 fr.

Revue médico-photographique des hôpitaux de Paris, fondée et publiée sous le patronage de l'administration de l'Assistance publique, par le docteur de Montmeja. Revue mensuelle. Abonnement à l'année courante, avec 36 photographies. Par an. . . . . 20 fr.

— Année 1869. Grand in-8 de 192 pages avec 36 photographies et figures dans le texte. Relié en 1 vol. demi-chagrin non rogné et doré en tête. . . . . [illegible]

— Année 1870. Grand in-8 de 256 pages avec 32 photographies et figures intercalées dans le texte. Relié. . . . . [illegible]

— Année 1871. Grand in-8 de 320 pages et 36 photographies. Relié. Prix. . . . . 25 fr.

— Année 1872. Grand in-8 de 420 pages et 36 photographies. Relié. Prix. . . . . 25 fr.

— Année 1873. Grand in-8 de 400 pages et 36 photographies. Relié. Prix. . . . . 25 fr.

— Année 1874. Grand in-8. . . . . 25 fr.

PARIS. — IMP. SIMON RAÇON ET COMP., RUE D'ERFURTH, 1.

AUTRES OUVRAGES PUBLIÉS PAR LE Dr A. DARIN

Éducation correctionnelle. Système cellulaire appliqué aux enfants. Observations de jeunes détenus de la Roquette venus à Bicêtre en état de folie, d'idiotie ou d'épilepsie. In-4°, 1863.

Traité de chirurgie dentaire, par J. TOMES, membre de la société royale de Londres, et CH. S. TOMES, professeur d'anatomie et de chirurgie dentaires, etc., traduit par le Dr G. DARIN sur la 2e édition. 1 fort vol. petit in-8, avec 263 belles gravures. 1873.

Manuel de Prothèse dentaire, par O. COLES, chirurgien dentiste à l'hôpital spécial de Londres pour les maladies de la gorge, etc., traduit et annoté par le Dr G. DARIN. 1 vol. petit in-8, avec 150 figures. 1874.

Des vues longues, courtes et faibles, et de leur traitement par l'emploi scientifique des lunettes, par J. SOELBERG WELLS, F. R. C. S, professeur d'ophthalmologie à KING'S college Hospital, etc. 1 vol. in-8, traduit sur la 4e édition par le Dr G DARIN, avec gravures. 1874.

Maladies de l'oreille, nature, diagnostic et traitement, par G. TOYNBEE, membre de la société royale de Londres et du collége royal des chirurgiens d'Angleterre, chirurgien auriste et professeur d'otologie à Saint MARY'S Hospital, etc., *avec un supplément* par JAMES HINTON, chirurgien auriste à GUY'S Hospital. 1 fort vol. in-8, traduit et annoté par le Dr G. DARIN, avec 99 figures.

Des Anesthésiques, travail présenté par le Dr G. DARIN à la Société de chirurgie de Paris et publié dans les Archives générales de médecine. 1875.

Enseignement du laboratoire, ou Exercices progressifs de chimie pratique, par CHARLES LOUDON BLOXAM, professeur de chimie à KING'S college de LONDRES, à l'école d'artillerie de WOOLWICH, et à l'académie royale militaire de WOOLWICH. 1 vol. in-12, traduit sur la 3e édition par le Dr DARIN, avec 89 figures.

274-76. — CORBEIL. Typ. et stér. de CRÉTÉ.

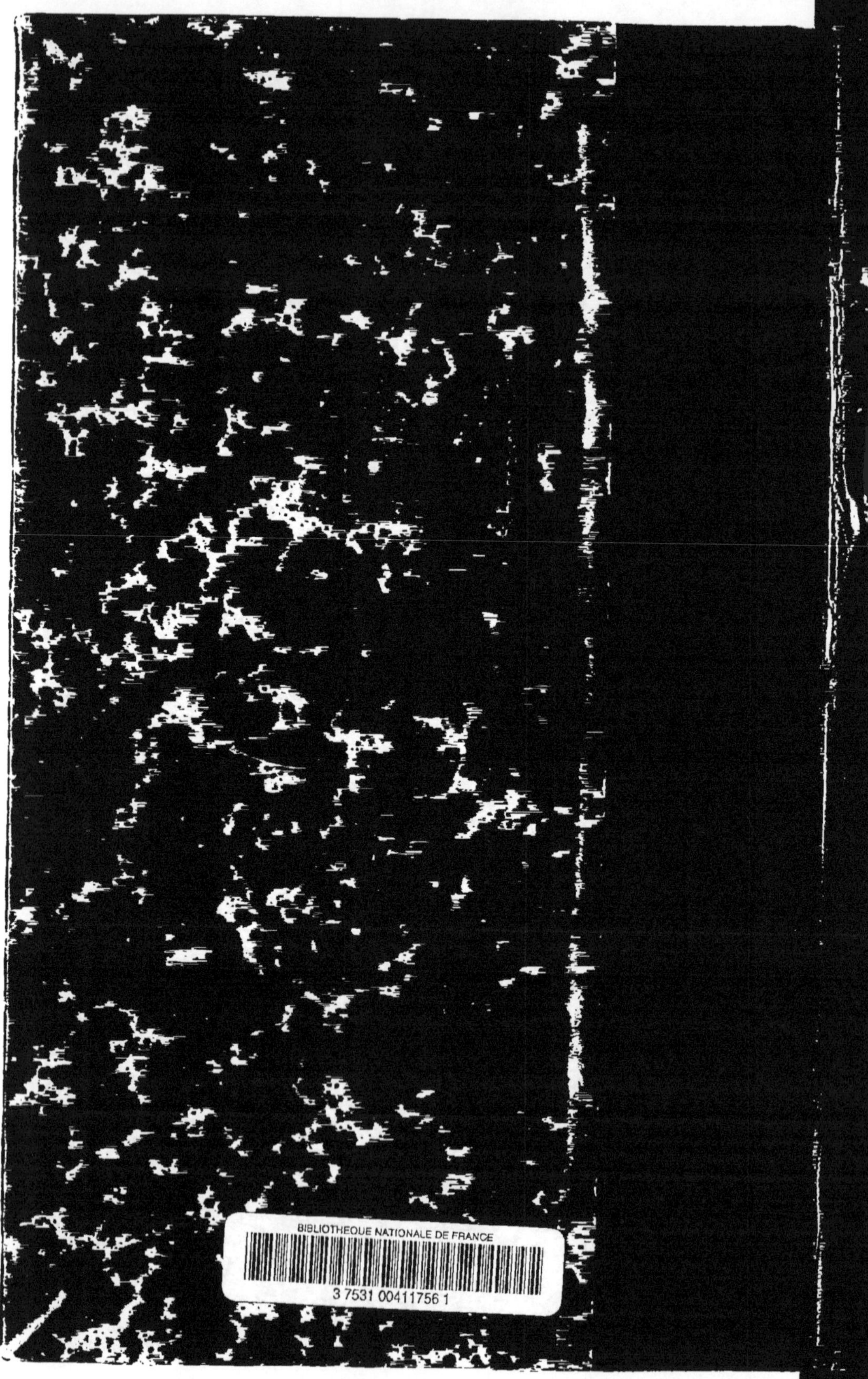

www.ingramcontent.com/pod-product-compliance
Ingram Content Group UK Ltd.
Pitfield, Milton Keynes, MK11 3LW, UK
UKHW031043260726
13965UKWH00006B/144

9 782012 883956